# LA PHYSIQUE ET LA CHIMIE

DU

## BREVET ÉLÉMENTAIRE DE CAPACITÉ

## DE L'ENSEIGNEMENT PRIMAIRE

Ouvrage rédigé conformément aux programmes officiels
et destiné aux écoles primaires supérieures,
aux aspirants et aspirantes au brevet élémentaire
et aux candidats aux écoles normales primaires
d'Instituteurs et d'Institutrices

PAR ÉMILE BOUANT

AGRÉGÉ DES SCIENCES PHYSIQUES
PROFESSEUR AU LYCÉE CHARLEMAGNE

PARIS

IMPRIMERIE ET LIBRAIRIE CLASSIQUES

MAISON JULES DELALAIN ET FILS

DELALAIN FRÈRES, Successeurs

56, RUE DES ÉCOLES.

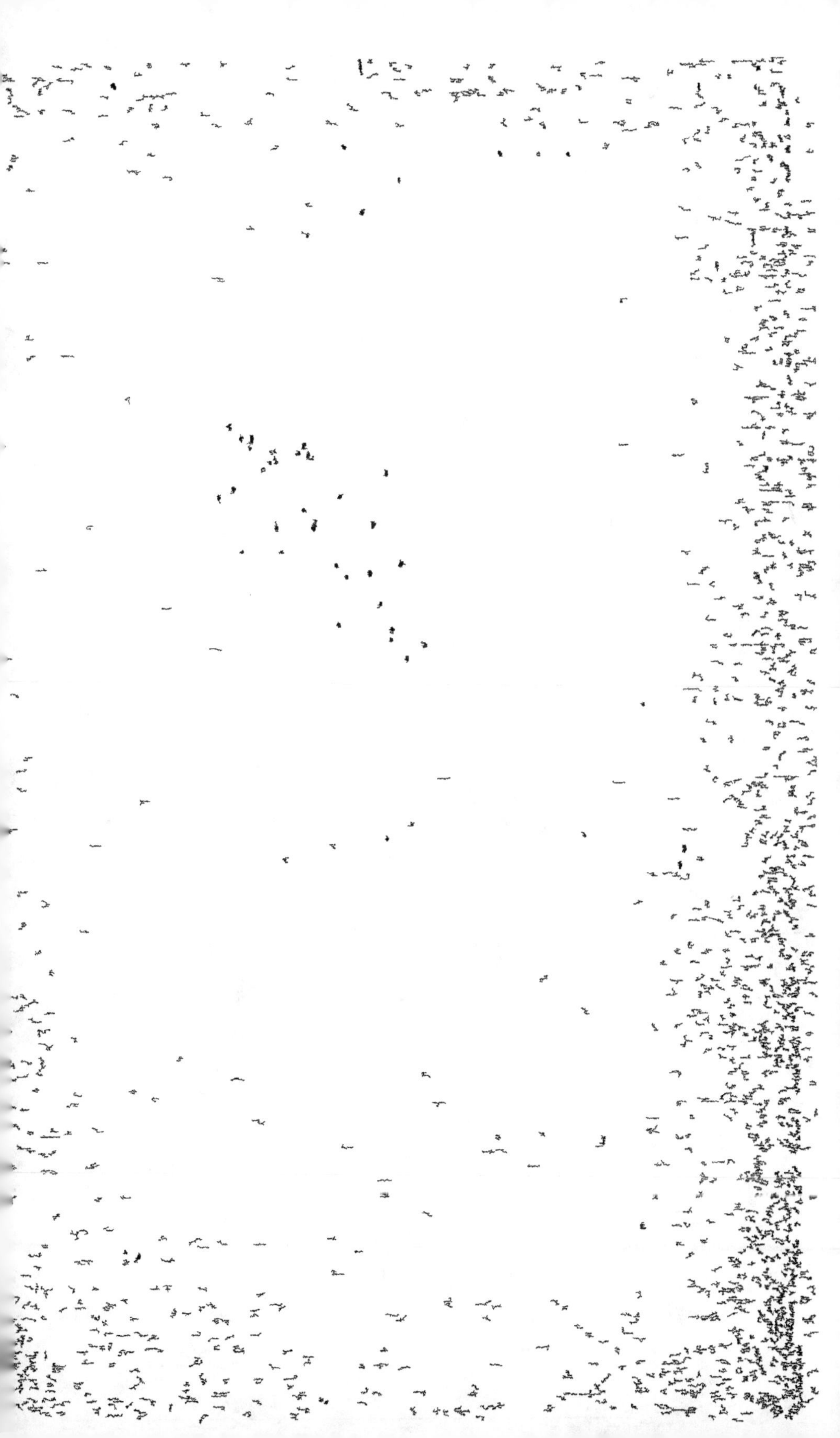

Brevet élémentaire de Capacité

de l'Enseignement primaire.

---

# PHYSIQUE ET CHIMIE

## On trouve à la même Librairie :

*Cours de Physique et de Chimie*, répondant aux programmes prescrits pour l'enseignement des sciences physiques dans les écoles normales primaires d'instituteurs et d'institutrices, par *M. Émile Bouant*, ancien élève de l'École normale supérieure, agrégé des sciences physiques, professeur au lycée Charlemagne ; 5 volumes in-12, *avec nombreuses figures dans le texte.* Chaque volume se vend séparément :

1° *Écoles normales d'instituteurs*; 3 vol. in-12 :

*Cours de Physique et de Chimie, Première année :* 5e édition, avec emploi des *notations atomiques* en Chimie ; 1 vol. in-12, *avec 209 gravures dans le texte,* *cart.* 3 f.

*Cours de Physique et de Chimie, Deuxième année :* 5e édition, avec emploi des *notations atomiques* en Chimie ; 1 vol. in-12, *avec* 150 *gravures dans le texte,* *cart.* 3 f.

*Cours de Physique et de Chimie, Troisième année :* 5e edition, avec emploi des *notations atomiques* en Chimie ; 1 fort vol. in-12, *avec* 341 *gravures dans le texte et une planche en chromolithographie,* *cart.* 5 f.

2° *Écoles normales d'institutrices ;* 2 vol. in-12 :

*Cours de Physique et de Chimie. Premier volume :* 8e édition, avec emploi des *notations atomiques* en Chimie ; 1 vol. in-12, *avec* 194 *gravures dans le texte,* *cart.* 3 f.

*Cours de Physique et de Chimie. Deuxième volume :* 7e édition, avec emploi des *notations atomiques* en Chimie ; 1 fort vol. in-12, *avec* 317 *gravures dans le texte,* *cart.* 4 f.

---

*Leçons de Choses*, récits et lectures sur les Solides, l'Eau, l'Air, à l'usage de tous les enfants de 8 à 12 ans, par *M. E. Bouant :* 5e édition ; 1 vol. in-12, *avec* 105 *gravures dans le texte,* *cart.* 2 f.

*Minéraux, Animaux, Végétaux*, premières notions des Sciences physiques et naturelles, rédigées sous forme de *Leçons de Choses*, conformément au programme prescrit par l'arrêté du 28 janvier 1890 pour la Classe préparatoire et la Classe de Huitième des lycées, par *M. E. Bouant :* 4e édition 1 vol. in-12, *avec* 221 *vignettes dans le texte,* *rel. toile,* 1 f. 50 c.

*Notions élémentaires de Physique et de Chimie*, rédigées surtout au point de vue expérimental, par *M. E. Bouant*, ancien élève de l'École normale supérieure, agrégé des sciences physiques, professeur au lycée Charlemagne : 4e édition ; 1 vol. in-12, *avec* 109 *gravures dans le texte,* *cart.* 2 f.

*Premiers Éléments des Sciences expérimentales*, par *M. E. Bouant* 5e édition ; in-12, *avec* 85 *gravures dans le texte,* *cart.* 1 f. 25 c.

*Premières Notions sur les Pierres et les Terrains*, répondant au programme prescrit pour la *Classe de Septième* des lycées, par *M. E. Bouant* : 5e édition ; 1 vol. in 12, *avec* 78 *gravures dans le texte,* *cart.* 1 f. 25 c.

Les mêmes, réunies aux *Premiers Éléments des Sciences expérimentales ;* 1 fort vol. in-12, *avec* 163 *gravures dans le texte,* *cart.* 2 f. 50 c.

# LA PHYSIQUE ET LA CHIMIE

DU

## BREVET ÉLÉMENTAIRE DE CAPACITÉ

## DE L'ENSEIGNEMENT PRIMAIRE

**Ouvrage rédigé conformément aux programmes officiels
et destiné aux écoles primaires supérieures,
aux aspirants et aspirantes au brevet élémentaire
et aux candidats aux écoles normales primaires
d'Instituteurs et d'Institutrices**

Par Émile BOUANT

AGRÉGÉ DES SCIENCES PHYSIQUES
PROFESSEUR AU LYCÉE CHARLEMAGNE.

CINQUIÈME ÉDITION

PARIS

IMPRIMERIE ET LIBRAIRIE CLASSIQUES

Maison Jules DELALAIN et Fils

**DELALAIN FRÈRES, Successeurs**

56, RUE DES ÉCOLES.

# PRÉFACE

## DE LA PREMIÈRE ÉDITION

Les lois générales de la physique et de la chimie sont exposées dans ce livre d'une façon tout à fait élémentaire, mais cependant rigoureuse.

Le procédé de rédaction qu'on a adopté peut être indiqué en deux mots. On a tâché d'énoncer les lois et d'en bien montrer la portée, sans trop insister sur la description des appareils imaginés pour en vérifier l'exactitude. Puis, ces lois une fois comprises, on en a longuement déduit les conséquences, au point de vue des applications industrielles et domestiques, de l'intelligence des phénomènes naturels. On ne s'est pas efforcé de faire entrer tous les faits dans un cadre restreint; on a, au contraire, choisi les faits les plus essentiels, et on en a donné une explication développée.

Ainsi compris, le livre est d'une lecture facile, qui n'a rien de trop aride. Il sera étudié avec fruit par tous ceux qui, n'ayant aucunes connaissances spéciales en mathématiques, veulent avoir des notions précises sur les mille applications de la physique et de la chimie.

En le rédigeant on a plus particulièrement songé, cependant, aux élèves des Écoles primaires supérieures et aux candidats au brevet élémentaire des Instituteurs et des Institutrices. Le nouveau volume complète de cette manière la série de nos livres destinés à l'enseignement primaire. Nos trois petits cours d'*Éléments usuels des Sciences physiques et naturelles* s'adressaient aux enfants des Écoles primaires; nos deux *Cours de physique et de chimie* étaient destinés aux candidats au brevet supérieur des Instituteurs et au brevet supérieur des Institutrices. Nous relions aujourd'hui ces ouvrages par un cours intermédiaire.

Les trois groupes, tout en restant indépendants les uns des autres, sont conçus dans le même esprit : donner la clef des phénomènes naturels, des applications industrielles et domestiques.

La disposition à donner au nouveau volume s'imposait. Nous voulions préparer le brevet élémentaire, sans oublier que le brevet supérieur doit suivre normalement, à une ou deux années d'intervalle. Aussi avons-nous adopté ici la même suite de chapitres, le même mode de rédaction que dans nos *Cours* plus complets rédigés conformément aux programmes des Écoles normales primaires d'Instituteurs et d'Institutrices. De cette manière, le candidat au brevet supérieur ne sera pas dans la nécessité d'abandonner les méthodes qui lui seront déjà familières. En passant du premier cours au second, il n'aura qu'à développer des connaissances déjà acquises, sans bouleversement dans les idées, sans changement dans les méthodes. Il conservera le même maître, et aura ainsi le bénéfice d'une direction unique, longtemps orientée vers le même but à atteindre.

E. B.

# PREMIÈRE PARTIE

# PHYSIQUE

## NOTIONS PRÉLIMINAIRES

**1. Phénomènes.** — Les corps dans la nature, non plus que lans les laboratoires des savants, ne sont pas toujours mmobiles, toujours dans le même état. Sous l'influence de auses diverses, que nous passerons en revue, ils se meuent, se modifient sans cesse; tous ces mouvements, toutes es modifications portent, dans le langage scientifique, le om de *phénomenes*.

Une pomme tombe d'un arbre; la poussière de la route st soulevée par le vent; le soleil se lève et se couche, les lantes poussent; la pluie tombe; nous mangeons deux ou rois fois par jour : ce sont là autant de phénomènes que la cience a pour but d'étudier. Elle se nomme astronomie, otanique, zoologie, physique, chimie...., suivant l'objet de on étude.

**2. Physique et Chimie.** — La *Physique* et la *Chimie* se proosent principalement d'étudier les phénomènes produits ar les corps terrestres non vivants.

La *Physique* s'occupe plus spécialement des phénomènes ui n apportent dans la nature des corps que des modificaions passagères, susceptibles de disparaitre avec la cause ui les a fait naître. La pierre qui tombe, après sa chute est oujours une pierre; le morceau de plomb fondu par la chaeur ne cesse pas d'être du plomb, et il reprend son aspect rimitif quand on cesse de le chauffer; le miroir devant equel on se place n'est pas altéré par l'action de la lumière : près avoir reproduit les traits du visage, il reste le moreau de verre qu'il était auparavant Voilà des phénomènes hysiques. En physique, nous étudierons ces phénomènes et aussi leurs causes : pesanteur, chaleur, lumière, électricité.

Dans le domaine de la *Chimie* rentrent les phénomènes qui modifient profondément le corps dans son essence même Un morceau de charbon brûle, il disparaît à nos yeux, nous ne le reverrons plus; une pierre calcaire, longtemps chauffée, se transforme en un morceau de chaux susceptible de se délayer dans l'eau : ce sont là des phénomènes chimiques. La chimie nous montrera ce qu'est devenu le morceau de charbon brûlé; elle nous dira ce qui distingue le morceau de chaux de la pierre ordinaire.

**3. Propriétés essentielles des corps.** — Du reste, que l'on examine les corps en physicien ou en chimiste, on ne tarde pas à remarquer que tous conservent, dans toutes leurs manifestations, certaines propriétés essentielles.

Tous sont *inertes*, c'est-à-dire incapables de se mettre d'eux-mêmes en mouvement.

Tous sont *impénétrables*, c'est-à-dire que jamais deux corps ne peuvent exister en même temps au même endroit. Lorsqu'un clou est enfoncé dans une planche, il repousse le bois pour prendre sa place; mais là où se trouve maintenant le clou il n'y a plus de bois; lorsque l'eau pénètre dans une éponge, elle se loge dans de petits trous nommés *pores*, qui sillonnent l'éponge dans tous les sens; mais en aucun point il n'y a à la fois de l'eau et de l'éponge.

Tous les corps sont encore *divisibles*, c'est-à-dire susceptibles d'être partagés en un grand nombre de morceaux plus petits : il nous est impossible de concevoir un corps qui ne soit pas divisible.

*Inertie*, *impénétrabilité*, *divisibilité*, telles sont les propriétés *essentielles* de la matière.

**4. Divers états physiques des corps.** — Mais, à côté de ces points communs à tous les corps, nous remarquerons de nombreuses différences. Il nous faut dès maintenant en signaler une, la plus importante. La matière se présente à nous sous trois états différents : l'*état solide*, l'*état liquide*, l'*état gazeux*.

Les *corps solides*, comme le bois, le verre, la pierre, ont une forme qui leur est propre, et qui ne peut être modifiée sans un certain effort. Les différentes parties qui constituent le solide sont comme fixées les unes aux autres : on ne peut les séparer sans modifier profondément le solide, sans le briser.

Les *liquides*, tels que l'eau, l'huile, l'alcool, n'ont pas de forme qui leur soit propre : ils se moulent sur le vase qui les renferme. Les parties qui constituent le liquide sont tellement mobiles les unes par rapport aux autres qu'on les sépare sans effort, qu'on les fait glisser les unes sur les autres sans changer l'aspect du liquide, sans le modifier.

Viennent enfin les *gaz* : comme les liquides, ils se moulent exactement sur les vases qui les renferment ; mais, tandis que les liquides ont un volume fixe, les gaz, au contraire, s'étendent indéfiniment, augmentent ou diminuent très facilement de volume, de manière à remplir toujours complètement l'espace qui leur est abandonné. L'air qui nous entoure, l'acide qui sort de l'eau de Seltz, l'acide si nauséabond qui se dégage des fosses d'aisances, sont des gaz.

Il ne faudrait pas croire cependant qu'entre la substance intime des solides, des liquides et des gaz il y ait des différences essentielles : un même corps peut prendre successivement les trois états.

La glace de l'hiver devient de l'eau au printemps, puis, sous l'action du soleil, elle se réduit en une vapeur invisible, en un gaz, qui se mêle à l'air. Cette vapeur reprendra bientôt l'état liquide et tombera en pluie sur le sol ; peut-être reformera-t-elle ensuite un nouveau bloc de glace.

Et, malgré tant de changements d'aspect, la substance de l'eau aura toujours été la même.

**5. Compressibilité et élasticité.** — Outre les *propriétés essentielles*, sans lesquelles il nous serait impossible de concevoir l'existence des corps, il existe des *propriétés générales*, qui sont communes à tous les corps, bien qu'elles ne nous semblent pas, à première vue, aussi nécessaires que les précédentes.

Ainsi tous les corps sont *pesants*, comme nous le verrons bientôt.

Ils sont tous *compressibles* et *élastiques*.

La *compressibilité* est la propriété que possèdent tous les corps de diminuer de volume, quand on les soumet à une action mécanique ou à un abaissement de température. Les solides et les liquides sont très peu compressibles. L'eau, même très fortement pressée, n'éprouve qu'une diminution de volume difficile à constater.

Pour les gaz, au contraire, la compressibilité est considérable.

Prenons un tube de verre fermé à l'une de ses extrémités; ce tube est plein d'air (*fig.* 1). Bouchons par un piston l'extrémité ouverte et exerçons une pression sur la tige : nous réduirons ainsi aisément l'air à la moitié, au quart, au dixième de son volume primitif.

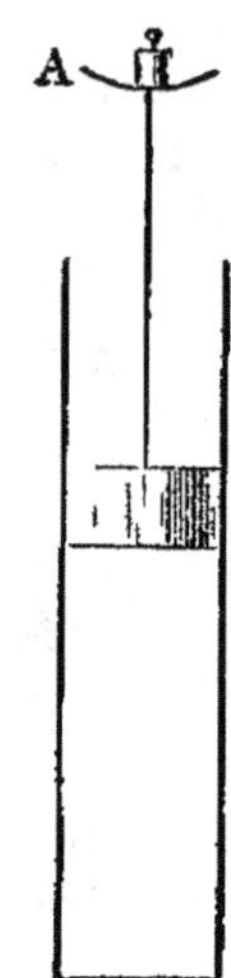

Fig. 1. — Les gaz sont compressibles et élastiques.

L'*élasticité* est la propriété que possèdent la plupart des corps comprimés de reprendre leur forme et leur volume primitif dès que la cause de compression a cessé d'agir.

Parmi les solides les plus élastiques on peut citer l'acier trempé, le caoutchouc, l'ivoire, le verre, le marbre....

Les liquides, fort peu compressibles, sont parfaitement élastiques, et ils reprennent exactement leur volume primitif quand la pression à laquelle ils ont d'abord été soumis vient à disparaître.

L'élasticité des gaz n'est pas moindre. L'air dont le volume a été fortement diminué par l'effet d'une compression suffisante repousse fortement les parois du vase qui le renferme; si la compression vient à cesser, le volume augmente aussitôt.

# LIVRE PREMIER

## PESANTEUR

### CHAPITRE PREMIER

### MOUVEMENT ET ÉQUILIBRE DES CORPS PESANTS.

#### I. — CHUTE DES CORPS.

**6. Chute des corps.** — Un corps quelconque, d'abord tenu à la main, puis abandonné à lui-même, se met aussitôt en mouvement; il tombe vers la terre jusqu'à ce qu'un obstacle vienne l'arrêter. C'est là une loi générale; et si quelques corps, tels que les ballons ou la fumée, semblent y échapper, nous en verrons plus tard la raison. Examinons de près les circonstances de cette chute.

Fig. 2. — Tous les corps tombent dans une direction verticale.

**7. Direction de la chute des corps.** — Prenons entre les doigts l'une des extrémités d'un fil flexible, et à l'autre attachons un corps lourd, une balle de plomb, par exemple : nous aurons ce qu'on nomme un *fil à plomb* (*fig.* 2).

Par le haut, passons dans le fil un petit anneau et lâchons-le ensuite. Nous le voyons glisser rapidement le long du fil, sans le toucher ni à droite ni à gauche, arriver bientôt à la balle de plomb, qui passe au travers, puis continuer sa route jusqu'au sol dans la direction tracée par le prolongement du fil.

Si nous répétons notre expérience en remplaçant le premier anneau par un second, puis par un troisième, un quatrième... faits de substances différentes, elle réussira de la même manière.

Fig. 3. — La direction de la chute est perpendiculaire à la surface des eaux tranquilles.

Tous les corps en tombant suivent donc la même direction, celle du fil à plomb.

Plaçons maintenant notre fil à plomb au-dessus d'un vase plein d'eau. Nous pouvons constater, à l'aide d'une équerre, qu'il ne penche ni d'un côté ni de l'autre, qu'il est perpendiculaire à la surface horizontale de l'eau, c'est-à-dire vertical (*fig.* 3).

Nous pouvons donc énoncer cette première loi : *La chute des corps se fait suivant la direction verticale.*

Nous savons que la verticale prolongée passe par le centre de la terre. Les corps tombent donc vers le centre de la terre, et ils finiraient par y arriver si rien ne les arrêtait en route.

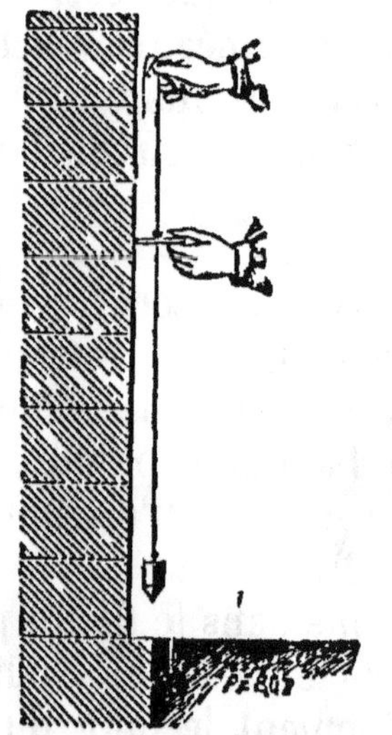

Fig. 4.— A l'aide du fil à plomb, on reconnait si un mur est vertical.

**8. Usage du fil à plomb.** — Le fil à plomb est constamment employé par les maçons pour vérifier la verticalité des murs qu'ils élèvent.

Il se compose alors d'une ficelle supportant un poids de plomb ou de fer; une plaque carrée, percée en son centre, peut glisser le long de la ficelle. On applique l'un des côtés de la plaque contre le haut du mur : si celui-ci est vertical, le fil est parallèle à la surface du mur, c'est-à-dire que l'extrémité inférieure du fil est à la même distance du mur que l'ouverture de la pièce mobile (*fig.* 4).

Le fil à plomb sert aussi à vérifier l'horizontalité d'une ligne. Il est, dans ce cas, fixé à une double équerre, que l'on applique sur la ligne (*fig.* 5). Est-elle horizontale, le fil passe devant le repère A marqué au milieu du pied de la double équerre. N'est-elle pas horizontale, le fil passe à côté du repère A, et s'en écarte d'autant plus que la condition d'horizontalité est plus loin d'être remplie.

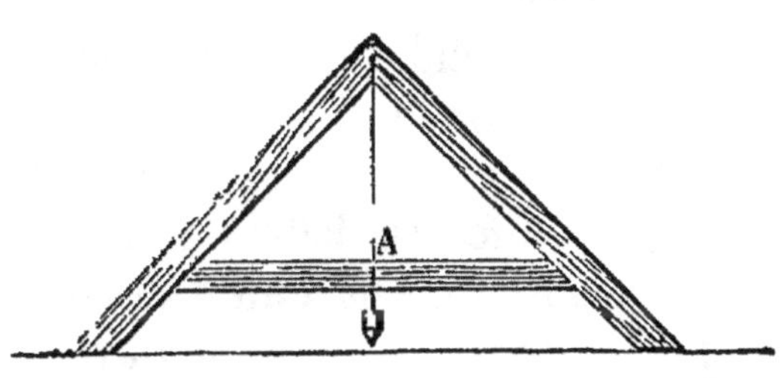


Fig. 5. — Avec l'equerre des maçons, on reconnaît si un plan est horizontal.

**9. Chute dans le vide.** — Tous les corps tombent avec la même vitesse, quand rien ne vient ralentir leur chute : la lenteur de la descente des corps très légers tient uniquement à la résistance de l'air, qui s'oppose à l'accélération du mouvement.

L'expérience suivante démontre que les corps les plus légers tombent aussi vite que les plus lourds, lorsqu'on les soustrait à l'influence perturbatrice de l'air.

On prend un gros tube de verre, long de 2 mètres, et fermé à ses deux extrémités (*fig.* 6). On y introduit des grains de plomb, de petits morceaux de papier, des brins de plume ; puis, à l'aide d'un instrument nommé la *machine pneumatique*, on en retire l'air. Qu'on retourne alors vivement le tube bout pour bout, on voit tous les corps qui y sont contenus tomber comme une seule masse, sans se séparer les uns des autres.

Si, en ouvrant le robinet, on laisse entrer un peu d'air, et qu'on retourne de nouveau le tube, les brins de plume commencent à prendre quelque retard, retard d'autant plus sensible que l'air est rentré en plus grande quantité.

A défaut de tout instrument, on peut montrer l'influence de l'air par quelques expériences simples. Prenons deux feuilles de papier absolument semblables, et lâchons-les dans l'air : elles tomberont lentement, oscillant de droite à gauche. Reprenons-les; froissons l'une d'elles de manière à en faire une boule de petit volume, et laissons-les tomber de nouveau. La première tombe encore lentement; la seconde, qui maintenant offre à l'air bien peu de prise, descend aussi vite que le ferait un morceau de plomb.

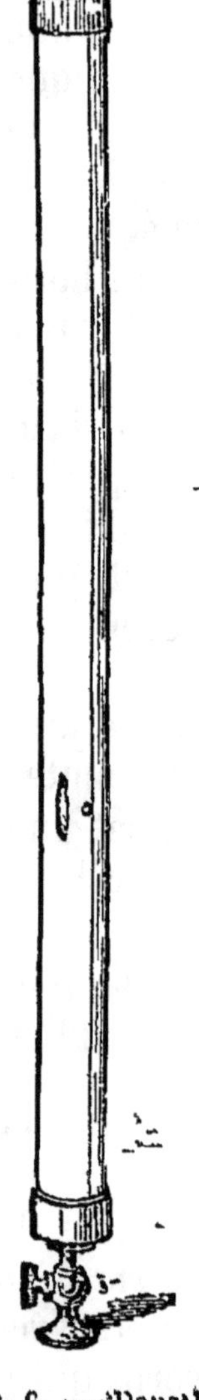

Fig. 6. — Dans le vide, tous les corps tombent avec la même vitesse.

Voici une pièce de monnaie; taillons dans du papier une rondelle de même grandeur, et examinons la chute de nos deux objets. Le sou est à terre bien avant le papier. Plaçons ensuite le papier sur le sou, sans cependant l'y coller, et laissons tomber une seconde fois. Le sou écarte l'air; il l'empêche de retarder la chute du papier : les deux corps arrivent sur le sol en même temps.

De ces expériences si variées, nous sommes en droit de tirer la seconde loi de la chute des corps : *Dans le vide, tous les corps tombent avec la même vitesse.*

**10. Vitesse pendant la chute; espaces parcourus.** — Pendant la chute, le corps pesant va de plus en plus vite, et l'accroissement de sa vitesse se fait régulièrement. On dit dès lors que *le mouvement de chute est uniformément accéléré.*

Quand un corps tombe depuis un certain nombre de secondes, on obtient sa vitesse en multipliant le nombre de secondes qui représente la durée de la chute par un nombre constant, égal à 9,8.

Ainsi, lorsqu'un corps est tombé pendant 8 secondes, il

a, au bout de ce temps, une vitesse de $8 \times 9{,}8 = 78^{m},4$ par seconde : c'est 40 fois la vitesse de nos trains de chemin de fer.

Quant à l'espace parcouru depuis l'origine de la chute, *il est proportionnel au carré du temps employé à le parcourir.*

On obtient cet espace en multipliant le carré du temps par la moitié du nombre 9,8. Si la chute dure 5 secondes, l'espace parcouru est $5^2 \times \frac{9{,}8}{2} = 122^{m},5$.

### *Résumé.*

La chute des corps obéit aux quatre lois suivantes :

1° La chute se fait suivant la direction verticale.

2° Dans le vide, tous les corps tombent avec la même vitesse.

3° Un corps qui tombe a un mouvement uniformément accéléré.

4° Quand un corps tombe, l'espace qu'il parcourt est proportionnel au carré du temps employé à le parcourir.

## II. — PESANTEUR.

**11. Pesanteur.** — On appelle *pesanteur* la cause qui fait tomber les corps. De ce que les corps tombent dans une direction verticale, on conclut que *la pesanteur agit dans une direction verticale, qu'elle est dirigée vers le centre de la terre.*

Prenons maintenant un corps solide quelconque, et réduisons-le en morceaux. Ces morceaux, abandonnés à eux-mêmes, tomberont tous, comme le corps primitif : la pesanteur agit donc sur chaque fragment comme elle agissait sur le corps entier. Et quand bien même les fragments seraient en nombre immense, aussi ténus que la plus fine poussière, ils ne cesseraient pas pour cela de tomber.

Nous devons, par conséquent, nous représenter l'action de la pesanteur sur un corps comme la somme d'une infinité d'actions exercées sur toutes les particules du corps.

Toutes ces forces, appliquées aux différentes particules, sont égales entre elles, puisqu'elles feraient tomber toutes ces particules avec la même vitesse (§ 9), et elles sont toutes verticales, toutes dirigées vers le centre de la terre.

**12. Centre de gravité.** — Considérez un corps dont les diverses particules soient indépendantes les unes des autres, capables de se séparer sans effort les unes des autres. Il faudra, pour empêcher le corps de tomber, soutenir séparément chacune des particules : celles qui ne seraient pas directement soutenues tomberaient sous l'action de la pesanteur, se séparant ainsi des autres.

Imaginez, au contraire, un corps solide, formé de particules agglomérées solidement les unes avec les autres, comme cela a lieu dans une pierre, dans un morceau de bois ou de carton. Pour empêcher ce solide de tomber, il suffira de le soutenir en un point avec assez de force : on pourra, par exemple, l'attacher à une ficelle, comme on le fait dans le fil à plomb.

Par exemple, prenez une planchette ayant la forme d'un polygone, et suspendez-la à un fil par le som-

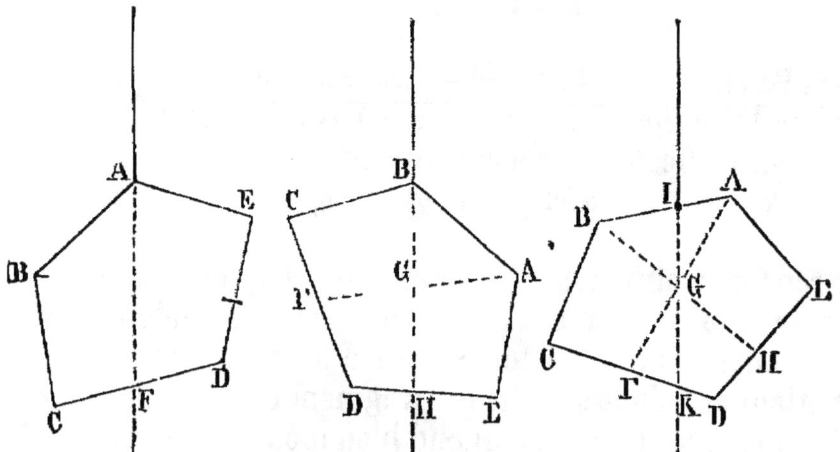


Fig. 7. — Quand on suspend un corps par un cordon, la direction prolongée du fil de suspension passe par le centre de gravité.

met A (*fig.* 7). Elle se tiendra immobile dans la position ABCDE, soutenue par la résistance du fil, et le fil sera tendu comme si l'action de la pesanteur sur toutes les particules de la planchette se trouvait concentrée en un point quelconque de son prolongement AF.

Suspendez maintenant la planchette par le sommet B : elle prendra une nouvelle position, et le fil sera tendu comme si l'action de la pesanteur était concentrée en un point du prolongement BH.

Les deux lignes AF et BH, que vous avez ainsi tracées sur la planchette, se rencontrent en un point G, qu'on nomme *centre de gravité* du corps.

Si vous suspendez la planchette à une ficelle fixée en un point quelconque I de l'un des côtés, ou même en un point quelconque de l'intérieur du polygone, vous observerez que le prolongement IK du fil passera toujours par le point G. Quel que soit le point de suspension choisi, tout se passe comme si toutes les actions de la pesanteur étaient concentrées en ce point G ; et, dès lors, si le corps est suspendu par le point G lui-même, il restera immobile dans quelque position qu'il soit placé.

**13. Equilibre des corps.** — Reprenez votre planchette polygonale, suspendez-la à un fil attaché en un point quelconque I, et abandonnez l'appareil à lui-même. Vous le voyez osciller de droite à gauche jusqu'à ce que le fil soit devenu immobile, et que le point G soit sur le prolongement vertical IK du fil de suspension. Appuyez à ce moment sur l'un des côtés du polygone, de façon à déplacer son centre de gravité : le balancement du corps recommencera et durera jusqu'à ce que le point G soit revenu dans le prolongement du fil.

Cette expérience vous montre qu'un corps suspendu à un fil ne peut pas demeurer immobile, en équilibre, si son centre de gravité n'est pas situé sur la verticale IK menée par le point I de suspension.

Il en est de même quand le corps repose sur un plan horizontal. Pour que l'équilibre ait lieu, il faut que la verticale menée par le centre de gravité passe par le point d'appui. Supposez qu'une pyramide de bois repose sur une table par sa pointe (*fig.* 8) : elle ne se tiendra immobile que si la verticale menée par le centre de gravité G passe juste par la pointe. Comme cette condition

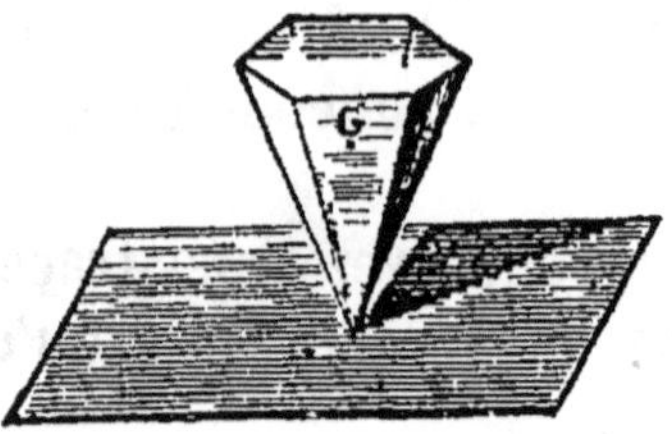


Fig. 8. — Équilibre instable.

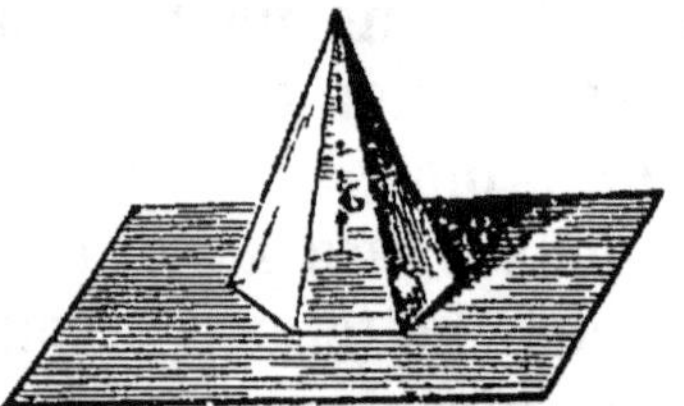


Fig. 9. — Équilibre stable.

est difficile à réaliser, on n'arrivera qu'avec peine à faire tenir la pyramide sur sa pointe. En admettant qu'on y arrive, il suffira du moindre mouvement pour rompre l'équilibre et déterminer la chute du corps : *l'équilibre sera dit instable.*

Mais que la pyramide repose, au contraire, sur sa base (*fig.* 9) : la verticale menée par le centre de gravité tom-

Fig. 10 et 11. — Un homme portant un fardeau se place toujours dans une position telle, que le centre de gravité de sa masse entière, y compris le fardeau, tombe entre les pieds.

bera forcément dans l'intérieur du polygone d'appui; et l'équilibre sera assuré, en même temps qu'il sera *stable.*

Ainsi, pour qu'un homme soit en équilibre sur ses pieds, il faut que la verticale menée par son centre de gravité tombe dans le polygone formé par les deux pieds et l'espace qu'ils laissent entre eux (*fig.* 10 et 11).

La considération du centre de gravité joue un rôle essentiel dans les constructions, le chargement des voitures, les différentes positions que peut prendre notre corps.

Une voiture, par exemple, est sur un terrain horizontal : la verticale abaissée du centre de gravité tombe entre les roues, la voiture est en équilibre. Que l'une des roues monte sur un talus élevé : la verticale passant par le centre de gravité tombe en dehors de l'espace que comprennent les roues entre elles, l'équilibre n'est plus possible, la voiture verse.

### *Résumé.*

La *pesanteur* est la cause de la chute des corps.

La *pesanteur* est dirigée vers le centre de la terre; elle agit sur toutes les particules des corps.

Le *centre de gravité* d'un corps est un point tel, que si l'on suspend le corps par ce point, il reste immobile, en équilibre, dans quelque position qu'il soit placé.

Pour qu'un corps solide soit en équilibre, il faut que la verticale menée par le *centre de gravité* passe par un point fixe.

## III. — BALANCE.

**14. Poids.** — La *pesanteur* agit sur toutes les particules des corps; la somme de ces actions constitue le *poids*.

Il faut donc distinguer la *pesanteur*, cause de la chute, qui est la même pour tous les corps, du *poids*, variant d'un corps à l'autre, *somme des actions de la pesanteur sur les différentes parties du corps*. Le poids est mesuré par l'effort que l'on doit faire pour empêcher le corps de tomber.

**15. Balance.** — La balance a pour but de comparer le poids des différents corps avec celui d'un autre, conventionnellement choisi. L'unité adoptée est le poids d'un centimètre cube d'eau pure : on la nomme *gramme*. Le gramme, ses différents multiples et sous-multiples, sont, dans la pratique, exécutés en laiton ou en fonte, et portent le nom de *poids marqués* ou simplement de *poids*.

Il importe de bien connaître le principe et l'usage de la balance, qui est partout et à chaque instant employée.

**16. Principe et description de la balance ordinaire.** — La *balance ordinaire* (*fig.* 12) se compose d'une *tige rigide* (ou *levier*), à laquelle on donne le nom de *fléau de la balance*.

Fig. 12. — La balance sert à comparer entre eux les poids des corps.

Il est traversé en son milieu par une barrette d'acier nommée *couteau*. L'arête du couteau repose sur un plan d'acier poli, porté par le pied de l'appareil. Le fléau peut osciller librement autour de cette arête.

Aux deux extrémités du fléau sont suspendus les *plateaux* dans lesquels seront placés les objets à peser.

Lorsque les plateaux sont vides, le fléau se met en équiibre dans la position horizontale. Tout étant symétrique e part et d'autre du couteau, il n'y a évidemment aucune raison pour que le fléau penche d'un côté plutôt que de l'autre.

Des poids *égaux* étant placés dans les plateaux, l'équilibre subsiste dans la même position.

Si, au contraire, les poids sont *inégaux*, le fléau penche u côté du poids le plus lourd.

Pour qu'on puisse voir bien exactement quand le fléau st horizontal, on a ajouté en son milieu une aiguille, qui 'élève au-dessus du pied. Cette aiguille suit les mouvenents du fléau, en parcourant les divisions d'un cadran mmobile fixé au pied de l'appareil. Pour que le fléau soit orizontal, il faut que l'aiguille s'arrête devant la division narquée zéro sur le cadran.

**17. Usage de la balance.** — Supposons que nous vouions peser un morceau de sucre : nous le plaçons dans 'un des plateaux, et dans l'autre nous ajoutons successivement des poids marqués, jusqu'à ce que le fléau soit evenu horizontal : les poids qui sont alors sur le plateau eprésentent le poids du morceau de sucre.

Nous voulons maintenant avoir 225 grammes de sucre : ans un plateau mettons 225 grammes de poids marqués, t dans l'autre ajoutons peu à peu les morceaux de sucre : u moment de l'équilibre, nous aurons nos 225 grammes e sucre dans le plateau.

**18. Justesse de la balance.** — Mais ceci suppose que la alance est juste.

On dit qu'une balance est *juste* lorsqu'elle se tient en quilibre dans la position horizontale avec des poids égaux lacés dans les deux plateaux.

Une balance est juste quand *les deux bras du fléau ont rigoureusement de même longueur et de même poids,* t que *les plateaux sont eux-mêmes du même poids.*

Mais, dans la pratique, il est impossible de mesurer xactement la longueur des bras du fléau pour voir s'ils sont égaux. On ne peut pas non plus placer dans les plateaux des poids égaux pour voir s'il y a équilibre : car on n'a pas plus de raison d'avoir confiance dans l'égalité des poids marqués que dans la justesse de la balance. On opère autrement.

Assurons-nous d'abord que, les plateaux n'étant pas chargés, la balance se met en équilibre dans une position horizontale.

Plaçons maintenant dans les deux plateaux des objets quelconques, par exemple de la grenaille de plomb, de manière que l'équilibre ait encore lieu ; puis changeons de côté les deux plateaux ainsi chargés, mettant à droite celui qui était à gauche, à gauche celui qui était à droite. Si la balance est juste, l'équilibre persiste; si elle est fausse, l'équilibre n'a plus lieu.

Quand on s'est assuré que la balance est juste, on l'emploie pour vérifier la justesse des poids marqués dont on doit se servir. On constate, par exemple, que les deux poids de 10 grammes font bien équilibre à celui de 20 grammes, que les deux poids de 100 grammes font exactement équilibre à celui de 200 grammes, et ainsi de suite pour tous les poids de la boîte.

**19. Double pesée.** — Quand une balance n'est pas juste, elle peut cependant servir à faire des pesées exactes.

On n'a qu'à opérer, pour cela, par la méthode dite de la *double pesée*.

Dans l'un des plateaux, on met le corps à peser, et dans l'autre on ajoute de la grenaille de plomb jusqu'à ce qu'il y ait équilibre. Puisque la balance est fausse, la grenaille de plomb n'a pas le même poids que le corps; mais cela importe peu. On enlève alors le corps et on le remplace par des poids marqués, ajoutés peu à peu, jusqu'à ce que l'équilibre se trouve rétabli. Ces poids, qui ont remplacé le corps, qui sont là où il se trouvait quelques instants auparavant, qui font, comme le corps, équilibre à la grenaille de plomb, donnent évidemment *son poids exact*, que la balance soit juste ou fausse.

**20. Balance de Roberval.** — La balance ordinaire n'est pas la seule employée. Nous allons rapidement passer en revue quelques-unes des autres.

La *balance de Roberval* (*fig.* 13) tend à remplacer de plus en plus, dans les usages journaliers, la balance ordinaire. Elle a sur celle-ci l'avantage d'avoir des plateaux complètement libres, sans ces cordons de suspension qui, dans bien des cas, sont très gênants. C'est une simple modification de la balance ordinaire : les plateaux, au

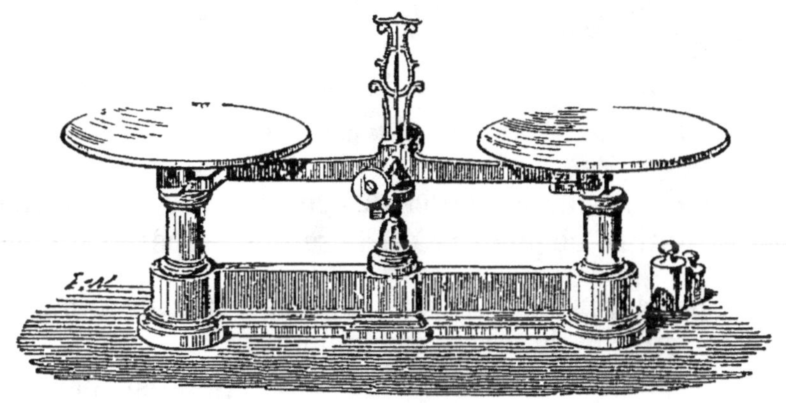

Fig. 13. — La balance de Roberval a l'avantage d'éviter l'emploi de cordons.

lieu d'être suspendus au-dessous du fléau, sont posés sur les extrémités des bras de levier. Des articulations convenablement disposées leur permettent de rester horizontaux pendant les oscillations du fléau.

**21. Bascule.** — Dans la *bascule* (*fig.* 14) il y a encore un fléau; mais ce fléau n'est pas suspendu par son milieu. Il est constitué par une barre de fer très résistante, dont l'une des branches est dix fois plus longue que l'autre.

Le plateau sur lequel on place le corps à peser est formé d'une grande plate-forme horizontale; les poids sont mis dans un plateau ayant la disposition de celui des balances ordinaires.

Pour avoir le poids d'un corps à l'aide de la bascule, il

faut multiplier par 10 la valeur des poids marqués qui lui font équilibre.

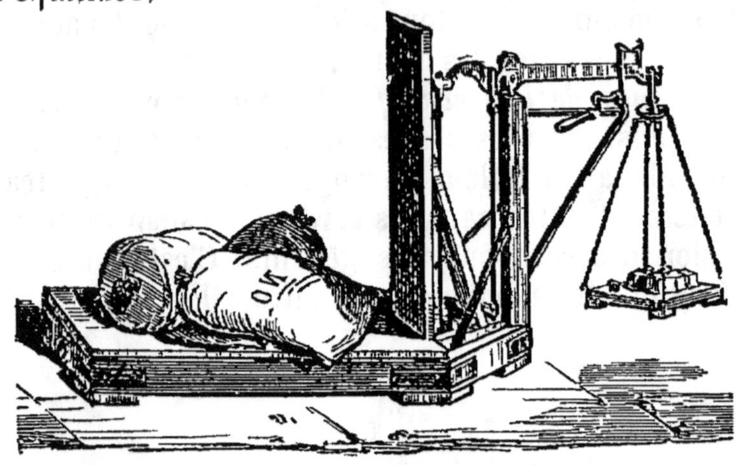

Fig. 14. — La bascule permet de peser de gros objets avec de petits poids.

La bascule permet de peser des corps assez lourds avec un petit nombre de poids : c'est là son principal avantage.

22. **Balance romaine.** — La *balance romaine* (*fig.* 15) est la plus simple de toutes les balances.

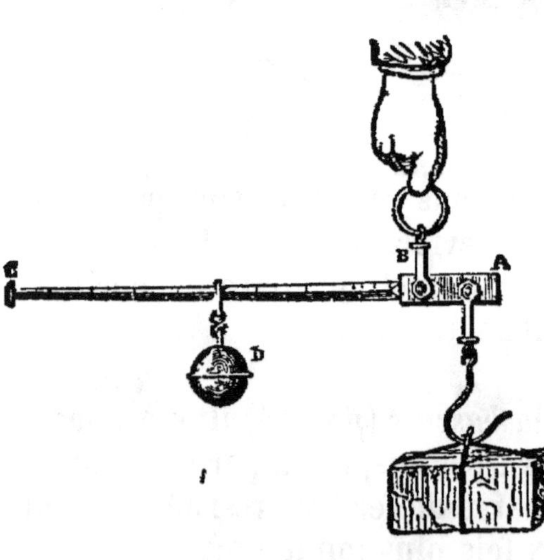


Fig. 15. — La romaine permet de faire toutes les pesées avec un même poids.

L'axe de suspension B est tenu à la main par l'intermédiaire d'un anneau. A l'extrémité du bras BA du fléau, dont la longueur est invariable, est fixé un crochet ou un plateau destiné à supporter les objets à peser. Le long de l'autre bras BC, qui a été préalablement gradué au moyen de poids marqués, glisse un poids unique D.

Au crochet attachons un objet, et faisons glisser le poids D vers la gauche ou vers la droite jusqu'à ce qu'il y ait équilibre, c'est-à-dire jusqu'à ce que le fléau soit horizontal.

Le chiffre marqué en face du point où est alors arrêté le poids D est justement le poids du corps.

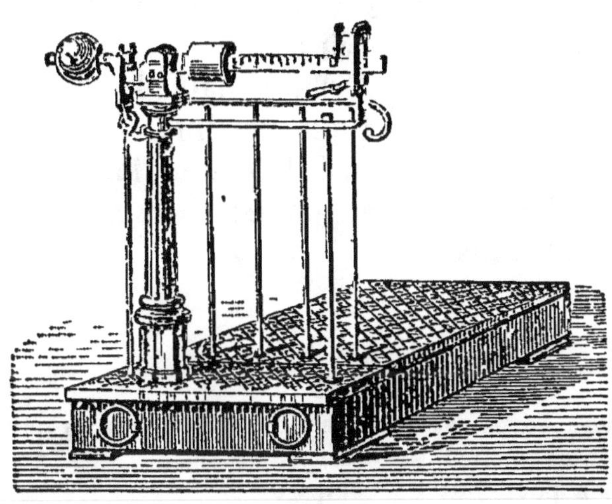

Fig. 16. — La bascule des chemins de fer est une combinaison de la bascule et de la romaine.

La *bascule des chemins de fer* (*fig.* 16) réunit en un seul appareil la bascule ordinaire et la romaine.

**23. Dynamomètre.** — On peut aussi peser les corps avec des instruments nommés *dynamomètres*, complètement différents des balances.

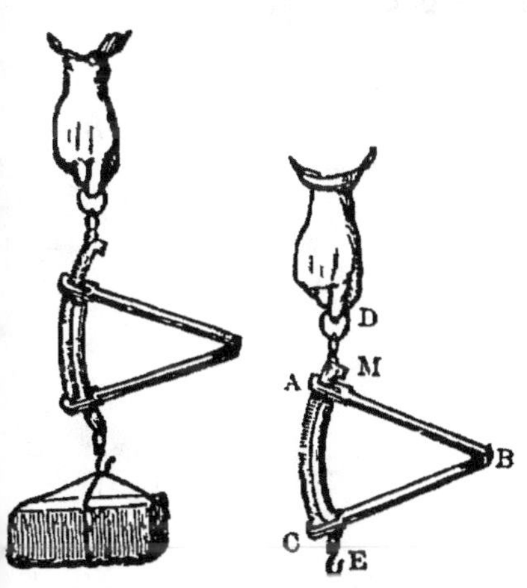


Fig. 17. — Le peson est basé sur l'élasticité des ressorts.

Le *peson à ressort* (*fig.* 17) est un dynamomètre. Il se compose d'un ressort d'acier ABC recourbé en B. En C est attaché un arc de fer, qui s'élève, passe dans une ouverture pratiquée en A, et se termine par un anneau, qu'on tient à la main. En A est fixé un second arc ME, qui s'abaisse et se termine par un crochet, auquel on suspend le corps à peser.

Le poids du corps, faisant fléchir le ressort, en rapproche les deux extrémités. Ce rapprochement est mesuré sur l'arc AC, que l'on a gradué en suspendant successivement au crochet divers poids marqués. Le nombre qui indique la flexion du ressort donne le poids du corps suspendu.

Le dynamomètre peut servir à d'autres usages qu'à des pesées. Prenons l'anneau D d'une main, le crochet E de l'autre, et tirons aussi fort que possible. La flexion du ressort nous donnera, à l'aide de la graduation de l'arc AC, l'effort exercé dans cette traction. Nous connaîtrons ainsi la force de notre bras.

## *Résumé.*

Le *poids* d'un corps est la somme des actions de la pesanteur sur les différentes parties de ce corps.

La *balance* a pour but de comparer entre eux les poids des corps.

La *balance ordinaire* a des bras égaux et de même poids, des plateaux de même poids. Quand elle est *juste*, elle se met en équilibre dans la position horizontale sous l'action de poids égaux placés dans les plateaux.

Il est aisé de vérifier la justesse d'une balance, et cette précaution est indispensable.

La *double pesée* permet de peser juste avec une balance fausse.

La *balance de Roberval*, la *bascule*, la *romaine*, le *dynamomètre*, peuvent aussi servir à faire des pesées.

# CHAPITRE II

## PROPRIÉTÉS DES CORPS A L'ÉTAT LIQUIDE.

### I. — ÉQUILIBRE DES LIQUIDES.

**24. Surface libre des liquides en équilibre.** — Quand on verse un liquide dans un vase, il se moule sur la forme du vase et se termine par une surface libre.

L'expérience nous montre que cette surface libre est plane et horizontale, perpendiculaire en chacun de ses points à la direction de la pesanteur, qui est verticale.

C'est là un fait d'expérience. On en trouve aisément l'explication quand on songe à la *mobilité* des liquides.

Supposons, en effet, que la surface terminale ne soit pas plane et horizontale : elle présentera une pente plus ou moins irrégulière (*fig.* 18), et toutes les particules, telles que M, qui sont vers le haut, glisseront à la partie inférieure, à cause de leur mobilité et de leur poids. Le liquide ne sera donc pas en repos. Le mouvement de descente ne s'arrêtera que lorsque la pente aura disparu.

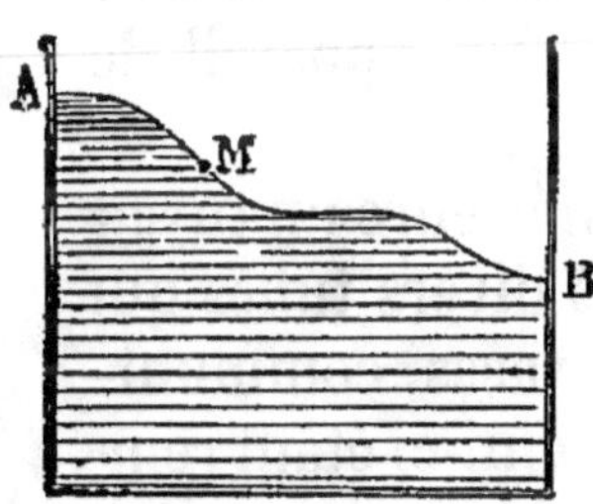

Fig. 18. — Un liquide ne peut être en équilibre si sa surface libre n'est pas plane et horizontale.

Donc, *quand un liquide est en repos, sa surface libre est plane et horizontale.*

Si la surface libre avait une très grande étendue, comme cela a lieu pour les eaux de la mer, elle ne serait

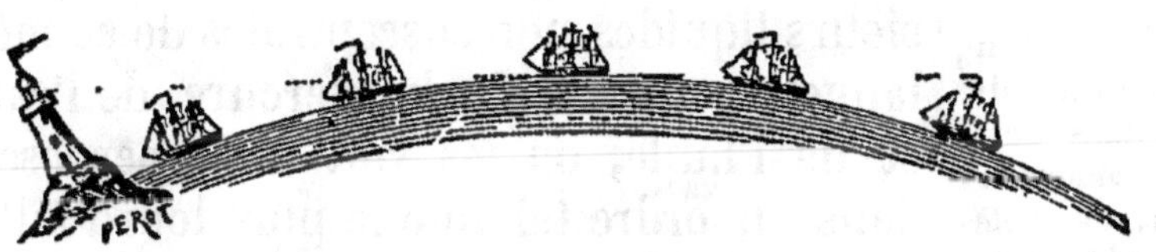
Fig. 19. — La surface terminale des eaux marines est sphérique.

plus plane et horizontale, mais perpendiculaire en chaque point à la verticale déterminée par le fil à plomb : elle aurait une forme sphérique. C'est à cause de cette forme courbe de la surface de la mer qu'on voit les vaisseaux qui s'éloignent du port émerger peu à peu au-dessus de l'horizon pour s'enfoncer ensuite et disparaître enfin (*fig.* 19).

**25. Vases communiquants.** — Quand deux vases communiquent par leur partie inférieure, la surface libre du liquide est plane et horizontale dans chacun des vases, et, de plus, le *liquide s'élève à la même hauteur dans les deux.*

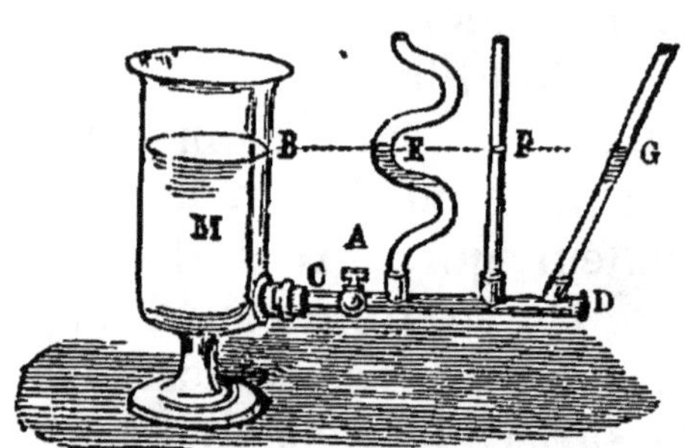

Fig. 20. — Un liquide versé dans des vases communiquants s'élève partout à la même hauteur.

L'observation journalière montre la vérité de ce fait. Un appareil de physique le met aussi en évidence (*fig.* 20).

Un vase de verre M porte à sa partie inférieure un tuyau CD, auquel sont ajustés divers tubes qui constituent autant de vases communiquant avec le premier. Celui-ci étant rempli d'eau, on ouvre le robinet A, et l'on voit aussitôt le liquide s'élever en E, F, G, jusqu'à ce qu'il soit à la même hauteur dans tous les vases.

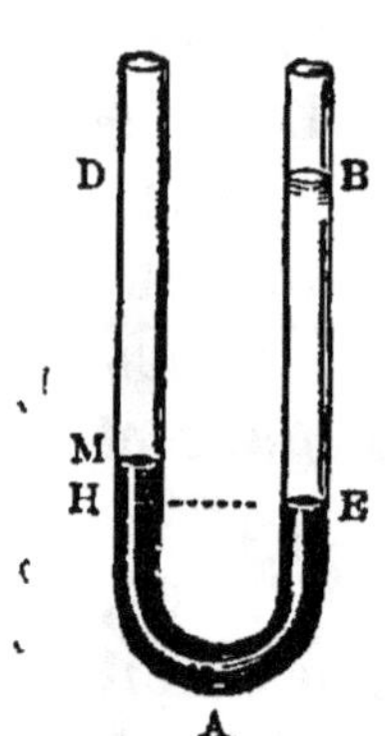

Fig. 21. — Deux liquides différents, versés dans deux vases communiquants, ne s'élèvent pas à la même hauteur.

**26. Équilibre des liquides superposés.** — Quand on verse dans un vase deux ou plusieurs liquides non susceptibles de se mélanger, par exemple du mercure, de l'eau et de l'huile, on les voit se superposer dans un ordre tel que le plus lourd aille au fond, et le plus léger en haut. *La surface de séparation de chaque liquide avec celui qui est au-dessus ou au-dessous est plane et horizontale.*

Deux liquides différents peuvent aussi être placés dans deux vases communiquants. Par l'ouverture D du premier (*fig.* 21), versons du mercure : il s'élèvera à la même hauteur dans les deux vases. Par l'ouverture B du second, ajoutons de l'eau : elle pressera sur le mercure E, le fera un peu descendre, et, dès lors. le mercure s'élèvera plus haut en M qu'en E. Si nous mesurons les hauteurs HM du mercure et EB de l'eau au-dessus du plan horizontal HE de séparation, nous verrons que ces deux hauteurs sont en raison inverse des densités[1] du mercure et de l'eau. La densité du mercure est 13 fois $\frac{1}{2}$ plus grande que celle de l'eau : la hauteur de l'eau sera 13 fois $\frac{1}{2}$ plus grande que celle du mercure.

De là la loi suivante :

*Lorsque, dans des vases communiquants, on introduit des liquides de densités différentes, les hauteurs de ces liquides, au-dessus de leur surface commune de séparation, sont en raison inverse de leurs densités respectives.*

**27. Applications du principe des vases communiquants.** — On trouve à chaque instant, dans la nature et dans les arts, l'occasion d'appliquer le principe des vases communiquants pour le cas d'un liquide unique.

1° *Eaux courantes.* — C'est parce que la surface libre des liquides tend toujours à devenir horizontale que les eaux de pluie coulent constamment le long des pentes des collines, descendent au fond des vallées pour former les ruisseaux, les rivières, les fleuves, qui se rendent à la mer.

2° *Niveau des mers.* — Les mers, qui presque toutes communiquent entre elles, ont aussi le même niveau, c'est-à-dire que leur surface terminale forme une sphère

1. On appelle, comme nous le verrons, *densité* d'un corps le poids d'un décimètre cube de ce corps. Un décimètre cube ou un litre de mercure pèse 13$^{kil}$,5 : la densité du mercure est donc 13,5. De même, celle de l'eau est 1; celle de l'huile 0,89; celle du fer 7,8.

à peu près parfaite. Seules, les mers intérieures, comme la mer Caspienne, peuvent avoir un niveau différent de celui des autres.

C'est à cause de cette constance du niveau des mers qu'on a pris l'habitude d'y rapporter l'altitude des différents points des continents.

3° *Sources.* — Pour la même raison, l'eau de pluie, qui s'est infiltrée à travers les couches perméables du sol, descend lentement entre ces couches pour sourdre ensuite dans les vallées, là où elle trouve une issue. Telle est l'origine des *sources.*

4° *Sources jaillissantes.* — Si l'eau d'infiltration n'a pour s'échapper qu'un chemin trop étroit, elle est forcée de s'accumuler dans les couches supérieures, ou même de rester à la surface des plateaux. L'eau qui s'échappe alors à l'ouverture inférieure tend à s'élever jusqu'au niveau supérieur d'où elle est partie : la source est jaillissante.

Les *puits artésiens* sont des sources jaillissantes qu'on a obtenues artificiellement, en allant, par un forage, chercher les nappes d'eau souterraines.

5° *Fontaines jaillissantes artificielles.* — Les fontaines jaillissantes naturelles se reproduisent tous les jours arti-

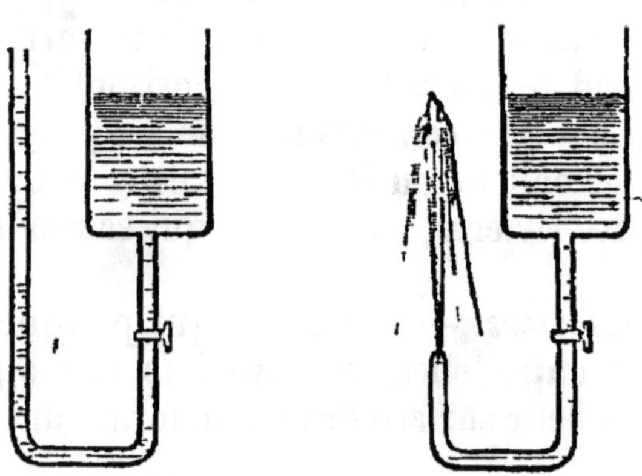

Fig. 22. — Les fontaines jaillissantes sont basees sur le principe des vases communiquants.

ficiellement dans les jardins. Un réservoir (*fig.* 22), placé à une certaine hauteur et rempli d'eau, porte à sa partie inférieure un tuyau, qui s'abaisse, entre dans le sol, et vient s'ouvrir au centre d'un bassin.

Si de là le tuyau s'élevait verticalement jusqu'à la hauteur du réservoir, l'eau y monterait jusqu'au niveau de celui-ci. Mais le tuyau s'arrête au niveau du sol : l'eau va donc s'élever en une gerbe verticale et retomber dans le bassin.

6° *Distribution de l'eau dans les villes.* — Dans certaines grandes villes, l'eau est distribuée aux habitants à tous les étages des maisons. C'est encore le principe des vases communiquants qui va nous faire comprendre par quel procédé. L'eau de la ville est conduite, soit naturellement, soit au moyen de grandes pompes à vapeur, dans un immense réservoir central, placé plus haut que le toit des maisons les plus élevées.

De là partent des tuyaux de conduite, qui se rendent à tous les étages : l'eau monte dans ces tuyaux pour prendre le niveau du réservoir central, et l'on n'a qu'à ouvrir un robinet pour la voir couler en abondance.

7° *Écluses.* — Les canaux de navigation sont formés de parties successives nommées *biefs*, dans chacune desquelles le niveau de l'eau est horizontal; d'un bief au suivant le niveau n'est pas le même. Les biefs sont mis en communication les uns avec les autres au moyen d'*écluses* destinées à faire passer les bateaux d'un niveau à un autre.

L'écluse n'est autre chose qu'une portion de canal fermée par deux portes A et B.

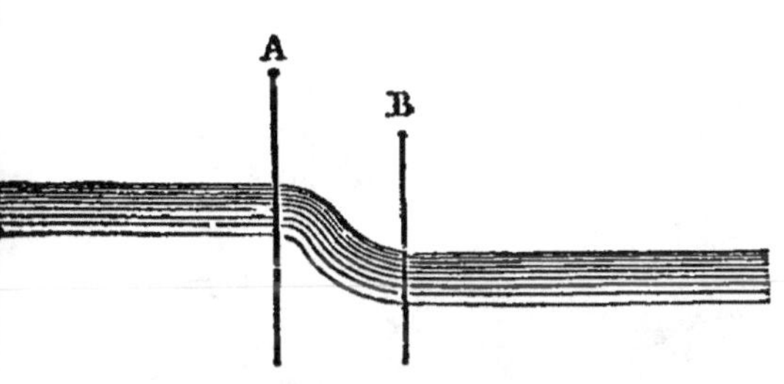

Fig. 23. — Une écluse permet de passer du bief supérieur au bief inférieur, ou inversement.

Quand les deux portes sont ouvertes (*fig.* 23), l'eau coule du bief supérieur dans le bief inférieur à cause de la différence de niveau. Que la porte B se ferme, l'écluse se remplira, et le bateau venant du bief supérieur y entrera aisément (*fig.* 24). Qu'on ferme alors la porte A, et qu'on laisse partir l'eau de l'écluse par une petite ouverture pratiquée dans la porte B, le niveau dans l'écluse deviendra le même que celui du bief inférieur, et le bateau pourra passer dans ce second bief aussitôt qu'on aura ouvert la porte B (*fig.* 25). Pour la montée, la manœuvre serait inverse.

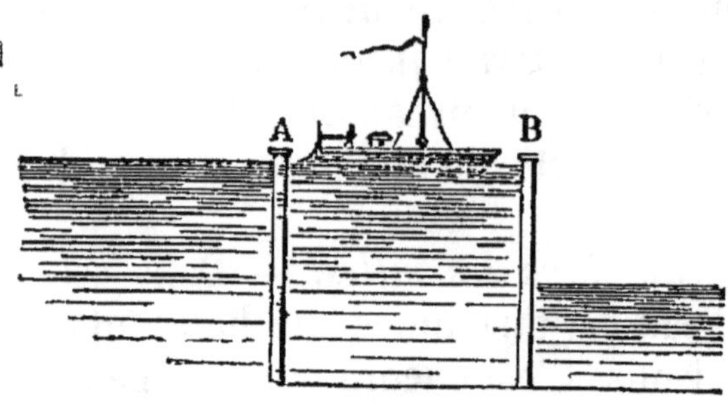

Fig 24. — L'écluse est pleine; le bateau est au niveau supérieur.

Fig. 25. — L'écluse est en partie vide; le bateau est au niveau inférieur.

8° *Niveau d'eau.* — Le niveau d'eau, si fréquemment employé par les géomètres pour les opérations de nivellement, est fondé sur le principe des vases communiquants.

Il se compose (*fig.* 26) de deux fioles de verre A et B,

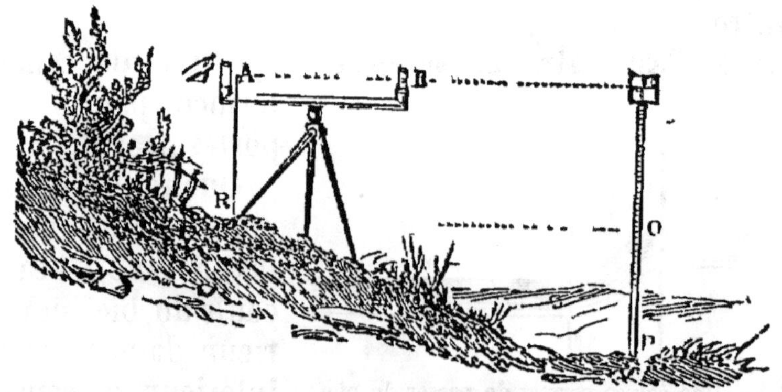

Fig. 26. — Le niveau d'eau sert à déterminer une direction horizontale.

mises en communication à leur partie inférieure par un tube en fer-blanc de 1m,20 de longueur. Ce tube est porté n son milieu par un trépied articulé, qui s'appuie sur e sol.

Le tube étant placé dans une position à peu près horiontale, on verse dans l'une des fioles de l'eau colorée pour qu'elle soit plus facilement visible). Lorsque l'eau 'est mise en équilibre dans les deux fioles, on peut être ssuré que les deux surfaces libres sont dans un plan hoizontal. En plaçant l'œil de manière à les viser à la fois outes les deux, on obtient donc une ligne horizontale ui permet de voir quels sont les points du sol qui sont u même niveau que l'instrument.

Le niveau d'eau permet aussi de mesurer la différence u niveau OP qui existe entre les points R et P, pris sur e terrain.

### *Résumé.*

Quand un liquide est en repos, sa surface libre est plane et orizontale.

Quand deux vases communiquent et renferment un même liquide, a surface libre est plane et horizontale dans chacun des vases, t, de plus, le liquide s'élève à la même hauteur dans les deux.

Lorsque, dans un même vase, on introduit des liquides de denités différentes, non susceptibles de se mélanger, ces liquides se uperposent par ordre de densité; la surface de séparation de chaque iquide avec celui qui est au-dessus ou au-dessous est plane et hoizontale.

Lorsque, dans des vases communiquants, on introduit des liquides e densités différentes, les hauteurs de ces liquides, au-dessus de eur surface commune de séparation, sont en raison inverse de leurs ensités respectives.

## II. — PRESSIONS DANS LES LIQUIDES.

**28. Transmission des pressions dans les liquides. Prinipe de Pascal** — *Toute pression exercée sur une portion uelconque de la surface d'un liquide se transmet dans ous les sens et avec une égale intensité.*

Tâchons d'abord de bien comprendre la signification le ce principe.

Soit un vase de forme quelconque, fermé de toutes parts et parfaitement plein d'eau (*fig.* 27). En différents points de la paroi pratiquons des ouvertures ayant toutes la même section, et fermons ces ouvertures par autant de pistons mobiles. Pour que l'eau ne repousse pas par son poids les pistons qui sont à la partie inférieure, il faudra exercer sur chacun un certain effort, juste assez grand pour le maintenir en place.

Chargeons alors le piston supérieur d'un poids de 1 kilogramme : chacun des autres pistons sera repoussé, et, pour l'empêcher de reculer, il faudra augmenter de 1 kilogramme la valeur de l'effort qu'on exerçait dessus auparavant. La pression de 1 kilogramme exercée par le premier piston sur le liquide s'est donc transmise à chacun des autres *avec une égale intensité;* elle s'est transmise à travers le liquide, et, grâce à la parfaite mobilité des molécules, elle s'est transmise dans *tous les sens*, puisque tous les pistons, dans quelque position qu'ils soient, ont été également poussés.

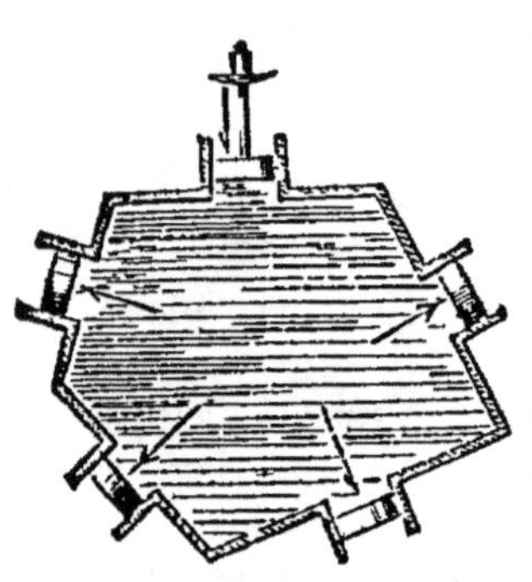

Fig. 27. — Principe de Pascal.

Si l'un des pistons avait été deux, trois, quatre fois plus grand que le premier, il est clair que la pression transmise dessus aurait été de 2, 3, 4 kilogrammes.

Cette expérience n'est pas facile à exécuter : aussi ne l'avons-nous indiquée que pour bien montrer le sens du principe de Pascal.

**29. Presse hydraulique.** — L'expérience peut être faite bien plus simplement de la manière suivante.

Deux tubes cylindriques, l'un gros, CD, l'autre petit, I, communiquent par leur partie inférieure au moyen d'un canal (*fig.* 28). On y verse de l'eau et on ferme les deux tubes par des pistons bouchant hermétiquement.

Sur le petit piston plaçons un poids de 1 kilogramme. Nous verrons aussitôt ce piston descendre, repoussant l'eau, tandis que le second piston, qui bouche le second tube, montera : il n'y aura pas équilibre. Pour contrebalancer la pression qui se transmet par l'eau, du petit au gros piston, il faudra charger ce dernier d'un poids assez fort.

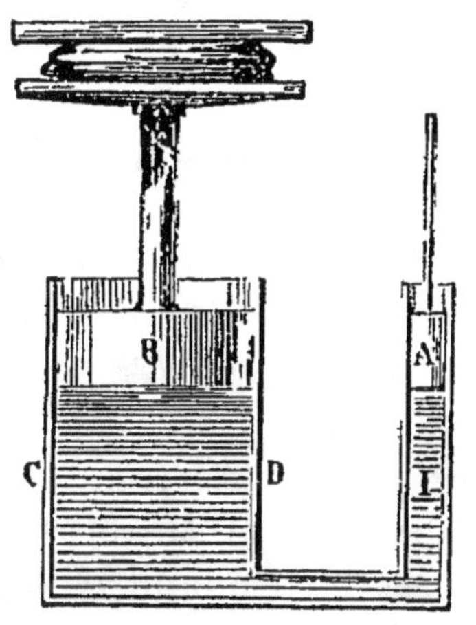


Fig. 28. — La presse hydraulique est une importante application du principe de Pascal.

Si la surface du gros piston est cinquante fois plus grande que celle du petit, c'est d'un poids de 50 kilogrammes qu'il faudra le charger pour l'empêcher de monter.

C'est bien là une démonstration expérimentale du principe de Pascal.

Elle nous montre, de plus, qu'avec cet appareil on peut exercer une pression considérable en n'employant qu'un faible effort. Il n'y aura qu'à presser sur le piston A avec une force de 10 kilogrammes pour que le piston B soit capable de soulever un poids de près de 500 kilogrammes, ou de presser fortement, entre une plate-forme mobile et un plafond fixe situé au-dessus, un objet que l'on veut comprimer.

L'appareil dont nous donnons ainsi le principe est la *presse hydraulique*. Il est très employé dans l'industrie. Veut-on exprimer l'huile des graines oléagineuses, comprimer le papier, les etoffes, les fourrages destinés à être transportés à de grandes distances; veut-on exercer sur un câble une forte traction, soulever des fardeaux d'un poids considérable : on se sert de la presse hydraulique.

**30. Pressions sur les parois des vases.** — Pour que les parois d'un vase éprouvent des pressions de la part du liquide qu'il renferme, il n'est pas nécessaire d'exercer cette pression par l'intermédiaire d'un piston, comme nous l'avons supposé dans le principe de Pascal.

Tout liquide étant pesant, il est clair que les couches

supérieures presseront de tout leur poids sur les couches inférieures, aussi bien que le ferait un poids appliqué sur un piston. Cette pression, due aux couches supérieures, se transmettra dans tous les sens, et sans perte, à toutes les portions de la paroi du vase.

Nous nous contenterons d'énoncer les règles qui permettent de calculer ces pressions.

1° *Pression sur le fond.* — *La pression exercée par un liquide sur le fond horizontal du vase qui le renferme est indépendante de la forme du vase; elle est toujours égale au poids d'une colonne de ce liquide ayant pour base le fond, et pour hauteur la distance du fond au niveau.*

Il résulte de cet énoncé que, dans une cuvette évasée par le haut, la pression sur le fond est bien moindre que le poids du liquide contenu. Au contraire, dans une carafe à goulot long et étroit, la pression sur le fond est bien supérieure au poids du liquide.

Il n'y a rien là qui doive nous étonner : l'eau que l'on verse dans le goulot étroit agit comme le petit piston de la presse hydraulique; elle exerce une pression qui se transmet sur le fond en se multipliant par le rapport qui existe entre la surface du fond et la section du goulot. Dans la presse hydraulique, avec un petit effort on soulève un poids énorme; dans une fiole à long col, avec peu de liquide on presse fortement le fond. C'est toujours le principe de Pascal.

Pascal a mis en évidence les puissants effets qu'on peut obtenir avec cette presse hydraulique d'un nouveau genre.

Il a muni une barrique bien close, et préalablement remplie d'eau, d'un grand tube de verre s'élevant le long du mur de sa maison jusqu'à une hauteur de plus de 10 mètres.

Par le sommet du tube, il a versé lentement l'eau d'une carafe; à mesure que l'eau s'élevait dans le tube, la pression sur le fond du tonneau s'augmentait du poids d'une colonne d'eau ayant pour base le fond du tonneau et pour hauteur l'élévation de l'eau dans le tube. Bien avant que la carafe fût vide, bien avant que l'eau se fût élevée au sommet du tube, la barrique se rompait sous l'action de cette pression considérable.

2° *Pression sur les parois latérales. — La pression exercée par un liquide contre une portion de la paroi latérale du vase qui le renferme est égale au poids d'une colonne liquide qui aurait pour base cette portion de paroi, et pour hauteur la distance verticale du centre de la portion de paroi au niveau du liquide.*

L'existence de ces pressions latérales est mise en évidence au moyen du *tourniquet hydraulique.*

Cet instrument se compose d'un vase M susceptible de tourner très aisément autour d'un axe vertical AB. Ce vase est plein d'eau. A la partie inférieure sont adaptés deux tuyaux coudés disposés comme l'indique la figure 29.

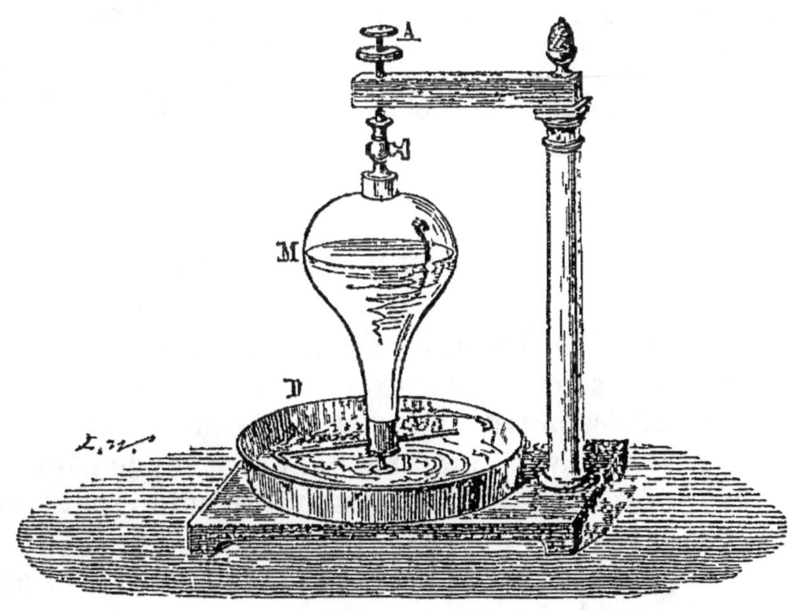


Fig. 29. — Le tourniquet hydraulique montre l'existence des pressions exercées par les liquides sur les parois des vases.

Au moment où l'on débouche les orifices qui fermaient les tuyaux, on voit le liquide s'écouler vivement, pendant que le vase se met à tourner en sens inverse de l'écoulement. Ce sont les pressions exercées latéralement sur les coudes des ajutages qui, n'étant plus contre-balancées par les pressions égales que supportaient les bouchons avant l'ouverture, déterminent le mouvement de recul que l'on observe.

## *Résumé.*

*Principe de Pascal.* — Toute pression exercée sur une portion quelconque de la surface d'un liquide se transmet dans tous les sens et avec une égale intensité.

La *presse hydraulique* est une application du principe de Pascal.

*Pression sur le fond des vases.* — La pression exercée par un liquide sur le fond horizontal du vase qui le renferme est indépendante de la forme du vase ; elle est toujours égale au poids d'une colonne de ce liquide ayant pour base le fond et pour hauteur la distance du fond au niveau.

*Pression sur les parois latérales.* — La pression exercée par un liquide contre une portion de la paroi latérale du vase qui le renferme est égale au poids d'une colonne liquide qui aurait pour base cette portion de paroi, et pour hauteur la distance verticale du centre de la portion de paroi au niveau du liquide.

## III. — PRINCIPE D'ARCHIMÈDE.

**31. Principe d'Archimède.** — Quand un solide est plongé dans un liquide, ce liquide exerce sur tous les points du corps plongé des pressions analogues à celles qu'il exerce sur les parois du vase. Les unes sont dirigées de haut en bas, les autres de bas en haut, les autres, enfin, sont latérales.

Ces pressions se contre-balancent en partie, et leur action totale se réduit à une poussée de bas en haut.

Tout le monde a observé, en effet, qu'une pierre plongée dans l'eau est plus facilement soulevée que si elle était dehors. Elle semble être devenue plus légère. Un morceau de bois, placé dans les mêmes conditions, semblera avoir perdu tout son poids : au lieu d'aller au fond, il flottera à la surface, où le moindre effort suffira pour le mouvoir, quelque gros qu'il soit.

Archimède a, le premier, énoncé la loi qui préside à ce phénomène :

*Un corps plongé dans un liquide subit, de la part de ce dernier, une poussée verticale dirigée de bas en haut et égale au poids du volume de liquide qu'il déplace.*

Ce principe s'énonce aussi quelquefois de la manière suivante, plus commode, mais moins correcte : *Un corps plongé dans un liquide perd une partie de son poids égale au poids du liquide déplacé.*

La démonstration expérimentale du principe d'Archimède est facile. Elle n'exige aucun appareil particulier autre qu'une balance.

Attachez une pierre à un fil et plongez-la dans un verre plein d'eau, puis retirez-la aussitôt : pendant l'immersion l'eau a débordé, et il s'en est écoulé un volume précisément égal à celui de la pierre.

Placez ce verre bien essuyé sur le plateau d'une balance et suspendez la pierre sous le même plateau, puis établissez l'équilibre.

Si alors vous enfoncez la pierre dans un vase plein d'eau placé au-dessous, l'équilibre sera rompu; mais il vous sera facile de le rétablir en remplissant le verre supérieur, c'est-à-dire en y ajoutant un volume d'eau égal à celui de la pierre.

**32. Densité ou poids spécifique.** — Pesez un morceau de plomb, puis un morceau de bois de même grosseur : le poids du plomb sera beaucoup plus considérable que celui du bois. On dit communément, pour exprimer ce fait, que le plomb est *lourd*, et le bois *léger*. Ces mots ne sont pas assez précis; aussi ne les emploie-t-on pas dans le langage scientifique.

Il n'y aura plus de confusion possible, si, au lieu de dire : le bois est léger, le plomb est lourd, on dit : un décimètre cube de bois pèse $0^k,657$, et un décimètre cube de plomb pèse $11^k,352$.

*Le poids, exprimé en kilogrammes, d'un décimètre cube*

*d'un corps, est ce qu'on nomme sa* densité *ou son* poids spécifique.

Ainsi la *densité* du plomb est 11,352, et celle du bois de sapin 0,637.

Nous savons que, par définition même, un décimètre cube d'eau pèse un kilogramme : donc, par définition, la *densité* de l'eau est égale à l'unité. Dire, par conséquent, que la densité du plomb est 11,352, c'est dire que le plomb pèse, à volume égal, 11,352 fois plus que l'eau.

De là cette nouvelle définition :

*La densité d'un corps est le rapport qui existe entre le poids de ce corps et le poids d'un égal volume d'eau.*

Ces définitions établissent une relation simple, qu'on doit bien connaître, entre le *poids d'un corps*, son *volume* et sa *densité*.

Dire que la densité du plomb est 11,352, c'est dire que 1 décimètre cube de plomb pèse $11^{k},352$; 5 décimètres cubes pèseront cinq fois plus, ou $11^{k},352 \times 5$.

D'une manière générale :

*Le poids d'un corps est égal au produit du nombre qui représente son volume par le nombre qui représente sa densité.*

Le tableau suivant nous donne la densité de quelques corps solides ou liquides.

| CORPS SOLIDES. | | CORPS LIQUIDES. | |
|---|---|---|---|
| Platine. . . . . . . . . . | 21,15 | Mercure . . . . . . . . . | 13,59 |
| Or. . . . . . . . . . . . . | 19,26 | Acide sulfurique . . . . | 1,84 |
| Plomb . . . . . . . . . . | 11,35 | Chloroforme. . . . . . . | 1,48 |
| Argent. . . . . . . . . | 10,45 | Sulfure de carbone. . . | 1,29 |
| Cuivre . . . . . . . . . . | 8,79 | Acide azotique . . . . . | 1,22 |
| Fer. . . . . . . . . . . . | 7,79 | Lait . . . . . . . . . . . . | 1,03 |
| Étain. . . . . . . . . . . | 7,29 | Eau de mer . . . . . . . | 1,03 |
| Zinc. . . . . . . . . . . . | 6,86 | Vin . . . . . . . . . . . . | 0,99 |
| Marbre. . . . . . . . . . | 2,86 | Huile d'olive . . . . . . | 0,91 |
| Soufre. . . . . . . . . . | 2,03 | Essence de térébenthine. | 0,87 |
| Houille. . . . . . . . . . | 1,33 | Esprit de bois. . . . . . | 0,82 |
| Bois de peuplier. . . . | 0,38 | Alcool. . . . . . . . . . . | 0,81 |
| Liège. . . . . . . . . . . | 0,24 | Ether . . . . . . . . . . . | 0,72 |

**33. Corps flottants.** — Cette définition de la densité une fois connue, nous pouvons passer en revue quelques conséquences intéressantes du principe d'Archimède.

La poussée qu'exerce un liquide sur un corps plongé peut être plus grande ou plus petite que le poids du corps; elle peut aussi lui être égale.

1° La densité du corps est *supérieure* à celle du liquide. La poussée sera inférieure au poids, le corps ira au fond.

2° La densité du corps est *égale* à celle du liquide. La poussée sera égale au poids, le corps restera en équilibre au sein du liquide, sans monter ni descendre.

3° La densité du corps est *inférieure* à celle du liquide. La poussée sera supérieure au poids, le corps montera vers la surface. Arrivé en haut, il émergera en partie, jusqu'à ce que la poussée ait assez diminué pour être devenue égale au poids.

Donc, *quand un corps flotte à la surface d'un liquide, il déplace un volume de liquide dont le poids est égal au sien.*

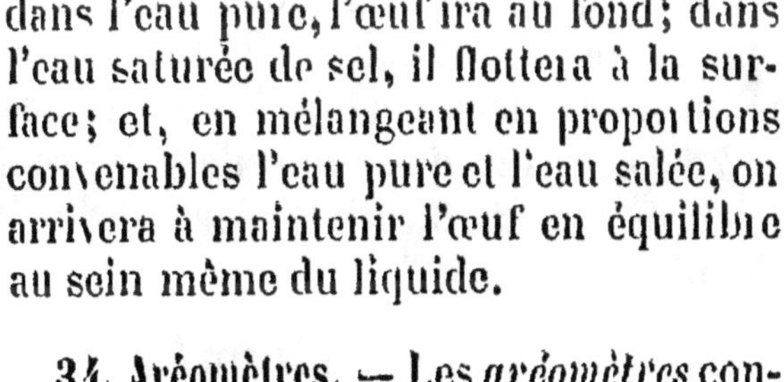

On peut réaliser les trois cas possibles au moyen d'un œuf et d'eau salée. Plongé dans l'eau pure, l'œuf ira au fond; dans l'eau saturée de sel, il flottera à la surface; et, en mélangeant en proportions convenables l'eau pure et l'eau salée, on arrivera à maintenir l'œuf en équilibre au sein même du liquide.

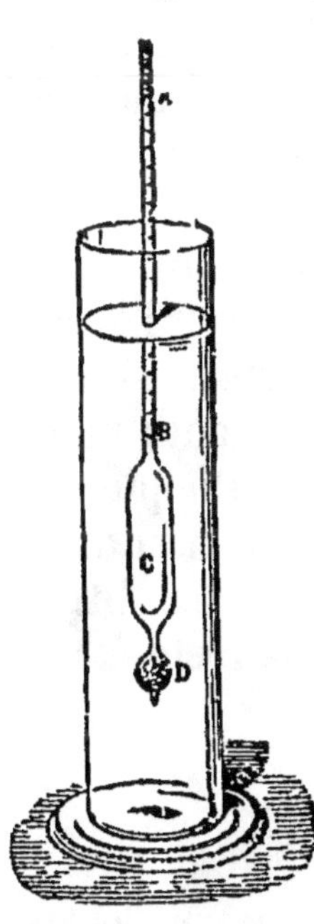


Fig. 30. — L'aréomètre est basé sur le principe des corps flottants.

**34. Aréomètres.** — Les *aréomètres* constituent une application très utile du principe d'Archimède.

Ce sont des instruments destinés à indiquer rapidement le degré de concentration de divers liquides. Un aréomètre se compose d'un cylindre de verre C terminé à sa partie supérieure par une longue tige cylindrique, et à sa partie inférieure par une petite boule lestée avec du plomb. Le tout est hermétiquement clos (*fig*. 30).

Qu'on plonge cet appareil dans un liquide, il flottera à la surface, car il est très léger, maintenu dans une position verticale par la masse de plomb qui est en D. Il s'enfoncera, du reste, d'autant plus que le liquide sera moins dense, comme l'indique le principe d'Archimède.

Si la tige cylindrique AB est graduée en parties d'égale longueur, il sera aisé de dire si tel liquide est moins dense que tel autre, suivant que l'instrument s'enfoncera moins ou plus dans le premier que dans le second.

Pour que les différents aréomètres donnent des indications comparables entre elles, il n'est pas nécessaire qu'ils soient tous de même grandeur et de même poids; il suffit qu'ils portent tous une graduation basée sur les mêmes conventions.

Les aréomètres les plus employés portent le nom d'*aréomètres de Baumé*; on les nomme, suivant l'usage auquel ils sont destinés, *pèse-acides, pèse-sels, pèse-esprits, pèse-lait.*

Quand il s'agit de reconnaître le degré de concentration d'un mélange d'eau et d'alcool, on préfère employer l'*aréomètre de Gay-Lussac*, ou *alcoolomètre centésimal.*

Cet appareil a la même forme que le précédent; mais il a reçu une graduation particulière. Quand on le plonge dans un *esprit-de-vin*, et qu'il s'y enfonce jusqu'à la division 78, cela indique que l'esprit renferme 78 litres d'alcool pur pour 100 litres d'esprit-de-vin, le reste étant de l'eau.

## *Résumé.*

*Principe d'Archimède.* — Un corps plongé dans un liquide subit, de la part de ce dernier, une poussée verticale dirigée de bas en haut et égale au poids du volume de liquide qu'il déplace.

*Densité ou poids spécifique.* — La densité est le poids, exprimé en kilogrammes, d'un décimètre cube d'un corps. C'est aussi le rapport qui existe entre le poids du corps et le poids d'un égal volume d'eau.

Il en résulte que le poids d'un corps est egal au produit du nombre qui représente son volume par le nombre qui représente sa densité.

*Corps flottants.* — Quand un corps flotte à la surface d'un liquide, il deplace un volume de liquide dont le poids est égal au sien.

Les aréometres sont des instruments basés sur le principe des corps flottants, qui servent à indiquer rapidement le degré de concentration des liquides.

# CHAPITRE III

## PROPRIÉTÉS DES CORPS A L'ÉTAT GAZEUX.

### I. — PROPRIÉTÉS GÉNÉRALES DES GAZ.

**35. Les gaz sont des corps matériels.** — Les solides et les liquides, visibles à l'œil, faciles à toucher, sont bien connus de tout le monde. Il n'en est pas de même des gaz. Lorsque l'air qui nous entoure est en repos, rien ne nous indique sa présence, car il n'a ni couleur, ni odeur, ni saveur. Mais s'il ne parle pas directement à nos sens, il se révèle à nous par d'autres phénomènes.

Quand nous courons, il fouette notre visage; quand nous respirons, nous le sentons pénétrer dans notre poitrine pour en sortir l'instant d'après. De même que l'eau d'un fleuve, il peut, pendant la tempête, déraciner les arbres et renverser les édifices.

Lorsque nous avons versé le vin qui remplissait une bouteille, nous disons qu'elle est vide. Elle ne l'est pas, en réalité : elle est pleine d'air, qui est entré à mesure que le vin sortait.

Pour nous en convaincre, enfonçons notre bouteille dans l'eau, l'ouverture tournée vers le bas. L'eau ne remplira qu'une partie de la bouteille, l'air qui y est contenu s'opposant à l'ascension complète du liquide. Si alors nous retournons doucement la bouteille, tout en la laissant plongée dans l'eau, nous verrons l'air sortir peu à peu en grosses bulles (*fig.* 31), pendant que le liquide prendra sa place et remplira le vase.

Fig. 31. — Les gaz sont des corps matériels, tout comme les liquides et les solides.

L'air est donc un corps très réel, capable de produire de puissants effets.

Nous verrons, en chimie, qu'il existe beaucoup d'autres gaz, aussi différents les uns des autres que peuvent l'être les divers liquides. Nous ne nous occuperons ici que des propriétés les plus essentielles des gaz, c'est-à-dire de celles qui sont communes à tous les gaz; nous prendrons toujours l'air pour exemple; mais qu'il soit bien entendu que tous les autres gaz se conduiraient de la même manière.

**36. Les gaz sont pesants.** — Les gaz sont pesants, tout aussi bien que les solides et les liquides.

Pour le démontrer, prenons un ballon de verre hermétiquement fermé par une garniture métallique et un robinet (*fig.* 32). Au moyen de la machine pneumatique, faisons le vide dans le ballon, c'est-à-dire enlevons l'air qu'il renferme.

Fig. 32. — Les gaz sont pesants.

Suspendons maintenant l'appareil à l'un des bras de levier d'une balance, et établissons l'équilibre. Il nous suffira d'ouvrir alors le robinet pour entendre l'air rentrer dans le ballon avec un sifflement; à mesure qu'entrera l'air, nous verrons le fléau s'abaisser du côté du ballon, accusant ainsi une augmentation de poids. Pour rétablir l'équilibre, il faudra ajouter des poids dans le plateau. En opérant de la sorte, nous constaterons que l'air pèse $1^g,293$ par litre, ou approximativement $1^g,3$.

A volume égal, l'air pèse 773 fois moins que l'eau.

**37. Les gaz sont compressibles et élastiques.** — Nous avons montré (§ 5) que les gaz sont très compressibles et parfaitement élastiques.

En vertu de leur élasticité, quand ils ont été comprimés, ils repoussent les parois des vases qui les renferment.

Ceci revient à dire que le principe de Pascal s'applique aux gaz comme aux liquides, et que toute pression exercée sur un gaz se transmet dans tous les sens, et avec la même intensité, par l'intermédiaire du gaz.

Les enfants jouent souvent avec un instrument qu'ils nomment *pistolet à vent*. Un tuyau de laiton, ou même de sureau, est ouvert à ses deux extrémités. On ferme l'une avec un bouchon; par l'autre on introduit un piston, que l'on pousse vivement. La pression exercée par le piston se transmet à travers l'air jusqu'au bouchon, qui est bientôt chassé au loin. Voilà une démonstration bien simple du principe de Pascal appliqué aux gaz.

**38. Pression dans les gaz.** — Reprenons le ballon qui nous a servi à peser l'air. Il est vide. Ouvrons le robinet pendant un instant très court, de manière à ne laisser entrer qu'une toute petite quantité d'air. Si petite que soit cette quantité, le ballon en sera complètement rempli : l'air n'ira pas au fond, comme le ferait un liquide; il se répandra partout, et même il pressera encore les parois du ballon, comme pour tenter de les repousser davantage.

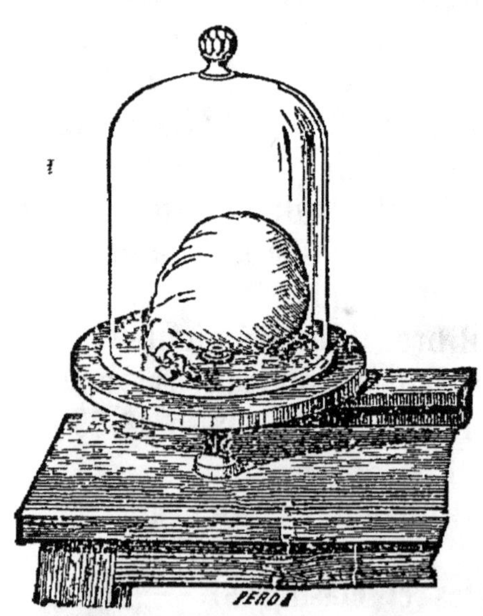

Fig. 33. — Expansibilité des gaz.

Ceci montre que l'élasticité des gaz est illimitée; qu'ils tendent toujours à occuper un plus grand espace; qu'ils pressent toujours sur les parois des vases qui les renferment. Et il ne s'agit pas ici de la pression due au poids du gaz, mais d'une pression différente de celle-là, et due à l'élasticité.

On appelle donc *pression d'un gaz la force avec laquelle il repousse les parois du vase qui le renferme.*

On peut évaluer cette pression en poids. On dit alors que la pression d'un gaz est de 1, 2, 3 kilogrammes, quand il exerce sur 1 centimètre carré de paroi un effort de 1, 2, 3 kilogrammes.

Il semble, cependant, que cette élasticité des gaz soit quelquefois en défaut. Une vessie est à moitié pleine d'air : comment se fait-il qu'elle ne se gonfle pas complètement? C'est que l'air extérieur, par son élasticité, presse sur la vessie pour l'aplatir : il y a équilibre entre la pression du dedans et la pression du dehors.

Mais si nous mettons la vessie bien fermée dans la machine pneumatique (*fig.* 33), et que nous enlevions l'air qui l'entoure, nous la verrons grossir et se gonfler complètement par suite de l'élasticité de l'air intérieur.

**39. Le principe d'Archimède s'applique aux gaz.** — Le principe d'Archimède, énoncé pour les liquides, s'applique aussi aux gaz.

Un corps plongé dans l'air éprouve une poussée de bas en haut égale au poids de l'air déplacé. Un bloc de pierre de 1 décimètre cube de capacité pèserait dans le vide $1^{gr},3$ de plus que dans l'air.

Tout corps plus lourd que l'air tombera dans l'air : c'est ce qui arrive pour tous les solides et pour tous les liquides. Si les oiseaux parviennent à se maintenir sans tomber au sein de l'air, c'est grâce à un mouvement continuel de leurs ailes, qui, battant l'air avec force, s'opposent à la chute.

Au contraire, tout corps plus léger que l'air s'élèvera, comme le fait dans l'eau un bouchon que l'on avait placé au fond. La fumée s'élève, parce qu'elle est moins lourde que l'air. Nous reviendrons sur cette question en nous occupant des aérostats (§ 67).

### *Résumé.*

Les gaz sont des corps matériels; ils sont pesants.

Les gaz sont compressibles et élastiques; en vertu de leur élasticité, ils exercent une *pression* sur les parois des vases qui les renferment.

Le principe de Pascal et le principe d'Archimède s'appliquent aux gaz.

## II. — PRESSION ATMOSPHÉRIQUE.

**40. Atmosphère terrestre.** — *L'atmosphère* est la couche d'air qui entoure la terre; l'épaisseur de cette couche est inconnue; mais elle est certainement de beaucoup supérieure à la hauteur des plus grandes montagnes.

Sans l'atmosphère, ni les animaux ni les plantes ne sauraient vivre. Les animaux trouvent dans l'air l'oxygène nécessaire à leur respiration; les plantes y trouvent l'acide carbonique indispensable à leur accroissement. Les combustions non plus ne se produiraient pas sans l'air.

De plus, à cause de son poids, l'air presse sur tous les corps qu'il entoure. Nous allons nous occuper maintenant de cette pression.

**41. Pression atmosphérique.** — La pression que, par suite de son poids, l'air exerce sur tous les corps qui y sont plongés, est ce qu'on nomme la *pression atmosphérique.*

A mesure qu'on s'élève dans l'air, cette pression va en diminuant, parce que le nombre et, par conséquent, aussi le poids des couches que l'on a au-dessus de soi, vont en diminuant.

Mais ce n'est pas tout. L'air est très compressible : donc l'air pris au fond de l'atmosphère, près du sol, fortement comprimé par le poids des couches supérieures, doit avoir une plus grande densité que l'air, moins comprimé, des hautes régions.

Le poids d'un litre d'air va en diminuant à mesure l'on s'élève.

Tous les gens qui ont été en ballon à de grandes hauuis, ou qui sont montés sur le sommet des montagnes ovées, ont eu à souffrir de la raréfaction de l'air ; leur spiration ne se faisait pas aisément.

L'air contenu dans un appartement, quoique les coues atmosphériques ne soient pas directement au-dessus, ssède cependant la même pression que l'air extérieur. la tient à ce que, conformément au *principe de Pascal*, pression de l'air extérieur se transmet intégralement l'air intérieur.

**42. Effets de la pression atmosphérique.** — Nous verrons entôt que la pression atmosphérique agit avec une rce égale à 1 kilogramme et 33 grammes sur chaque ntimètre carré pris à la surface du sol.

Les effets d'une semblable pression sont curieux à sser en revue ; nous allons le faire.

Calculons d'abord la valeur de la pression exercée par tmosphère sur une table de 1 mètre carré de superie. Un mètre carré, c'est 10 000 centimètres carrés : la ession sera donc de $10\,000 \times 1{,}033 = 10\,330$ kiloammes ; c'est un poids supérieur à celui de 10 mètres bes d'eau.

Et elle n'est pas brisée, cette table ? Non. N'oublions s, en effet, que les pressions dans les liquides et dans gaz se transmettent dans tous les sens avec la même tensité. A l'énorme pression qui s'exerce sur la table, qui semble devoir l'écraser, correspond une pression ale, qui s'exerce par-dessous, et qui fait exactement uilibre à la première. Par le fait, la table n'est pas us chargée que si elle était dans le vide.

Voici comment on peut montrer, par quelques expénces, les effets de la pression atmosphérique.

Sur l'ouverture d'un cylindre de verre tendons un moru de vessie, de manière à transformer le cylindre un véritable tambour. Puis, à l'aide de la machine pneumatique, enlevons l'air contenu dans le cylindre (*fig.* 34).

A mesure que le vide se fait, et que la pression intérieure diminue, la vessie se creuse, par l'effet de la pression extérieure, puis elle crève enfin sous la charge. Une détonation se fait entendre à ce moment : c'est l'air qui l'a produite, en rentrant par l'ouverture devenue béante. C'est là l'expérience du *crève-vessie.*

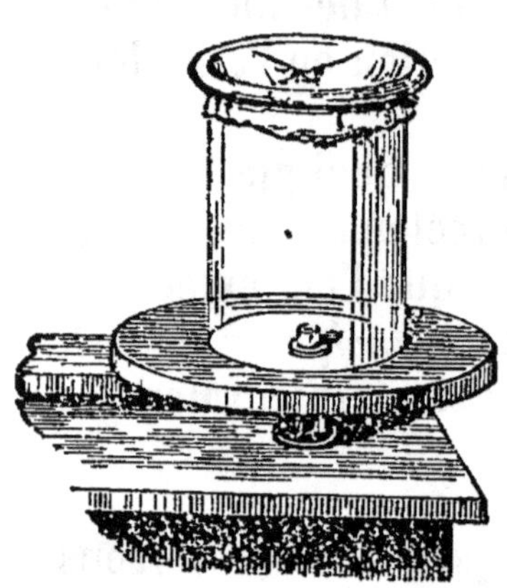

Fig. 34. — La vessie se crève sous l'action de la pression atmosphérique.

Otto de Guericke, bourgmestre de Magdebourg, l'inventeur de la machine pneumatique, faisait, dès l'année 1650, l'expérience suivante.

Deux hémisphères creux de cuivre (*fig.* 35), de 15 à 20 centimètres de diamètre, peuvent s'appliquer exactement par leurs bords et tenir le vide. Par le robinet que porte l'un d'eux on enlève l'air aussi complètement que possible. Alors, à moins d'y mettre une grande force, il devient impossible de séparer l'une de l'autre les deux parties de l'appareil.

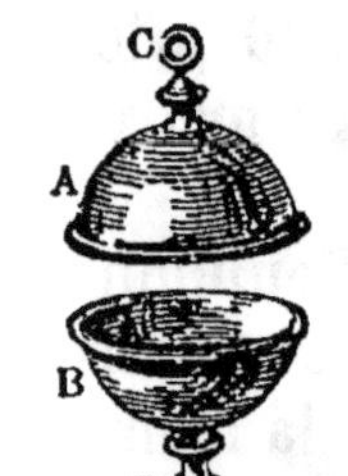


Fig. 35 — Quand on a fait le vide dans les hémisphères, on ne peut plus les séparer l'un de l'autre.

Mais si l'on ouvre le robinet pour faire rentrer l'air, la pression intérieure fera équilibre à la pression extérieure, et la séparation s'opérera avec la plus grande facilité. Cet appareil est connu sous le nom d'*hémisphères de Magdebourg.*

Il n'est même pas besoin d'appareils spéciaux pour montrer les effets de la pression atmosphérique.

Voici un verre absolument plein d'eau (*fig.* 36); j'applique une feuille de papier à la surface du liquide, et contre les bords du vase. Retournons le verre en maintenant d'abord le papier avec la main, que nous enlèverons ensuite. L'ouverture est en bas, et l'eau, retenue seulement par une mince feuille de papier, ne tombe pas. La pression atmosphérique, qui s'exerce ici de bas en haut, la soutient. La feuille de papier a tout simplement pour but d'empêcher l'eau de se diviser en gouttelettes, qui n'offriraient pas de prise à la pression et tomberaient à travers l'air.

Fig 36. — La pression atmosphérique soutient l'eau dans le verre.

Il est clair que l'expérience ne réussirait pas si le fond du verre était percé : car alors la pression s'exercerait aussi de haut en bas, avec la même intensité que de bas en haut ; ces deux pressions se feraient équilibre, et l'eau ne serait plus soutenue.

On peut le faire voir avec la *pipette* ou *tâte-vin*.

C'est un vase de verre ou de fer-blanc (*fig.* 37), de forme allongée, présentant à chacune de ses deux extrémités une toute petite ouverture. On enfonce le vase dans l'eau ; et l'eau entre par le bas, tandis que l'air sort par le haut.

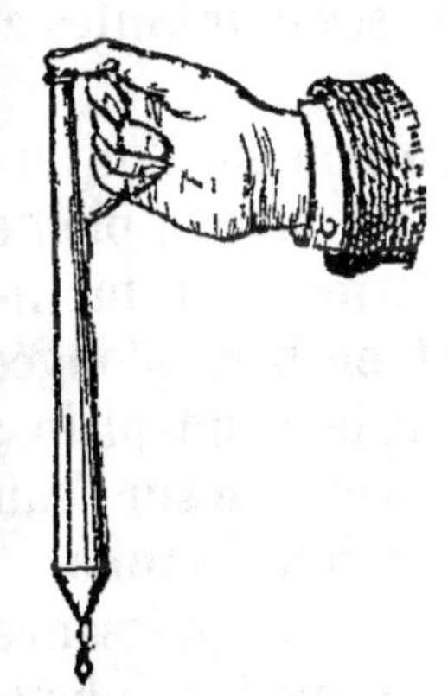

Fig 37. — Le liquide cesse de couler quand on ferme avec le pouce l'ouverture supérieure.

Bientôt la pipette est pleine. On ferme avec le doigt l'ouverture supérieure, et on retire l'instrument de l'eau. Malgré l'ouverture inférieure, il reste plein, comme le verre de l'expérience précédente. Mais si l'on ouvre le trou du haut, en enlevant le doigt, l'écoulement commence. On le fait cesser et recommencer aussi souvent qu'on le veut, en bouchant et débouchant alternativement l'ouverture supérieure.

On se sert du tâte-vin pour sortir le vin d'un tonneau par la bonde, lorsqu'on veut le goûter.

Nous comprenons maintenant, sans qu'il soit nécessaire d'y insister, pourquoi le vin ne s'écoule régulièrement par la cannelle d'une barrique que lorsqu'on a eu le soin d'ouvrir la bonde, pour laisser entrer l'air à mesure que sort le liquide.

## *Résumé.*

L'air exerce à la surface des corps une pression assez forte, qui va en diminuant à mesure qu'on s'élève.

Cette pression s'exerce aussi, et avec la même intensité, dans les appartements, dans les vases ouverts, et même dans les vases clos qui ont été mis préalablement en libre communication avec l'atmosphère.

Le poids d'un litre d'air diminue à mesure qu'on s'élève. Au niveau de la mer ce poids est toujours voisin de $1^{gr},293$, et la pression atmosphérique est de 1 033 grammes par centimètre carré.

---

### III. — BAROMÈTRE.

**43. Liquide maintenu dans un tube par l'effet de la pression atmosphérique.** — Voici un tube de verre d'un mètre de longueur à peu près, fermé à l'une de ses extrémités et ouvert à l'autre.

Je le remplis d'eau entièrement, j'en bouche l'ouverture avec le doigt, je le retourne dans une cuvette pleine d'eau, et j'enlève le doigt. L'extrémité fermée est maintenant en haut ; l'extrémité ouverte est en bas, plongée dans l'eau de la cuvette. Pourtant le tube reste plein : c'est que la pression atmosphérique, qui s'exerce sur l'eau de la cuvette, maintient le liquide soulevé dans le tube.

Mais la pression atmosphérique n'a pas une puissance illimitée : elle ne peut donc pas soulever l'eau à une hauteur indéfinie. Si notre tube avait 15 ou 20 mètres de hauteur, l'eau s'abaisserait jusqu'à ce que son niveau ne fût plus qu'à $10^{m},33$ de celui de la cuvette.

Nous conclurions de là que la pression atmosphérique est capable de soutenir une colonne d'eau de $10^{m},33$ de hauteur.

Nous ne pouvons pas faire cette expérience, puisque notre tube n'est pas assez long; mais nous pouvons en faire une autre, en remplaçant l'eau par le mercure, qui est 13 fois $\frac{1}{2}$ plus lourd. La pression atmosphérique ne se maintiendra qu'à une hauteur d'à peu près 76 centimètres : car une colonne de mercure de 76 centimètres de hauteur est aussi lourde qu'une colonne d'eau de 10$^{m}$,33.

**41. Expériences de Torricelli et de Pascal.** — Cette expérience a été faite pour la première fois en 1643 par Torricelli, disciple de Galilée.

Il prit un tube de verre de 1 mètre de longueur (*fig.* 38), fermé à une extrémité, ouvert à l'autre. Après l'avoir entièrement rempli de mercure, il ferma avec le doigt l'extrémité ouverte, et l'introduisit dans un bain de mercure. Ayant alors enlevé le doigt, il put constater que le mercure descendait dans le tube, pour s'arrêter en un point C, distant de 0$^{m}$,76 du mercure de la cuvette.

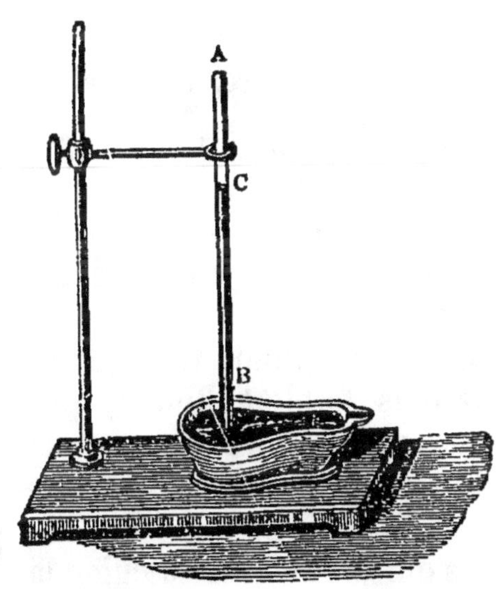

Fig. 38. — Expérience de Torricelli. C'est la pression atmosphérique qui soutient le mercure dans le tube.

Torricelli, après avoir exécuté cette expérience, comprit que c'était la pression de l'air sur le mercure de la cuvette qui soutenait le liquide dans le tube. Il déclara que la pression atmosphérique était justement capable de faire équilibre à la hauteur de mercure soulevée.

C'est parce qu'il n'y a rien au-dessus du mercure, pas de pression qui contre-balance la pression atmosphérique, que le liquide est soulevé. Si l'on perçait en haut du tube, en A, une petite ouverture, l'air, entrant par là, exercerait une pression capable de contre-balancer la pression atmosphérique, et aussitôt le mercure du tube s'abaisserait au niveau de celui de la cuvette.

Pascal, pour contrôler l'explication de Torricelli, répéta l'expérience à Rouen, et sut la varier de manière à ne laisser aucun doute.

Si c'est le poids de l'air qui soutient le mercure, dit-il, la hauteur soutenue sera moindre au sommet d'une montagne qu'à sa base. L'expérience, répétée par son ordre, montra qu'au sommet du Puy-de-Dôme la hauteur du mercure est de $0^m,08$ moindre qu'à sa base.

Si c'est l'air qui soutient le liquide, dit-il encore, un liquide plus léger que le mercure devra être soutenu à une plus grande hauteur. Il répéta l'expérience avec l'eau, qui est 13 fois $\frac{1}{2}$ plus légère que le mercure, et il la vit soutenue à une hauteur 13 fois $\frac{1}{2}$ plus grande, à $10^m,33$.

**45. Variations dans la hauteur du mercure soulevé.** — La hauteur du mercure soulevé dans le tube de Torricelli diminue à mesure qu'on s'élève.

Au niveau de la mer, elle a sa plus grande valeur, qui est d'environ $0^m,76$; elle sera plus faible à Rouen, plus faible encore à Clermont, plus faible encore au sommet du Puy-de-Dôme; plus faible aussi au cinquième étage d'une maison qu'à la cave.

Il existe même une formule qui permet de calculer la hauteur d'une montagne, d'un édifice, quand on a mesuré la pression atmosphérique en haut et en bas.

La hauteur du mercure varie aussi dans chaque lieu. Aujourd'hui elle n'est ni ce qu'elle était hier, ni ce qu'elle sera demain. Ces variations, qui ne dépassent pas 3 ou 4 centimètres, tiennent aux courants d'air qui se produisent constamment dans l'atmosphère sous le nom de *vents*, et aussi à l'humidité, dont la quantité est très variable.

Les variations dans la hauteur du mercure soulevé ont des rapports intimes avec les changements de temps.

En général, une pression élevée, supérieure à $0^m,76$, annonce du beau temps ; une pression basse, inférieure à $0^m,76$, indique du mauvais temps.

Il ne faut pas toutefois avoir trop de confiance dans ces indications, qui sont souvent trompeuses. Les météorologistes, qui, grâce au télégraphe, connaissent les variations barométriques qui se produisent dans le monde entier, peuvent seuls prévoir avec quelque certitude les changements de temps les plus prochains.

**46. Baromètre.** — Ce qui précède nous montre l'intérêt que présente l'observation du tube de Torricelli. Elle nous renseigne sur l'altitude du lieu où on la fait, ainsi que sur tous les mouvements de l'atmosphère. Aussi le tube de Torricelli est-il devenu, sous le nom de *baromètre*, un appareil d'un usage quotidien.

Pour qu'un baromètre soit bon, c'est-à-dire donne la valeur exacte de la pression atmosphérique, il faut que l'espace vide qui est au sommet du tube, et qu'on nomme la *chambre barométrique*, ne renferme pas trace d'air. S'il y en avait un peu, la pression de cet air, si faible qu'elle fût, ferait équilibre à une partie de la pression atmosphérique, et diminuerait d'autant la hauteur du mercure soulevé.

Pour s'assurer que cette condition est remplie, on incline peu à peu le baromètre, sans sortir son extrémité inférieure de la cuvette. Le mercure, qui garde toujours sa hauteur verticale, s'avance le long du tube jusqu'au sommet. Il doit pouvoir remplir complètement ce tube, sans laisser de bulle d'air au-dessus.

Le baromètre se complète d'habitude par l'adjonction d'une règle graduée, placée le long du tube, et qui sert à mesurer avec précision la hauteur verticale du mercure soulevé.

Les dispositions données au baromètre sont très variables ; nous indiquerons seulement les principales.

**47. Baromètre de Fortin.** — Dans le *baromètre de Fortin*, le tube plonge dans une cuvette, qui se compose d'un cylindre de buis, fermé à sa partie inférieure par un fond mobile en peau de chamois. Ce fond peut être soulevé ou abaissé par une vis C (*fig.* 39), qui prend son point d'appui à la partie inférieure d'un étui de laiton AB.

Le cylindre de buis est surmonté d'un cylindre de verre fermé par un couvercle. Le tube barométrique traverse

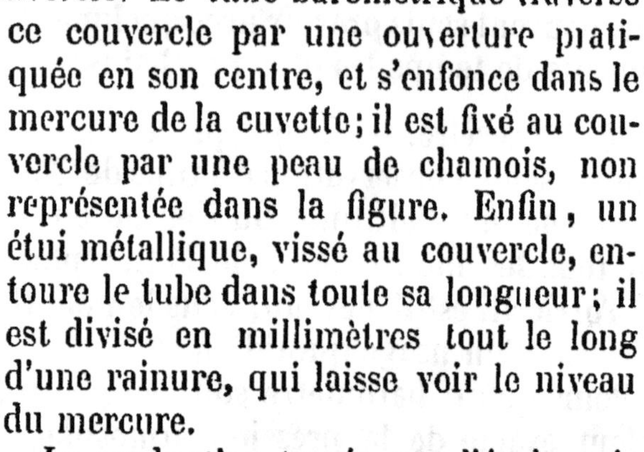

ce couvercle par une ouverture pratiquée en son centre, et s'enfonce dans le mercure de la cuvette; il est fixé au couvercle par une peau de chamois, non représentée dans la figure. Enfin, un étui métallique, vissé au couvercle, entoure le tube dans toute sa longueur; il est divisé en millimètres tout le long d'une rainure, qui laisse voir le niveau du mercure.

La graduation tracée sur l'étui supérieur a son point de départ, c'est-à-dire son zéro, à l'extrémité inférieure d'une pointe d'ivoire F qui descend du couvercle dans la cuvette. Il sera toujours possible, et c'est là le caractère distinctif du baromètre de Fortin, de faire monter le fond de la cuvette, ou de le faire descendre, jusqu'à ce que le niveau du mercure touche cette pointe, et soit, par conséquent, en face du zéro de la division.

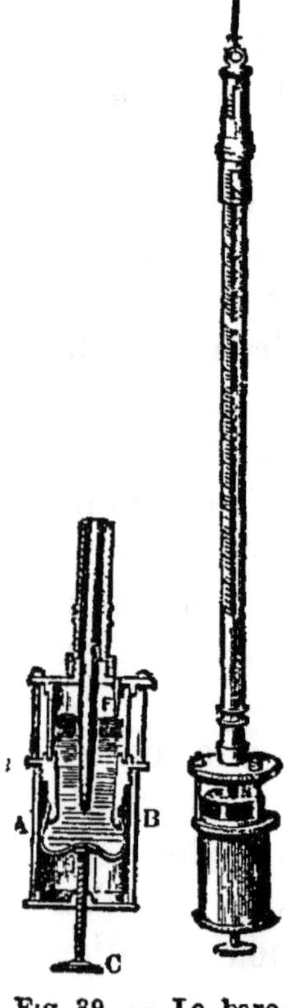


Fig. 39. — Le baromètre de Fortin est caractérisé par sa cuvette à fond mobile.

Pour faire une observation avec le baromètre de Fortin, on commence par le placer verticalement. La pression atmosphérique est mesurée, en effet, par la distance *verticale* du niveau inférieur et du niveau supérieur du mercure.

Le baromètre étant en place, on agit doucement sur la vis inférieure, jusqu'à ce que le mercure de la cuvette touche la pointe d'ivoire. Puis on lit en face de quelle

4.

division de l'étui métallique se trouve le niveau du mercure dans le tube.

Cet instrument a l'avantage de n'être pas trop fragile, de n'avoir pas un poids trop considérable, et de pouvoir être aisément transporté sans détérioration.

**48. Baromètre à cadran.** — Le *baromètre à cadran* se compose d'un tube recourbé, présentant une petite branche ouverte, qui tient lieu de cuvette, et une grande branche fermée, qui constitue le tube de Torricelli.

La branche ouverte (*fig.* 40) laisse passer une petite masse de plomb fixée à un fil, qui s'enroule sur une poulie B ; un contrepoids C fait en partie équilibre à la masse de plomb. Quand la pression atmosphérique varie, la masse monte ou descend avec le mercure, sur lequel elle flotte ; son mouvement fait tourner la poulie, et, avec elle, une aiguille. Cette aiguille se meut sur la circonférence d'un cadran, sur lequel on a marqué les pressions atmosphériques et même les indications du temps qu'il doit faire.

Fig 40 — Le baromètre à cadran traduit les variations de la pression atmosphérique par les déplacements d'une aiguille sur un cadran.

Le baromètre à cadran est le plus souvent un mauvais instrument, impropre aux observations précises : c'est plutôt un meuble d'appartement qu'un appareil de physique. Quant aux indications qu'il donne sur les variations de temps, elles sont très souvent en défaut.

**49. Baromètre métallique.** — On construit depuis quelques années des *baromètres* dits *métalliques*, qui diffèrent essentiellement des baromètres de Torricelli.

Un tube métallique (*fig.* 41), en laiton très flexible, dont la section est représentée en T, est complètement vide d'air et hermétiquement clos. Ce tube, contourné en forme d'arc de cercle, est fixé par son milieu A, tandis que ses deux extrémités *b* et *b'* sont libres.

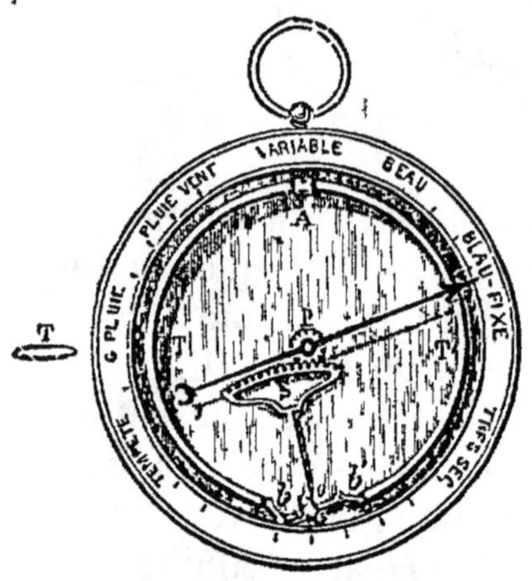


Fig. 41. — Le baromètre métallique est d'un principe différent ; il ne renferme pas de mercure.

Quand la pression atmosphérique augmente, même d'une très petite quantité, le tube s'aplatit un peu plus, et ses deux extrémités *b* et *b'* se rapprochent ; quand, au contraire, la pression diminue, les deux extrémités s'éloignent l'une de l'autre. Un levier mobile autour du point *o* tourne sous l'influence des déplacements de *b* et *b'*, entraînant dans son mouvement une tige *o*S, terminée par un arc denté. Les dents de l'arc S s'engrènent sur celles d'une petite roue P, qui porte une aiguille. Par suite de cette disposition, qui amplifie les déplacements de *b* et *b'*, la plus légère variation dans la pression atmosphérique se traduit par un mouvement très sensible de l'aiguille.

Dans le baromètre métallique, la graduation du cadran se fait par comparaison avec les indications d'un baromètre ordinaire à mercure.

Cet instrument a l'avantage d'être peu fragile, léger, essentiellement portatif.

## *Résumé.*

Dans l'expérience de Torricelli, le mercure est maintenu soulevé dans le tube par l'effet de la pression atmosphérique.

Les variations de la hauteur du mercure soulevé permettent de calculer la hauteur des montagnes, et parfois de prévoir les changements de temps.

Les baromètres sont des instruments destinés à mesurer les variations de la pression atmosphérique. Un baromètre, pour donner de bonnes indications, doit être complètement privé d'air.

Les principaux baromètres sont le *baromètre de Fortin*, le *barometre à cadran* et le *baromètre métallique.*

## IV. — LOI DE MARIOTTE.

**50. Loi de Mariotte.** — Nous savons que les gaz sont compressibles et élastiques, c'est-à-dire qu'ils diminuent de volume quand on les comprime, et qu'ils réagissent sur les parois des vases qui les renferment, de façon à faire équilibre à la pression qu'ils supportent.

La pression d'un gaz, c'est la force avec laquelle il presse, en vertu de sa force élastique, sur les parois du vase qui le renferme. On peut évaluer en grammes cette pression, comme nous l'avons fait pour les pressions dans les liquides ; on peut encore la mesurer par la hauteur de la colonne de mercure à laquelle elle est capable de faire équilibre.

Ainsi l'on dit que la pression atmosphérique est de $1^k,033$ par centimètre carré ; on dit aussi qu'elle est de 76 centimètres de mercure, pour exprimer qu'elle presse autant une surface donnée que le ferait une colonne de mercure de 76 centimètres de hauteur. On emploiera les mêmes expressions pour indiquer la pression qu'exerce un gaz sur les parois du vase qui le renferme.

Au dix-septième siècle, Mariotte a établi la loi qui règle les variations du volume d'une masse de gaz soumise successivement à diverses pressions :

***Les volumes d'une même masse de gaz** (à température invariable) **sont en raison inverse des pressions qu'elle supporte.***

Cette loi est une des plus importantes de la physique. Elle signifie que si l'on comprime une masse gazeuse de façon que son volume devienne 2, 3, 4 fois plus petit, sa pression devient 2, 3, 4 fois plus grande.

On peut donner à la loi de Mariotte un autre énoncé, qui a la même signification que le premier, mais qui est plus commode pour les applications numériques :

*Quand une même masse de gaz (à température invariable) est soumise successivement à diverses pressions, le produit du volume par la pression demeure constant.*

**51. Vérification de la loi de Mariotte.** — Un appareil simple permet de vérifier expérimentalement la loi de Mariotte.

Il se compose d'un tube cylindrique recourbé (*fig.* 42), présentant une petite branche fermée BD et une grande branche ouverte AC, surmontée d'un entonnoir. Ce tube est fixé sur une planchette de bois portant deux graduations en millimètres.

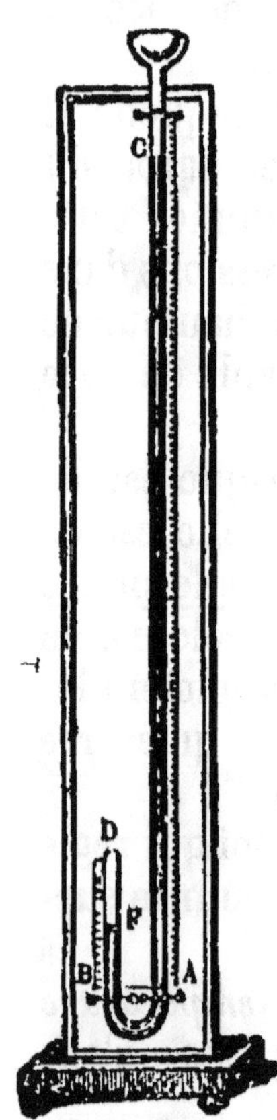

Fig. 42.
Loi de Mariotte.

On commence par verser un peu de mercure dans le tube, de façon à ce que le niveau soit le même dans les deux branches. On a ainsi enfermé en BD un certain volume d'air *à la pression atmosphérique.* On ajoute alors du mercure dans l'entonnoir jusqu'à ce que l'air de BD, comprimé par le poids de ce mercure, occupe un volume DF deux fois plus petit que le volume primitif. Si, à ce moment, on mesure la différence de niveau FC du liquide dans les deux branches, on voit qu'elle est voisine de 76 centimètres.

L'air de DF supporte donc maintenant la pression de l'atmosphère, qui s'exerce en C et se transmet à travers le mercure, augmentée du poids d'une colonne de mercure FC équivalente à la pression atmosphérique : en un mot, la pression en DF est double de la pression atmosphérique. Donc, quand le volume est devenu deux fois plus petit, la pression a été doublée, ce qui vérifie la loi.

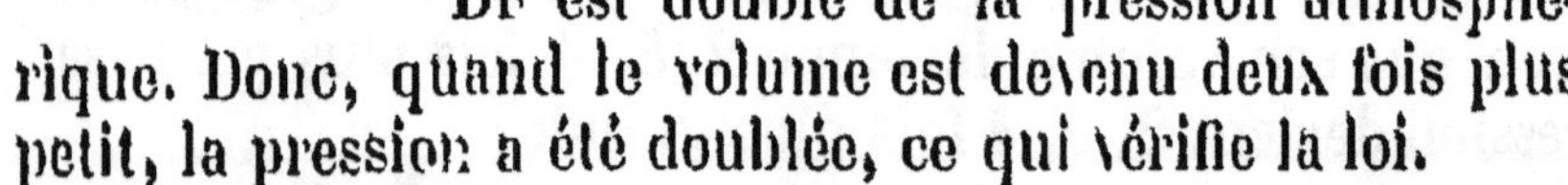

On constaterait de même, si le tube AC était assez long, que la pression devient 3, 4, 5 fois plus grande quand le volume devient 3, 4, 5 fois plus petit.

**52. Mesure des pressions dans les gaz.** — On a souvent à mesurer la pression des gaz ou des vapeurs renfermés en vase clos. Les instruments dont on se sert pour faire ces mesures ont reçu le nom de *manomètres*.

Nous ne décrirons qu'un seul de ces instruments, le manomètre métallique, qui est le plus employé. Il est fondé sur le même principe que le baromètre métallique.

Fig. 43. — Le manomètre métallique sert à mesurer la pression des gaz contenus dans des réservoirs clos.

Un tube flexible creux (*fig.* 43) est enroulé sur lui-même : son extrémité ouverte A communique avec le réservoir; son extrémité fermée *b* porte une aiguille mobile devant un cadran divisé. Quand de l'air comprimé pénètre dans ce tube, la pression qu'il exerce intérieurement tend à dérouler la spirale et à faire marcher l'aiguille vers la droite ; quand la pression cesse, l'aiguille revient à sa position primitive.

**53. Unités adoptées dans la mesure des pressions.** — La pression dans les gaz s'exprime en grammes ou en colonnes de mercure.

Ainsi, on dit que la pression atmosphérique est en moyenne de 76 centimètres, pour exprimer qu'elle fait équilibre à une colonne de mercure de 76 centimètres de hauteur. Cette hauteur de 76 centimètres de mercure a été longtemps prise pour unité dans les mesures des pressions considérables ; on lui donne le nom d'*atmosphère*.

Une pression de 2, 3, 4 *atmosphères* est une pression

capable de faire équilibre à 2, 3, 4 fois la pression atmosphérique, ou à une colonne de mercure ayant 2, 3, 4 fois 76 centimètres de hauteur.

Depuis quelques années, on abandonne de plus en plus cette unité, et on exprime en kilogrammes la pression que le gaz exerce sur un centimètre carré de surface. Dans la figure 43, les nombres représentent des kilogrammes. On dit maintenant, dans l'industrie : « La pression est de 4 kilogrammes », pour indiquer que le gaz exerce, sur chaque centimètre carré du vase qui le renferme, une poussée de 4 kilogrammes.

## *Résumé.*

*Loi de Mariotte.* — Les volumes d'une même masse de gaz (à température invariable) sont en raison inverse des pressions qu'elle supporte.

Ou bien : Quand une même masse de gaz (à température invariable) est soumise successivement à diverses pressions, le produit du volume par la pression demeure constant.

Les *manomètres* sont des instruments destinés à mesurer la pression d'un gaz renfermé dans un espace clos. Cette pression s'exprime en colonnes de mercure, ou en kilogrammes par centimètre carré de surface de la paroi.

# CHAPITRE IV

## APPLICATIONS DES PROPRIÉTÉS DES GAZ.

### I. — MACHINE PNEUMATIQUE ET MACHINES DE COMPRESSION.

**54. Machine pneumatique.** — La *machine pneumatique* est destinée à retirer l'air des vases qui le contiennent. Elle a été imaginée, en 1620, par Otto de Guericke.

Elle se compose essentiellement (*fig.* 44) d'un cylindre de verre TE, nommé *corps de pompe*, dans lequel se meut

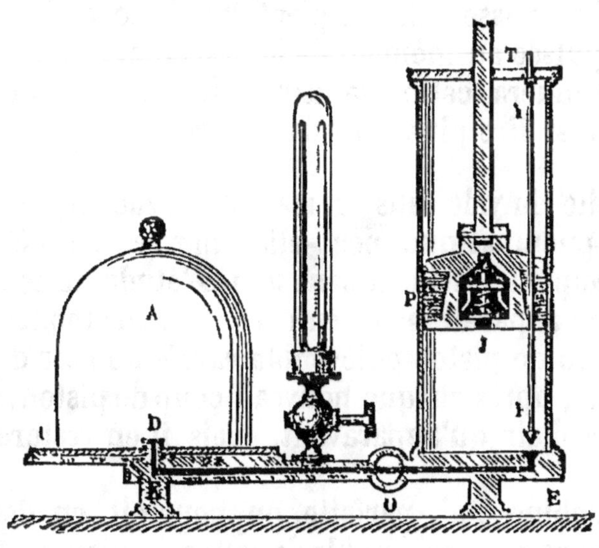


Fig. 44. — La machine pneumatique sert à faire le vide dans le recipient A.

un *piston* P. Le corps de pompe communique par un canal étroit ED avec le vase A dans lequel on veut faire le vide. Une soupape F, s'ouvrant de bas en haut, se trouve placée à l'entrée E du canal de communication; une autre soupape J, s'ouvrant également de bas en haut, ferme un conduit qui traverse le piston et fait communiquer la partie inférieure du corps de pompe avec l'extérieur.

Voyons comment fonctionne cet appareil si simple. Supposons le piston en bas de sa course et soulevons-le : le vide se fait au-dessous; la soupape F s'ouvre, poussée de bas en haut par la force expansive de l'air du récipient A, et une partie de cet air passe dans le corps de pompe.

Abaissons maintenant le piston : la soupape F, également pressée sur ses deux faces, se ferme par l'effet de son poids, et l'air du corps de pompe ne peut revenir dans le récipient. Bien plus, cet air, comprimé par la descente du piston, atteint bientôt une pression supérieure à la pression atmosphérique; il ouvre la soupape J et se répand à l'extérieur; quand le piston sera revenu au bas de sa course, tout l'air qui remplissait le corps de pompe aura été expulsé.

Qu'on lève alors de nouveau le piston : une nouvelle quantité d'air passera du récipient dans le corps de pompe, et sera expulsée au moment de la descente.

On continuera cette manœuvre jusqu'à ce qu'il n'y ait pour ainsi dire plus d'air dans le récipient.

**55. Limite du vide dans la machine pneumatique.** — La machine pneumatique peut-elle enlever complètement l'air du récipient? Évidemment non. L'étude du fonctionnement de l'appareil vient, en effet, de nous montrer que chaque coup de piston enlève *une partie* de l'air du récipient. Donc, après chaque nouveau coup de piston, il restera moins d'air qu'auparavant, mais il en restera toujours.

Si la machine était parfaite, on pourrait, en donnant un nombre assez considérable de coups de piston, amener la pression de l'air du récipient à être aussi petite qu'on le voudrait, à n'être plus, par exemple, que la millième partie d'un millimètre. Mais la machine n'est pas parfaite; et elle laisse toujours au moins un millimètre de pression dans le récipient.

Nous ne pouvons, d'ailleurs, entrer ici dans aucun détail de description de la machine pneumatique; nous nous contentons d'en donner une représentation exacte (*fig.* 45).

**56. Utilité des machines pneumatiques dans les laboratoires.** — Il n'est pas d'instrument de physique dont les

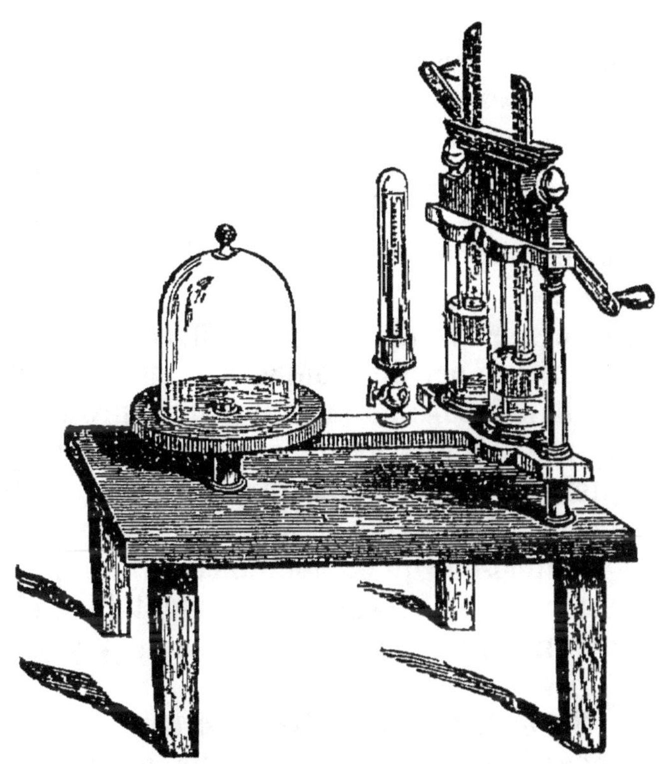

Fig. 45. — Aspect général de la machine pneumatique ; la double poignée sert à mettre les pistons en mouvement.

usages soient plus multipliés que ceux de la machine pneumatique. Grâce à elle, nous avons pu étudier les effets de la pression atmosphérique et diverses propriétés des gaz ; nous la rencontrerons encore fréquemment dans l'étude de l'acoustique, de la chaleur.

Les chimistes la font intervenir dans leurs manipulations ; les physiologistes enfin l'emploient pour étudier l'action de la raréfaction de l'air sur les diverses fonctions des animaux.

Un cabinet de physique, un laboratoire de chimie, ne peuvent pas plus se passer d'une machine pneumatique que d'un thermomètre.

L'industrie emploie peu la machine pneumatique. Cependant, dans les sucreries, on fait le vide dans les chaudières de concentration du sirop, pour déterminer l'ébullition à une température moins élevée.

**57. Machines de compression.** — Les machines à compression, ou *pompes à compression*, sont destinées à comprimer les gaz dans des vases clos.

Elles sont généralement plus simples que les machines pneumatiques. Voici la description de celle qui est le plus souvent employée dans les laboratoires; on la nomme *pompe à main*.

Un cylindre métallique CD (*fig.* 46) est fermé à son extrémité inférieure par une soupape S, qui peut s'ouvrir de haut en bas; une petite ouverture L est pratiquée vers le haut du cylindre; enfin un piston plein P peut se mouvoir dans l'intérieur par l'intermédiaire d'une tige à poignée.

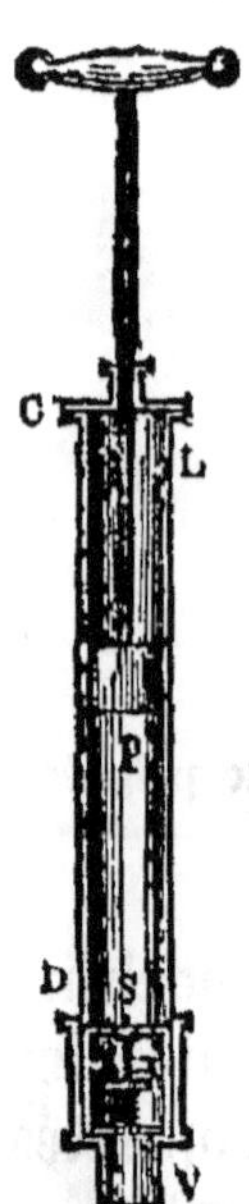

Fig. 46. — Pompe à compression.

Supposons qu'on adapte ce cylindre, par une vis située en V, sur un récipient bien clos, et qu'on fasse manœuvrer le piston : voyons ce qui va arriver.

Le piston étant en bas de sa course, on le soulève : le vide se fait en dessous, car la soupape, qui ne peut s'ouvrir que de haut en bas, demeure fermée. Mais bientôt le piston arrive en haut de sa course, au-dessus de la petite ouverture L : alors l'air entre et remplit le cylindre.

Qu'on descende maintenant le piston : il comprimera l'air qui se trouve au-dessous; la pression finira par devenir supérieure à celle du récipient; la soupape s'ouvrira, et l'air du corps de pompe passera dans le récipient.

En donnant un nombre suffisant de coups de piston, on aura dans le récipient une pression aussi grande qu'on le voudra.

Quand on veut, dans les laboratoires ou dans l'industrie, comprimer fortement de grandes masses d'air ou de tout autre gaz, on accouple plusieurs pompes semblables à la précédente, et on les met en mouvement au moyen d'une machine à vapeur.

**58. Usages des machines de compression dans les laboratoires et dans l'industrie.** — Les machines de compression sont rarement employées dans les laboratoires. Cependant les chimistes s'en servent pour liquéfier certains gaz.

Dans l'industrie, au contraire, l'air comprimé rend de grands services. Sa force élastique peut produire des effets tout à fait analogues à ceux de la force élastique de la vapeur d'eau dans les machines à vapeur.

L'air comprimé est employé à refouler l'eau en dehors des caissons métalliques destinés à former les fondations des piles de ponts : on l'utilise quelquefois pour faire monter jusqu'au niveau du sol l'eau qui envahit les galeries souterraines des mines ; les machines perforatrices qui ont creusé les trous de mines des tunnels du Mont Cenis et du Saint-Gothard étaient mues par l'air comprimé ; les chemins de fer, enfin, sont, depuis quelques années, munis de freins à air comprimé.

Et nous sommes loin d'avoir énuméré toutes les circonstances dans lesquelles l'air comprimé est utilisé par l'industrie.

### *Résumé.*

La *machine pneumatique* sert à faire le vide ; c'est une *pompe à air*, qui aspire l'air du récipient pour le rejeter à l'extérieur.

La *machine de compression* sert à comprimer un gaz dans un réservoir clos ; c'est une *pompe*, qui aspire le gaz du dehors et le refoule dans le récipient.

En principe, la seconde machine ne diffère de la première que par la disposition inverse des soupapes.

## II. — POMPES.

**59. Pompes.** — Les *pompes* ont pour objet d'élever l'eau ou tout autre liquide. Ces instruments, d'un usage journalier, ont reçu les formes les plus variées. Les pompes les plus importantes sont : la *pompe aspirante*, la *pompe foulante*, la *pompe aspirante et foulante*.

**60. Pompe aspirante.** — Un *corps de pompe* AB (*fig.* 47), placé à une certaine hauteur au-dessus du niveau de l'eau, communique avec le liquide par un tuyau d'aspiration DN. Ce tuyau d'aspiration est fermé à sa partie supérieure par une soupape D, qui s'ouvre de bas en haut. Un second tuyau part du haut du corps de pompe et débouche dans le réservoir où l'on veut amener l'eau. Enfin, un piston C, percé d'un canal, que ferme une soupape, s'ouvrant également de bas en haut, complète l'appareil; ce piston est mis en mouvement au moyen d'une grosse tige métallique.

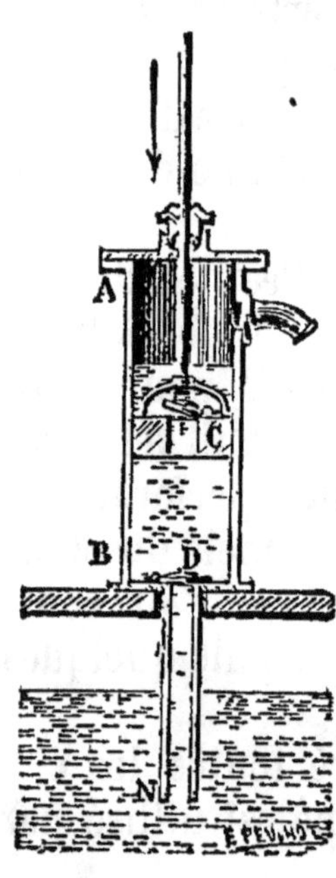

Fig. 47.
Pompe aspirante.

Le piston est en bas de sa course, soulevons-le : le vide se produit au-dessous; la soupape D s'ouvre, et l'air du tuyau d'aspiration se répand dans le corps de pompe ; la pression de l'air intérieur étant ainsi diminuée, la pression atmosphérique, qui s'exerce à la surface de l'eau du puits, détermine l'ascension du liquide dans le tuyau d'aspiration.

Quand le piston redescend, la soupape D se ferme, la soupape C s'ouvre, et l'air est expulsé. Qu'on donne ainsi un second, un troisième coup de piston, et le liquide arrivera jusqu'au cylindre : la pompe sera *amorcée*.

A partir de ce moment, l'eau passe au-dessus du piston chaque fois que celui-ci descend; elle est soulevée et s'écoule par le tuyau supérieur chaque fois que le piston monte.

Nous voyons que, dans cette pompe, la pression atmosphérique est la cause de l'ascension du liquide : il en résulte que le tuyau d'aspiration ne devra pas avoir une longueur supérieure à 10$^{m}$,33 (§ 43), sans quoi la pompe ne pourrait jamais être amorcée.

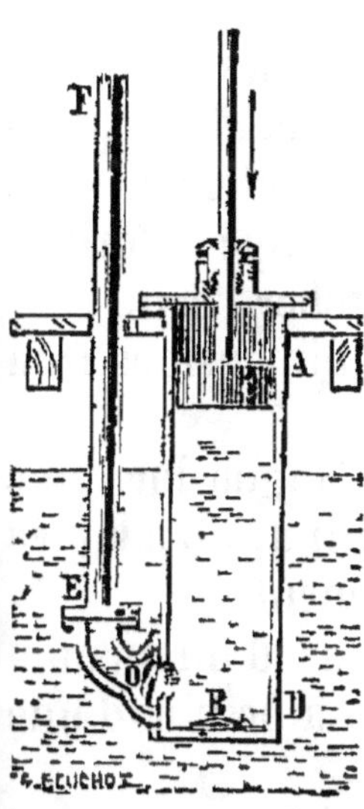

Fig. 48. — Pompe foulante.

En réalité, comme le piston ne ferme jamais hermétiquement, et qu'il laisse toujours passer un peu d'air, une pompe aspirante ne pourra pas avoir un tuyau dépassant 8 mètres de hauteur.

**61. Pompe foulante.** — Le corps de pompe AD (*fig.* 48) est plongé dans l'eau même du puits. Il est muni d'un piston plein, sans soupape; deux ouvertures, fermées par deux soupapes B et O, communiquent, l'une avec l'eau du puits, l'autre avec le tuyau d'ascension EF.

Le piston est en bas de sa course, soulevons-le : l'eau entre dans le corps de pompe par l'ouverture B et le remplit.

Abaissons le piston : la soupape B se ferme, la soupape O s'ouvre, et l'eau est refoulée dans le tuyau d'ascension ; elle s'y élève à une hauteur aussi grande qu'on le veut.

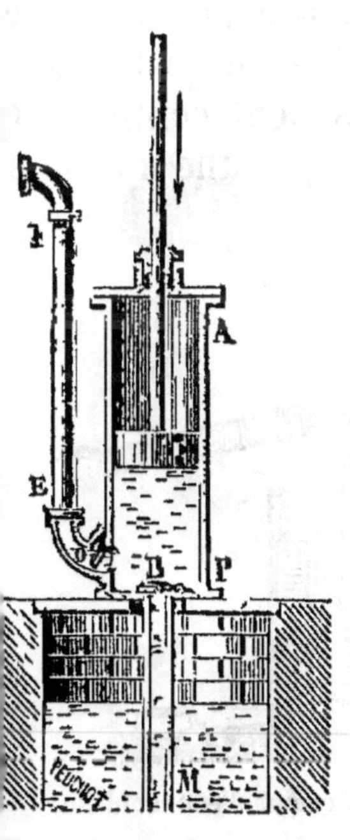

Fig. 49. — Pompe aspirante et foulante.

Nous voyons que, dans cette pompe, la pression atmosphérique ne joue aucun rôle. C'est l'effort exercé sur le piston pour le faire descendre qui refoule l'eau directement jusqu'au sommet du tuyau d'ascension.

**62. Pompe aspirante et foulante.** — La pompe aspirante et foulante résulte de l'union des deux autres.

Un tuyau d'aspiration M débouche dans le corps de pompe AP (*fig.* 49) par la soupape B; un tuyau d'ascension EF part de là pour s'élever en F; le piston est plein, sans soupape. Il est inutile d'insister sur le jeu de cette pompe.

**63. Pompes destinées aux usages domestiques et industriels.** — Les pompes destinées à élever l'eau d'un puits pour des usages domestiques sont généralement des pompes aspirantes. On place le corps de pompe à l'orifice du puits, et le tuyau d'aspiration va chercher l'eau.

Ces pompes sont toujours de petites dimensions : on les manœuvre à bras d'homme.

Un levier, oscillant autour d'un point fixe, ou bien une manivelle tournant d'un mouvement continu, est adaptée au piston et lui communique son mouvement.

Les manivelles sont plus coûteuses, mais d'un maniement moins pénible, chaque fois qu'on a besoin d'une quantité d'eau un peu considérable.

Les pompes destinées aux usages industriels ont presque toujours de grandes dimensions. Le mouvement de haut en bas et de bas en haut est communiqué au piston par une manivelle, qui tourne d'un mouvement continu, et qui est mise en marche par un cheval, par une machine à vapeur, par une chute d'eau.

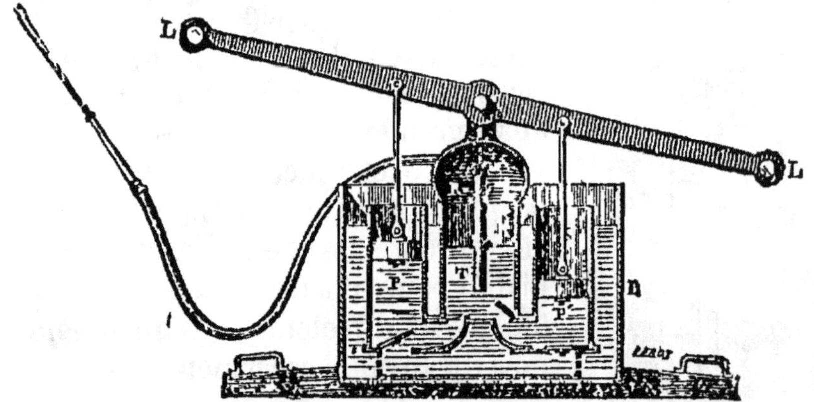


Fig. 50. — La pompe à incendie fournit un écoulement d'eau continu, grâce à un réservoir à air.

**64. Pompe à incendie.** — On peut donner la *pompe à incendie* (*fig.* 50) comme exemple de pompe à jet continu. C'est une pompe foulante.

Elle est constituée par deux corps de pompe, dont les pistons pleins P et P′ sont mis en mouvement par un balancier mobile autour de son milieu; les deux extrémités L et L′ de ce balancier portent deux longues poignées horizontales, mues chacune par quatre hommes.

L'eau fournie par les deux corps de pompe est fortement refoulée dans une *chambre à air* R placée entre eux; un tuyau T fait communiquer le fond de cette chambre à air avec les tuyaux extérieurs d'ascension. La pompe est placée dans un grand baquet B, que l'on maintient constamment plein d'eau.

La manœuvre se comprend par la seule inspection de la figure.

Quand le balancier est en mouvement, l'un des pistons monte, et l'autre descend; la chambre à air reçoit de l'eau tantôt d'un côté, tantôt de l'autre. Ici l'eau ne s'élève pas immédiatement, mais le travail à effectuer n'en est pas moins considérable: car on a à vaincre la pression de l'air comprimé en R. La réaction de cet air détermine l'ascension du liquide dans le tuyau T.

A l'aide de cette disposition, on peut, soit conduire l'eau jusqu'au toit des maisons les plus élevées, soit obtenir, à l'extrémité de la *lance*, un jet continu de grande puissance. Mais, pour cette raison même, la manœuvre de la pompe est très pénible, et les huit hommes qui y sont employés doivent fréquemment être remplacés.

### *Résumé.*

Dans la *pompe aspirante*, le corps de pompe est situé au niveau supérieur. Quand on soulève le piston, l'eau monte, par l'effet de la pression atmosphérique. La longueur du tuyau d'aspiration ne doit pas, pratiquement, dépasser 8 mètres.

Dans la *pompe foulante*, le corps de pompe est situé au niveau inférieur. L'eau est refoulée par le piston, quand celui-ci descend.

La *pompe aspirante et foulante* est une combinaison des deux précédentes.

Dans la *pompe à incendie*, l'eau est refoulée dans un réservoir à air; le gaz comprimé, faisant ressort, donne un écoulement d'eau continu.

## III. — SIPHON.

**65. Siphon.** — Le *siphon* est destiné à transvaser les liquides, sans agitation, par-dessus les bords des vases qui les renferment.

Il est tout simplement formé (*fig.* 51) d'un tube recourbé A B C, à branches inégales.

Quand on remplit ce tube avec un liquide, et qu'on en plonge la petite branche dans un vase contenant le même

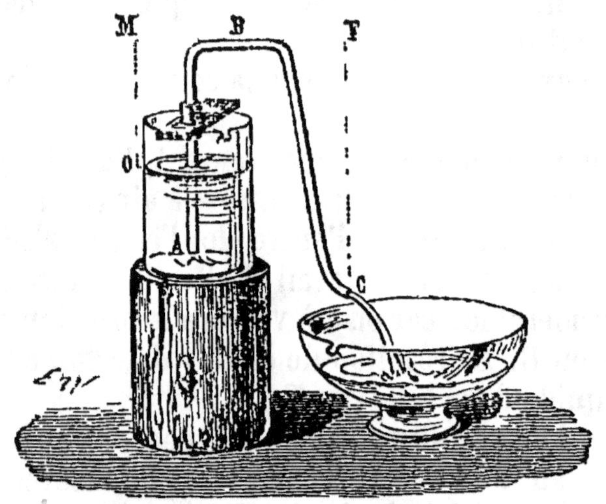


Fig. 51. — L'écoulement du siphon se fait de la petite branche vers la grande.

liquide, il s'établit aussitôt un écoulement de la petite branche vers la grande, écoulement qui dure tant qu'il reste du liquide dans le vase.

Le fonctionnement du siphon se produit sous la double action de la pression atmosphérique et du poids du liquide.

Considérons, en effet, une tranche de liquide prise en B, à la partie supérieure du siphon. Elle sera pressée, de gauche à droite, par la pression atmosphérique diminuée du poids d'une colonne de liquide ayant O M pour hauteur; elle sera pressée de droite à gauche par la pression atmosphérique, diminuée du poids d'une colonne de liquide ayant F C pour hauteur.

Si FC est plus grand que OM, la pression de gauche sera plus grande que la pression de droite, et la tranche liquide considérée s'écoulera du côté de l'orifice C.

Mais, à mesure que se produira le mouvement, une nouvelle quantité de liquide, soulevée par la pression atmosphérique, passera du vase dans le siphon, et l'écoulement durera jusqu'à ce que le vase soit complètement vidé.

La vitesse de l'écoulement est évidemment d'autant plus grande que la différence FC — OM est elle-même plus considérable.

A mesure que le niveau baisse dans le vase, cette différence devient plus petite, et la vitesse d'écoulement diminue.

**66. Applications du siphon.** — Le siphon est fort employé dans les laboratoires de chimie. Chaque fois qu'on veut *décanter* un liquide, c'est-à-dire le séparer d'un dépôt pulvérulent qui s'est formé au fond du vase, on se sert du siphon, qui enlève le liquide sans agiter le dépôt.

Dans les arts, le siphon est d'un usage journalier. Presque tous les liquides qu'on fabrique dans l'industrie sont transvasés au moyen de siphons : on emploie le siphon, par exemple, pour vider les tonneaux pleins de vin et séparer ainsi le liquide de la lie.

Le siphon est aussi employé avec avantage dans de grands travaux hydrauliques, lorsqu'il s'agit de détourner le cours des rivières ou de vider des étangs sans endommager les digues.

A quelque usage qu'on destine le siphon, il faut pouvoir, pour le faire fonctionner, le remplir d'abord de liquide.

Dans les laboratoires, le siphon se compose souvent d'un simple tube recourbé comme celui de la figure 51, ou même d'un tube de caoutchouc flexible. Dans ce cas, on plonge la petite branche dans le liquide, et on aspire par l'autre avec la bouche; quand le liquide arrive dans la bouche, on cesse d'aspirer : le siphon est alors *amorcé*; l'écoulement commence.

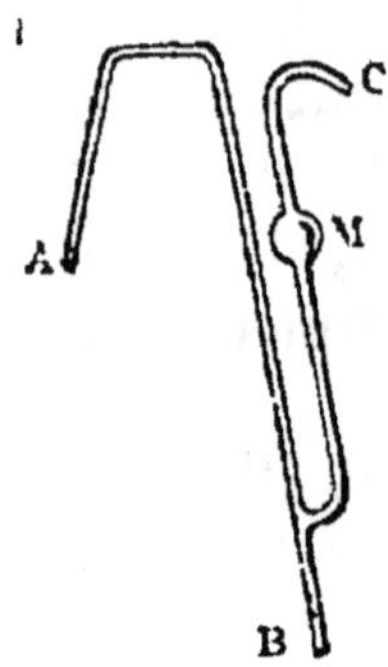


Fig. 52.— Siphon de laboratoire, avec un tube latéral pour l'amorcement.

Pour les liquides vénéneux ou corrosifs, on doit opérer autrement.

Un petit tube supplémentaire MC (*fig.* 52) part du bas de la grande branche; l'extrémité A étant plongée dans le liquide, on ferme B avec le doigt ou avec un robinet, et on aspire par C; avant que le liquide soit monté jusqu'à la bouche, on cesse d'aspirer, et le siphon est amorcé. On n'a plus qu'à ouvrir l'extrémité B pour déterminer l'écoulement.

Dans l'industrie, on amorce nécessairement d'une façon moins simple.

## *Résumé.*

Le *siphon* sert à transvaser les liquides sans les agiter; l'écoulement s'y fait, sous l'influence de la pression atmosphérique, de la petite branche vers la grande.

Pour être en état de fonctionner, un siphon doit être préalablement amorcé.

## IV. — AÉROSTATS.

**67. Aérostats.** — Le *principe d'Archimède* s'applique aux gaz (§ 39) : par suite, un ballon très léger, rempli d'un gaz moins dense que l'air, doit s'élever dans l'atmosphère, comme un bouchon s'élève dans l'eau.

Les frères Montgolfier, fabricants de papier à Annonay, eurent, les premiers, l'idée de faire en grand cette expérience. Le 5 juin 1783, ils lancèrent à Paris un ballon gonflé par de l'air chaud.

Peu après, on en lançait d'autres remplis d'hydrogène, gaz quatorze fois plus léger que l'air; et enfin, plus tard, on en lança qui étaient gonflés de gaz d'éclairage, léger aussi, et qu'on se procure plus facilement partout que l'hydrogène.

Depuis un siècle, les aérostats ont rendu de signalés services à la science, en permettant d'aller faire des observations dans les régions élevées de l'atmosphère.

Fig. 53. — L'ancienne montgolfière.

Ils ont été aussi utilisés dans l'art militaire.

Pendant longtemps, tous les efforts faits pour diriger les ballons ont complètement échoué.

La seule chose que pouvait faire l'aéronaute était de monter ou de descendre à son gré. Voulait-il monter, il jetait du *lest*, c'est-à-dire qu'il lançait hors de la nacelle du sable, dont il avait une ample provision : alors le ballon allégé s'élevait. Voulait-il descendre, il ouvrait une soupape ; le gaz s'échappait, le ballon se dégonflait, le volume d'air déplacé devenait moindre, la poussée moindre aussi : le ballon descendait.

Enfin, en 1884, après bien des tentatives vaines, les capitaines Krebs et Renard sont parvenus à diriger à leur gré un ballon allongé, mu par une hélice mise en mouvement à l'aide d'une machine dynamo-électrique. C'est un premier pas fait dans la voie de la direction des aérostats.

**68. Force ascensionnelle dans les aérostats.** — On appelle *force ascensionnelle* d'un aérostat la différence qui existe entre son poids total et le poids de l'air qu'il déplace.

On mesure la force ascensionnelle, au moment du départ, par la traction que le ballon exerce sur un dynamomètre (§ 23) auquel on l'accroche.

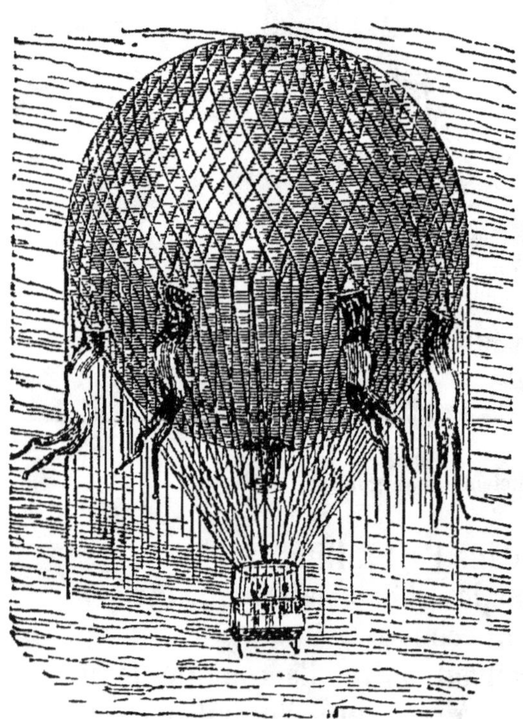

Fig. 54. — L'aérostat actuel, dans les airs.

Fig. 55. — La nacelle d'un grand ballon, avec les aéronautes et les agrès.

Quand la force ascensionnelle ainsi mesurée dépasse 4 ou 5 kilogrammes, l'ascension est trop rapide; on la diminue alors en ajoutant dans la nacelle des sacs de sable, qui constitueront le *lest* et aideront plus tard l'aéronaute à monter ou à descendre à volonté.

Fig. 56. — Le gonflement d'un ballon dans une usine à gaz

## *Résumé.*

L'ascension des aérostats se fait conformément au *principe d'Archimède*, qui s'applique aux gaz.

La *force ascensionnelle* d'un aérostat est la différence qui existe entre son poids total et le poids de l'air qu'il déplace.

# LIVRE II

## ACOUSTIQUE

## CHAPITRE PREMIER

### PRODUCTION ET PROPAGATION DU SON.

#### I. — PRODUCTION DU SON.

**69. Définition du son.** — L'acoustique est la partie de la physique qui s'occupe de l'étude des *sons*.

*Le son est la sensation produite sur l'organe de l'ouïe par les vibrations des corps sonores, vibrations transmises jusqu'à l'oreille par l'intermédiaire d'un milieu élastique*, qui est ordinairement l'air atmosphérique.

Sans *vibration* il n'y a pas de son ; mais la vibration

Fig. 57. — Une verge qui rend un son est en vibration.

Fig. 68. — Une cloche qui rend un son est en vibration.

seule ne constitue pas le son : il n'y a pas de son là où il n'y a pas une *oreille* pour être impressionnée par les vibrations.

**70. Tout corps qui produit un son est en vibration.** — Nous allons le démontrer par quelques exemples.

1° Une verge métallique AB est fixée par une de ses extrémités entre les deux mâchoires d'un étau (*fig.* 57). Si on écarte l'extrémité A de sa position d'équilibre, et qu'on l'abandonne ensuite à elle-même, on la voit osciller avec une grande rapidité, et en même temps on entend un son.

2° Pour faire résonner une corde tendue, il faut l'écarter de sa position normale, puis la lâcher brusquement. Elle exécute alors une série d'oscillations si rapides qu'on ne pourrait les compter, mais qui se manifestent par un renflement apparent de la corde en son milieu.

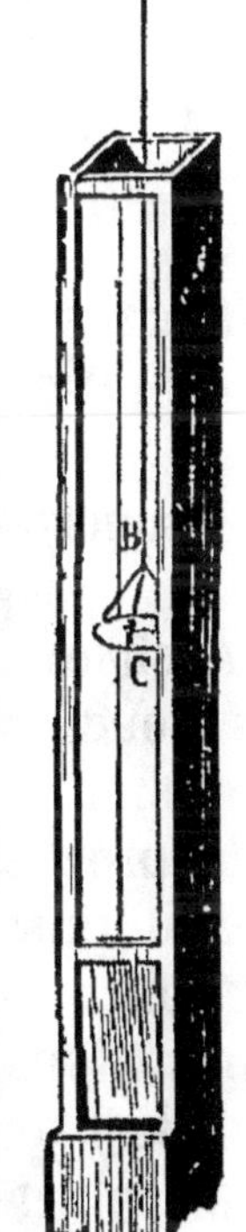

Fig. 59. — L'air d'un tuyau sonore est en vibration.

3° Une cloche est frappée par un marteau, elle résonne. Ici les vibrations ne sont pas immédiatement apparentes; mais si l'on approche des bords de la cloche un petit fil à plomb très léger, on voit qu'il est vivement rejeté (*fig.* 58).

Nous comprenons maintenant pourquoi le son est toujours produit par un choc ou par un frottement : il fallait cela pour mettre le corps sonore en vibration ; pourquoi on arrête le son en touchant le corps sonore avec la main : on fait cesser les vibrations; pourquoi, enfin, les corps mous, non élastiques, plomb, cire, ouate..., sont incapables de produire des sons : ils ne peuvent vibrer.

4° Souvent le son est produit non plus par un solide, mais par un gaz : c'est ce qui a lieu dans les instruments de musique dits *instruments à vent.*

Montrons que ce gaz qui produit un son est bien en vibration.

Voici un tuyau d'orgue (*fig.* 59) dont une des faces est en verre : il résonne sous l'action de l'air qui entre par l'extrémité inférieure.

Faisons descendre dans le tuyau, au moyen d'un fil A B, une petite membrane tendue C, sur laquelle on a répandu du sable fin. Le sable saute vivement sur la membrane, rendant ainsi visibles les oscillations de l'air du tuyau.

### *Résumé.*

Trois conditions sont nécessaires à l'existence du son : *un corps sonore qui vibre, un milieu élastique pour transmettre les vibrations,* et une *oreille* pour éprouver la sensation qui résulte des vibrations.

Un grand nombre d'expériences simples démontrent que tout corps qui produit un son est en vibration.

---

## II. — PROPAGATION DU SON.

**71. Propagation du son.** — Le son est *produit* par une vibration ; mais il n'est entendu que lorsque la vibration a été transmise jusqu'à l'oreille.

Voyons donc comment les vibrations des corps sonores peuvent être transmises jusqu'à notre oreille.

Elles le sont par l'intermédiaire de l'air. A chaque mouvement d'oscillation du corps vibrant, les couches d'air voisines sont frappées et comprimées. Ce choc et cette compression se transmettent rapidement de proche en proche aux couches d'air successives et arrivent ainsi jusqu'à l'oreille, qui nous donne la sensation du son.

Mille observations, que l'on peut faire aisément tous les jours, montrent le mouvement de vibration de l'air qui transmet un son. Les chants d'église font trembler les vitraux, les sons de l'orgue font frémir les piliers. Le bruit du canon, le roulement des tambours, le grondement du tonnerre, ébranlent les vitres et jusqu'aux murs des maisons. A un cri poussé dans un salon, les cordes du piano voisin répondent par un frémissement.

**72. Le son ne se propage pas dans le vide** — Du reste, et cette dernière preuve est concluante, le son ne se transmet pas dans le vide.

Dans un ballon à robinet, suspendons une petite clochette au moyen d'un cordon non elastique, en coton non tressé par exemple (*fig*. 60). Faisons le vide : les tintements de la clochette ne sont plus entendus. Qu'on fasse rentrer un peu d'air, et on entendra un faible son, qui ira en augmentant d'intensité à mesure qu'on fera rentrer l'air en plus grande quantité.

Fig 60. — Le son ne se propage pas dans le vide.

**73. Le son se propage à travers tous les milieux élastiques.** — Qu'un milieu élastique quelconque soit, au contraire, interposé entre le corps sonore et l'oreille, le son sera perçu.

Ainsi, le son se transmet à travers l'air et tous les autres gaz. Plus la pression de l'air est considérable, plus le son se transmet aisément. Dans l'air comprimé le son est très fort, tandis qu'il est très faible dans les hautes régions, où l'air est rare. Au sommet du mont Blanc, les voyageurs cessent de s'entendre les uns les autres à quelques mètres de distance.

A défaut de l'air, les corps liquides et les solides élastiques transmettent parfaitement les sons; ils les transmettent même mieux que l'air.

Quand on a la tête plongée sous l'eau, on entend parfaitement deux cailloux choqués l'un contre l'autre à 800 mètres de distance.

Quand on frappe de petits coups à l'extrémité d'une poutre de bois, l'oreille collée à l'autre bout entend un son assez fort.

Pour entendre un cheval qui arrive sur une route, on applique l'oreille sur le sol.

On peut, tout en ayant les oreilles fermées, percevoir parfaitement les sons par l'intermédiaire des os du crâne. Un sourd-muet qui n'a pas le nerf acoustique paralysé entend parfaitement le tic-tac d'une montre qu'il tient serrée entre ses dents.

**74. Vitesse de propagation du son dans l'air.** — Le son ne se propage pas instantanément du corps sonore à l'oreille. Quand, du haut d'une colline, on regarde un chasseur dans la plaine, on le voit porter son fusil à l'épaule ; la fumée sort du canon, et c'est seulement quelques instants après que l'on entend le bruit de la détonation.

Des recherches précises ont permis de mesurer la vitesse de propagation du son.

Le son parcourt à peu près 340$^{m}$ par seconde, dans l'air ; cela ferait 1 224 kilomètres par heure, à peu près 20 fois la vitesse de nos trains de chemin de fer.

Le vent, qui permet d'entendre le son de plus loin quand il est favorable, n'a qu'une faible influence sur la rapidité de sa transmission.

La température en a une plus considérable : par les grands froids de l'hiver, le son ne parcourt que 330 mètres par seconde ; par les fortes chaleurs de l'été, il se propage avec une vitesse de 345 mètres.

Tous les sons, du reste, si différents qu'ils soient les uns des autres, se propagent avec la même vitesse.

Divers savants ont aussi mesuré la vitesse de progression du son dans les liquides et dans les solides. Dans l'eau, le son parcourt 1 435 mètres par seconde ; dans la fonte, il a une vitesse de 3 500 mètres.

**75. Affaiblissement du son dans l'air.** — Quand le son se propage librement dans toutes les directions autour du corps sonore, la vibration transmise ébranle des masses d'air de plus en plus considérables. De là un affaiblissement très rapide de son intensité.

L'expérience montre, en effet, à chaque instant, que le son s'affaiblit quand on s'éloigne du corps sonore, et qu'il cesse d'être perceptible quand la distance est assez considérable.

On empêche l'affaiblissement du son en le forçant à se

propager dans une direction unique, de manière à n'ébranler qu'une faible colonne d'air.

Chacun a remarqué avec quelle facilité le son se propage d'un bout à l'autre d'un tuyau long de plusieurs centaines de mètres : les *tubes acoustiques*, en usage dans certains grands établissements, sont fondés sur ce principe.

Le *porte-voix*, dont se servent les marins pour converser d'un navire à l'autre, a pour effet de déterminer la propagation du son dans une direction unique.

Les *cornets acoustiques*, sortes d'entonnoirs, dont l'extrémité effilée se place dans l'oreille, recueillent les vibrations qui arrivent sur toute l'étendue du pavillon et les font converger vers l'oreille. Ils augmentent l'intensité du son perçu. Les personnes atteintes de surdité s'en servent fréquemment.

## *Résumé.*

Le *son* ne se propage pas dans le vide; mais il se propage à travers tous les milieux élastiques (air, eau, solides, etc.).

La vitesse de propagation du son dans l'air est voisine de 340 mètres par seconde. Elle est plus grande dans les solides et les liquides.

Le son s'affaiblit rapidement quand on s'éloigne du corps sonore. Les *tubes acoustiques*, le *porte-voix*, les *cornets acoustiques*, ont pour but de remédier à cet affaiblissement.

## III. — RÉFLEXION DU SON.

**76. Réflexion du son.** — Le son, lorsqu'il rencontre un obstacle résistant, est renvoyé comme le serait une balle élastique. On dit qu'il y a *réflexion*.

Les lois auxquelles obéit la réflexion du son sont les mêmes que celles auxquelles obéit la réflexion de la lumière, que nous aurons à étudier plus loin (§ 180).

Cette réflexion du son explique un grand nombre de phénomènes connus.

Une des salles du Conservatoire des Arts et Métiers, à

Paris, présente une voûte arrondie qui réfléchit les vibrations sonores émanées d'un certain point de la salle, de manière à les faire converger en un autre point assez éloigné du premier. Les paroles prononcées à voix basse en l'un de ces points sont très distinctement entendues à l'autre, tandis qu'elles ne le sont en aucun des points intermédiaires.

Dans les *tuyaux acoustiques*, dans les *porte-voix*, les réflexions successives des vibrations sonores le long des parois finissent par rendre tous les rayons à peu près parallèles entre eux, et leur permettent de se propager au loin sans affaiblissement sensible. Dans les *cornets acoustiques*, les réflexions successives font converger vers l'oreille les vibrations sonores qui ont été recueillies par le pavillon.

**77. Echo.** — La réflexion du son se produit fréquemment dans la nature contre les rochers, les collines, les murs, ou même contre les bouquets d'arbres. Il en résulte le phénomène de l'*écho*.

Considérons un son parti du point A (*fig.* 61) et prenant la direction horizontale AB. En B, il rencontre un mur vertical MN, et il se réfléchit suivant la direction BC. Un observateur placé en C entendra donc le son arrivant directement de A en C, et ensuite le son réfléchi, l'*écho*, qui aura parcouru le chemin ABC. S'il y a 340 mètres de distance de A en C, et 680 mètres en suivant le chemin ABC, l'écho arrivera une seconde après le son venu directement.

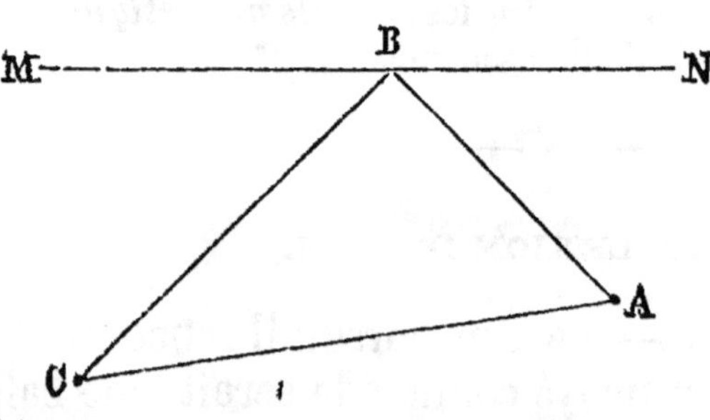

Fig. 61. — Le son parti de A est renvoyé en C par réflexion sur le mur MN.

Quand le son arrive perpendiculairement sur l'obstacle, il revient exactement sur ses pas, et l'observateur qui a parlé entend revenir sa propre voix. S'il y a 340 mètres de l'observateur à l'obstacle, le son mettra une seconde à aller et une seconde à revenir ; on entendra l'écho deux secondes après le bruit de la voix. Tout ce qu'on aura dit pendant ces deux secondes sera répété et distinctement entendu. Un écho répétera donc d'autant plus de syllabes que l'obstacle sera plus éloigné de l'endroit où l'on parle. A la distance indiquée ici de 340 mètres, l'écho répéterait huit ou dix syllabes prononcées un peu vite.

Quand on parle dans un appartement, le son se réfléchit contre les murs: de sorte que celui qui parle, de même que les auditeurs, entendent, après le son direct, plusieurs sons réfléchis.

Dans la plupart des cas, les dimensions de la salle étant petites, ces sons réfléchis arrivent à l'oreille presque en même temps que le son direct, et ne font que le renforcer : la salle est *sonore*.

Mais si les dimensions augmentent, les sons réfléchis prolongent d'une manière fatigante le son direct, qui devient alors bourdonnant et confus ; les grandes salles, dont les murs sont nus, possèdent souvent de ces *résonances* extrêmement gênantes pour les orateurs et leur auditoire.

Les draperies et les tentures, n'étant pas élastiques, réfléchissent peu le son et amortissent les résonances.

## *Résumé.*

La *réflexion* du son obéit aux mêmes lois que la réflexion de la umière.

L'*écho* est une des conséquences de la réflexion du son

# CHAPITRE II

## QUALITÉS DU SON.

### I. — INTENSITÉ, HAUTEUR, TIMBRE.

**78. Qualités du son.** — Les sons se distinguent les uns des autres par trois qualités : l'*intensité*, la *hauteur* et le *timbre*.

L'*intensité* est cette qualité qui permet au son d'impressionner plus ou moins fortement l'oreille, ou d'être perçu jusqu'à une distance plus ou moins grande.

La *hauteur* d'un son ne peut pas être définie, pas plus qu'aucune sensation. C'est de cette qualité que dépend la sensation de gravité ou d'acuité, qui différencie les notes de la gamme les unes des autres.

Le *timbre*, enfin, est la qualité qui permet de distinguer l'un de l'autre les sons émis par deux instruments différents, même lorsqu'ils ont la même intensité et la même hauteur. Quand on tire successivement la même note, avec la même intensité, d'un violon, d'un piano et d'un cornet à piston, les sons obtenus se distinguent très bien les uns des autres : ils n'ont pas le même timbre.

**79. Intensité.** — L'intensité d'un son dépend :

1° *Des conditions de la production.* — L'intensité est d'autant plus grande que les vibrations du corps sonore ont plus d'amplitude.

L'intensité est encore augmentée si la vibration se produit dans le voisinage de corps élastiques qui puissent s'y associer : de là l'usage des *caisses de renforcement*, sur lesquelles sont presque toujours tendues les cordes des instruments de musique.

2° *De la distance à laquelle on le perçoit.* — Nous avons vu, en effet, que l'intensité du son diminue quand on s'éloigne du corps sonore (§ 75).

**80. Hauteur du son.** — *La hauteur du son dépend du nombre de vibrations que le corps sonore exécute en une seconde.*

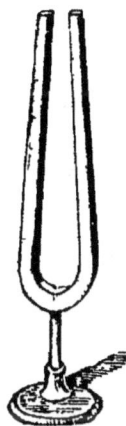

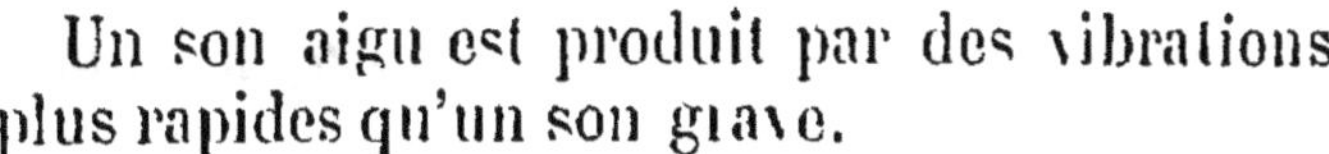

Un son aigu est produit par des vibrations plus rapides qu'un son grave.

Deux sons qui ont la même hauteur, qui résonnent à l'unisson, sont produits par le même nombre de vibrations, quels que soient leur origine, leur timbre et leur intensité.

Les différentes notes de la gamme correspondent à des nombres de vibrations bien connus, et qui présentent entre eux des rapports simples. Ainsi, quand deux notes sont à l'*octave* l'une de l'autre, la plus aigue a un nombre de vibrations par seconde qui est juste le double du nombre de vibrations de la plus grave.

Fig. 62 — Le diapason des musiciens.

Le *diapason* des musiciens, qui donne le LA *normal* sur lequel se mettent d'accord tous les instruments, fait 870 vibrations par seconde.

**81. Timbre du son.** — Quand un instrument de musique donne une note, le son qu'il produit n'est jamais unique. Outre la *note fondamentale*, que l'on entend seule distinctement, l'instrument produit toute une série de notes plus élevées, qu'on nomme les *harmoniques* de la première.

Ces notes supplémentaires ont une intensité tellement faible qu'on ne les entend pas d'une façon distincte; mais elles constituent à la note fondamentale une sorte *d'accompagnement*, qui change notablement l'impression que ressent l'oreille.

Comme ces notes supplémentaires, cet accompagnement, varient d'un instrument à l'autre, il en résulte cette différence de sensation qui caractérise justement le *timbre*. On peut donc dire que *le timbre d'un son dépend des harmoniques qui accompagnent ce son.*

## *Résumé.*

Les trois qualités du son sont l'*intensité*, la *hauteur* et le *timbre*.

L'*intensité* dépend de l'amplitude des vibrations du corps sonore.

La *hauteur* dépend du nombre de vibrations accomplies en une seconde; le son est d'autant plus aigu que le nombre des vibrations par seconde est plus grand.

Le *timbre* dépend des *harmoniques* qui accompagnent la note rendue par l'instrument.

---

### II. — INSTRUMENTS DE MUSIQUE.

**82. Divers instruments de musique.** — La plupart des instruments de musique sont des *instruments à cordes* ou *des instruments à vent.*

Nous ne pouvons donner ici la description de ces instruments. Nous indiquerons seulement les lois qui régissent les vibrations des cordes et les vibrations des tuyaux sonores.

**83. Vibrations des cordes.** — Une corde tendue rend, quand on la fait vibrer, un son, dont la hauteur dépend de la longueur, de la grosseur, de la nature de la corde, et aussi de la tension à laquelle elle est soumise.

*Première loi.* — Les nombres de vibrations de deux cordes sont en raison inverse de leur longueur.

*Seconde loi.* — Les nombres de vibrations de deux cordes sont en raison inverse de leur diamètre.

*Troisième loi.* — Les nombres de vibrations de deux cordes sont proportionnels à la racine carrée des poids tenseurs.

*Quatrième loi.* — Les nombres des vibrations de deux cordes sont en raison inverse de la racine carrée des densités des substances qui les forment

**84. Application de ces lois aux instruments de musique.** — es quatre lois trouvent leur application dans la construcon et l'usage des instruments à cordes.

Dans le piano et la harpe, chaque corde ne rend qu'un on ; ces cordes ont des longueurs différentes, des grosurs différentes, et sont faites de substances différentes.

Dans le violon, toutes les cordes ont la même longueur ; nais l'artiste, en serrant les cordes entre ses doigts et le nanche de l'instrument, fait varier cette longueur suiant la note qu'il veut obtenir.

Enfin, dans le violon comme dans le piano, la loi des oids tenseurs intervient, quand on veut accorder l'instruent. On tend la corde plus ou moins fortement, au noyen de chevilles, jusqu'à ce que l'accord soit obtenu.

**85. Tuyaux sonores.** — L'air enfermé dans un tuyau à arois solides entre facilement en vibration et produit lors des sons puissants.

Pour faire résonner les tuyaux, on les munit d'une disosition particulière nommée *embouchure*, par laquelle n fait arriver le courant d'air.

Les lois auxquelles obéissent les vibrations des tuyaux ont les suivantes :

*Première loi.* — Le son rendu par un tuyau ne dépend as de la substance qui constitue ses parois.

*Seconde loi.* — Le son rendu par un tuyau ne dépend as de sa forme, mais seulement de sa longueur.

*Troisième loi.* — Les sons rendus par deux tuyaux corespondent à des nombres de vibrations qui sont en raion inverse de leur longueur.

*Quatrième loi.* — Le son rendu par un tuyau fermé st le même que celui d'un tuyau ouvert de longueur ouble.

*Cinquième loi.* — Quand on souffle de plus en plus fort ans un tuyau, il rend divers sons de plus en plus aigus.

**86. Application des lois des tuyaux sonores aux instruments e musique.** — Dans l'orgue, on ne fait rendre à chaque tuyau qu'une seule note; aussi y a-t-il autant de tuyaux que l'on veut produire de sons différents. La longueur de ces tuyaux varie de 5 mètres à quelques centimètres.

A côté de l'orgue, le plus complexe des instruments à vent, plaçons la trompette ou le cor de chasse, le plus simple. Il ne renferme qu'un seul tuyau de longueur invariable. On en tire plusieurs notes différentes en soufflant de plus en plus fort.

Dans les autres instruments, on a un tuyau de longueur variable, et pour chaque longueur on obtient plusieurs sons en soufflant de plus en plus fort.

Les trous et les clefs de la flûte et de la clarinette servent à mettre l'air du tuyau en communication avec l'extérieur en divers points de la longueur de l'instrument. L'effet produit par cette disposition est à peu près le même que si le tuyau était coupé au niveau de la clef ouverte.

Dans le cornet à piston, des tuyaux supplémentaires, que l'on met à volonté en communication avec le tuyau principal, font varier la longueur de ce tuyau.

## *Résumé.*

Une *corde vibrante* rend un son qui est : 1° d'autant plus aigu que la corde est plus courte; 2° d'autant plus aigu que la corde est moins grosse; 3° d'autant plus aigu que la corde est plus tendue; 4° d'autant plus aigu que la substance dont est faite la corde a une moindre densité.

Toutes ces lois sont utilisées dans les instruments à cordes.

Un *tuyau vibrant* rend un son qui : 1° ne dépend pas de la substance des parois; 2° ne dépend pas de la forme du tuyau; 3° est d'autant plus aigu que le tuyau est plus court; 4° est le même dans un tuyau fermé que dans un tuyau ouvert de longueur double; 5° est d'autant plus aigu qu'on souffle plus fort.

Toutes ces lois sont utilisées dans les instruments à vent.

# LIVRE III

# CHALEUR

## CHAPITRE PREMIER

## DILATATION ET THERMOMÈTRE.

### 1. — DILATATION DES CORPS PAR LA CHALEUR

**87. Divers effets de la chaleur.** — La chaleur est la cause qui produit sur nous les impressions du froid et du chaud. Le soleil et le feu sont les deux sources principales desquelles nous vient la chaleur.

Lorsque la chaleur pénètre dans les corps, elle produit un certain nombre de phénomènes, dont l'étude doit nous occuper ; il est bon d'indiquer tout d'abord quels sont ces phénomènes :

1° Tout corps soumis à l'action de la chaleur commence par *s'échauffer ;*

2° En même temps qu'il s'échauffe, le corps subit une augmentation de volume, une *dilatation ;*

3° Dans un grand nombre de cas, la dilatation est suivie d'un *changement d'état*, fusion ou vaporisation.

Nous examinerons successivement ces trois sortes de phénomènes : *échauffement*, *dilatation*, *changement d'état.*

La chaleur peut encore produire :

4° Des *effets chimiques*, comme la détonation d'un mélange d'oxygène et d'hydrogène, la décomposition de l'acide azotique. L'étude de ces effets est du ressort de la chimie;

5° Des *effets lumineux*, dont nous parlerons, en chimie, à propos du pouvoir éclairant des flammes;

6° Des *effets électriques*, qui seront étudiés à la fin de ce cours;

7° Des *effets mécaniques*, comme ceux qui sont utilisés dans les machines à vapeur,

88. **Dilatation des solides.** — Tout échauffement dilate les corps solides. Ainsi une barre de fer augmente de longueur lorsqu'on la chauffe.

Comme cet allongement est très faible, il faut, pour le mettre en évidence, employer un appareil spécial, le *pyromètre à cadran* (*fig.* 63).

La barre de fer est fixée à l'une de ses extrémités par une vis de pression C. L'autre extrémité, simplement

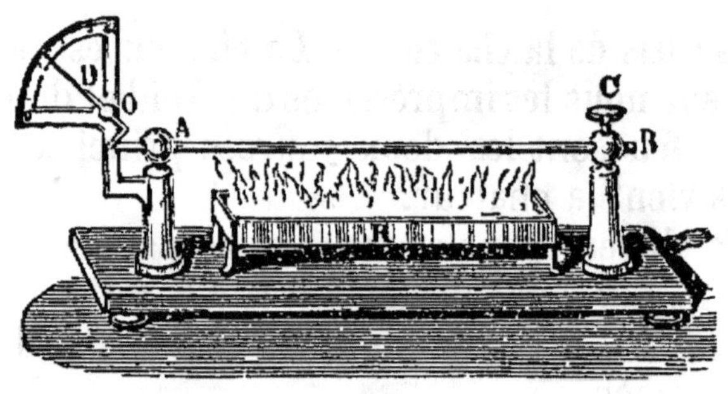


Fig. 63. — Une barre chauffée augmente de volume.

soutenue par une colonne A, peut se mouvoir librement; elle vient toucher la petite branche d'un levier coudé mobile autour du point O. Un réservoir R rempli d'alcool, disposé au-dessous de la barre, est destiné à la chauffer.

Dès que l'alcool est allumé, la grande branche de l'aiguille s'élève le long du cadran qui la porte, indiquant ainsi la dilatation.

Mais éteignons l'alcool : l'aiguille descend, pour revenir bientôt à sa position primitive. L'allongement est donc temporaire : la barre reprend sa longueur première quand la chaleur a disparu.

La dilatation se produit aussi dans le sens de la largeur. Un corps solide chauffé augmente non seulement de longueur, mais de volume.

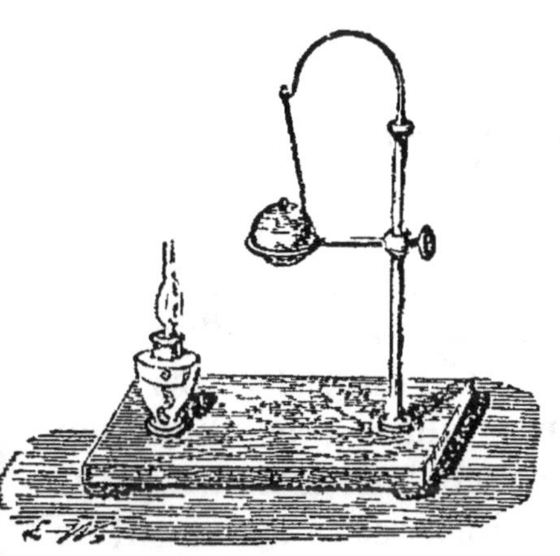

Fig 64. — Une boule chauffée augmente de grosseur.

On le démontre avec l'anneau de S'Gravezende. Une boule métallique est d'une grosseur telle qu'elle passe tout juste dans un anneau. On la chauffe : elle ne peut plus passer, et reste soutenue au-dessus de l'anneau, comme le montre la figure 64. Elle a donc augmenté de volume.

Mais elle sera bientôt refroidie, et elle pourra de nouveau passer.

89. **Dilatation des liquides.** — Les liquides aussi se dilatent sous l'action de la chaleur.

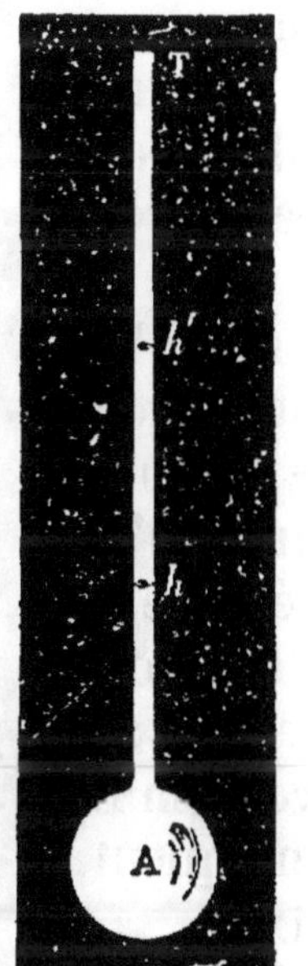


Fig. 65. — Dilatation des liquides.

Qu'on mette dans un vase dont le col est étroit un liquide tel que l'eau, l'alcool, le mercure, et qu'on chauffe : on constatera bientôt une élévation très notable du liquide dans le col. Le niveau s'élèvera de *h* en *h'* (*fig.* 65); il pourra même arriver que le liquide se déverse par l'ouverture supérieure T.

Quand on considère attentivement ce qui se passe dans cette expérience, on constate d'abord dans le tube un petit abaissement du liquide, bientôt suivi d'une ascension rapide. Cela tient à ce que la capacité du vase, dont les parois se sont échauffées, a augmenté avant que le liquide ait encore reçu aucune chaleur. Mais, au bout de peu de temps, le liquide s'échauffe à son tour, et sa dilatation se manifeste par une ascension de la colonne.

Cette observation démontre non seulement que le liquide se dilate, mais encore qu'il se dilate beaucoup plus que le vase dans lequel il est contenu.

**90. Dilatation des gaz.** — La dilatation des gaz est beaucoup plus grande encore que celle des liquides.

Pour le démontrer, prenons un ballon de verre B muni d'un col étroit et très long (*fig.* 66). Il est plein d'air. Séparons cet air de l'atmosphère extérieure au moyen d'une gouttelette de mercure *m*, qui fera l'effet d'un bouchon mobile. Approchons notre main du ballon : sa chaleur suffira amplement pour produire une dilatation appréciable. Voici, en effet, le bouchon de mercure qui se déplace et va lentement de *m* en *m'*. Si la main est un peu chaude, le mercure, repoussé par la dilatation de l'air, se meut avec rapidité, et bientôt il sort par l'extrémité du col.

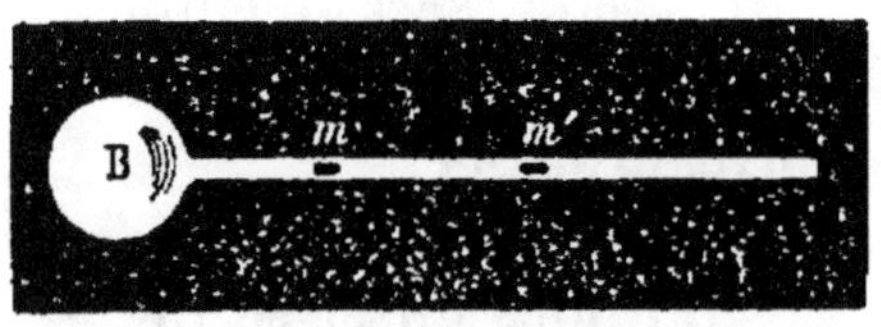

Fig. 66. — Un gaz se dilate sous l'influence de la chaleur.

Les gaz, étant éminemment compressibles, peuvent s'échauffer sans augmenter de volume ; mais alors l'action de la chaleur se traduit par un accroissement de pression.

Qu'on prenne, par exemple, un ballon de verre A (*fig.* 67), muni d'un long goulot contourné en S, dans lequel on aura introduit un liquide. A mesure qu'on chauffe le ballon, on voit la différence de niveau B*t* devenir plus grande; en ajoutant un peu de liquide par la branche ouverte, on ramène aisément le niveau en B, à sa position primitive, et, par conséquent, le volume du gaz à sa valeur initiale.

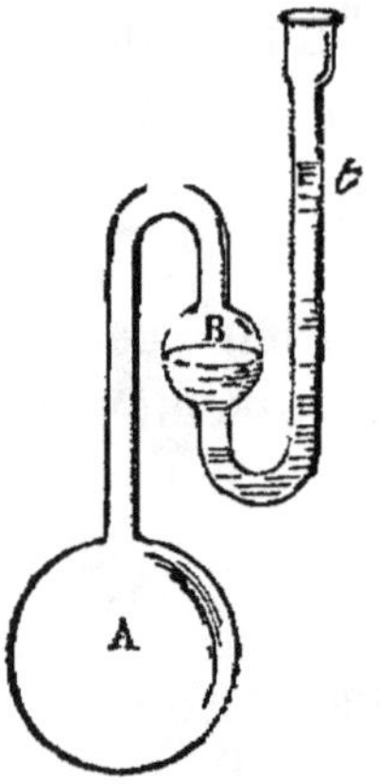

Fig. 67. — Un gaz augmente de pression sous l'influence de la chaleur.

La chaleur a donc eu pour effet d'accroître la pression du gaz, sans en faire varier le volume.

## *Résumé.*

La chaleur produit dans les corps divers effets : *échauffement, dilatation, changements d'état, effets chimiques, lumineux, électriques, mécaniques.*

Les *corps solides* se dilatent quand on les chauffe.

Les *liquides* se dilatent plus que les solides.

Les *gaz* se dilatent plus que les liquides; si on maintient leur volume constant, c'est la pression qui augmente.

### II. — THERMOMÈTRE.

**91. Principe du thermomètre.** — Nos sens nous fournissent, sur l'état calorifique des corps, des renseignements imparfaits et très souvent erronés; de plus, il est un très grand nombre de circonstances où ils ne peuvent nous donner aucune indication.

Les variations de volume qu'éprouvent les corps soumis à l'action de la chaleur nous offrent, au contraire, un moyen de comparaison très précis.

Prenons, par exemple, un *pyromètre à cadran*, et, sans en allumer la lampe, faisons-le passer d'une première pièce dans une seconde : si nous voyons l'aiguille D se soulever, nous en conclurons que la barre s'est allongée, et, par conséquent, qu'il fait plus chaud dans la seconde pièce que dans la première.

Si, au contraire, l'aiguille du pyromètre reste stationnaire quand on transporte l'instrument d'un milieu dans un autre, on est certain que *les deux milieux sont à la même température.*

On conçoit même qu'il soit possible de désigner *la température* d'un milieu par le numéro en face duquel s'arrête l'aiguille du pyromètre plongé dans ce milieu, et d'établir ainsi un système rationnel de mesure des températures.

Tout instrument qui accuse les variations de température par des variations de longueur ou de volume porte le nom de *thermomètre.*

Le thermomètre peut affecter les formes les plus variées, les plus différentes de celle du pyromètre à cadran; il sera, en général, d'autant meilleur que ses dilatations seront plus faciles à constater et à mesurer exactement.

**92. Thermomètre et sa graduation.** — Le thermomètre le plus employé se compose d'un petit réservoir surmonté d'un tube long et bien fin. Du mercure remplit le réservoir et une portion du tube. Après avoir introduit le mercure, on a fermé l'extrémité du tube en la fondant au feu.

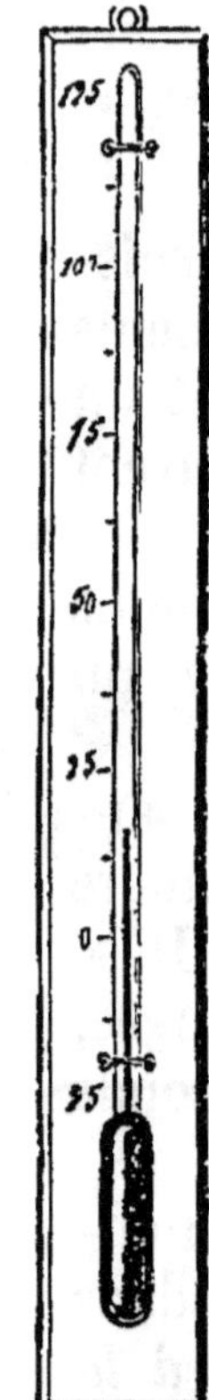

Fig 68. Thermomètre à mercure.

Par suite de la dilatation, le mercure s'élève d'autant plus dans le tube qu'il fait plus chaud.

Pour qu'on puisse se rappeler d'un jour à l'autre les indications du thermomètre, on trace une graduation sur la tige. Alors, si le mercure s'élève aujourd'hui jusqu'au numéro 23, et qu'il aille demain un peu plus haut, jusqu'au numéro 28, nous dirons qu'il a fait plus chaud le second jour que le premier.

Les nombres que l'on marque sur la tige du thermomètre se nomment les *températures*. L'espace que doit parcourir le mercure pour s'élever d'une division à celle qui est au-dessus se nomme *degré*. Quand le mercure est arrêté en face du numéro 25, on dit que la *température* est de 25 *degrés* (ou 25°).

Enfin, pour que les différents thermomètres s'accordent entre eux et marquent les mêmes températures quand ils sont placés dans les mêmes conditions, il faut qu'ils soient tous gradués de la même manière.

Voici comment on est convenu d'opérer :

On plonge d'abord le thermomètre dans de la glace qui se fond (*fig.* 69); on reconnaît aisément que le mercure s'arrête alors en un point fixe, toujours le même pour un thermomètre donné. A ce point on marque 0 : on a ce qu'on nomme le *point zéro* du thermomètre.

On transporte alors l'instrument dans la vapeur d'eau bouillante (*fig.* 70). Au point, fixe aussi, auquel s'arrête le mercure, on marque 100. On a le point 100 du thermomètre.

L'espace compris entre 0 et 100 est divisé en 100 parties égales, et les divisions sont prolongées de la même manière au-dessus de 100 degrés et au-dessous de 0. On a ainsi ce qu'on nomme les *degrés centigrades*, et le thermomètre gradué de cette manière est le thermomètre *centigrade*.

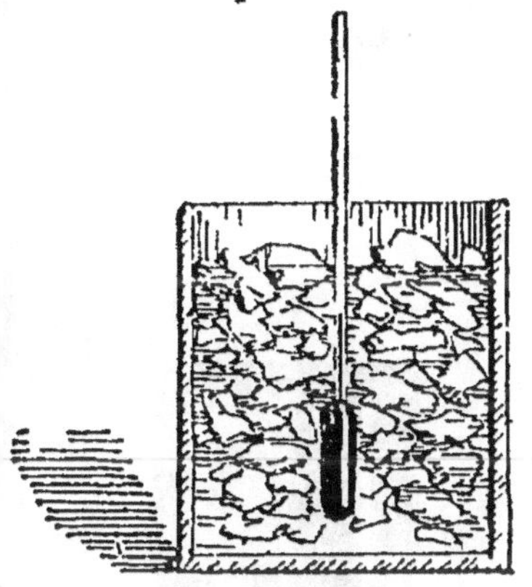

Fig. 69. — On détermine le point 0 du thermomètre en le plongeant dans la glace fondante.

Quand le mercure s'arrête en face de la division 25 au-dessus de 0, on dit que la température est de 25 degrés au-dessus de 0 et on écrit + 25°. Quand il s'arrête en face de la division 9 au-dessous de 0, on dit que la température est de 9 degrés au-dessous de 0 et on écrit — 9°.

Le mercure a l'inconvénient de se congeler par un froid très intense, de — 40° ; alors il ne peut plus servir. On le remplace dans ce cas par le thermomètre à alcool, construit et gradué de la même manière. L'alcool qui remplace le mercure est coloré en rouge pour être plus visible : on peut le refroidir autant qu'on le veut sans craindre de le congeler.

Le thermomètre à mercure ne peut pas non plus servir pour les températures très élevées; on le remplace alors par d'autres thermomètres que nous n'avons pas à décrire.

**93. Graduations diverses.** — Le mode de graduation que nous venons d'indiquer est actuellement adopté dans presque tous les pays. Cependant on emploie encore quelquefois en Allemagne une graduation différente, celle de Réaumur, et en Angleterre une troisième, celle de Fahrenheit. La figure 71 montre, sans qu'il soit nécessaire d'y rien ajouter, la correspondance de ces graduations.

Le 0 centigrade correspond au 0 Réaumur et au 32 Fahrenheit. Le point 100 centigrade correspond au 80 Réaumur et au 212 Fahrenheit.

Il est bon de s'exercer à passer, par un petit calcul d'arithmétique, des indications d'un thermomètre à celles d'un autre.

*Problème*. — Un thermomètre Fahrenheit plongé dans

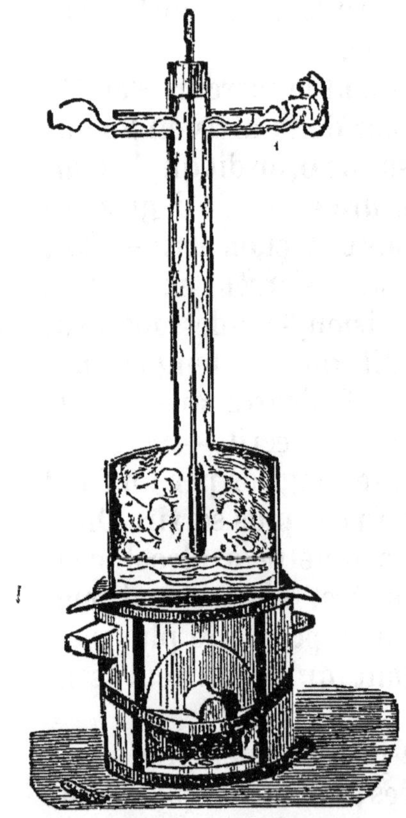

Fig. 70. — On détermine le point 100° du thermomètre en le plongeant dans la vapeur d'eau bouillante.

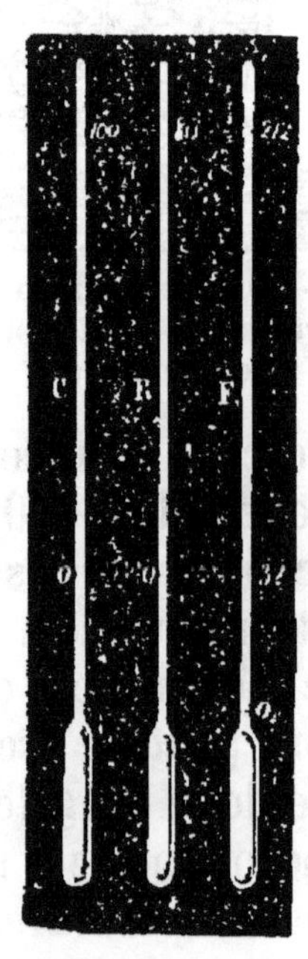


Fig. 71. — Comparaison des trois graduations : centigrade, Réaumur, Fahrenheit.

de l'eau marque 98°, quelle température marquerait un thermomètre centigrade placé à côté?

*Réponse*. — La figure 71 montre que les 100 degrés centigrades correspondent à 212 moins 32 ou 180 degrés

Fahrenheit. D'un autre côté, les 98 degrés Fahrenheit s'élèvent de 98 moins 32 ou 66 au-dessus de notre zéro. Nous dirons donc :

180° Fahrenheit correspondent à 100 centigrades.

1° — correspondra à $\frac{100}{180}$ centigrades.

66° — correspondront à $\frac{100 \times 66}{180}$ centigrades.

La température cherchée est de

$$\frac{100 \times 66}{180} \text{ ou 36 degrés } \frac{2}{3}.$$

## *Résumé.*

Le *thermomètre* sert à indiquer les variations de l'état calorifique.

Le thermomètre le plus employé est celui à *mercure*. Les numéros de la graduation déterminent ce qu'on nomme les *degrés* de la *température*.

Le *zéro* correspond à la température de fusion de la glace; le 100 à la température d'ébullition de l'eau.

Au lieu de la *graduation centigrade*, on emploie dans certains pays la *graduation Réaumur* (0 et 80), ou la *graduation Fahrenheit* (32 et 212).

---

## III. — APPLICATIONS DES DILATATIONS.

**94 Dilatation des divers corps.** — Tous les corps ne se dilatent pas de la même manière. Le plomb se dilate deux fois plus que le fer; le zinc, deux fois plus que le cuivre. Chaque corps, en un mot, a sa dilatation spéciale.

Les dilatations des solides sont toujours faibles. Une barre de zinc qui, entourée de glace, aurait un mètre de longueur, prendra une longueur de $1^{m},003$ quand on la plongera dans l'eau bouillante. L'argent, le verre, les pierres, se dilatent encore moins.

Les liquides se dilatent beaucoup plus que les solides.

La dilatation des gaz est beaucoup plus grande encore. Un autre caractère, fort important, distingue encore la dilatation des gaz de celle des solides et des liquides. Tandis que chaque solide, chaque liquide, se dilate à sa manière, *tous les gaz éprouvent la même dilatation pour la même élévation de température.*

**95. La dilatation des solides et des liquides se produit avec une très grande force.** — Les dilatations des solides et des liquides augmentent généralement assez peu leur volume; mais elles se produisent avec une force presque irrésistible.

Une barre de cuivre de 1 mètre de longueur s'allonge seulement de 5 millimètres quand on la chauffe de 0 à 100° ; mais, pour prendre ce petit allongement, elle peut renverser les obstacles les plus résistants.

Nous verrons quel parti on peut tirer de cette force d'expansion des solides chauffés.

Sous l'action de l'augmentation de volume du liquide intérieur, une bouteille de fer, entièrement remplie d'eau froide, et fermée par un bouchon à vis, se brise quand on la porte à la température de 70 à 80°.

**96. Applications usuelles des dilatations.** — On a vu des barres de fer briser, par leur dilatation, des pierres résistantes dans lesquelles elles étaient scellées. Aussi, maintenant surtout que les métaux, et principalement le fer, tiennent une si grande place dans toutes les constructions, doit-on laisser aux pièces métalliques assez de jeu pour qu'elles puissent se raccourcir ou s'allonger suivant qu'il fait froid ou chaud.

Quand on verse dans un verre un liquide très chaud, il y a dilatation immédiate des portions de paroi qui sont en contact avec ce liquide. Le pied, au contraire, et la partie supérieure du verre conservent leur volume primitif; de là, entre ses différentes parties, des tiraillements qui déterminent fréquemment une rupture.

Les dilatations qu'éprouvent les corps solides quand on les chauffe ont quelques applications usuelles qu'il nous faut connaître.

Lorsqu'un bouchon de verre a été trop fortement enfoncé dans le goulot d'une bouteille, on chauffe le goulot avec une allumette : il se dilate et devient plus large. On se hâte alors d'enlever le bouchon, avant que la chaleur soit venue le dilater aussi.

Le charron qui veut ferrer une roue de voiture commence par chauffer son cercle de fer et le pose pendant qu'il est chaud. Le cercle, en se refroidissant, rapproche les unes des autres les pièces de bois qui composent la roue et les maintient fortement unies.

L'une des plus importantes applications des dilatations des solides se trouve dans le *pendule compensateur.*

Le mouvement des horloges est régularisé par les oscillations d'une pièce qu'on nomme le *balancier* ou le *pendule.* Mais l'expérience montre que les oscillations du pendule deviennent plus lentes quand il s'allonge sous l'action de la chaleur, et plus rapides quand il se raccourcit sous l'action du froid : il en résulte que l'horloge retarde en été et avance en hiver.

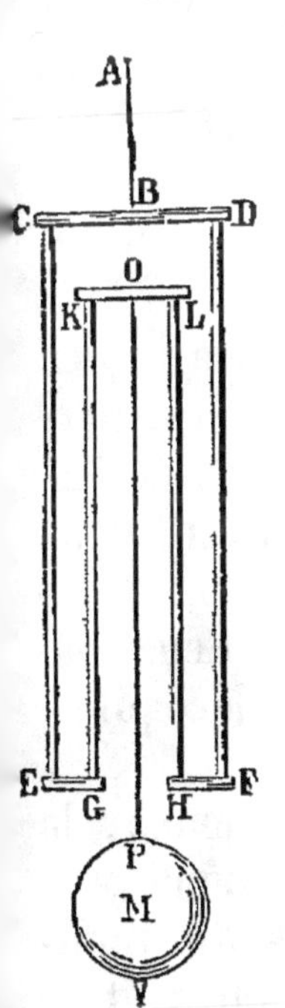


Fig 72 — Pendule compensateur.

Pour obvier à cet inconvénient, on construit des balanciers dont la longueur demeure invariable.

Le ressort AB (*fig.* 72), autour duquel doit osciller le balancier, supporte une petite tige horizontale CD. Celle-ci soutient deux tringles de *fer* CE et DF, qui vont en *descendant.* En bas des tringles de fer sont accrochées des tringles de *cuivre* GK et HL, qui *remontent.* Enfin, la petite tige KL, qui joint les tringles de cuivre, sert de support à une dernière tringle de fer, qui descend suivant OP et se termine par la boule M du balancier.

La chaleur augmente-t-elle, les tringles de fer qui vont en descendant tendent à faire descendre par leur dilatation la boule M ; mais les tringles de cuivre, qui vont en montant, tendent à la faire

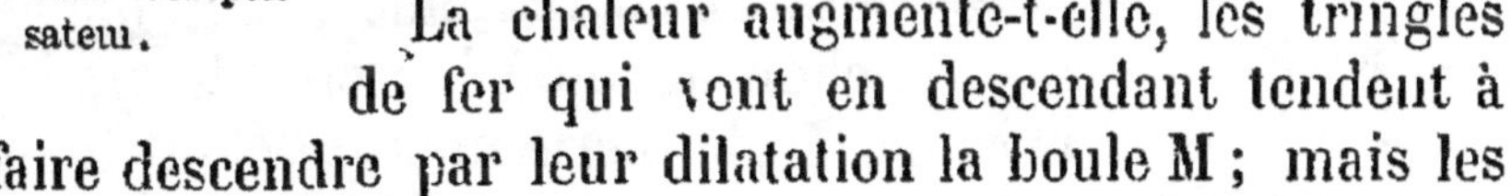

monter. On conçoit qu'il soit possible de calculer les longueurs respectives des tringles, de manière à ce qu'il y ait compensation exacte, et que la longueur du balancier demeure toujours la même.

La dilatation des liquides et des gaz permet d'expliquer un grand nombre de phénomènes naturels, et, entre autres, les *courants marins*, les *vents*, la *ventilation des appartements*, le tirage des *cheminées*.

C'est aussi par suite d'une dilatation qui diminue sa densité, que l'air chaud peut s'élever au sein de l'air froid, ce qui explique l'ascension de la fumée et celle des montgolfières (§ 68).

**97. Cas particulier de l'eau.** — L'eau offre une exception remarquable aux lois de la dilatation sous l'action de la chaleur. A la température de + 4° elle présente un maximum de contraction, un maximum de densité, refroidie à partir de 4°, elle se dilate, au lieu de se contracter.

Cette propriété toute particulière de l'eau est parfaitement mise en évidence par l'expérience de Hope.

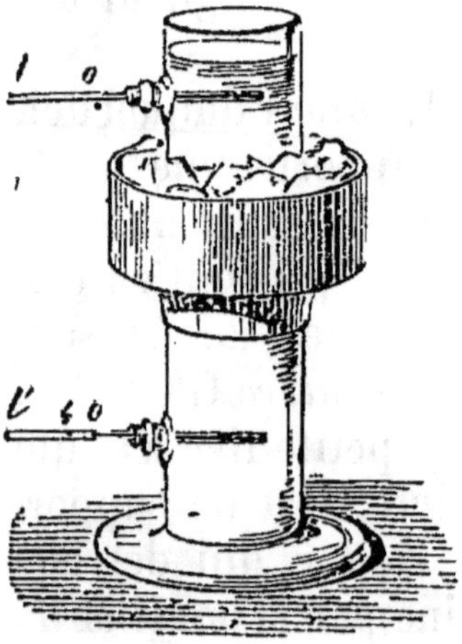

Fig. 73. — L'eau présente un maximum de densité à la température de 4°.

Une grande éprouvette à pied (*fig.* 73), remplie d'eau, est percée de deux ouvertures latérales, à travers lesquelles passent deux thermomètres *t* et *t'*. Un manchon, placé entre les deux ouvertures et rempli de glace pilée, entoure l'éprouvette.

Au début de l'expérience, la température est la même au-dessus et au-dessous du manchon; mais bientôt on voit le thermomètre *t'* descendre, parce que l'eau, refroidie par le manchon, a coulé doucement vers le fond: il arrive à marquer 4°, le thermomètre *t* étant toujours à 10 ou 12°. Alors celui-ci se refroidit à son tour.

jusqu'à ce qu'il indique une température de 0°, montrant ainsi que l'eau à 0° de la surface est plus légère que l'eau à 4° du fond. A partir de ce moment, la glace se formera au niveau du manchon, sans que le thermomètre inférieur descende au-dessous de 4°.

**98. Rôle, dans la nature, du maximum de densité de l'eau** — Dans la nature, ce maximum de densité a une certaine importance, qu'il ne faudrait pourtant pas exagérer.

Imaginez un lac profond qui ne soit agité par aucun courant. L'hiver arrive : l'eau se refroidit à la surface ; elle devient plus lourde, et s'enfonce pour être remplacée par de l'eau plus chaude, qui se refroidira et descendra à son tour; il en sera ainsi jusqu'à ce que la masse entière du liquide soit arrivée à 4°. A partir de ce moment, les mouvements de l'eau ne se produiront plus de la surface au fond, et la couche supérieure seule se refroidira jusqu'à 0°. Lorsque le lac commencera à se congeler, les eaux du fond seront encore à 4°. Les organismes qu'un froid trop vif ferait périr ne seront donc pas en danger.

Dans les rivières, l'eau est incessamment remuée par le courant. La température est la même au fond et à la surface, élevée en été, basse en hiver, souvent égale à 0°. Dans ce cas le maximum de densité n'a aucune influence.

De même, le fond des mers est souvent plus froid encore que celui des rivières glacées par un hiver rigoureux.

## *Résumé.*

Chaque solide, chaque liquide, se dilate à sa manière ; tous les gaz, au contraire, se dilatent de la même quantité, quand on leur communique une même élévation de température.

La dilatation des solides et des liquides se produit avec une très grande force.

Les dilatations reçoivent un grand nombre d'applications ; elles interviennent dans beaucoup de phénomènes naturels.

L'eau présente, à 4°, un maximum de densité qui a une certaine importance dans la nature.

# CHAPITRE II

## CHALEURS SPÉCIFIQUES. CONDUCTIBILITÉ.

### I. — CHALEURS SPÉCIFIQUES.

**99. Définition de la chaleur spécifique.** — Sur deux fourneaux identiques placez deux vases semblables, renfermant, l'un 1 kilogramme d'eau, l'autre 1 kilogramme de mercure. Le mercure s'échauffe beaucoup plus vite que l'eau, et il atteint 100° avant que l'eau soit devenue tiède.

Il en faut conclure que la quantité de chaleur nécessaire pour échauffer un poids déterminé de mercure est beaucoup moindre que la quantité de chaleur nécessaire pour échauffer du même nombre de degrés un égal poids d'eau. *Les différents corps n'absorbent pas, à poids égal, la même quantité de chaleur pour s'échauffer du même nombre de degrés.*

On exprime ces différences de capacité calorifique en disant que chaque corps a une *chaleur spécifique* qui lui est propre. Ainsi, on dit que l'eau a une plus grande chaleur spécifique que le mercure : de l'eau chauffée à 100° renferme plus de chaleur que le même poids de mercure chauffé à la même température.

L'unité adoptée dans l'évaluation des quantités de chaleur se nomme *calorie : c'est la quantité de chaleur nécessaire pour élever d'un degré la température d'un kilogramme d'eau.*

Cela revient à dire que l'on prend pour unité la *chaleur spécifique* de l'eau. Lorsqu'on dit que la chaleur spécifique du mercure est égale à $\frac{1}{30}$, cela signifie qu'il faut 30 fois moins de chaleur pour échauffer d'un degré un kilogramme de mercure, que pour échauffer d'un degré un kilogramme d'eau.

**100. Grande chaleur spécifique de l'eau.** — La *chaleur spécifique* de l'eau est plus grande non seulement que celle du mercure, mais plus grande aussi que celle de tous les autres corps solides ou liquides.

De tous ces corps, l'eau est celui qui a la plus grande chaleur spécifique : c'est donc celui qui s'échauffera le plus lentement sous l'action d'un foyer de chaleur, et qui, inversement, se refroidira le plus lentement quand il sera chaud.

C'est là une particularité nouvelle que présente l'eau, particularité qui, dans la nature, a une importance plus grande que celle du maximum de densité.

**101. Importance de la grande chaleur spécifique de l'eau.** — Plongez, en hiver, l'une de vos mains dans l'eau de votre cuvette : vous éprouverez une sensation de froid très désagréable ; cependant l'autre main, entourée d'air à la même température, restera chaude.

Comment expliquer deux actions si différentes ? Le liquide qui touche l'une des mains a un poids assez grand, et une forte chaleur spécifique ; il soutire à la main beaucoup de chaleur et produit un refroidissement rapide. L'autre main est entourée d'air, dont le poids est 781 fois moindre, et la chaleur spécifique relativement petite : elle perdra peu de chaleur, elle sera peu refroidie.

Mais voici qui est plus important. L'eau absorbe la plus grande partie de la chaleur solaire qui tombe à sa surface : une forte proportion de cette chaleur est consommée par le travail de l'évaporation, le reste échauffe le liquide. Mais, à cause de la grandeur de la chaleur spécifique, l'échauffement est toujours lent. La surface de la mer s'échauffe beaucoup moins vite que ne le fait le sol, dont la chaleur spécifique est faible.

La mobilité des flots, toujours agités par les vents, les marées et les courants marins, diminue encore l'élévation de la température, en amenant constamment à la surface le liquide plus froid des couches inférieures. Aussi les grandes masses d'eau n'atteignent-elles jamais une température très élevée.

L'atmosphère, qui s'échauffe principalement par son contact avec la surface du globe, sera donc beaucoup moins chaude au-dessus de l'Océan qu'au-dessus des continents. Tandis qu'on a vu la température de l'air, en contact avec les sables brûlants des déserts, s'élever jusqu'à + 60°, jamais, même à l'équateur, la température à la surface de la mer n'a dépassé + 31°.

En hiver, le phénomène est inverse. La terre, qui n'était échauffée qu'à sa surface, se trouve bientôt refroidie. La mer, au contraire, a emmagasiné, jusque dans ses profondeurs, une provision de chaleur d'autant plus grande que la chaleur spécifique de l'eau est plus considérable : son refroidissement sera lent. La mer n'est pas chaude en été; elle n'est pas froide en hiver. Les terres placées dans son voisinage participent à cette température exceptionnelle : il n'y fait jamais très froid en hiver, jamais très chaud en été.

Ainsi, à latitude égale, les climats marins sont beaucoup moins excessifs dans le froid et dans le chaud que les climats continentaux.

## *Résumé.*

Les *quantités de chaleur* se mesurent à l'aide d'une unité qu'on nomme la *calorie*. C'est la quantité de chaleur nécessaire pour élever d'un degre la température d'un kilogramme d'eau.

La *chaleur spécifique* d'un corps est le nombre de calories nécessaire pour échauffer d'un degré la température d'un kilogramme d'eau.

La chaleur spécifique de l'eau est plus grande que celle des autres corps. Cette grandeur de la chaleur spécifique de l'eau a beaucoup d'importance dans la nature.

## II. — CONDUCTIBILITE DES CORPS POUR LA CHALEUR

**102. Transport de la chaleur par conductibilité.** — Voici une barre de fer de $0^{m},50$ de longueur. Plaçons l'une de ses extrémités dans le feu, tandis que nous tiendrons l'autre à la main. Nous ne tarderons pas à sentir la barre de fer s'échauffer, et peut-être au bout de quelques instants nous brûlera-t-elle la main.

Fig. 74. — Quand l'extrémité d'une barre de fer est placée dans le feu, la barre entière s'échauffe.

La chaleur s'est transmise peu à peu, de proche en proche, à travers le fer, de l'extrémité chauffée à celle qui ne l'était pas. On dit que le fer est *bon conducteur de la chaleur;* et la propriété qu'il a de conduire la chaleur se nomme *conductibilité.*

**103. Conductibilité des solides.** — Tous les corps solides ne conduisent pas la chaleur de la même manière. Un morceau de bois, placé dans la même situation que notre barre de fer, n'aurait transmis à la main aucune chaleur : le bois est *mauvais conducteur.*

Les métaux sont, de tous les corps, ceux qui conduisent le mieux la chaleur; l'argent est meilleur conducteur que le cuivre, le cuivre meilleur que le fer.

Après les métaux viennent les substances minérales : marbre, porcelaine, pierre, brique, qui conduisent encore un peu ; puis, enfin, les substances végétales et animales, qui ne conduisent presque plus : bois, lin, chanvre, laine, plume, poil de lièvre.

Dans ces corps mauvais conducteurs, il y a encore des degrés : les substances végétales conduisent un peu mieux que les substances animales, le chanvre et le coton plus que la laine et le poil.

Voici une expérience simple qui montre la différence de conductibilité des divers corps. Dans une casserole pleine d'eau bouillante plongez une cuiller d'argent, une cuiller de fer et une cuiller de bois. Le manche de la cuiller d'argent s'échauffera assez pour qu'on ne puisse pas le tenir à la main ; celui de la cuiller de fer deviendra à peine tiède ; celui de la cuiller de bois restera froid.

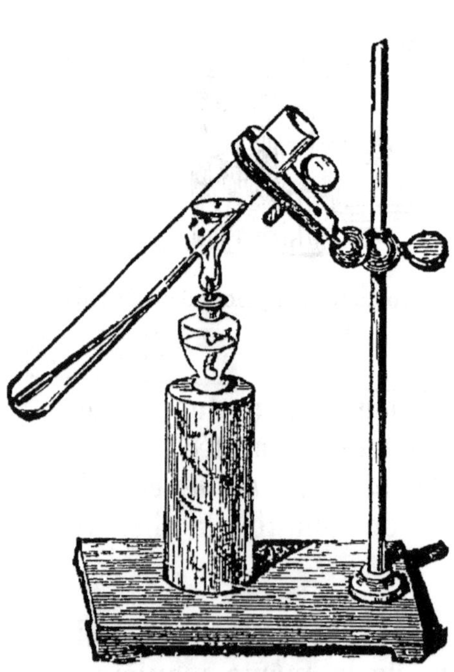

Fig. 75. — L'eau conduit très mal la chaleur.

**104. Conductibilité des liquides.** — Les liquides conduisent très mal la chaleur. Prenons, pour le démontrer, un long tube de verre plein d'eau (*fig.* 75), et chauffons-le par la partie supérieure. Un thermomètre plongé au fond n'indiquera aucune élévation de température, même quand l'eau sera en complète ébullition au sommet de la colonne.

Quand on chauffe par sa partie inférieure un vase plein d'eau, le liquide ne s'échauffe pas par conductibilité. Les parties inférieures de l'eau, chauffées par leur contact direct avec le fond, deviennent plus légères et montent, tandis que l'eau froide descend des parties supérieures du vase pour venir s'échauffer à son tour. Il se produit ainsi dans l'eau une circulation continuelle, qui, à la longue, détermine l'échauffement de la masse entière.

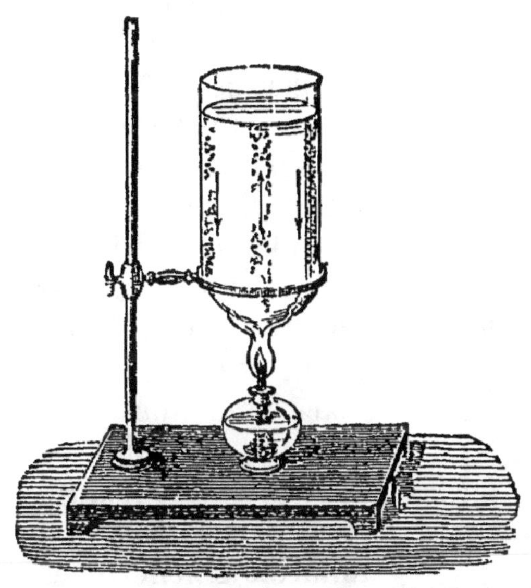

Fig. 76. — L'eau s'échauffe par suite de courants qui s'établissent dans toute sa masse.

On peut rendre visible le courant ascendant du centre et les courants descendants des côtés, en mettant dans l'eau de la sciure de bois, qui est entraînée dans la circulation (*fig.* 76).

**105. Conductibilité des gaz.** — La conductibilité dans les gaz est excessivement faible, si elle n'est pas tout à fait nulle : l'air conduit la chaleur moins bien encore que l'eau ou les substances animales.

**106. Expériences simples sur la conductibilité.** — La conductibilité plus ou moins considérable des corps pour la chaleur intervient dans un grand nombre de phénomènes naturels. Nous allons le montrer, en commençant par quelques expériences simples.

Appliquez la main sur une planche, puis sur une plaque de fer : le fer vous semble plus froid que le bois. C'est que le fer, bon conducteur, enlève rapidement la chaleur de la main. Le bois, au contraire, mauvais conducteur, garde la chaleur à l'endroit où la main la dépose : il s'échauffe donc rapidement au point touché, et, par suite, il ne semble pas froid. Aussi, en hiver, les chasseurs ont-ils grand soin de tenir leurs fusils par la crosse, et non par le canon.

L'expérience suivante s'explique de la même manière. Si l'on serre fortement un mouchoir de toile fine autour d'une boule de cuivre, on pourra placer sur l'étoffe des charbons bien incandescents : la toile ne sera pas brûlée, parce que le métal lui enlèvera continuellement sa chaleur par conductibilité. La même expérience, répétée avec une boule de bois, une bille de billard, a un tout autre résultat : la toile est immédiatement trouée aux points où l'on pose les charbons.

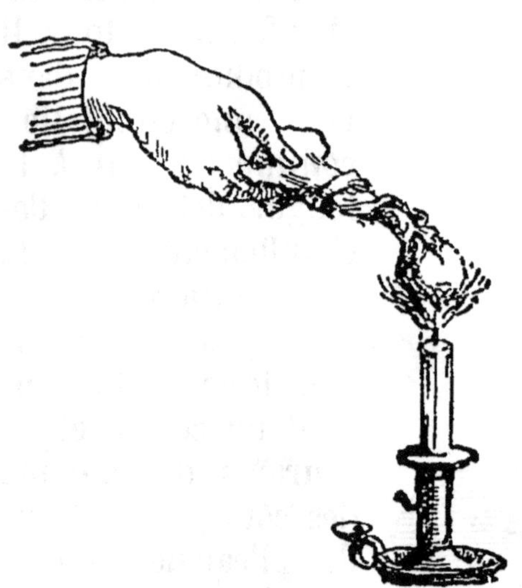

Fig. 77. — On peut fondre une balle de plomb en la chauffant dans du papier.

De même, enveloppez une balle de plomb dans du papier, de façon que la feuille soit bien exactement appliquée sur le métal; placez le tout dans la flamme d'une lampe à alcool ou d'une bougie : le plomb sera fondu avant que le papier soit brûlé (*fig.* 77).

## III. — APPLICATIONS DE LA CONDUCTIBILITÉ.

**107. Explication de quelques phénomènes et de quelques usages.** — La grande conductibilité des métaux nous explique pourquoi les manches des casseroles sont le plus souvent en bois, et pourquoi on enveloppe de paille l'anse des bouilloires. C'est pour se préserver de la chaleur transmise par conductibilité.

La faible conductibilité de certaines substances est souvent utilisée pour garantir les corps chauds du refroidissement. Enveloppez d'une épaisse couche de ouate une théière d'eau bouillante : le liquide restera chaud pendant plusieurs heures.

De même, la glace, qui en hiver recouvre l'eau des fleuves, conduit mal la chaleur ; elle préserve l'eau d'un refroidissement plus rapide. Voilà pourquoi l'épaisseur de la glace augmente si lentement.

La neige conduit plus mal encore : elle conserve même au sol un peu de chaleur. Les récoltes n'ont rien à craindre de la rigueur de l'hiver, quand elles sont recouvertes d'un épais manteau de neige.

Les mauvais conducteurs, qui empêchent la chaleur intérieure de se perdre par rayonnement, s'opposent de même à l'entrée de la chaleur extérieure, quand ils recouvrent des corps froids. Ils garantissent contre la chaleur tout aussi bien que contre le froid.

Ainsi, en été, les ménagères conservent la glace dans des couvertures de laine.

Aux États-Unis, pour transporter la glace à de grandes distances, à travers des régions très chaudes, on l'entoure de sciure de bois.

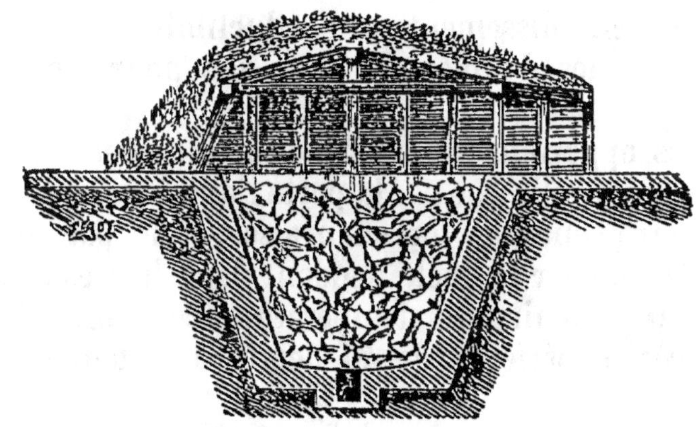

Fig 78. — Glacière pour la conservation de la glace en été.

Quand on établit une *glacière* (*fig.* 78), on utilise la mauvaise conductibilité des briques et de la paille.

**108. La conductibilité et les habitations.** — Nos habitations devraient toujours être construites de façon à s'opposer en hiver à l'introduction du froid, en été à l'introduction de la chaleur : des murs épais, édifiés avec des matériaux mauvais conducteurs, satisferaient à la fois à ces deux conditions.

En réalité, les habitants des pays très froids sont les seuls à se préoccuper sérieusement de la solution de cet important problème. En Russie, le marbre et la pierre sont, pour ainsi dire, bannis des constructions : la brique, plus isolante, les remplace presque partout.

Le bois est encore préférable à la brique. Nombre d'habitations rurales de la Russie sont en bois : les murs sont formés de deux épaisses cloisons de planches, distantes l'une de l'autre de 30 à 40 centimètres ; l'intervalle est rempli d'une substance conduisant mal, paille hachée ou sciure de bois.

Quand arrive la saison froide, les fenêtres sont fermées et calfeutrées avec soin ; puis, en face de chacune, on fixe un chassis vitré, également bien calfeutré, qui en est distant de 3 à 4 centimètres. L'air enfermé entre les deux vitrages agit comme une couche isolante qui laisse entrer la lumière et même la chaleur du soleil, mais s'oppose au refroidissement par conductibilité. En France, on n'emploie les doubles fenêtres que pour les serres chaudes.

Dans les appartements ainsi hermétiquement fermés, l'air ne se renouvelle que par la porte : aussi les conditions hygiéniques y sont-elles fort mauvaises. Mais, par contre, il suffit de chauffer le poêle pendant deux heures chaque matin pour obtenir une température constante de 18 à 20 degrés, supérieure de 40 degrés à la température extérieure.

Le poêle employé dans les régions froides est formé d'un énorme massif de briques, qui, une fois échauffé, garde pendant plusieurs heures une température élevée, même quand on cesse d'entretenir le feu à l'intérieur.

Les caves de nos maisons sont presque dans les mêmes conditions que les habitations des pays froids. L'air extérieur n'y pénètre que par la porte, et les murs épais, construits sous terre, s'opposent absolument au transport de la chaleur par conductibilité : aussi y fait-il relativement chaud en hiver, et frais en été.

**109. La conductibilité et les vêtements.** — Les variations brusques de la température sont nuisibles à la santé des animaux et aux végétaux. Eh bien, nous voyons justement que toutes les substances qui les constituent, conduisant extrêmement peu la chaleur, mettent animaux et végétaux à l'abri de la perte ou de l'accroissement trop rapide de la chaleur.

Le bois a une conductibilité calorifique assez sensible dans le sens des fibres, mais presque nulle dans le sens perpendiculaire : cette disposition oppose un obstacle presque insurmontable à la pénétration du froid dans l'intérieur des tissus. De plus, l'écorce a un pouvoir conducteur plus faible encore, et agit comme un véritable manteau, analogue à la fourrure des animaux.

Les animaux, et principalement les animaux à sang chaud, meurent dès que le froid les pénètre; mais ils sont admirablement disposés pour conserver la chaleur de leur corps. Cette chaleur ne peut s'échapper à travers la couche épaisse de poils ou de plumes qui les recouvre.

Les animaux des pays froids ont les fourrures les plus épaisses; elles tombent en partie à la saison chaude, alors qu'elles ne sont plus nécessaires.

Les oiseaux sont pourvus de plumes; les interstices qui séparent les plumes sont remplis d'un duvet, qui, par sa contexture mécanique, est peut-être le plus mauvais de tous les conducteurs.

Plumes et poils agissent, non seulement par leur faible conductibilité, mais aussi par la faible conductibilité de l'air qu'ils emprisonnent.

L'homme est moins bien protégé que les animaux contre le froid et le chaud. Il n'a, pour se garantir, ni poils ni plumes : aussi, à toutes les époques et dans tous les pays, a-t-il été forcé de se couvrir de vêtements.

Les vêtements d'hiver agissent comme la fourrure des

animaux : ils empêchent la chaleur du corps de se perdre à l'extérieur : on les confectionnera donc avec une étoffe conduisant la chaleur aussi peu que possible. La laine et les poils conduisent moins bien que le chanvre et le coton : c'est pour cette raison que les étoffes de laine et les vêtements doublés de fourrure conservent mieux la chaleur que ceux de chanvre et de coton.

Pour qu'une étoffe de laine puisse empêcher complètement le refroidissement, elle devra avoir une assez forte épaisseur; mais il ne sera pas nécessaire pour cela qu'elle soit très lourde. Les étoffes épaisses, mais légères, d'un tissu souple et mou, sont celles qui ont le plus d'action. Elles ressemblent aux fourrures des animaux : elles emprisonnent, entre les brins de laine, une grande quantité d'air, qui agit aussi par sa mauvaise conductibilité.

Les vêtements amples conservent mieux la chaleur, en hiver, que les vêtements collants : c'est encore la couche d'air comprise entre le corps et l'étoffe qui nous réchauffe. Mais, dans ce cas, il est indispensable que le vêtement soit bien attaché au cou, aux poignets et au bas des jambes, pour que l'air ne puisse pas, après s'être échauffé le long du corps, s'échapper par les ouvertures et être remplacé par l'air froid venant du dehors.

Les vêtements d'été doivent, au contraire, permettre à la chaleur du corps de se perdre aussi facilement que possible.

On les fera donc d'une substance conduisant assez bien la chaleur, coton, lin, chanvre; l'étoffe en sera mince; ils seront amples, comme les vêtements d'hiver, mais flottants, largement ouverts au cou, aux poignets et aux jambes, pour que l'air puisse librement circuler autour du corps.

En France, les vêtements de lin, très légers et très flottants, ne peuvent être portés qu'au milieu du jour, et par les fortes chaleurs de l'été. Les étoffes légères de laine sont employées au printemps et à l'automne. En hiver, les fourrures nous sont rarement nécessaires : les étoffes épaisses de laine suffisent à nous défendre contre le froid, généralement peu rigoureux, de notre climat.

Dans les pays très chauds, en Afrique notamment, la chaleur extérieure est quelquefois plus forte que la chaleur naturelle du corps humain.

Il ne s'agit plus alors, pour les malheureux habitants de ces contrées torrides, de laisser sortir la chaleur de leur corps, mais bien d'empêcher la chaleur extérieure d'arriver jusqu'à eux. Ils font donc usage de vêtements de laine, de vêtements épais, qui s'opposent au passage de la chaleur. Ils se défendent contre l'extrême chaleur, comme nous luttons en hiver contre le froid. L'Arabe qui traverse le désert se couvre de son burnous de laine, et il s'enveloppe la tête d'un immense turban, pour se préserver de la chaleur.

**110. Tirage des cheminées.** — Les gaz ont une conductibilité très faible; mais chaque fois qu'un gaz est chauffé, il s'y produit des mouvements ascendants et descendants provenant de ce que les parties chauffées deviennent plus légères. Ces mouvements se produisent, en particulier, dans les cheminées.

Fig. 79. — L'air froid de la chambre entre dans la cheminée pour y être échauffé, puis rejeté au dehors.

Placez une bougie allumée devant une cheminée dans laquelle brûle un grand feu : vous voyez la flamme s'incliner (*fig.* 79) et montrer ainsi la présence d'un courant d'air; ce courant est dû au tirage de la cheminée. L'air du foyer s'est échauffé par son contact avec le feu; il est devenu plus léger, et il s'est élevé, poussé par l'air plus lourd de la chambre, qui est venu prendre sa place, pour être, à son tour, bientôt refoulé.

Au-dessus d'un gros tube de verre suspendez, au moyen d'un fil de fer, une légère spirale de papier (*fig.* 80). Si, à l'extrémité inférieure du tube, vous introduisez la flamme d'un bec de gaz, la spirale se mettra à tourner rapidement, rendant visible le mouvement ascensionnel de l'air chaud. Le tirage du tube est d'autant plus fort que le tube est plus long, et que le bec le chauffe davantage.

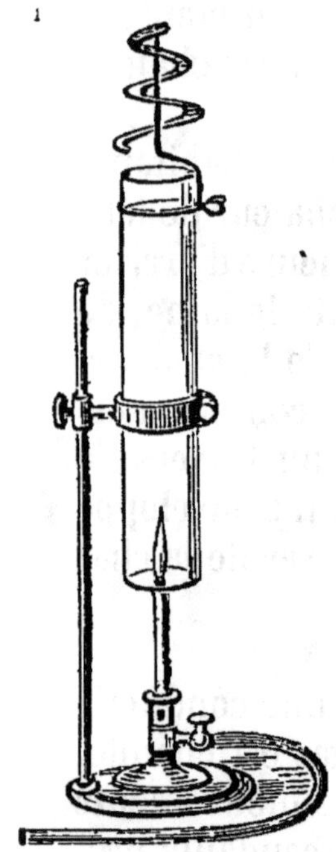

Fig. 80. — L'action de la chaleur détermine un tirage dans un tube ouvert aux deux extrémités.

Le *tirage d'une cheminée* est dans le même cas. Il est d'autant plus fort que le feu est plus vif, et que la cheminée est plus élevée : voilà pourquoi, dans la pratique, on construit des cheminées de plus de vingt mètres de hauteur pour les usines où l'on veut obtenir un grand tirage.

Il faut, de plus, pour que le tirage se fasse bien, que le tuyau de la cheminée soit assez étroit.

Quand le tuyau a une trop large section, il s'établit à l'intérieur deux courants en sens inverse, l'un d'air chaud, qui monte, l'autre d'air froid, qui descend; et le courant descendant d'air froid ramène dans la chambre la fumée qu'il entraîne. Il faut donc que les cheminées n'aient pas une trop grande largeur : on les fera d'autant plus étroites que le foyer inférieur devra être plus petit.

**111. Ventilation.** — Lorsqu'un appartement est habité par un certain nombre de personnes, l'air qu'il renferme ne tarde pas à être vicié par la respiration et la transpiration, et souvent par des émanations méphitiques. De là, la nécessité, au point de vue hygiénique, d'établir une ventilation active, qui fournisse plusieurs mètres cubes d'air pur par personne et par heure.

En été, lorsqu'on peut ouvrir largement les portes et

es fenêtres, la ventilation se fait d'elle-même; aux autres poques de l'année, il faut l'établir par des procédés articiels. Or, les plus employés sont précisément fondés sur es mouvements de convection de l'air soumis à l'action 'un foyer de chaleur.

Les cheminées, par exemple, sont d'excellents appareils e ventilation. L'air de l'appartement, qui s'échappe peu peu par l'action du tirage, est remplacé par l'air de extérieur, que laissent entrer les fissures des portes et des enêtres.

Comme l'ouverture de la cheminée a de grandes dimenions, et que le tirage est énergique, le renouvellement de air est rapide. Il suffit de placer la main à la partie inféieure de la porte d'une pièce dans laquelle brûle un bon eu, pour sentir une brise glacée qui vient la frapper.

Dans une pièce hermétiquement close, l'air extérieur, e pouvant rentrer librement, descendrait par la cheminée même; ce contre-courant, marchant en sens inverse u courant ascendant d'air chaud, ramènerait forcément ne partie de la fumée. Le tirage d'une cheminée ne fonctionne régulièrement que si l'appartement communique uffisamment avec l'extérieur.

## *Résumé.*

La connaissance de la conductibilité plus ou moins grande des ivers corps pour la chaleur permet d'expliquer un grand nombre e phénomènes.

La conductibilité joue un grand rôle dans les habitations, dans es vêtements.

Le tirage des cheminées, la ventilation des appartements, sont roduits, non plus par la conductibilité des gaz, mais par les mouements qui se produisent dans leur masse par suite des variations e la température.

# CHAPITRE III

## LIQUÉFACTION ET SOLIDIFICATION.

### I. — FUSION ET SOLIDIFICATION.

**112. La chaleur liquéfie les corps.** — Quand on chauffe progressivement un corps solide, on parvient généralement à lui faire prendre l'*état liquide ;* on dit que le corps s'est *fondu*, ou qu'il a été soumis au phénomène de la *fusion*.

Inversement, un corps liquide, progressivement refroidi, devient généralement solide : il s'est *solidifié*, ou a subi le phénomène de la *solidification*.

Mais tous les corps ne sont pas fusibles.

Beaucoup, comme le bois, la fécule, le carbonate de chaux, sont détruits par la chaleur, et non fondus.

D'autres, sans être décomposés par la chaleur, ont résisté *jusqu'ici* à son action : on les nomme corps *réfractaires*. Le charbon n'a pu encore être fondu.

**113. Fusion brusque, fusion progressive.** — Le plus souvent les corps que l'on chauffe passent, sans transition, de l'état de solidité absolue à l'état liquide parfait. C'est le cas de la glace, par exemple.

Cependant beaucoup de substances se conduisent autrement. Le verre, par exemple, se ramollit peu à peu, devient d'abord pâteux, puis visqueux, et peut être étiré en fils; il n'acquiert sa fluidité complète que progressivement, après avoir passé par tous les états intermédiaires

Le fer, la résine, les graisses, se conduisent à peu près de la même manière : ils deviennent pâteux avant de se fondre.

Le ramollissement progressif du verre et du fer sous l'influence de la chaleur est constamment utilisé pour le travail de ces substances.

Dans le cas le plus général, celui de la fusion brusque, le phénomène du passage de l'état solide à l'état liquide obéit à des lois que nous allons étudier.

**114. Première loi : température fixe de fusion.** — *Un corps solide commence toujours à fondre à la même température*, dite *température de fusion.*

Chaque substance a sa température propre de fusion, qu'il importe souvent de connaître au point de vue des applications. Le tableau suivant donne les températures de fusion de quelques corps usuels :

| | | | | | |
|---|---|---|---|---|---|
| Mercure. . . . . | — 40 | degrés. | Étain. . . . . . | + 228 | degrés. |
| Eau . . . . . . . | 0 | — | Plomb . . . . . | + 334 | — |
| Suif. . . . . . . . | + 33 | — | Argent. . . . . | + 954 | — |
| Phosphore. . . . | + 44 | — | Or . . . . . . . . | + 1035 | — |
| Potassium. . . . | + 62 | — | Cuivre . . . . . | + 1054 | — |
| Cire blanche . . | + 68 | — | Fonte. . . . . . | + 1100 | — |
| Acide stéarique. | + 70 | — | Acier. . . . . . | + 1300 | — |
| Soufre. . . . . . | + 114 | — | Fer. . . . . . . . | + 1500 | — |
| | | | Platine. . . . . | + 1775 | — |

Nous voyons que l'échelle des températures de fusion est extrêmement étendue ; encore plusieurs solides fondent-ils à des températures beaucoup plus basses que celle de la fusion du mercure, tandis que d'autres, pour se liquéfier, doivent être chauffés bien au delà de + 1775°.

**115. Seconde loi : température constante de fusion.** — *La température d'un corps qui fond demeure invariable pendant la durée de la fusion.*

Ainsi la glace mise sur le feu se met à fondre dès que sa température est de 0° ; puis elle cesse de s'échauffer. La violence du feu n'élève pas la température, elle ne fait qu'activer la rapidité de la fusion.

Cette seconde loi nous conduit à une importante remarque.

Un corps en fusion est placé sur le feu, et pourtant sa température ne s'élève pas. Que devient donc la chaleur qui passe du foyer dans ce corps?

Elle est employée à effectuer le travail de la liquéfaction.

Fig. 81. — On a beau chauffer de la glace sa température ne s'élève jamais au dessus de 0 degré.

La chaleur est, en effet, susceptible d'effectuer un travail mécanique. Le travail que produisent, par exemple, les machines à vapeur, a son origine dans la *transformation* d'une partie de la chaleur du foyer : la chaleur qui a accompli ce travail a cessé d'exister; elle s'est transformée.

Il en est de même dans le cas qui nous occupe. La chaleur du foyer produit la *liquéfaction;* elle se transforme en travail; elle cesse d'exister en tant que chaleur, et, par conséquent, elle ne peut échauffer ni le corps ni le thermomètre.

Si le foyer au-dessus duquel est placé le corps en fusion lui fournit beaucoup de chaleur, le travail de liquéfaction s'effectue rapidement; mais la température n'en reste pas moins stationnaire.

La quantité de chaleur nécessaire pour liquéfier un corps se nomme *chaleur de fusion.*

Chaque corps a une chaleur de fusion particulière : pour fondre un kilogramme de plomb, il ne faut pas la même quantité de chaleur que pour fondre un kilogramme de zinc.

Ainsi, pour faire d'un kilogramme de glace, pris à 0°, un kilogramme d'eau à la même température, il faut fournir autant de chaleur que pour chauffer un kilogramme d'eau de 0° jusqu'à 79°. C'est là une quantité de chaleur considérable. Ceci nous explique pourquoi la glace fond si lentement, même dans une pièce bien chauffée.

Il est essentiel de ne pas confondre la *température de fusion* avec la *chaleur de fusion*. La glace se fond à 0° : sa température de fusion est 0°; pour fondre un kilogramme de glace, il faut lui fournir une quantité de chaleur égale à 79 *calories :* sa chaleur de fusion est 79 calories. L'argent se fond à 954° : sa température de fusion est 954°; pour fondre un kilogramme d'argent, préalablement chauffé à 954°, il faut lui fournir une quantité de chaleur égale à 21 calories : sa chaleur de fusion est 21 calories.

On voit que la *chaleur de fusion* de la glace est bien plus considérable que celle de l'argent, quoique la *tempé-rature de fusion* soit beaucoup moins élevée.

**116. Solidification brusque, solidification progressive.** — Un corps solide ayant été fondu par la chaleur, il suffit de le laisser refroidir pour qu'il reprenne son état primitif.

Ce passage inverse de l'état liquide à l'état solide est la *solidification*.

Un grand nombre de corps sont liquides à la température ordinaire; il faut, pour les solidifier, les soumettre à un refroidissement artificiel. L'eau se glace à 0°; le mercure se solidifie à — 40°, l'acide carbonique à — 78°, l'alcool à — 130°.

Les solides qui ont une fusion brusque produisent des liquides dont la solidification est également brusque.

Les solides qui passent par l'état pâteux avant de se fondre, repassent par cet état quand on les a fondus et qu'on les refroidit.

Pour les liquides dont la solidification est brusque, nous retrouvons les lois qui correspondent exactement aux lois de la fusion.

**117. Lois de la solidification.** — Ces lois sont les suivantes :

1° *Un liquide commence toujours à se solidifier à une température fixe, qui est précisément la même que la température de fusion du même corps à l'état solide.*

2° *La température d'un solide qui se solidifie demeure invariable pendant toute la durée de la solidification.*

Cette seconde loi mérite de nous arrêter quelques instants.

Considérons un ballon à moitié rempli de soufre liquide;

il est abandonné à lui-même dans une atmosphère froide, et sa température s'abaisse rapidement. Mais aussitôt que le thermomètre marque 114°, et que la solidification commence, le refroidissement s'arrête ; cependant les causes du refroidissement ne se sont pas modifiées, et, comme auparavant, le ballon rayonne de la chaleur aux alentours.

Il faut donc admettre qu'une source intérieure de chaleur fait équilibre aux pertes, qui n'ont pas cessé.

Quelle est cette source? Cette source est dans la régénération de la *chaleur de fusion :* à mesure que le corps reprend l'état solide, le travail qui avait été accompli au moment de la fusion est détruit, et la chaleur qui avait été employée pour produire ce travail est régénérée. La solidification est accompagnée d'une production de chaleur, dite *chaleur de solidification.*

La quantité de chaleur produite par la solidification d'un kilogramme de liquide est précisément égale à la quantité de chaleur détruite par la fusion d'un kilogramme du même corps à l'état solide : *la chaleur de solidification est donc égale à la chaleur de fusion.*

Fig. 82. — Un corps est cristallisé quand il est formé de morceaux présentant des formes régulières à arêtes vives.

Enfin, une particularite importante que présente la solidification des liquides, c'est la *cristallisation.*

On dit qu'un solide est *cristallisé*, lorsqu'il est formé de morceaux présentant des formes geométriques régulières, à arêtes vives et à angles saillants; chaque partie du corps cristallisé se nomme un *cristal.*

Le cristal de roche, le sulfate de cuivre, le sulfate de er, que chacun connaît, sont des substances cristallisées.

Lorsqu'un liquide se solidifie lentement, sans agitation, l arrive souvent qu'il se cristallise. Le soufre, les métaux ondus, se cristallisent ordinairement en se solidifiant.

**118. Surfusion.** — Mais les lois de solidification offrent ne exception plus importante dans le phénomène de la *urfusion.*

Quand une substance a été *complètement fondue, qu'au-une parcelle n'en est restée à l'état solide*, on peut sou-ent la refroidir au-dessous de sa température normale de olidification, sans qu'elle cesse de conserver l'état liquide. l suffit généralement, pour obtenir ce résultat, de refroidir le liquide à l'abri du contact de l'air, et en évitant toute agitation.

Le petit appareil suivant (*fig.* 83) permet de produire aisément la surfusion de l'eau.

Un gros tube de verre A renferme de l'eau; dans ce tube on a introduit la boule d'un thermomètre; puis on a expulsé l'air et fermé le tube à la lampe.

Quand on entoure ce tube d'un *mélange réfrigérant* (dont nous parlons plus loin, page 130), et qu'on le laisse dans une immobilité absolue, le mercure du thermomètre s'abaisse jusqu'à 4 ou 5° au-dessous de 0, sans que la solidification se produise. Si alors on agite un peu vivement l'appareil, la glace se forme instantanément. Au moment précis où la solidification commence, on voit la température *s'élever* rapidement : elle atteint jusqu'à 0°, c'est-à-dire le point normal de solidification.

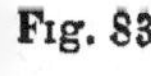

Fig. 83

**119. Changements de volume au moment de la fusion ou de solidification.** — Un liquide en se refroidissant diminue eu à peu de volume, puis il arrive à sa température de olidification.

Au moment où s'opère le changement d'état, la contraction augmente brusquement, et le solide obtenu a un volume sensiblement moindre que celui du liquide qui lui a donné naissance. En se solidifiant, un litre de soufre liquide produit 950 centimètres cubes de soufre solide.

Les corps ont donc à l'état solide une densité plus grande qu'à l'état liquide.

On s'en assure aisément. Mettons des morceaux de soufre dans un ballon de verre, et chauffons. Nous constatons aussitôt que les fragments solides restent au fond, et que le liquide surnage, ce qui indique que sa densité est moindre.

Quelques corps cependant, l'eau, la fonte de fer, le bismuth, l'argent,... font exception à cette règle. Ils éprouvent une diminution de volume au moment de la fusion, et une augmentation de volume au moment de la solidification.

**120. Influence de la pression sur la fusion et sur la solidification.** — La température à laquelle a lieu la fusion de chaque solide est toujours la même, à la condition que cette fusion se produise à l'air libre. dans un vase ouvert. Mais si l'on soumet le corps à une pression énergique, le point de liquéfaction se déplace d'une manière notable. Ainsi, le blanc de baleine, qui fond à 48° sous la pression atmosphérique, ne fond plus qu'à 51° quand on le soumet à une pression de 156 atmosphères.

Le sens du déplacement est toujours facile à prévoir.

Pour tous les corps qui augmentent de volume en fondant, et ce sont de beaucoup les plus nombreux, le point de fusion *s'élève* à mesure que la pression augmente. Il est aisé d'en comprendre la raison. La pression exercée sur les corps s'oppose à l'augmentation de volume qui doit accompagner la fusion : celle-ci est donc rendue plus difficile par suite de l'augmentation de pression ; elle ne se produit qu'à une température plus élevée.

Au contraire, pour les corps qui diminuent de volume en fondant, le point de fusion *s'abaisse* à mesure que la pression augmente. L'augmentation de pression favorise la diminution de volume qui doit accompagner la fusion : celle-ci est donc rendue plus facile ; elle se produit à une température moins élevée.

## *Résumé.*

La plupart des corps solides se fondent sous l'action de la chaleur.

Quand la *fusion* est brusque, elle obéit aux deux lois suivantes : 1° un corps solide commence toujours à fondre à la même température, dite température de fusion ; 2° la température d'un corps qui fond demeure invariable pendant toute la durée de la fusion.

Le passage inverse, ou *solidification*, obéit à des lois analogues : 1° un liquide commence toujours à se solidifier à une température fixe, qui est précisément la même que la température de fusion du même corps à l'état solide ; 2° la température d'un liquide qui se solidifie demeure invariable pendant toute la durée de la solidification.

Un liquide peut, dans certains cas, se refroidir, sans prendre l'état solide, à une température inférieure à celle de la solidification normale : ce liquide est alors en *surfusion*.

Au moment du changement d'état les corps éprouvent des variations notables de volume, et, par suite, de densité.

## II. — CAS PARTICULIER DE L'EAU.

**121. Importance des propriétés de l'eau.** — L'eau se rencontre partout à la surface du sol : aussi joue-t-elle un rôle absolument prépondérant dans les conditions d'équilibre de la nature.

A ce titre, chacune de ses propriétés doit être étudiée de près : aussi, dans chaque partie de la physique, aurons-nous soin d'examiner la manière d'être de ce corps si important.

Nous avons déjà parlé de son maximum de densité ; nous allons maintenant rechercher quelles particularités présente sa solidification.

**122. L'eau augmente de volume en se solidifiant.** — L'eau est un des corps qui augmentent de volume au moment de leur solidification : la glace est plus légère que l'eau, elle flotte à la surface du liquide. Un litre d'eau pèse 1 000 grammes ; un litre de glace n'en pèse que 920.

L'augmentation du volume qui se produit au moment de la congélation se fait avec une force presque irrésistible. Si l'on remplit d'eau un canon de pistolet, qu'on le ferme hermétiquement avec un bouchon à vis, et qu'on le plonge dans un mélange réfrigérant, il ne tarde pas à être brisé par l'effet de la congélation. Un obus de grande épaisseur (*fig.* 84), bien plein d'eau et exactement fermé, peut aussi éclater quand on l'expose à l'air par une froide journée d'hiver.

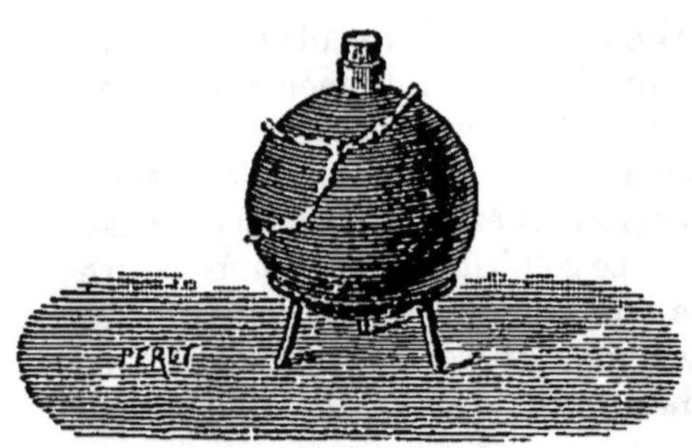

Fig. 84. — L'expansion de l'eau, au moment où elle se gèle, se fait avec une grande force

Cette propriété explique pourquoi l'hiver détermine souvent la perte des tuyaux de conduite, des pompes qui tirent l'eau des puits, la rupture des vases qu'on expose pleins d'eau à un froid trop vif.

Les pierres tendres, dans lesquelles l'eau de pluie peut pénétrer, se brisent pour la même raison sous l'action de la gelée : ce sont celles qu'on appelle *pierres gélives*. De là l'expression : « Geler à pierre fendre ».

On a aussi l'habitude d'expliquer par la congélation de l'eau les dégâts faits dans la végétation par les gelées du printemps. La sève s'est gelée, dit-on, elle a augmenté de volume et a brisé les vaisseaux des plantes.

Il est incontestable que les choses se passent ainsi quelquefois ; mais le plus souvent la mort des plantes est due à quelque autre cause que nous n'avons pas à rechercher ici.

Nous voyons, en effet, nombre de plantes devenir raides comme des glaçons, et revenir ensuite à la vie, pourvu

u'elles soient dégelées lentement : on peut considérer la
pidité du dégel comme une des causes principales du
al produit par le froid. De plus, la plupart des espèces
ropres aux pays chauds succombent à une température
quelques degrés au-dessus de 0°, qui n'a pu con-
eler leurs sucs, ni déterminer la rupture de leurs vais-
aux

La légèreté de la glace joue un rôle essentiel dans la
ature. Si la glace était plus lourde que l'eau, elle se ren-
rait au fond au fur et à mesure de sa formation; l'eau,
ujours refroidie à la surface, continuerait à se congeler,
l'amoncellement du solide sur le fond augmenterait de
us en plus.

**123. Formation de la glace dans la nature.** — La ma-
ière dont se forme la glace dans la nature mérite que
ous nous y arrêtions un moment.

Lorsque, par suite du refroidissement dû à l'hiver, toutes
s eaux d'un lac ont atteint la température de 4°, la
ouche supérieure seule se refroidit. Alors la congélation
ommence, et la surface se couvre d'une mince couche,
ont l'épaisseur augmente lentement, sans jamais devenir
ès considérable, et qui préserve la masse liquide d'une
ongélation totale.

Dans la mer, les choses se produisent le plus souvent
'une manière analogue; mais la congélation a lieu plus
arement : car, la masse des eaux étant plus considérable,
refroidissement est plus lent. De plus, l'eau de la mer,
ant salée, ne se congèle qu'à une température notable-
ent inférieure à 0°.

Pour les rivières le phénomène est tout différent.

Ici, l'eau, étant sans cesse agitée par le courant, a, dans
oute sa masse et en toute saison, une température à
eu près uniforme.

Quand cette température est arrivée à 0°, la congé-
ation de la rivière commence; *mais la glace se forme*
*irectement au fond, sur le lit.* Quand les glaçons ont
cquis une force ascensionnelle suffisante pour se déta-

cher des cailloux qui les retiennent, ils montent et deviennent flottants.

Ces glaçons se forment principalement dans le cours supérieur de la rivière, là où la profondeur est faible; puis, arrivés dans le cours inférieur, ils se soudent les uns aux autres, s'arrêtent aux obstacles, et finissent par former une couche continue et immobile. Il n'y a que sur les bords, ou dans les anses sans courant, que la glace se forme directement à la surface.

**124. La pression abaisse la température de fusion de la glace.** — La glace, comme tous les solides qui diminuent de volume par la fusion, peut être fondue par pression à une température inférieure à celle de sa fusion normale. Cette fusion, bien entendu, n'est que momentanée, et ne dure qu'autant que la pression est maintenue.

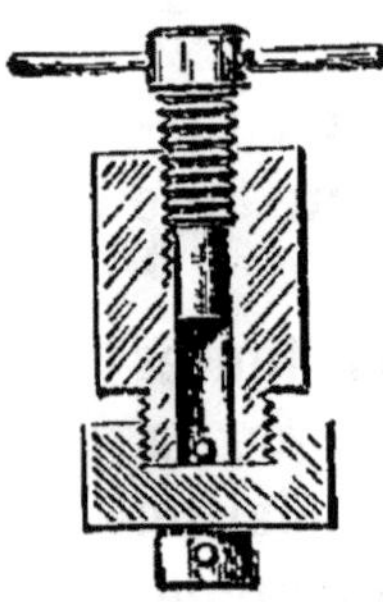

Fig 85. — A l'aide d'une forte pression, on peut fondre la glace à une température inférieure à 0°.

Voici un cylindre de fer (*fig.* 85) fermé à l'une de ses extrémités par un fond à vis, à l'autre par un piston également à vis. Dans ce cylindre mettons de l'eau, congelons-la par le froid, et plaçons une bille métallique à la surface du bloc obtenu.

L'appareil étant placé dans un mélange réfrigérant, enfonçons le piston à vis, de manière à exercer sur la glace une pression considérable, de plusieurs milliers d'atmosphères. Si ensuite nous enlevons le piston, nous constaterons la disparition de la bille métallique; nous la retrouverons à la partie inférieure de l'appareil, en enlevant le fond mobile.

Donc, sous l'action de la pression, la glace s'est fondue, la bille est tombée au fond, puis, quand on a dévissé, la glace s'est reformée et a repris son aspect primitif.

L'expérience suivante se fait sans appareil particulier.

Prenons un bloc de glace appuyé sur deux supports par ses extrémités (*fig.* 86). Plaçons, à cheval sur le morceau e glace, un fil de fer fortement tendu par un poids un peu ourd. Nous verrons le fil pénétrer peu à peu dans la glace, couper entièrement, pour tomber bientôt au-dessous.

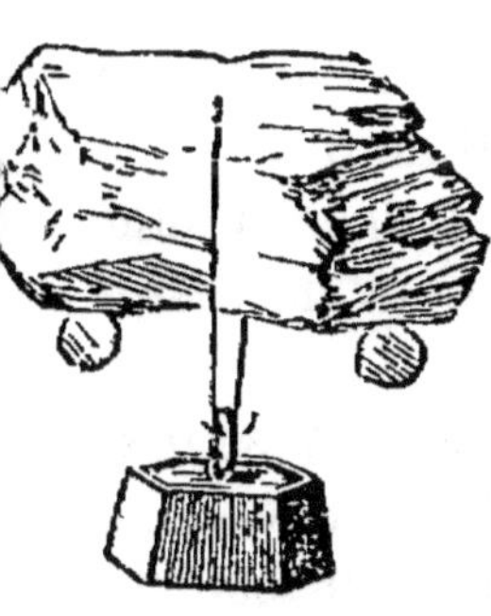

g. 86. — La glace, coupée par un fil métallique qui la presse fortement, se regèle ensuite et le bloc se ressoude.

Et cependant, quand le fil de fer aura tout traversé, nous trouverons le bloc de glace entier, d'un seul morceau, comme auparavant. La pression du fil avait d'abord déterminé la fusion de la glace; elle n'aurait pas été coupée sans cela, car elle n'est ni molle, ni élastique. Mais l'eau résultant de la fusion, passant au-dessus du fil et n'étant plus comprimée, s'est *regelée* à mesure qu'elle se formait, et a ressoudé ainsi les deux morceaux.

Les phénomènes du *dégel* sous pression et du *regel* ont ans la nature une grande importance. C'est par suite de es phénomènes que la neige pulvérulente, pressée dans les nains, se transforme progressivement en une boule dure t solide; que la neige des hautes montagnes donne naisance au glacier; que les glaçons charriés par un fleuve e soudent entre eux pour former une nappe continue; ue, dans les débâcles, cette nappe, disjointe par la crue es eaux, peut se reformer à nouveau, et constituer dès ors une barrière infranchissable, qui arrête le courant et étermine en avant de terribles inondations.

## *Résumé.*

Toutes les propriétés de l'eau ont une énorme importance dans a nature.

L'augmentation de volume qu'éprouve l'eau en formant de la lace se produit avec une force presque irrésistible; elle explique n grand nombre de phénomènes naturels.

La glace peut être fondue à une température inférieure à 0° ous l'influence d'une forte pression. Ce fait est également imporant.

## III. — DISSOLUTION, CRISTALLISATION.

**125. Dissolution.** — Un morceau de sucre jeté dans l'eau y disparaît bientôt entièrement, il se distribue uniformément dans toute la masse : on dit qu'il s'est *dissous* dans l'eau, et le phénomène produit prend le nom de *dissolution*.

De même, le phosphore et le soufre peuvent se dissoudre dans le sulfure de carbone, l'iode dans l'alcool..... Chaque liquide a la propriété de dissoudre un certain nombre de corps solides.

La dissolution est une véritable *liquéfaction*, analogue à la fusion obtenue par l'action de la chaleur.

Seulement, on ne retrouve pas dans la *dissolution* les lois que nous avons énoncées pour la fusion. La dissolution se produit à toute température, et cette température peut varier pendant la durée du phénomène.

Mais à la place de ces lois, nous en avons d'autres. *La quantité d'un corps solide qui se dissout à une température donnée, dans un poids déterminé de liquide, est constante.*

Ainsi, pour ne parler que des dissolutions dans l'eau, 1 kilogramme d'eau à 0° peut dissoudre 130 grammes de salpêtre, 360 grammes de sel marin, 120 grammes de sulfate de soude. Un excès de sel introduit dans l'eau y demeurerait à l'état solide.

Quand un liquide renferme toute la proportion de solide qu'il est capable de dissoudre dans les circonstances de l'expérience, la dissolution est dite *saturée*. On appelle *coefficient de solubilité* du corps le rapport qui existe alors entre le poids du solide dissous et le poids du liquide employé à le dissoudre. Ainsi, le coefficient de solubilité du sel marin dans l'eau est $\frac{360}{1000}$, celui du salpêtre est $\frac{130}{1000}$, celui du sulfate de soude est $\frac{120}{1000}$, à la température de 0°.

*Le coefficient de solubilité varie avec la température.* — Cette variation est plus ou moins grande, mais elle se produit toujours. *Le plus souvent* la solubilité augmente quand la température s'élève.

Un kilogramme d'eau dissout 360 grammes de sel marin à 0°, et 400 grammes à 100°. Le coefficient de solubilité est $\frac{360}{1000}$ à 0°, et $\frac{400}{1000}$ à 100°; l'augmentation est faible.

Elle est plus grande pour le salpêtre : $\frac{130}{1000}$ à 0° et $\frac{3350}{1000}$ à 116°. Le salpêtre est donc 25 fois plus soluble à 116° qu'à 0.

**126. Froid produit par la dissolution.** — La dissolution est une véritable liquéfaction. Mais nous avons vu que le passage de l'état solide à l'état liquide exige la consommation d'une certaine quantité de chaleur de liquéfaction. Dans la fusion, cette chaleur est empruntée aux sources de chaleur qui entourent le corps; dans la dissolution, il n'y a pas de foyer : aussi la consommation de chaleur effectuée par le travail de la liquéfaction a-t-elle pour effet d'abaisser la température du liquide.

De là une nouvelle loi de la dissolution : *La température du mélange s'abaisse pendant la dissolution.*

Lorsque la dissolution s'effectue, comme cela a lieu fort souvent, dans un liquide chauffé, elle se produit plus vite. Cela tient non seulement à ce que le coefficient de solubilité est plus grand à une température élevée, mais aussi à ce que le foyer, en fournissant de la chaleur au solide, facilite sa liquéfaction.

Il est aisé de mettre en évidence le refroidissement produit par la dissolution d'un sel dans l'eau. Dans 100 grammes d'eau jetez 100 grammes d'azotate d'ammoniaque, et agitez le mélange avec un thermomètre : vous verrez la température s'abaisser rapidement de + 10° à — 15°.

Il est cependant un grand nombre de cas où le refroidissement ne se produit pas; souvent même il est remplacé par un échauffement, comme lorsque l'on dissout dans l'eau du chlorure de calcium *desséché*. C'est que le solide dissous forme souvent avec l eau une véritable combinaison chimique, qui se produit avec dégagement de chaleur.

Suivant que la cause de refroidissement ou la cause d'échauffement l'emporte, on a un abaissement ou une élévation de température.

Avec 100 grammes d'acide sulfurique du commerce mêlez 400 grammes de glace : la glace se dissoudra en produisant un froid de — 20°. Dans 400 grammes d'acide sulfurique jetez 100 grammes de glace : le thermomètre indiquera un échauffement de 100°. Dans le premier cas, la chaleur *consommée* par la liquéfaction de la glace l'emporte sur la chaleur *produite* par la combinaison de l'eau et de l'acide sulfurique : de là l'abaissement de température; dans le second cas, le contraire a lieu : de là l'échauffement.

**127. Cristallisation par évaporation et par refroidissement.** — Dans un litre d'eau mettez à peu près 300 grammes de sulfate de cuivre; abandonnez le mélange à lui-même pendant une heure, en l'agitant à plusieurs reprises, et filtrez. Vous aurez une dissolution saturée de sulfate de cuivre, bien limpide et d'un beau bleu.

Fig 87. — Une dissolution chaude de vitriol bleu donne des cristaux par refroidissement.

Si vous abandonnez cette dissolution à une évaporation lente, vous verrez, au bout de quelques jours, le sulfate de cuivre se déposer en *cristaux* au fond du vase. A mesure que la quantité de liquide diminue, le sel, ne pouvant rester en dissolution, se dépose et se cristallise. Ce phénomène correspond à celui de la *solidification* : c'est le retour de l'état liquide à l'état solide.

La *cristallisation* par évaporation se produit à toute empérature, et, pendant qu'elle a lieu, la température eut varier. La seule loi que l'on retrouve ici est celle de *régénération* de la chaleur de liquefaction : un sel qui cristallise au sein d'une dissolution saturée développe e la chaleur. Mais, comme la cristallisation est excessive- nent lente, cette chaleur se perd par rayonnement au fur à mesure de sa production, et n'élève pas la température u liquide.

La cristallisation d'un solide dissous s'obtient plus ra- idement par un autre procédé. Dans 100 grammes d'eau nettez 300 grammes d'alun, et chauffez le mélange jus- u'à la température d'ébullition, puis filtrez. Vous aurez ne dissolution saturée d'alun, à une température voisine e 100°. Si vous laissez cette dissolution se refroidir len- ement, l'alun, beaucoup moins soluble à froid qu'à chaud, e déposera sous forme de beaux cristaux d'une grosseur ouvent assez considérable.

Ici la cristallisation est rapide, et le dégagement de la haleur de solidification considérable ; ce dégagement rend e refroidissement du liquide beaucoup plus lent que ne erait celui d'une masse égale d'eau prise à la même tem- érature.

Tous les corps solubles dans l'eau peuvent ainsi s'ob- enir cristallisés, soit par évaporation, soit par refroidis- ement. La plupart des sels du commerce sont préparés à état de cristaux par ce procédé.

**128. Sursaturation.** — Les dissolutions saturées pré- entent souvent un phénomène analogue à celui de la sur- usion : c'est le phénomène de la *sursaturation*.

Dans une petite quantité d'eau bouillante faites dis- oudre un poids sept ou huit fois plus fort d'hyposulfite e soude, filtrez la dissolution chaude et introduisez-la ans une petite fiole de verre. La température du liquide abaissera progressivement sans qu'il se produise de istallisation; et cependant la quantité de sel dissous era beaucoup plus grande que celle qui se dissoudrait normalement dans l'eau froide. On a une dissolution *sursaturée.*

Pour faire cesser la sursaturation et amener la cristallisation du sel, il faudra, soit refroidir énergiquement la dissolution par l'action d'un mélange réfrigérant, soit exercer avec une baguette de verre des frictions répétées contre les parois intérieures de la fiole. Le plus souvent une simple agitation ne suffirait pas à déterminer la solidification.

Mais le moyen le plus certain de mettre fin à la sursaturation consiste à introduire dans le liquide *un cristal du sel en dissolution*, ou une baguette ayant touché ce cristal. Alors les cristaux se forment immédiatement, en même temps qu'on peut constater, au moyen d'un thermomètre, *la production d'une grande quantité de chaleur*, qui élève quelquefois la température de plus de 30°.

C'est la chaleur de la liquéfaction qui est régénérée au moment de la cristallisation brusque : cette élévation de température est la réciproque nécessaire du refroidissement qui s'est produit au moment de la dissolution.

## *Résumé.*

La *dissolution* est un phénomène analogue à la fusion : c'est une *liquéfaction.* Elle obéit à la loi suivante : La quantité d'un corps solide qui se dissout, à une température donnée, dans un poids déterminé de liquide est constante.

Quand une dissolution renferme toute la quantité de solide qu'elle peut renfermer, on dit qu'elle est *saturée.*

En général, la solubilité augmente quand la température s'élève.

Le phénomène de la dissolution produit du froid ; le phénomène inverse de la cristallisation dégage de la chaleur.

## IV. — CHALEUR DE FUSION.

**129. Chaleur de fusion.** — Nous avons vu que la *chaleur de fusion* d'un corps est *la quantité de chaleur nécessaire pour déterminer la fusion d'un kilogramme de ce corps sans en élever la température* (§ 114). Nous avons vu aussi qu'on ne doit pas confondre les deux expressions, *température de fusion* et *chaleur de fusion*.

Il nous faut revenir sur ce sujet, principalement pour montrer l'importance de la grande chaleur de fusion de la glace.

**130. Importance de la grande chaleur de fusion de la glace.** — Nous avons vu que la *chaleur spécifique* de l'eau est considérable; la *chaleur de fusion* de la glace est dans le même cas : aucun autre solide ne demande autant de chaleur pour se liquéfier.

Il en résulte que, en hiver, l'eau n'arrivera que lentement à la température de 0°, et que l'eau à 0° ne se transformera que lentement en glace; inversement, la glace fondra lentement quand reviendra la chaleur.

La congélation des grandes masses d'eau produit, en hiver, assez de chaleur pour empêcher un abaissement trop rapide de la température; la fusion de la glace, au printemps, lutte, au contraire, contre un échauffement trop brusque de l'air. Les propriétés de la glace se joignent à celles de l'eau pour empêcher les grands écarts de la température à la surface de la mer.

Si la chaleur de fusion de la glace était moins considérable, les neiges et les glaces de l'hiver se fondraient au moindre rayon de soleil, ce qui occasionnerait les inondations les plus désastreuses; il n'y aurait plus de neiges éternelles, plus de glaciers, et un grand nombre de fleuves seraient taris dans leur source.

**131. Mélanges réfrigérants.** — On peut quelquefois forcer un corps solide à fondre sans le secours du feu. On prendra-t-il alors la chaleur de fusion dont il a besoin pour changer d'état? Il la prendra à tous les objets qui l'environnent : il leur enlèvera cette chaleur, et les refroidira. Il se la prendra à lui-même; et, à mesure que la liquéfaction se produira, la température du corps s'abaissera.

C'est ainsi que nous avons expliqué le froid produit par la dissolution d'un sel dans l'eau. Nous avons montré que l'azotate d'ammoniaque, mêlé à un poids d'eau égal au sien, se dissout en produisant un froid de 15° au-dessous de zéro. Le même refroidissement se produit lors de la dissolution du sulfate de soude dans l'acide chlorhydrique.

Quand on mélange de la neige ou de la glace pilée avec du sel de cuisine, les deux corps, agissant l'un sur l'autre, fondent peu à peu en produisant un froid de 20° au-dessous de zéro.

Ces mélanges sont appelés *mélanges réfrigérants.*

Ils sont d'un fréquent usage dans les laboratoires et dans les ménages. Ils servent notamment à congeler l'eau des carafes et à préparer ces crèmes congelées qu'on nomme *glaces* et *sorbets.*

Pour la préparation des glaces et des sorbets, on emploie ordinairement un mélange de glace et de sel, qu'on dispose dans un seau autour de la *sorbétière*, qui renferme la crème à congeler.

Lorsqu'il s'agit de fabriquer de la glace en été, on ne peut évidemment pas employer le mélange de glace et de sel. On se sert alors du mélange d'eau et d'azotate d'ammoniaque, ou du mélange d'acide chlorhydrique et de sulfate de soude.

De ces deux mélanges, le premier est le moins dangereux; il est aussi le moins coûteux, si on a soin de faire évaporer l'eau au feu ou au soleil après chaque opération, et de faire cristalliser ainsi l'azotate d'ammoniaque, qui pourra servir de nouveau.

L'opération ne réussit convenablement que si l'appareil employé est assez bien disposé pour mettre l'eau à congeler en contact par une grande surface avec le mélange réfrigérant, et si l'agitation du mélange est continue.

La glaciere Goubaud (*fig.* 88) se compose d'un seau en bois, dans lequel on place le mélange réfrigérant; l'eau à congeler remplit un vase en étain, fermé par un bouchon à vis, et qui repose sur le fond du seau par un pivot. Une manivelle, qu'on tourne à la main, permet d'agiter constamment le mélange; l'agitation est facilitée par une lame en spirale qui entoure le vase métallique. Cet appareil donne 500 grammes de glace en un quart d'heure.

Fig. 88. — Glacière Goubaud

Le tableau suivant indique la composition de quelques mélanges réfrigérants en usage dans les laboratoires.

| COMPOSITION DU MÉLANGE. | FROID PRODUIT. |
| --- | --- |
| 1 partie sel marin, 2 parties glace pilee. . . . | 0° à — 18° |
| 1 partie eau, 1 partie azotate d'ammoniaque. | + 10° à — 16° |
| 8 parties sulfate de soude, 5 parties acide chlorhydrique . . . . . . . . . . . . . . . . . | + 10° à — 17° |
| 4 parties chlorure de calcium, 3 parties glace pilée . . . . . . . . . . . . . . . . . . . . . . . | 0° à — 50° |

## *Résumé.*

La *chaleur de fusion* d'un corps est la quantité de chaleur nécessaire pour déterminer la fusion d'un kilogramme de ce corps sans en élever la température.

La glace a une *chaleur de fusion* considérable, fait qui a une grande importance dans la nature.

Les *mélanges réfrigérants* produisent du froid par suite de la liquéfaction des solides qu'ils renferment.

# CHAPITRE IV

## VAPORISATION ET CONDENSATION.

### I. — VAPEURS DANS LE VIDE ET DANS L'AIR.

**132. Vaporisation des liquides.** — Sous l'influence de la chaleur, la plupart des liquides prennent l'état gazeux.

Les gaz obtenus au moyen des corps qui, dans les circonstances ordinaires, sont à l'état liquide, s'appellent des *vapeurs*. L'eau, l'alcool, l'éther,... se réduisent facilement en vapeurs. Les vapeurs sont de véritables gaz, qui ne diffèrent pas essentiellement des gaz proprement dits, tels que l'air et l'hydrogène.

Certains solides peuvent aussi se réduire en vapeurs sans passer par l'état liquide. Si l'on chauffe doucement un morceau de camphre, il diminue peu à peu de volume, et finit par disparaître : il s'est totalement vaporisé. Quand l'opération se fait dans un ballon de verre, la vapeur de camphre, après avoir traversé le ballon, vient reprendre l'état solide sur les parois supérieures, qui sont froides.

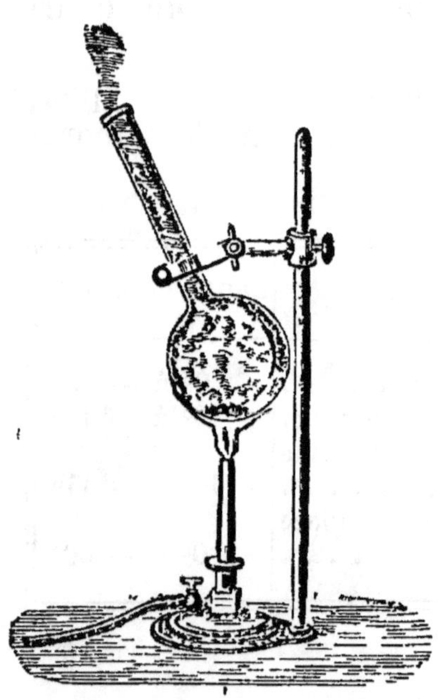

Fig. 89. — Sublimation de l'iode.

L'iode, formé de paillettes d'un gris d'acier, jouit de la même propriété. Seulement la vapeur d'iode, au lieu d'être invisible, comme l'air ou la vapeur de camphre, est d'une magnifique couleur violette, et on la voit s'élever du solide pour remplir bientôt le ballon (*fig.* 89).

Quand un corps solide passe directement à l'état de vapeur, sans se liquéfier, on dit qu'il se *sublime* : le phénomène prend le nom de *sublimation*. Les vapeurs sublimées prennent toujours, en se condensant sur des parois froides, une forme cristalline analogue à celle obtenue par fusion ou par dissolution. La cristallisation par sublimation est souvent employée dans les laboratoires.

Les solides qui se subliment sont peu nombreux : le plus souvent le corps chauffé fond d'abord, puis se vaporise.

Certains corps n'ont pas encore été vaporisés, soit qu'on n'ait pas pu les chauffer assez fort, comme le platine, soit qu'ils se détruisent sous l'action de la chaleur, comme l'huile, le sucre.

La *vaporisation* d'un liquide peut se faire doucement, sans l'intervention directe de la chaleur : il y a alors *évaporation*. Elle peut aussi se faire rapidement, tumultueusement, dans un liquide échauffé : il y a *ébullition*.

Avant de commencer l'étude de l'*évaporation* et de l'*ébullition*, étudions les propriétés des vapeurs.

**133. Formation des vapeurs dans le vide.** — Si l'on introduit un liquide dans un vase clos, dont on a enlevé l'air à l'aide d'une machine pneumatique, ce liquide se réduit partiellement en vapeur.

Cette vaporisation obéit aux lois suivantes :

1° *Dans le vide la formation des vapeurs est instantanée.*

2° *La quantité de vapeur que peut renfermer un espace vide est limitée par l'existence d'une tension maxima.*

Cette loi signifie que le liquide introduit dans l'espace vide cesse de se vaporiser quand la *pression* de la vapeur a atteint une certaine valeur qui ne peut être dépassée et qu'on nomme la *tension maxima*.

3° *La tension maxima de chaque vapeur a une valeur particulière pour chaque température.*

4° *Cette valeur de la tension maxima est d'autant plus grande que la température est plus élevée.*

A mesure que l'espace vide dans lequel se fait la vaporisation est à une température plus élevée, il se vaporise une quantité plus grande de liquide, et la pression de la vapeur augmente.

5° *Chaque liquide a, pour chaque température, une tension maxima particulière.*

Les liquides appelés *liquides très volatils*, comme l'alcool, l'éther, sont justement ceux dont la tension maxima de vapeur a une valeur plus élevée.

6° *Quand les différentes parties d'un espace occupé par de la vapeur sont à des températures différentes, la tension maxima qui finit par s'établir est celle qui correspond à la partie la plus froide, pourvu que tout l'excès de liquide puisse venir se condenser et demeurer en cette partie la plus froide.*

Cette dernière loi est connue sous le nom de *principe de Watt*, ou principe de la *paroi froide*.

**134. Vapeurs saturantes et vapeurs non saturantes.** — Quand on introduit dans un espace vide une quantité de liquide assez petite, la vaporisation de ce liquide est complète, et la pression de la vapeur produite est inférieure à la tension maxima : c'est-à-dire que l'espace ne renferme pas toute la quantité de vapeur qu'il est susceptible de renfermer à la température de l'expérience. On dit alors que l'espace n'est pas *saturé* de vapeur, ou, en d'autres termes, que les vapeurs répandues dans l'espace ne sont pas *saturantes*.

Si, au contraire, il y a excès de liquide, la vaporisation s'arrête quand la tension maxima est atteinte. L'espace est alors *saturé* de vapeur; ou, en d'autres termes, les vapeurs qui s'y sont formées sont *saturantes*.

L'expérience montre que les vapeurs non saturantes se conduisent en toutes circonstances comme de véritables gaz, obéissant à la loi de Mariotte. Quand on augmente l'espace qu'elles occupent de façon qu'il devienne 2, 3, 4 fois plus grand, leur pression devient 2, 3, 4 fois plus petite. De même, si l'espace devient 2 fois moindre, la pression devient 2 fois plus grande.

Mais si on diminue progressivement l'espace occupé par une vapeur non saturante, il arrive un moment où la pression de cette vapeur devient égale à la tension maxima ; à partir de ce moment la vapeur non saturante est transformée en une vapeur saturante. Toute nouvelle diminution de volume produirait une *condensation* partielle des vapeurs, puisque la pression ne peut en aucun cas augmenter au delà de la tension maxima.

Des vapeurs non saturantes peuvent également être transformées en vapeurs saturantes par l'effet d'un refroidissement, puisque l'abaissement de la température diminue la valeur de la tension maxima. A partir du moment où la vapeur est devenue saturante, tout refroidissement nouveau détermine la condensation d'une partie de la vapeur.

**135. Valeur des tensions maxima de la vapeur d'eau aux diverses températures.** — On a mesuré, à chaque température, la tension maxima de la vapeur pour un grand nombre de liquides.

Cette mesure offrait, surtout pour l'eau, une importance capitale, comme nous le verrons à propos de l'hygrométrie et des machines à vapeur.

Le tableau suivant donne quelques-uns des résultats obtenus : la seconde colonne contient les tensions maxima de la vapeur d'eau exprimées en millimètres de mercure ; la troisième indique les mêmes tensions exprimées en atmosphères (c'est-à-dire que les nombres de la troisième colonne sont 760 fois plus petits que ceux de la seconde).

| TEMPÉRATURES. | TENSIONS MAXIMA EN MILLIMÈTRES. | TENSIONS MAXIMA EN ATMOSPHÈRES. |
|---|---|---|
| — 30 degrés. . . . | 0,39 | 0,0005 |
| — 20 — . . . . | 0,93 | 0,0012 |
| — 10 — . . . . | 2,09 | 0,0028 |
| 0 — . . . . | 4,60 | 0,0061 |
| + 10 — . . . . | 9,17 | 0,0120 |
| + 20 — . . . . | 17,39 | 0,0229 |
| + 50 — . . . . | 91,98 | 0,121 |
| + 100 — . . . . | 760,00 | 1 |
| + 150 — . . . . | 3581,23 | 4,71 |
| + 200 — . . . . | 11688,96 | 15,4 |
| + 230 — . . . . | 20926,40 | 27,5 |

Ce tableau nous montre que la glace, même à la température de — 30°, émet des vapeurs dont la tension maxima, quoique très faible, est néanmoins appréciable.

**136. Mélange des gaz et des vapeurs.** — Mais les liquides ne se vaporisent pas ordinairement dans le vide. Leur vaporisation se fait presque toujours dans des espaces qui renferment déjà des gaz ou d'autres vapeurs. C'est, en particulier, ce qui arrive quand la formation des vapeurs a lieu dans l'air.

Dans ce cas la formation des vapeurs obéit aux lois suivantes.

Les liquides se vaporisent dans l'air comme dans le vide, en présentant les mêmes tensions maxima aux mêmes températures. Il n'y a de différence que dans la rapidité des phénomènes : les vapeurs se forment lentement, au lieu de se former instantanément.

Quand la vaporisation est terminée, la tension maxima de la vapeur vient s'ajouter à la pression de l'air.

## *Résumé.*

La *vaporisation*, ou formation des vapeurs, se fait par *sublimation*, par *évaporation*, ou par *ébullition*.

Quand les vapeurs formées se répandent dans un espace clos, entièrement vide, elles y exercent une certaine pression, qui ne peut, dans aucun cas, dépasser une certaine valeur nommée *tension maxima*.

La valeur de cette tension maxima dépend de la nature du liquide ; et, pour chaque liquide, elle augmente quand la température s'élève.

On peut provoquer la *condensation* des vapeurs, soit en diminuant le volume qu'elles occupent, soit en abaissant la température.

Dans un espace rempli d'un ou de plusieurs gaz, il se forme autant de vapeur que si l'espace était vide, et la tension maxima de la vapeur vient s'ajouter à la pression du gaz.

## II. — HYGROMÈTRIE.

**137. But de l'hygrométrie. État hygrométrique.** — L'air, nême le plus sec en apparence, renferme toujours de la 'apeur d'eau. Qu'on mette de l'eau bien fraîche dans une :arafe. on verra immédiatement la vapeur atmosphé- ique, condensée par le froid, ruisseler sur les parois du 'ase.

La quantité de vapeur d'eau que renferme l'air est ssentiellement variable : elle change avec la température t la direction du vent; dans les conditions *moyennes* le oids de la vapeur d'eau varie de 3 à 6 millièmes du poids le l'air. Un litre d'air, qui pèse $1^{gr},293$, contient donc, n moyenne, de 4 à 8 milligrammes de vapeur d'eau.

Nous verrons bientôt que cette vapeur, en si petite uantité qu'elle soit, est indispensable à la vie du globe, uisque c'est à elle que nous devons les pluies, sans les- uelles les végétaux, et, par suite, les animaux, ne tarde- aient pas à périr.

L'*hygrométrie* est l'ensemble des procédés employés our mesurer la quantité de vapeur d'eau contenue à haque instant dans l'atmosphère. Les instruments qui ervent à cette mesure sont les *hygromètres*.

Les hygromètres sont de diverses sortes. Les uns donnent e poids de la vapeur d'eau contenue dans un mètre cube 'air; d'autres, la force élastique de cette vapeur d'eau; 'autres, enfin, l'*état hygrométrique*.

L'*état hygrométrique*, ou *fraction de saturation*, est *le apport qui existe entre la tension réelle de la vapeur 'eau à un moment donné et la tension maxima qui cor- espond à la température de l'air à ce moment.*

Il importe de bien comprendre cette définition. Sup- osons que, à un moment donné, la température étant 10°, tension de la vapeur d'eau répandue dans l'air soit gale à $4^{mm},58$. Le tableau du paragraphe 135 nous indique ue, à cette température de 10°, la tension maxima de la apeur d'eau est $9^{mm},17$. Le rapport $\frac{4,58}{9,17}$ est précisément l'état hygrométrique de l'air au moment considéré. Ce rapport, très voisin de $\frac{1}{2}$, indique que l'air renferme seulement la moitié de la quantité de vapeur qu'il renfermerait s'il était *saturé*.

Quand l'état hygrométrique est voisin de 1, c'est-à-dire quand la vapeur est sur le point de devenir saturante, on dit que l'air est *humide*. Quand, au contraire, l'état hygrométrique est peu considérable, voisin de 0, cela indique que l'air est loin de renfermer toute la quantité de vapeur d'eau qu'il serait susceptible de renfermer : on dit qu'il est *sec*.

Nous voyons que le degré d'humidité de l'air dépend, non pas de la valeur absolue de la tension de la vapeur d'eau, mais de l'état hygrométrique.

Cela se conçoit aisément : lorsque l'état hygrométrique est voisin de 1, il suffit d'un faible refroidissement de l'air pour que la vapeur qu'il renferme devienne saturante, ou même se condense sous forme de brouillard : aussi dit-on que l'air est humide; si, au contraire, l'état hygrométrique est faible, un refroidissement, même considérable, ne détermine pas la condensation de la vapeur : voilà pourquoi on dit que l'air est sec.

En réalité, l'air sec d'une journée d'été peut renfermer une quantité absolue de vapeur beaucoup plus grande que l'air humide d'une journée d'hiver.

**138. Hygromètres.** — Les hygromètres en usage sont très divers.

Nous en décrirons deux seulement : l'*hygromètre à condensation*, qui donne la tension de la vapeur atmosphérique au moment de l'expérience, et l'*hygromètre à absorption*, qui donne directement l'état hygrométrique.

**139. Hygromètre à condensation.** — Supposons que l'atmosphère soit à la température de 20°, et renferme une tension de vapeur d'eau égale à $9^{mm},17$ : l'air sera loin d'être saturé, puisque, à 20°, la tension de la vapeur pourrait être égale à 17$^{mm}$,39 (la tension maxima de la vapeur d'eau à 20° étant égale à 17$^{mm}$,39). Si l'atmosphère se refroidit progressivement, sans que la quantité de vapeur éprouve aucun changement, l'état hygrométrique augmentera peu à peu. Au moment où la température aura atteint 10° (à 10° la tension maxima de la vapeur d'eau est justement égale à 9$^{mm}$,17), l'état hygrométrique sera égal à 1, l'air sera saturé; tout nouvel abaissement de température, si petit qu'il soit, amènera dès lors la condensation d'une partie de la vapeur.

La température à partir de laquelle commence la condensation de la vapeur atmosphérique se nomme le *point de rosée* (nous verrons bientôt la raison de cette appellation). *Le point de rosée est donné par les tables de tension maxima : c'est la température à laquelle la tension maxima de la vapeur d'eau a pour valeur la tension réelle de la vapeur atmosphérique au moment considéré.*

Il n'est pas nécessaire que la totalité de l'atmosphère se refroidisse pour que la condensation de sa vapeur se produise. Si un objet quelconque se refroidit progressivement dans l'air, il se recouvre d'une buée de vapeur condensée dès que sa température est celle du *point de rosée*.

C'est là le principe de l'hygromètre à condensation, dont le modèle le plus employé actuellement porte le nom d'*hygromètre d'Alluard*.

Une petite boîte parallélipipédique A (*fig.* 90) a l'une de ses faces, B, en laiton bien poli. Elle est à moitié remplie d'éther, et fermée à sa partie supérieure par un bouchon qui laisse passer un thermomètre C, plongeant dans le liquide. Dans la boîte s'introduisent deux tubes *m* et *n*, dont l'un plonge dans le liquide, et dont l'autre s'arrête à la partie supérieure. Le premier communique avec l'air extérieur, le second avec un aspirateur, par un tube de caoutchouc D.

Quand on fait écouler l'eau de l'aspirateur, l'air extérieur est aspiré, arrive par le tube *m*, s'échappe à travers le liquide, et sort par le tube *n*. Il en résulte une évaporation rapide de l'éther, et, par suite, un refroidissement progressif. Bientôt on voit la surface de la lame se ternir, par suite de la condensation de la vapeur atmosphérique.

Au moment où la buée commence à se former, on observe la température marquée par le thermomètre C; on cherche sur les tables la tension maxima de la vapeur d'eau à cette température du point de rosée, et l'on a la tension réelle de la vapeur atmosphérique.

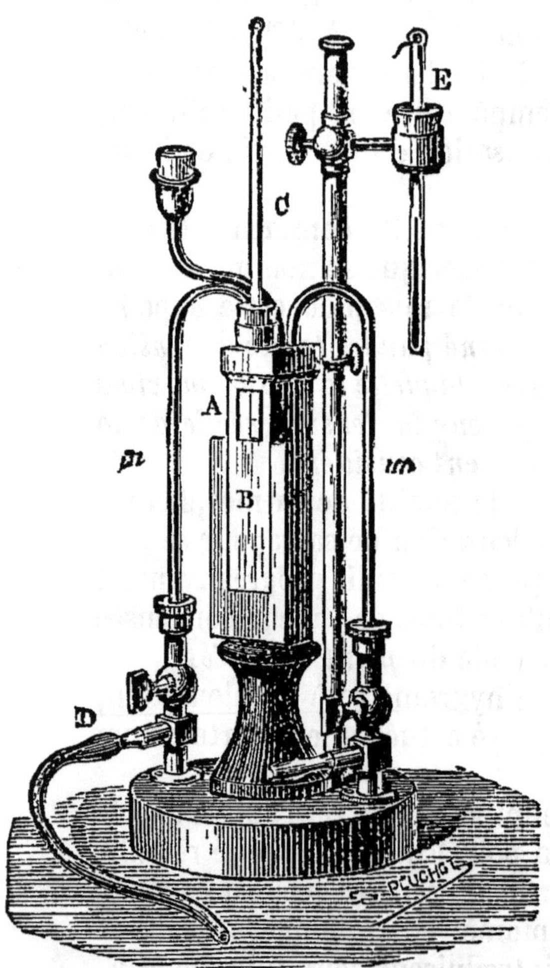

Fig 90. — Hygromètre à condensation d'Alluard.

La lame B est encadrée dans une autre, de même métal et également polie, qui, n'étant pas refroidie, conserve toujours son éclat. Le contraste permet alors de discerner la moindre rosée sur B.

Pour avoir l'état hygrométrique, il suffit de noter la température T de l'air, donnée par un thermomètre E, suspendu à côté de l'appareil, en même temps que la température $t$ du point de rosée, donnée par le thermomètre C. Le rapport des deux tensions maxima qui correspondent aux températures $t$ et T est justement l'état hygrométrique.

**140. Hygromètre à absorption.** — Un grand nombre de atières organiques, cheveux, plumes, cordes à boyau, t la propriété de s'allonger, en absorbant une partie de umidité de l'atmosphère. L'allongement dépend, non s de la quantité absolue de vapeur répandue dans l'air, ais de la fraction de saturation, de l'état hygrométrique. e là l'emploi de ces substances à la construction d'hy-omètres qui donnent directement l'état hygrométrique. Les cordes à boyau, par exemple, se tordent ou se dé-rdent, suivant qu'il fait plus sec ou plus humide. Cette opriété est mise à profit dans ces hygromètres simples, connus de tous, qui représentent un moine dont le capuchon s'élève ou s'a-baisse suivant qu'il fait sec ou humide.

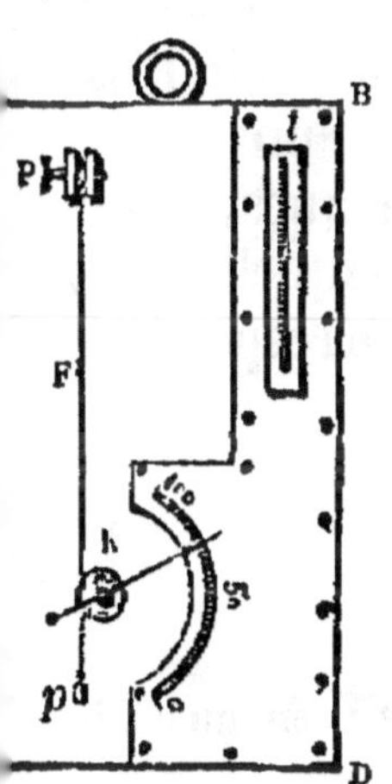

Fig. 91.
gromètre à cheveu.

L'*hygromètre à cheveu*, imaginé par de Saussure, est fondé sur le même principe.

Un cheveu F, soigneusement dé-graissé par un lavage à l'éther, est sus-pendu à une pince P (*fig.* 91); il descend verticalement et s'enroule, à son ex-trémité inférieure, autour d'une poulie mobile K; un petit poids *p* le main-tient constamment tendu.

Lorsque l'humidité de l'air aug-nte, le cheveu s'allonge, le poids *p* descend un peu, et poulie tourne d'une quantité correspondante, entraî-nt dans son mouvement une longue aiguille, dont la inte se meut devant un cadran divisé. Lorsque l'air de-nt plus sec, le cheveu se raccourcit, le poids *p* remonte, l'aiguille se meut en sens inverse du premier mouve-nt.

La graduation de l'appareil se fait de la manière sui-nte. On le place sous une cloche qui repose sur une ette pleine d'eau; l'atmosphère de cette cloche étant *urée d'humidité*, le cheveu s'allonge autant qu'il est sceptible de le faire. En face du point du cadran où rrête l'aiguille on marque **100**, pour indiquer *l'hu-*

*midité extrême*, l'état hygrométrique égal à 100 centièmes.

Cela fait, on remplace l'eau qui était sous la cloche par une substance très desséchante, l'acide sulfurique concentré : la *sécheresse* devient *absolue*, le cheveu éprouve un raccourcissement qui amène l'aiguille en un point où l'on marque 0, pour indiquer la *sécheresse extrême*, un état hygrométrique égal à 0 centième.

L'espace compris entre 0 et 100 est alors divisé en cent parties égales.

Malheureusement, les allongements du cheveu ne sont pas proportionnels aux états hygrométriques. Lorsque l'appareil marque 65, l'état hygrométrique de l'air n'est pas réellement égal à 65 centiemes. Pour qu'un hygromètre à cheveu indique les états hygrométriques, il est donc nécessaire de construire une table sur laquelle sont inscrits les états hygrométriques vrais qui correspondent à chacune des divisions de l'instrument.

### *Résumé.*

L'air renferme toujours de la vapeur d'eau, mais en quantité variable.

L'*état hygrométrique* est le rapport qui existe entre la tension réelle de la vapeur d'eau à un moment donné et la tension maxima qui correspond à la température de l'air à ce moment.

On détermine la quantité de vapeur d'eau qui se trouve dans l'air à l'aide des *hygrometres*. Les principaux sont l'*hygromètre à condensation* d'Alluard, et l'*hygrometre à absorption* de de Saussure.

## III. — ÉBULLITION.

**141. Lois de l'ébullition.** — Occupons-nous maintenant des circonstances dans lesquelles les liquides se réduisent en vapeur.

Mettons de l'eau sur le feu : elle s'échauffe progressirement. Quand le thermomètre marque 100°, nous voyons des bulles se former au fond du vase, grossir rapidement, se détacher, puis aller crever à la surface. Il s'en forme sans cesse de nouvelles, qui se conduisent comme les premières, et s'échappent en agitant tumultueusement le liquide. C'est le phénomène de l'ebullition : l'eau bout. Cette ébullition est soumise aux lois suivantes, qui s'appliquent à tous les liquides susceptibles de bouillir.

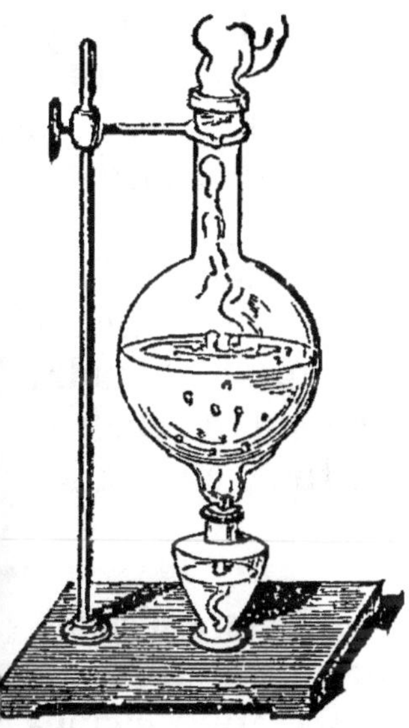

Fig. 92. — Ébullition de l'eau.

1° *Un liquide commence toujours à bouillir à la même température, dite température d'ébullition, pourvu qu'il soit placé dans une atmosphère dont la pression soit toujours la même.*

Ainsi, l'eau se met à bouillir à la température de 100°, lorsqu'elle est exposée à l'air, et que la pression atmosphérique a sa valeur normale de 76 centimetres (*fig.* 92).

Le tableau suivant indique les températures d'ébullition de quelques liquides, sous la pression de 76 centimètres.

| | | | | | |
|---|---|---|---|---|---|
| Protoxyde d'azote. . . | — | 88° | Essence de térebenthine. | + | 161° |
| Acide sulfureux. . . . | — | 8° | Phosphore. . . . . . . . | + | 290° |
| Éther. . . . . . . . . | + | 35°,5 | Acide sulfurique . . . . | + | 326° |
| Sulfure de carbone . . | + | 48° | Mercure. . . . . . . . . | + | 356° |
| Alcool absolu . . . . . | + | 78°,3 | Soufre. . . . . . . . . . | + | 440° |
| Pétrole. . . . . . . . . | + | 106° | Zinc. . . . . . . . . . . | + | 1300° |

2° *La température d'un liquide qui bout demeure invariable pendant toute la durée de l'ébullition, pourvu que la pression extérieure demeure elle-même invariable.*

Cette seconde loi se vérifie aussi facilement que la première : un thermomètre plongé dans un liquide en ébullition marque une température invariable.

**142. Chaleur de volatilisation.** — La seconde loi nous conduit à une remarque analogue à celle que nous avons déjà faite pour la fusion : puisque la température ne s'élève pas pendant tout le temps de l'ébullition, c'est que la chaleur du foyer est employée à effectuer le travail du changement d'état.

La quantité de chaleur nécessaire pour transformer un kilogramme d'un liquide pris à sa température d'ébullition en un kilogramme de vapeur pris à la même température se nomme la *chaleur de volatilisation*.

Nous verrons que la chaleur de volatilisation de l'eau est considérable. Un kilogramme d'eau commence à bouillir ; pour le transformer entièrement en vapeur, il faudra lui fournir, à partir de ce moment, autant de chaleur qu'il en faudrait pour chauffer, de 0° à 100°, cinq kilogrammes et demi d'eau.

**143. Influence de la pression sur la température d'ébullition.** — Si la pression exercée par l'atmosphère au-dessus du liquide augmente ou diminue, la température d'ébullition change.

A mesure que la pression exercée par l'atmosphère diminue, la température d'ébullition des liquides s'abaisse. La raison en est facile à saisir : pour qu'une bulle de vapeur se forme au fond d'un liquide et y grossisse, il faut que la tension maxima de cette vapeur soit assez forte pour faire équilibre à la pression qui s'exerce au-dessus du liquide : il faudra donc chauffer d'autant plus que cette pression sera plus élevée.

Il sera même facile, d'après cela, de dire à quelle température doit bouillir un liquide, l'eau par exemple, sous une pression déterminée.

Je suppose que nous voulions faire bouillir de l'eau dans un ballon dont a retiré l'air, de manière à ce qu'il ne reste plus qu'une pression de 91 millimètres. Nous savons que la tension maxima de la vapeur d'eau à 50° est de 91 millimètres : l'eau du ballon va donc bouillir a

50°. Aux deux lois énoncées plus haut, il convient, par conséquent, d'ajouter cette troisième :

3° *La température d'ébullition d'un liquide sous une pression déterminée est celle à laquelle sa tension maxima de vapeur atteint la valeur de cette pression.*

**144. Ebullition sous de faibles pressions.** — Pour faire bouillir un liquide, il n'est pas indispensable de le chauffer. Il suffit de diminuer la pression que l'air exerce au-dessus de ce liquide.

Ainsi, quand on remplit un vase d'eau tiède, et qu'on le met sous le récipient de la machine pneumatique, cette eau se met à bouillir très vivement si l'on fait le vide. En même temps que l'ébullition se produit, le liquide se refroidit. Nous savons, en effet, que l'eau, pour se transformer en vapeur, a besoin qu'on lui fournisse une grande quantité de chaleur, et ici il n'y a pas de feu. L'eau, dès qu'elle commencera à bouillir, va donc s'emprunter à elle-même la chaleur de vaporisation dont elle a besoin : elle va se refroidir, et l'ébullition s'arrêtera.

Mais si nous continuons à faire le vide, la pression diminuant à mesure que la température s'abaissera, l'ébullition pourra reprendre à cette température plus basse, et ainsi de suite. De sorte que, quand on aura enlevé presque tout l'air, et que la pression ne sera plus que de 4 millimètres, la température se sera abaissée jusqu'à 0°, et nous aurons de l'eau bouillant à 0°. Cette dernière ébullition, en enlevant encore de la chaleur au liquide, en déterminera la congélation. Nous aurons refroidi un liquide, et nous l'aurons congelé en le faisant bouillir.

Cette expérience est même devenue l'origine d'une application assez importante. A l'aide d'un appareil nommé *appareil Carré,* on peut obtenir des carafes glacées.

Voici la description de cet appareil. Une pompe à main A (*fig.* 93), qui se manœuvre au moyen d'un levier B, permet de faire le vide dans la carafe presque pleine que l'on a fixée au tube C.

Dès que l'air est enlevé, l'évaporation et même l'ébullition commencent, déterminant un refroidissement rapide.

Fig. 93. — Appareil a frappei les caiafes.

La vapeur produite, aspirée par le jeu de la machine, passe dans un réservoir D, qui renferme de l'acide sulfurique concentré : elle est absorbée.

Un quart d'heure de manœuvre suffit pour congeler toute la masse.

On peut obtenir l'ébullition de l'eau à la température ordinaire au moyen d'un appareil plus simple.

Prenons un ballon à long col à moitié plein d'eau ; faisons bouillir cette eau pendant un quart d'heure, de façon que la vapeur ait chassé complètement l'air du ballon. A ce moment éteignons le feu et fermons hermétiquement avec un bon bouchon. Afin d'être plus certains que l'air ne rentrera pas, retournons le ballon pour placer l'ouverture dans l'eau d'un verre, comme l'indique la figure 94.

En B, au-dessus du liquide, il y a de la vapeur d'eau qui exerce sur le liquide une pression assez forte pour l'empêcher de bouillir. Refroidissons avec de l'eau froide : la vapeur se condensera en partie; il se fera un vide partiel au-dessus du liquide, qui se remettra à bouillir pendant quelques instants.

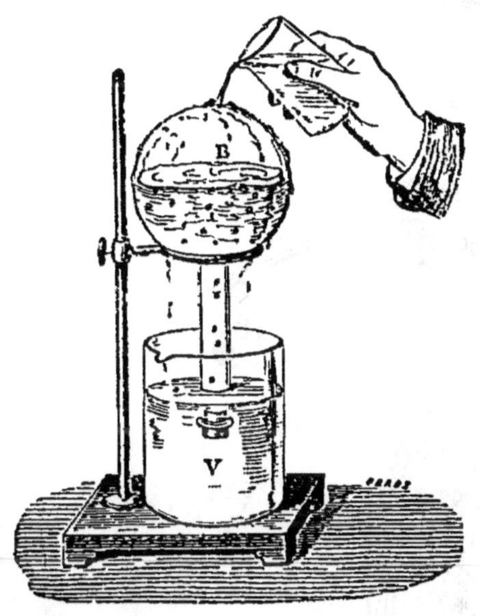


Fig 94. — Ébullition de l'eau dans le vide.

Il sera facile de faire recommencer l'ébullition à plusieurs reprises, jusqu'à ce que l'eau du ballon soit devenue tout à fait froide.

**145. Ébullition sous forte pression.**— La température d'ébullition s'élève à mesure que la pression exercée sur le liquide augmente. Ainsi, sous la pression de 15 atmosphères, l'eau bouillira seulement à 199°.

Si l'on veut faire bouillir de l'eau en vase clos, la vapeur produite, ne pouvant pas s'échapper, restera au-dessus du liquide, augmentera la pression et empêchera l'ébullition. Un liquide ne peut donc pas bouillir en vase clos, et il peut atteindre dans ces conditions une température bien supérieure à sa température d'ébullition dans l'air. On le prouve avec la marmite de Papin.

Un vase métallique A (*fig.* 95), très résistant, peut être hermétiquement clos par un couvercle métallique B, que l'on y applique solidement par l'intermédiaire d'une vis C. Une petite ouverture est percée dans ce couvercle ; on la bouche en y appuyant une tige métallique L fortement maintenue par un poids *p* : c'est la soupape de sûreté.

L'appareil contenant de l'eau, on le chauffe ; mais l'ébullition ne se produit pas : la température peut s'élever à 120, 130, 200°. A ce moment la pression intérieure est de plus de 15 atmosphères, plus de

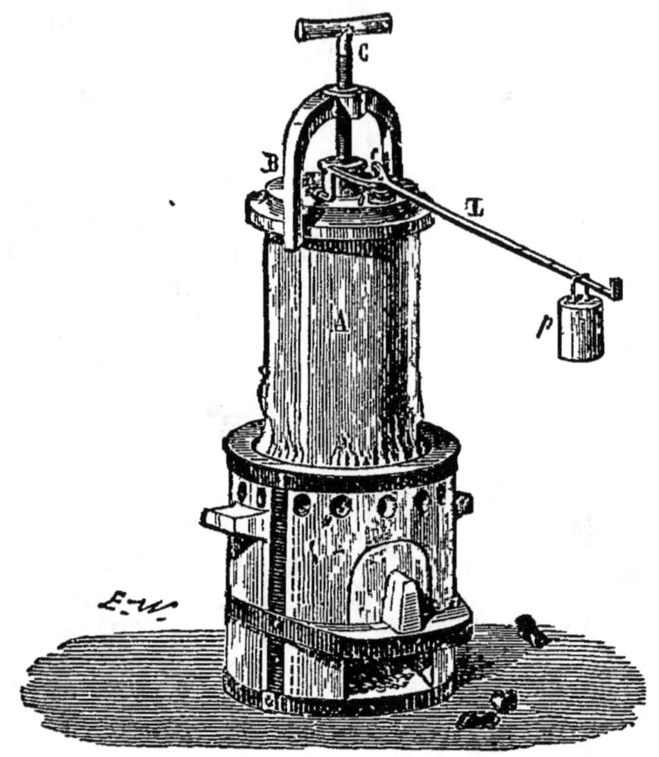


Fig. 95. — Marmite de Papin.

15 × 1gr,033 ou 15 kilog. $\frac{1}{2}$ par centimètre carré. Il est prudent de cesser de chauffer : car l'appareil ne tarderait pas à éclater sous l'effort de cette énorme pression.

Si l'on ouvre à ce moment la soupape, un jet de vapeur s'élève par l'ouverture, la pression diminue rapidement, l'ébullition commence, *et la température s'abaisse progressivement jusqu'à* 100°, quelle que soit l'ardeur du foyer.

Il n'y a là rien qui doive nous surprendre : nous concevons très bien, en effet, que la vaporisation puisse être assez rapide pour consommer non seulement la chaleur venant du foyer, mais encore de la chaleur empruntée à l'eau elle-même.

Puis, lorsque la pression dans la marmite n'est plus que de 76 centimètres, la température demeure stationnaire à 100°, et la vaporisation ralentie ne consomme plus que la chaleur que lui fournit le foyer.

On emploie souvent, dans l'industrie, l'ébullition sous pression pour obtenir des températures supérieures à 100°. La première idée de cet emploi est due à Papin. L'invention de sa *marmite autoclave* ou *digesteur* suffirait pour le mettre au nombre des bienfaiteurs de l'humanité Avec cet appareil, il a appris, le premier, à faire du bouillon à peu de frais avec des déchets de boucherie; il a fait connaître les propriétés de la gélatine, et donné la première idée des tablettes dont on se sert dans les hospices et à bord des navires.

**146. Circonstances qui font varier la température d'ébullition.** — Diverses circonstances font encore varier la température d'ébullition d'un liquide.

La plus importante est la présence de l'air en dissolution dans le liquide. Quand un liquide ne contient pas de gaz en dissolution, son ébullition est rendue fort difficile: elle ne se produit qu'à une température bien supérieure à celle qui est indiquée par les lois précédentes. Elle commence alors en quelque sorte par une explosion; puis la température s'abaisse au point normal, et l'ébullition continue, mais sans régularité. Nous ne pouvons pas insister davantage sur ce fait.

La nature du vase a aussi son importance. Dans un vase bien poli l'ébullition sera moins facile que dans un vase rugueux intérieurement. Les aspérités facilitent la formation et le départ des bulles de vapeur.

Enfin, lorsque le liquide n'est pas pur, sa température d'ébullition est changée. L'eau salée bout à une température plus élevée que l'eau pure.

## *Résumé.*

L'ébullition obéit aux trois lois suivantes : 1° un liquide commence toujours à bouillir à la même température, pourvu qu'il soit placé dans une atmosphère dont la pression est toujours la même ; 2° la température d'un liquide qui bout demeure invariable pendant toute la durée de l'ébullition, pourvu que la pression extérieure demeure elle-même invariable ; 3° la température d'ébullition d'un liquide sous une pression déterminée est celle à laquelle sa tension maxima de vapeur atteint la valeur de cette pression.

On nomme *chaleur de volatilisation* d'un liquide la quantité de chaleur nécessaire pour transformer un kilogramme du liquide, pris à sa température d'ébullition, en un kilogramme de vapeur pris à la même température.

On peut, en faisant le vide au-dessus d'un liquide, en abaisser la température d'ébullition. On peut, au contraire, élever cette température en augmentant la pression.

## IV. — ÉVAPORATION.

**147. Évaporation.** — Les liquides peuvent aussi se volatiliser par *évaporation*. Dans ce cas, c'est à la surface du liquide, et non au fond, que se forme la vapeur. L'évaporation se fait doucement, lentement, sans agitation du liquide, sans qu'on voie les bulles de vapeur. Un plat plein d'eau est abandonné à l'air ; au bout de quelques jours il est vide : l'eau s'est évaporée.

L'évaporation d'un liquide ne se produit pas, comme l'ébullition, à une température fixe ; elle a lieu à toutes les températures où ce liquide a une tension de vapeur sensible, et ne s'arrête que lorsque l'espace ambiant est saturé de vapeur. Elle est donc favorisée par toutes les causes qui tendent à augmenter la tension des vapeurs émises par le liquide, ou qui s'opposent à la saturation de l'espace ambiant. Ainsi :

1° L'élévation de la température du liquide, augmentant la tension des vapeurs que le liquide peut émettre, favorise l'évaporation.

2° L'élévation de la température de l'atmosphère ambiante, augmentant la proportion de vapeur que cette atmosphère peut dissoudre sans être saturée, active aussi l'évaporation. Quand on met de l'eau tiède en contact avec une atmosphère froide, elle *fume* : c'est que les vapeurs abondantes qui se dégagent du liquide se condensent en arrivant dans l'air froid ; telle est l'origine des brouillards qu'on voit souvent se former le soir au-dessus des rivières.

3° L'évaporation est aussi d'autant plus rapide que l'atmosphère qui surmonte le liquide est plus éloignée de son point de saturation. Ainsi, dans l'air sec, l'évaporation est beaucoup plus active que dans l'air humide. Si le liquide est en vase clos, l'évaporation cesse quand l'espace est saturé de vapeur. Si l'évaporation a lieu à l'air libre, l'atmosphère n'arrive pas à la saturation, et la volatilisation ne s'arrête pas.

4° L'agitation de l'air, le vent, qui enlèvent à chaque instant l'air humide qui est au-dessus de l'eau pour le remplacer par de l'air plus sec, favorisent l'évaporation de l'eau. Les mêmes causes favorisent également, et à plus forte raison, l'évaporation des autres liquides.

5° Enfin, l'évaporation est d'autant plus rapide qu'elle a lieu sur une surface plus étendue, et que la couche de liquide est moins épaisse.

L'expérience de tous les jours avait depuis longtemps démontré ces principes : un linge sèche plus vite quand il fait chaud que quand il fait froid, par le vent que par un temps calme. Quand un grand vent succède à la pluie, les routes sont bientôt séchées. Les salines de la Méditerranée donnent plus de sel que les salines de l'Océan, parce qu'elles sont plus échauffées par le soleil. On obtient l'évaporation rapide des liquides dans l'industrie et dans les laboratoires en les chauffant légèrement dans un courant d'air chaud et sec.

**148. Froid produit par l'évaporation.** — Pour transformer un liquide en vapeur par ébullition, il faut lui fournir une grande quantité de chaleur. L'évaporation en absorbe tout autant.

Quand un liquide s'évapore doucement, cette chaleur lui est fournie à chaque instant par l'air qui l'entoure. Mais si l'on active l'évaporation en diminuant la pression, ou en faisant passer sur le liquide un courant d'air sec, ou encore en augmentant l'étendue de la surface sur laquelle elle se produit, dans tous ces cas, la chaleur de l'air ne suffit plus, et l'évaporation détermine le refroidissement du liquide et de tous les corps qui l'environnent.

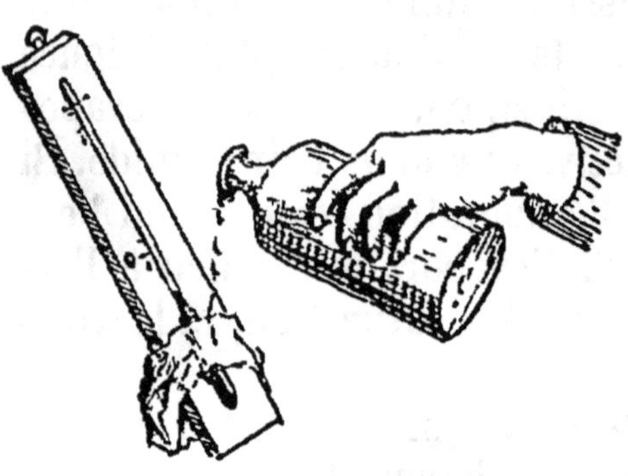

Fig. 96. — L'évaporation de l'éther produit du froid.

Entourons la boule d'un thermomètre avec de la ouate, et arrosons-la d'éther : par suite de l'évaporation, la température s'abaissera à 10° au-dessous de zéro. En l'arrosant d'eau, nous aurions aussi un abaissement de température, mais bien moindre, parceque l'évaporation de l'eau est moins rapide que celle de l'éther.

**149. Explication de divers phénomènes.** — Ce qui précède nous explique la raison de la pratique très répandue de se mouiller, en été, les mains et le visage pour les rafraîchir, et d'arroser les appartements pour les maintenir à une température moins élevée que la température extérieure.

Fig. 97. — Alcarazas.

Dans les caves de Roquefort, taillées dans un roc poreux et humide, des ouvertures pratiquées aux deux extrémités des galeries font naître un très rapide courant d'air. L'évaporation de l'eau qui mouille le rocher est alors assez active pour produire, relativement à l'atmosphère extérieure, un refroidissement de plus de 10°.

Qu'on enferme de l'eau dans des vases poreux, à travers les parois desquels elle puisse lentement suinter : cette eau s'évaporera constamment à la surface des vases, rafraîchissant rapidement celle qui reste à l'intérieur. Ces vases sont fort employés en Espagne sous le nom d'*alcarazas* (*fig.* 97).

A défaut d'alcarazas, il suffit d'entourer une carafe avec une serviette mouillée, et de la placer dans un courant d'air, pour avoir un notable abaissement de température. L'eau des sources et des puits est, du reste, généralement plus fraîche que celle qu'on peut obtenir par ce procédé.

L'évaporation de l'eau à la surface de la mer est une des causes qui empêchent la température de s'élever autant sur la mer que sur les continents.

De même, l'évaporation qui se produit constamment sur les feuilles des plantes les garantit contre l'ardeur, souvent si vive, des rayons du soleil ; jointe au rayonnement nocturne, elle amène le refroidissement rapide des feuilles après le coucher du soleil, et facilite ainsi le dépôt de la rosée.

La sueur dont notre corps se couvre pendant l'été nous rafraîchit en s'évaporant. Sans la sueur, la température de notre corps s'élèverait progressivement, ce qui ne tarderait pas à déterminer la mort.

L'action combinée des vêtements et de l'évaporation de la sueur est telle que nous pouvons supporter pendant quelques instants non seulement les températures les plus extrêmes de l'atmosphère, mais des températures artificielles de 120°, 130°, de beaucoup supérieures à celle de l'eau bouillante.

Pour n'en citer qu'un exemple, en 1874, neuf observateurs pénétrèrent dans une chambre chauffée à 128°, et y demeurèrent huit minutes. Dans cette chambre on avait placé, à côté des observateurs, des œufs, qui ne tardèrent pas à durcir, un bifteck, qui fut rapidement cuit, de l'eau, qui entra presque immédiatement en ébullition.

En se mouillant le doigt avec de l'eau, on peut l'enfoncer sans danger dans du plomb fondu : la vapeur qui se forme empêche le plomb de toucher le doigt et de le brûler. Il est clair que l'expérience ne doit pas être prolongée trop longtemps.

**150. Applications du froid produit par l'évaporation.** — Le froid produit par l'évaporation de l'eau et de divers liquides plus volatils est fréquemment employé dans l'industrie.

Quand on ne veut pas laisser perdre l'eau de condensation des machines à vapeur, on la refroidit en la faisant passer sur des tas de fagots : la surface d'évaporation étant considérable, le refroidissement est rapide.

Dans certaines salles de réunion, la ventilation se produit au moyen de l'air qui se rafraîchit en passant dans des tubes constamment mouillés.

La température très basse que donne l'évaporation de l'*éther*, de l'*ammoniaque liquide*, de l'*éther méthylique*, du *chlorure de méthyle*, est utilisée industriellement pour refroidir les moûts de bière, le lait qui doit voyager, les huiles dont on veut précipiter la paraffine, la viande d'Amérique qu'on veut transporter en Europe.

Enfin on utilise le froid produit par l'évaporation de divers liquides pour la fabrication artificielle de la glace dans les ménages et dans l'industrie (§ 144).

**151. Caléfaction.** — Le phénomène suivant, qui se rattache à l'étude de l'évaporation, semble présenter une exception aux lois de l'ébullition.

Chauffons au rouge vif une plaque de fer ou de cuivre, et versons quelques gouttes d'eau à la surface de cette plaque.

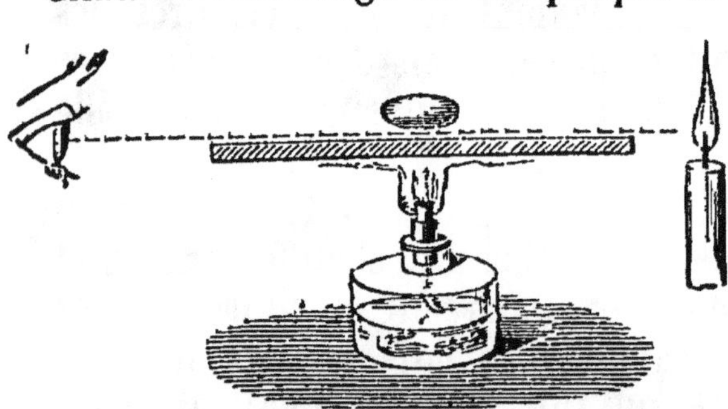

Fig. 98. — Une goutte d'eau en caléfaction ne touche pas la plaque métallique au-dessus de laquelle elle se trouve.

Nous devrions nous attendre à une ébullition extrêmement rapide ; il n'en est rien. L'eau se rassemble en une seule masse (*fig.* 98), présentant la forme d'une lentille plus ou moins grosse, et elle tourbillonne à la surface de la plaque rougie, en s'évaporant.

Quand on examine le phénomène de plus près, on voit que la lentille liquide ne touche pas le métal. En regardant horizontalement, on peut voir la flamme d'une bougie à travers l'espace laissé entre ces deux corps.

Ce phénomène est connu sous le nom de *caléfaction.* Quelque extraordinaire qu'il paraisse, il s'explique aisément.

Au moment où le liquide tombe sur la plaque rouge, il y a une abondante production de vapeur. Cette vapeur, qui se dégage au-dessous du liquide, le soulève et le maintient à une certaine hauteur, comme fait le souffle d'un enfant pour un grain de groseille placé sur un tuyau de paille.

Le liquide alors est loin du feu : il ne reçoit de chaleur que par rayonnement à distance. Cela suffit pour entretenir la production de vapeur qui le soutient par-dessous; mais cela ne suffit pas pour le faire bouillir. Un très petit thermomètre plongé dans la goutte d'eau en caléfaction marque toujours une température inférieure à 100°.

Mais qu'on éteigne la lampe : la plaque cesse d'être rouge, l'évaporation diminue, la lentille n'est plus assez soutenue, elle tombe. Et, comme la température est encore supérieure à 100°, il se produit une ébullition très rapide.

Au lieu d'une plaque, prenons un ballon de cuivre; après l'avoir chauffé, versons-y un peu d'eau, fermons le avec un bouchon et éteignons la lampe. La caléfaction cesse bientôt, l'ébullition se produit, la pression de la vapeur augmente, et le bouchon est projeté au loin.

Tous les liquides volatils peuvent entrer en caléfaction, et toujours, dans cet état, la température de la lentille liquide est inférieure à la température normale d'ébullition.

**152. Chaleur de vaporisation de l'eau. Son importance dans la nature.** — Nous savons que la *chaleur de vaporisation* d'un liquide est *le nombre de calories nécessaires pour vaporiser un kilogramme de ce liquide, sans élévation de température.*

L'expérience a montré que la chaleur de vaporisation de l'eau est considérable : elle est exactement égale à 537 calories.

Cette grande chaleur de vaporisation joue le rôle le plus important dans la répartition de la chaleur du soleil à la surface de la terre.

La vapeur qui se forme en abondance à la surface de l'Océan, surtout dans les régions tropicales, absorbe une grande partie de la chaleur du soleil et s'oppose ainsi à l'élévation de la température. Emportée par les vents alizés, cette vapeur va se condenser dans les pays les plus proches des pôles et, par cette condensation, régénérer la chaleur consommée.

La pluie réchauffe la terre : elle transporte vers les pôles la chaleur de l'équateur. Nous verrons aussi comment la formation de la rosée s'oppose au refroidissement que cause le rayonnement nocturne.

## *Résumé.*

L'*évaporation* a lieu à toutes les températures; elle est d'autant plus rapide que la température est plus élevée. La sécheresse de l'air, son agitation, favorisent l'évaporation; l'évaporation est aussi d'autant plus rapide que la surface libre du liquide est plus étendue.

Tout liquide qui s'évapore produit un abaissement de température.

Le refroidissement qui résulte de l'évaporation permet d'expliquer un grand nombre de phénomènes; il a aussi reçu plusieurs applications importantes.

## V. — CONDENSATION.

**153. Condensation d'une vapeur.** — Lorsque l'on comprime la vapeur produite par l'ébullition ou l'évaporation d'un liquide, elle finit par atteindre la tension maxima qui correspond à la température de l'expérience, puis elle se condense.

On arrive au même résultat avec un abaissement de empérature. Au moment de la condensation, la chaleur ui avait été employée au travail de la vaporisation est égénérée; la condensation d'une vapeur est toujours ccompagnée d'un dégagement de chaleur.

La condensation d'un kilogramme de vapeur d'eau eproduit toute la chaleur qui avait été employée à sa ormation.

Faites bouillir de l'eau dans un ballon de verre, et, au noyen d'un tube à dégagement, conduisez la vapeur dans un vase plein d'eau froide (*fig.* 99) : un thermomètre vous montrera la très rapide élévation de la température.

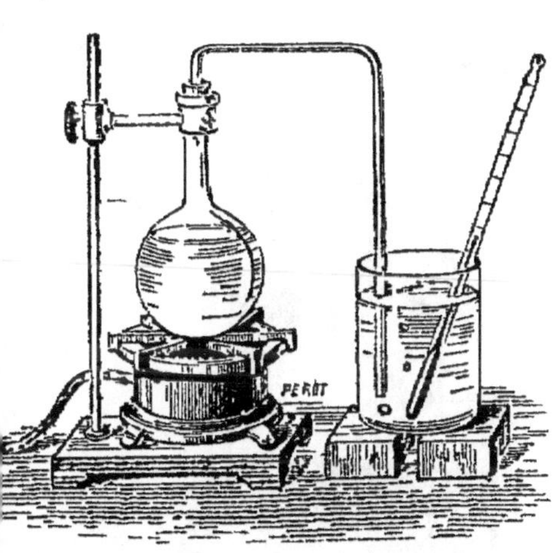

Fig. 99. — La condensation d'une vapeur produit beaucoup de chaleur.

La production de chaleur par condensation de vapeur est souvent employée dans l'industrie. On chauffe les liquides en y injectant un courant de vapeur : ce procédé a l'avantage, souvent précieux, d'agiter vivement le liquide n l'échauffant.

Sur la chaleur de condensation est fondé le procédé xtrêmement rapide qu'emploient les compagnies de chenin de fer pour chauffer les bouillottes des wagons. Ces ouillottes, presque pleines d'eau, sont placées verticalenent dans un chariot, au nombre de cinquante. On ousse le chariot près d'une chaudière à vapeur ; cinquante uyaux, qui s'enfoncent dans les bouillottes, y envoient n courant de vapeur et élèvent en quelques minutes la empérature jusqu'à 100°.

**154. Distillation.** — Quand un liquide est impur, qu'il ontient des solides en dissolution, comme cela arrive pour toutes les eaux qui sont à la surface du globe, on peut le purifier en le faisant bouillir. Le liquide pur sort seul du vase, laissant là les matières étrangères. En condensant alors la vapeur par refroidissement, on a le liquide pur, qu'on nomme *distillé*.

La distillation se fait le plus souvent dans un appareil nommé *alambic* (*fig.* 100). Le vase C dans lequel on met

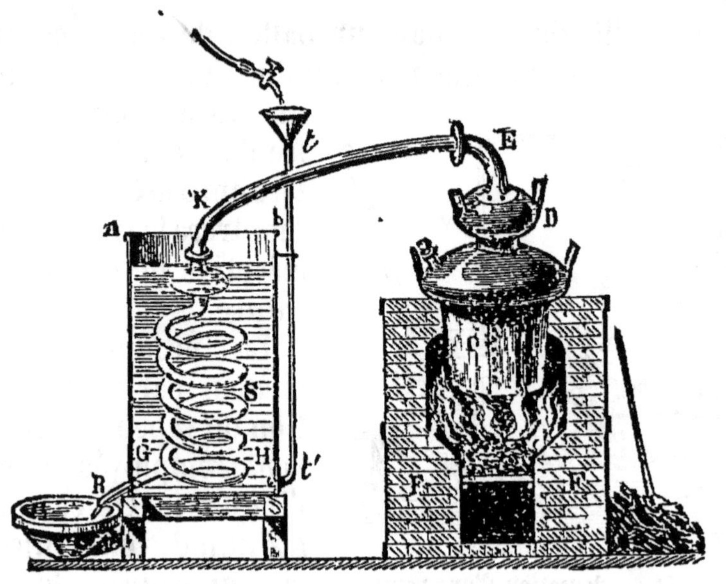


Fig. 100. — Alambic de distillation.

le liquide est la *cucurbite* ou *chaudière;* son couvercle D se nomme *chapiteau*. Le tuyau EKS par lequel s'échappe la vapeur est appelé *serpentin*, à cause de sa forme, ou encore *réfrigérant*, parce que c'est là que la vapeur sera refroidie et condensée au moyen de l'eau froide, sans cesse renouvelée dans le vase ABHG. Le liquide distillé est recueilli à l'extrémité inférieure R du réfrigérant.

L'eau du vase ABHG s'échauffe très rapidement, par suite de la chaleur dégagée dans la condensation : de là la nécessité de la maintenir constamment courante.

On prépare, avec l'alambic, l'eau distillée, qui est en usage dans les laboratoires et dans certaines opérations industrielles.

On l'utilise encore plus souvent pour séparer les uns des autres les liquides qui étaient mélangés. Mettons dans l'alambic un mélange d'eau, qui bout à 100°, et d'alcool, qui bout à 79°, et chauffons doucement. La température s'élève jusqu'à 79°, et alors l'alcool passe à la distillation, entraînant seulement un peu d'eau, puis, quand tout l'alcool est parti, la température s'élève à 100°, et l'eau passe à son tour.

Ce procédé, dit par *distillation fractionnée*, sert à extraire l'alcool du vin et du jus fermenté de la betterave : nous le rencontrerons plusieurs fois dans l'étude de la chimie organique.

## *Résumé.*

La vapeur se *condense* quand on la refroidit ou qu'on la comprime. La condensation produit une grande quantité de chaleur, qui est utilisée en plusieurs circonstances.

La *distillation*, qui se fait dans un appareil nommé *alambic*, est constituée par une ébullition suivie d'une condensation. On distille un liquide pour le séparer des impuretés qu'il renferme. La *distillation fractionnée* a pour but de séparer les uns des autres divers liquides qui étaient mélangés, en s'appuyant sur les différences que présentent leurs températures d'ébullition.

# CHAPITRE V

## PRINCIPALES APPLICATIONS DE LA CHALEUR.

### I. — CHAUFFAGE DES LIEUX HABITÉS.

**155. Divers procédés de chauffage.** — Les anciens peuples n'avaient, pour chauffer leurs demeures, que des appareils très imparfaits. Les Grecs et les Romains ne connaissaient pas les cheminées.

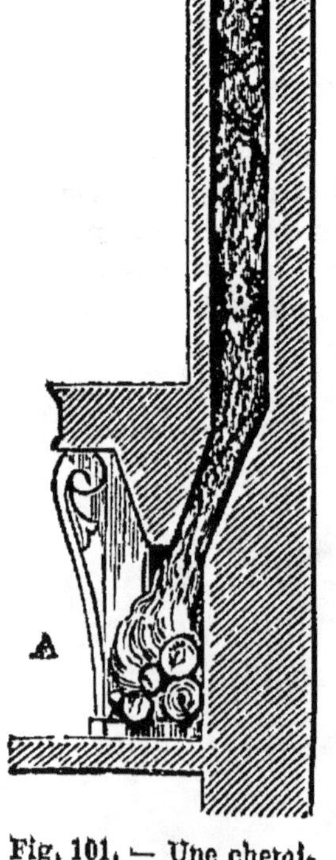


Fig. 101. — Une cheminée : A, foyer ; B, tuyau de tirage ; C, échappement dans l'air.

Actuellement, tout appareil de chauffage se compose, quel que soit son objet : 1° *du foyer*, dans lequel est brûlé le combustible ; 2° *du lieu où la chaleur produite est utilisée ;* 3° *de la cheminée*, long canal vertical destiné à rejeter à l'extérieur les gaz résultant de la combustion, et à appeler dans le foyer l'air nécessaire à l'entretien de cette combustion.

Nous avons indiqué (§ 110) comment se fait le *tirage* de la cheminée ; nous n'y reviendrons pas.

**156. Les cheminées.** — Les appareils connus sous le nom de *cheminées* sont encore les plus employés en France pour le chauffage des appartements.

La figure 101 nous dispense d'en donner la description.

Les cheminées chauffent mal, car la plus grande partie de la chaleur s'en va par le tuyau de tirage. Mais ce sont d'excellents appareils de ventilation ; l'air de l'appartement s'en va constamment par le tuyau, et est remplacé par l'air froid de l'extérieur, qui entre par les fissures des portes et des fenêtres.

Des perfectionnements simples, malheureusement trop peu mis en pratique, permettent à la cheminée de chauffer mieux, sans ventiler moins bien pour cela.

**157. Les poêles.** — Dans les poêles, le tirage se fait exactement comme dans les cheminées.

L'air qui se trouve dans l'appareil s'échauffe au contact du feu et s'élève dans le tuyau en même temps que les produits de la combustion. Il est remplacé par l'air de l'appartement, qui entre par la porte du poêle, pendant que l'air froid du dehors vient le remplacer, en passant par les fissures des portes et des fenêtres.

Seulement, comme la porte du poêle est petite, la quantité d'air qui s'en va par cette voie est très faible ; elle est tout juste suffisante pour entretenir la combustion : aussi la ventilation est-elle beaucoup moins active que dans le chauffage par les cheminées.

Par contre, la température s'élève bien plus rapidement. L'air de l'appartement s'échauffe directement par son contact avec les parois du poêle et du tuyau, portées

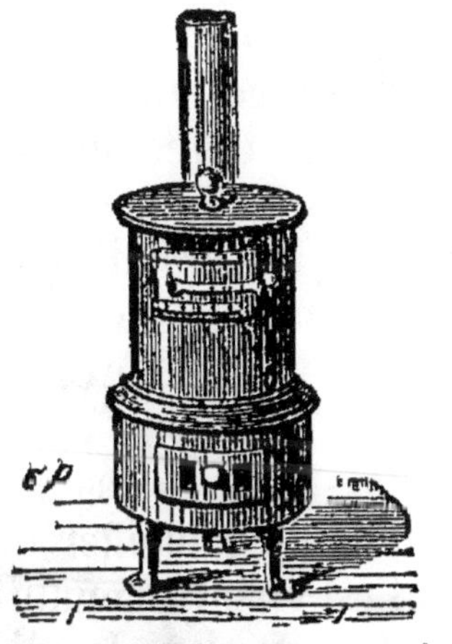

Fig. 102. — Poêle en fonte.

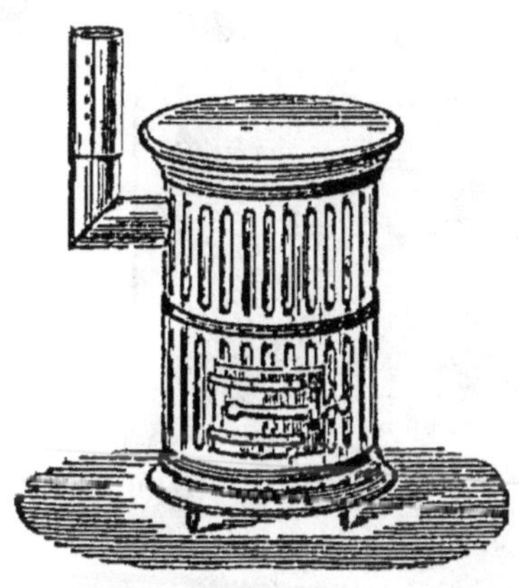

Fig. 103. — Poêle en faïence.

à une température élevée ; et il reste dans l'appartement cinq ou six fois plus de chaleur que dans le chauffage par les cheminées.

Les poêles en fonte (*fig.* 102) chauffent plus rapidement ; les poêles en faïence (*fig.* 103) maintiennent la chaleur pendant plus longtemps.

Dans les pays du Nord, en Russie, en Suède, en Norvège, le chauffage se fait exclusivement par des poêles, qui sont presque toujours en briques recouvertes de faïence, et dont les dimensions sont considérables.

Depuis un certain nombre d'années, on construit des *poêles calorifères*, qui sont formés d'un foyer à parois métalliques, entouré d'une seconde enveloppe placée à une faible distance. L'air extérieur arrive par un tuyau situé sous le plancher, s'échauffe entre deux des parois métalliques, et s'échappe dans l'appartement par des bouches de chaleur pratiquées en haut du poêle. Quand les poêles calorifères sont bien construits, ils donnent un rendement calorifique plus grand encore que les poêles ordinaires, en même temps qu'une ventilation à peu près suffisante.

Quant aux *poêles mobiles*, dont l'usage se répand de plus en plus, ils doivent être proscrits d'une façon absolue, à cause des dangers qu'ils présentent.

**158. Les calorifères.** — Les calorifères sont destinés à chauffer, au moyen d'un seul foyer, un certain nombre de pièces d'une même maison. Ils sont plutôt employés dans les grands établissements publics que dans les maisons particulières.

Fig. 104. — Calorifère à air chaud.

Dans les *calorifères à air chaud* (*fig.* 104), la chaleur est employée à échauffer de l'air, qui est ensuite conduit par des tuyaux dans les divers appartements ; là il s'échappe par des ouvertures convenablement disposées.

Les *calorifères à eau chaude* (*fig.* 105) donnent une

11.

température généralement peu élevée, mais bien uniforme et bien régulière. Le foyer chauffe une vaste chaudière, qui communique avec des réservoirs situés dans toutes les pièces; le tout est entièrement rempli d'eau. Dès qu'on allume le foyer, il s'établit une circulation dans l'appareil : l'eau la plus chaude monte constamment, tandis que la froide descend pour venir s'échauffer à son tour. Grâce à cette convection, la masse entière arrive peu à peu à la température d'ébullition, et s'y maintient aussi longtemps qu'on entretient le feu.

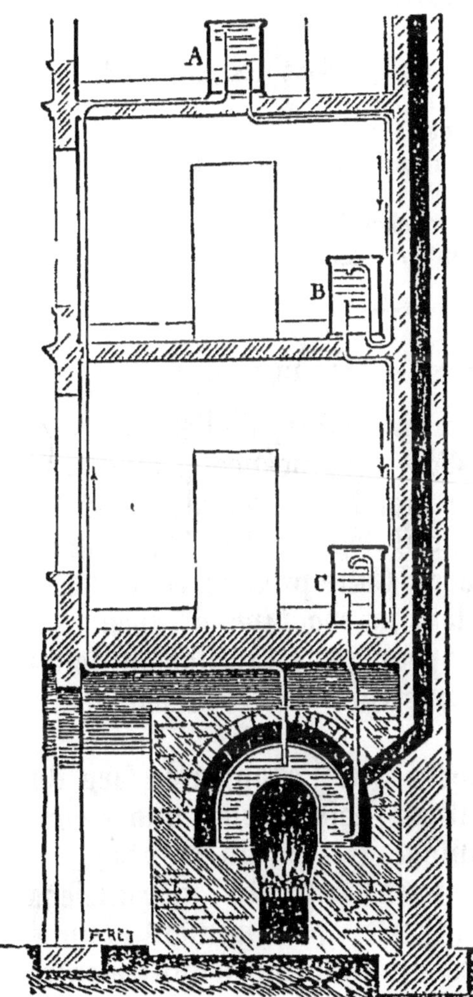

Fig. 105. — Calorifère à eau chaude.

Enfin, dans les *calorifères à vapeur*, le foyer fait bouillir l'eau d'une chaudière et envoie la vapeur dans des tuyaux qui traversent toutes les pièces à chauffer : la condensation, partout où elle se produit, développe une grande quantité de chaleur, qui élève rapidement la température. L'eau qui résulte de cette condensation revient à la chaudière, pour y être volatilisée de nouveau.

Les calorifères chauffent bien; mais certains d'entre

eux ne ventilent pas du tout, et exigent par suite l'adjonction d'un ventilateur spécial.

### *Résumé.*

Les principaux appareils de chauffage sont les *cheminées*, les *poêles* et les *calorifères*.

Les cheminées ventilent bien et chauffent mal.

Les poêles chauffent bien et ventilent mal ; il en est de même des calorifères.

Mais il existe des systèmes de cheminées et des systèmes de poêles qui ventilent bien et chauffent bien.

## II. — MACHINES A VAPEUR.

**159. Historique.** — Quand on chauffe de l'eau en vase clos, sa température peut s'élever de beaucoup au-dessus de 100°, et la vapeur qui se produit exerce alors sur les parois du vase une pression qui dépasse 10, 15, 20 kilogrammes par centimètre carré. Cette pression est utilisée, pour produire du travail, dans les *machines à vapeur*.

La première machine à vapeur qui ait réellement fonctionné a été imaginée et construite en 1690 par Denis Papin.

Cette admirable découverte allait changer la face du monde : aussi toutes les nations doivent-elles une reconnaissance éternelle à son auteur, qui est un Français.

Successivement perfectionnée par des mécaniciens anglais, Savery, Newcomen, Cowley, par un enfant nommé Henry Potter, elle devait prendre sa forme définitive entre les mains de James Watt (1736-1819), un des plus grands hommes dont puisse s'enorgueillir l'Angleterre.

Nous nous contenterons ici de décrire sommairement la machine à vapeur actuelle, et d'en faire comprendre le fonctionnement.

**160. Principe de la machine à vapeur.** — Un vase A (*fig.* 106), à moitié plein d'eau, produit de la vapeur, qui se rend dans une boîte B, fermée par deux robinets P et N. A côté de la boite B se trouve un cylindre CD, séparé en deux compartiments par un piston, qui peut monter ou descendre dans l'intérieur du cylindre.

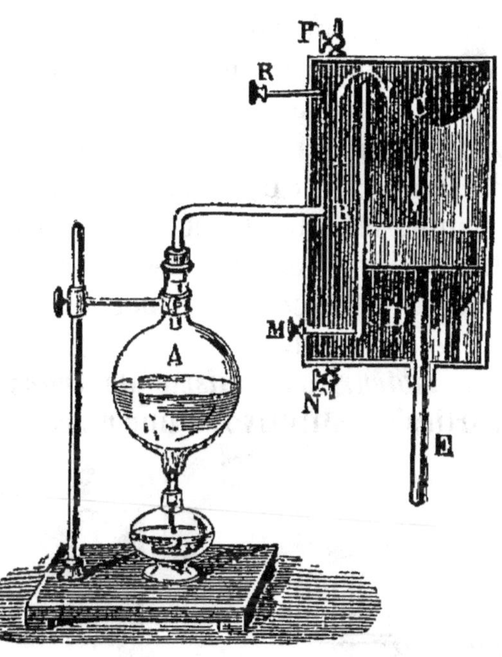


Fig. 106. — Machine à vapeur théorique. — La force expansive de la vapeur fait alternativement monter et descendre le piston.

Chacun des compartiments du cylindre peut être mis en communication avec la boite B, au moyen des registres R et M, ou avec l'extérieur, au moyen des robinets P et N.

Supposons d'abord les registres et les robinets fermés : la vapeur, renfermée dans un vase clos, va acquérir une grande pression. Ouvrons R : elle se précipite avec force, remplit la partie supérieure C du cylindre, exerce une poussée considérable sur le piston, qui est mobile, et le repousse.

Pour que l'air qui se trouve en D ne s'oppose pas à la descente par sa force élastique, ouvrons le robinet N : l'air refoulé sort par là, et le piston s'abaisse.

Si la pression de la vapeur surpasse la pression atmosphérique de 5 kilogrammes par centimètre carré, et que le piston ait 500 centimètres carrés de surface, il pourra, en s'abaissant, vaincre une résistance de 5 × 500 ou 2 500 kilogrammes. Ceci montre que la force d'une machine à vapeur est proportionnelle à la pression de la vapeur et à la surface du piston.

Le piston est maintenant en bas de sa course. Fermons R et N, ouvrons M et P : la vapeur va passer au-dessous du piston et le soulever avec une force de 2 500 kilogrammes, pendant que la vapeur, qui était en C, se perdra dans l'air par le robinet P.

En recommençant la manœuvre aussi souvent qu'on le voudra, on fera alternativement monter et descendre le piston, pourvu que le vase A fournisse toujours assez de vapeur pour que la pression ne s'abaisse pas.

Le vase A, où se produit la vapeur, est la *chaudière;* la boîte B, qui distribue la vapeur, et le cylindre constituent le *mécanisme moteur;* enfin, les pièces métalliques qui font communiquer la tige E du piston avec les appareils dans lesquels sera employée la force de la machine, se nomment *mécanisme de transmission*.

*Chaudière*, *mécanisme moteur*, *mécanisme de transmission*, sont les trois parties constitutives d'une machine à vapeur.

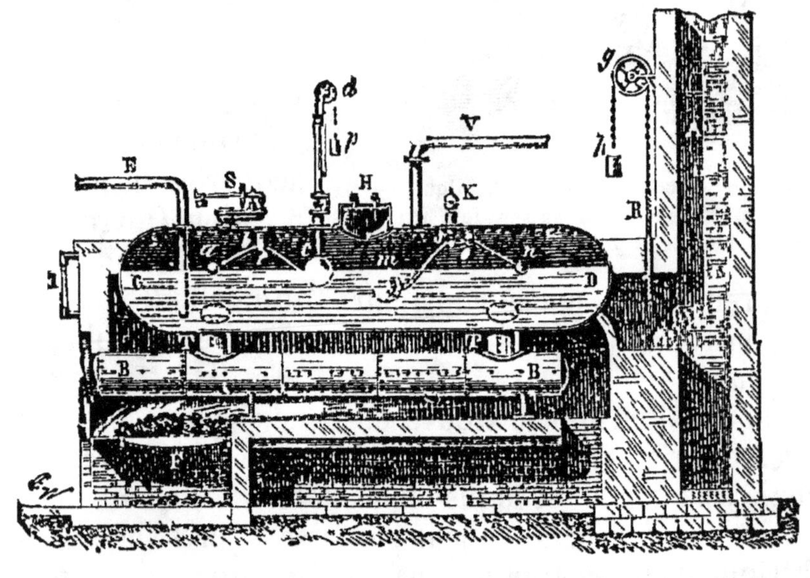


Fig. 107. — *Chaudière.* — La chaudière porte divers organes accessoires destinés à en régulariser le fonctionnement. F, foyer; A, cheminée; R, registre; CD, chaudière; BB, bouilleurs; E, tuyau alimentant d'eau la chaudière; I, tube indicateur; *abc*, flotteur indicateur; *mon*, flotteur d'alarme; S, soupape de sûreté; V, tuyau conduisant la vapeur au mécanisme moteur; H, trou d'homme, pour nettoyer la chaudière.

**161. La disposition des machines à vapeur est très variable.** — Nous avons voulu seulement indiquer quel est le principe de la machine à vapeur ; mais nous ne pouvons entrer dans aucun détail relativement à la disposition des différents organes qui la constituent.

Les figures ci-jointes (*fig*. 107, 108 et 109) suffiront à montrer l'aspect que présente cette machine.

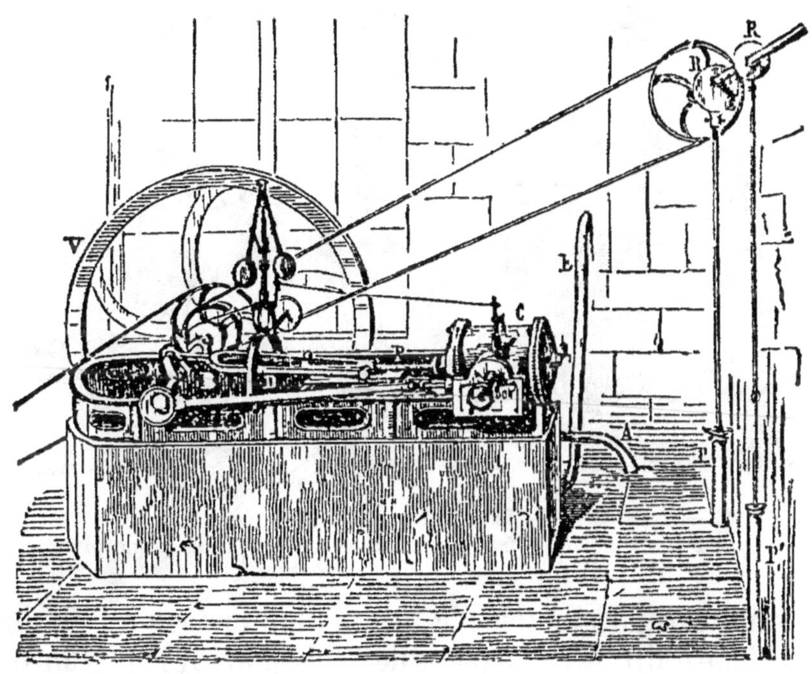


Fig. 108. — *Mécanisme moteur et mécanisme de transmission.* — Le mécanisme moteur est disposé de manière à fonctionner seul, sans qu'on ait aucun robinet à ouvrir ou à fermer. A, conduit de la vapeur au cylindre ; C, cylindre ; P, piston ; B, bielle ; M, manivelle ; V, volant, P, pompe alimentaire de la chaudière ; P', pompe aspirante du réservoir à eau froide ; RR', axe mettant en mouvement les pompes ; E, conduite de la vapeur au réservoir et au dehors

Dans toutes les machines à vapeur les parties essentielles n'ont pas la même disposition.

Souvent la chaudière est tout à fait séparée du mécanisme moteur ; d'autres fois le mécanisme moteur est fixé sur la chaudière elle-même.

Les robinets destinés à diriger la vapeur tantôt au-dessus, tantôt au-dessous du piston, n'existent pas en réalité ; ils sont remplacés par des organes que la machine elle-même met en mouvement, de telle sorte que la distribution de la vapeur se fait d'elle-même, sans l'intervention du mécanicien.

Dans la *locomotive*, la plus importante de toutes les machines à vapeur, la chaudière est constituée par un

Fig 109. — *Locomotive.* — Dans la locomotive, le mécanisme moteur est porté sur la chaudière. Il fait tourner les roues et avancer la machine.

grand cylindre de tôle; le mécanisme moteur est double, et situé à droite et à gauche de la chaudière; le mécanisme de transmission est organisé de manière à faire tourner les roues.

Toute machine à vapeur est complétée par un grand nombre d'organes accessoires, destinés à en rendre le fonctionnement moins dangereux et plus régulier. Ce sont ces organes accessoires qui rendent la machine si complexe en apparence.

**162. Puissance de la machine à vapeur.** — La quantité de travail que peut effectuer une machine à vapeur est, avons-nous dit, proportionnelle à la surface du piston, et à la pression de la vapeur.

Elle est aussi, évidemment, proportionnelle à la longueur du cylindre et au nombre des coups de piston qu'elle donne en une minute; en somme, la puissance de la machine est proportionnelle à la quantité de vapeur qu'elle emploie, puisqu'il faudra un poids de vapeur d'autant plus grand que la pression sera plus forte, le cylindre plus grand, et les coups de piston plus rapides.

Une machine est appelée à *basse pression*, à *moyenne pression*, ou à *haute pression*, suivant la pression de la vapeur qu'elle emploie. Cette pression n'est jamais inférieure à 1kilog.,5 par centimètre carré, ni supérieure à 10 kilogrammes.

Quand Watt voulut remplacer dans son usine les chevaux par les machines à vapeur, il fit des expériences de comparaison entre la force des uns et celle des autres. Il vit qu'une machine capable de soulever en une seconde un poids de 75 kilogrammes à un mètre de hauteur, faisait autant de besogne qu'un cheval. Il désigna la force d'une semblable machine par le nom de *cheval-vapeur*.

On a conservé cette dénomination : une machine de 1 000 *chevaux-vapeur* est une machine capable d'élever en une seconde, à un mètre de hauteur, un poids de $75 \times 1\,000$ ou 75 000 kilogrammes.

Mais, en réalité, une semblable machine peut produire autant de travail que 3 000 chevaux, car elle peut fonctionner vingt-quatre heures par jour, tandis qu'un cheval ne travaille que huit heures.

On a construit, pour les usages de la navigation, des machines ayant une force de 4 000 chevaux-vapeur et plus. Elles brûlent au moins pour 5 000 francs de charbon par jour.

**163. Applications de la machine à vapeur.** — La machine à vapeur est employée partout : l'agriculture, l'industrie, la navigation et les chemins de fer lui empruntent une puissance énorme. Supprimez la machine à vapeur : les plus grands progrès de la civilisation disparaîtront en même temps.

Pour bien comprendre l'importance de l'invention de Papin, il suffit de citer quelques nombres.

En 1890, la longueur totale de toutes les lignes de

chemin de fer exploitées sur le globe s'approche de 1450 000 kilomètres, c'est-à-dire onze fois le tour du monde. Ce réseau est sillonné par plus de 130 000 locomotives, représentant une puissance supérieure à 32 millions de chevaux-vapeur.

Les autres machines à vapeur atteignent une puissance totale de 60 millions de chevaux-vapeur.

Le travail produit par toutes ces machines est de beaucoup supérieur à celui que pourrait effectuer un milliard d'ouvriers, c'est-à-dire un nombre d'ouvriers plus de cinq fois supérieur à celui de tous les hommes valides du monde entier.

### *Résumé.*

La machine à vapeur utilise la force expansive de la vapeur de l'eau chauffée en vase clos à une température supérieure à 100°. Elle a été découverte en 1690 par Denis Papin.

Une machine à vapeur se compose d'une *chaudière*, dans laquelle l'eau est chauffée, et la vapeur produite; d'un *mécanisme moteur*, dans lequel la force expansive de la vapeur agit sur un piston; d'un *mécanisme de transmission*, qui permet l'utilisation du mouvement du piston.

# CHAPITRE VI

## MÉTÉOROLOGIE.

### I. — OBSERVATIONS THERMOMÉTRIQUES

**164. Objet de la météorologie.** — La *météorologie* a pour bjet l'étude des phénomènes dont l'atmosphère est le iège, et des modifications qui les accompagnent.

Les phénomènes qui se produisent dans l'atmosphère onstituent ce qu'on nomme les *météores :* tels sont le ent, la pluie, l'orage, les nuages, les brouillards, la neige, grêle, l'aurore boréale, l'arc-en-ciel, etc.

Les modifications atmosphériques qui accompagnent es phénomènes portent principalement sur la températ ure, l'état hygrométrique et la pression barométrique.

La météorologie peut être divisée en deux parties disinctes.

La première, la *météorologie théorique*, étudie l'atmophère dans chacun de ses états particuliers de chaleur, de ression, de mouvement, d'humidité; elle cherche à exliquer l'origine des météores et à établir les relations u'ils peuvent avoir entre eux.

La seconde examine l'ensemble des conditions atmohériques qui existent à un moment donné, et essaye de rendre compte des phénomènes météorologiques qui en ront la conséquence : elle a pour objet la *prévision du mps*.

Ces deux parties de la météorologie ont une égale imortance. La connaissance en est indispensable à chacun, principalement à ceux qui ont à compter avec les moifications atmosphériques, c'est-à-dire aux agriculteurs, ux marins, etc.

Nous ne pouvons nous occuper ici que de la météoroogie théorique, c'est-à-dire des variations qui se produisent ans la température, la pression et le mouvement de l'atnosphère.

**165. Températures moyennes.** — Imaginons qu'on fasse la somme de 24 températures observées d'heure en heure durant toute une journée, et qu'on divise cette somme par 24 : on aura ce qu'on nomme la *température moyenne de la journée,* c'est-à-dire le point du thermomètre autour duquel les variations se sont effectuées dans l'espace de vingt-quatre heures.

De même, si l'on divise par 30 la somme des températures moyennes des trente jours d'un mois, on aura la *température moyenne du mois.* En divisant par 12 la somme des températures moyennes des douze mois de l'année, on aura la *température moyenne de l'année.*

Les températures moyennes quotidiennes, mensuelles, annuelles... d'un lieu, constituent un des éléments les plus importants de son climat. Elles montrent, pour ainsi dire, l'état calorifique normal de ce lieu, abstraction faite des perturbations accidentelles qui se produisent si souvent.

**166. Variation diurne. Températures maxima et minima.** — Toutes les variations de la température à la surface du globe ont leur origine dans les mouvements de la terre par rapport au soleil.

Il en résulte que la température doit, dans les conditions normales, s'élever à partir du moment du lever du soleil, jusqu'au moment où l'astre commence à s'abaisser notablement vers l'horizon, puis que la température doit diminuer depuis le moment du maximum, jusqu'au moment du lever.

En réalité, les changements survenus dans la direction du vent et dans l'état du ciel amènent des perturbations accidentelles, qui rendent beaucoup moins régulière la variation diurne.

Mais si l'on fait la moyenne des observations effectuées pendant un grand nombre d'années, on arrive à annuler l'influence de ces perturbations accidentelles, qui se produisent tantôt dans un sens tantôt dans l'autre, et on arrive à poser les lois de la variation diurne de la température.

On est arrivé ainsi à l'énoncé suivant :

*Si l'on néglige les variations accidentelles, la température présente chaque jour un minimum, à l'heure du lever du soleil, et un maximum, entre deux et trois heures de l'après-midi ; la température s'élève régulièrement depuis sa valeur minima jusqu'à sa valeur maxima; elle s'abaisse régulièrement depuis sa valeur maxima jusqu'à la valeur minima du lendemain.*

**167. Amplitude de la variation diurne.** — L'amplitude de la variation diurne, c'est-à-dire la différence entre la température maxima et la température minima de chaque jour, varie suivant les saisons et les pays; elle dépend aussi des perturbations accidentelles qui peuvent se produire.

L'amplitude moyenne de la variation diurne est, à Paris, d'environ 10°; elle est faible en hiver (5° en décembre), et forte en été (14° en juillet).

Quand le ciel est nuageux, l'oscillation du thermomètre se réduit parfois à quelques dixièmes de degré : car les nuages s'opposent à l'échauffement, en arrêtant les rayons du soleil, ainsi qu'au refroidissement, en diminuant le rayonnement nocturne.

Au contraire, la sérénité du ciel est également favorable à l'échauffement pendant le jour et au refroidissement pendant la nuit : elle amène des variations de grande amplitude. En été, la marche quotidienne atteint quelquefois chez nous plus de 20°; il arrive qu'elle dépasse 40° au centre du continent africain.

**168. Variation annuelle. Saisons.** — La terre, en tournant autour du soleil, fait varier la durée des jours et des nuits : il en résulte des variations dans la température moyenne de la journée.

Quand les jours deviennent plus longs et les nuits plus courtes, la température s'élève, tandis qu'elle s'abaisse quand les jours diminuent.

Cependant le maximum de chaleur ne coïncide pas exactement avec les journées les plus longues : ainsi, après le solstice d'été, alors que le soleil commence à rester un peu moins longtemps au-dessus de l'horizon, il continue cependant à nous envoyer plus de chaleur qu'il ne s'en perd par rayonnement pendant la nuit : la température moyenne de la journée continue donc à croître. Tandis que le jour le plus long est le 21 juin, l'époque la plus chaude de l'année est, chez nous, voisine du 15 juillet.

De même, le jour le plus froid n'est pas le plus court : le solstice d'hiver arrive le 21 décembre, et l'époque la plus froide est, chez nous, voisine du 14 janvier.

Pour reconnaître quelle est la variation normale annuelle de la température, il ne suffit pas d'observer le thermomètre pendant une seule année : ici, comme pour la variation diurne, les oscillations accidentelles masqueraient la marche moyenne du thermomètre. Il faut prendre la moyenne des observations de plusieurs années consécutives.

Les moyennes mensuelles normales de Paris sont données par le tableau suivant :

| | | | |
|---|---|---|---|
| Janvier. . . . . . . | + 1°,8 | Juillet . . . . . . . | + 18°,1 |
| Février. . . . . . . | + 3°,2 | Août. . . . . . . . | + 17°,6 |
| Mars . . . . . . . . | + 5°,9 | Septembre. . . . | + 14°,4 |
| Avril . . . . . . . . | + 9°,4 | Octobre. . . . . . | + 10°,2 |
| Mai. . . . . . . . . | + 12°,9 | Novembre . . . . | + 5°,7 |
| Juin. . . . . . . . . | + 16°,2 | Décembre . . . . | + 3°,1 |

Entre la moyenne du mois le plus chaud et celle du mois le plus froid, il y a une différence de 16°,3.

Si l'on divise par 12 la somme des douze nombres précédents, on a 9°,9, pour température moyenne de l'année, à Paris.

Les moyennes mensuelles sont souvent très notablement différentes des moyennes normales. Ainsi, pour n'en donner qu'un seul exemple, la moyenne de décembre 1872 a été + 6°,5, supérieure de 3°,4 à la moyenne normale, tandis que la moyenne de décembre 1879 a été de — 7°,4, inférieure de 10°,5 à la moyenne normale.

**169. Température moyenne d'un lieu. Variations de la température d'un lieu à un autre.** — Lorsqu'on a fait en un lieu déterminé une longue série d'observations, on a les températures moyennes de plusieurs années consécutives.

La moyenne de ces températures annuelles est ce qu'on nomme la *température moyenne du lieu ;* il est clair que cette moyenne sera d'autant plus exacte, qu'elle portera sur un plus grand nombre d'années d'observation.

Les moyennes ainsi calculées en divers points du globe sont fort différentes les unes des autres. C'est ainsi que, pour citer seulement quelques exemples, la température moyenne est égale à — 19° à l'île Melville (Amérique du Nord), + 9°,9 à Paris, + 30° a Masfaoua (Abyssinie).

On trouverait des ecarts plus grands encore, si, au lieu de considérer les températures moyennes, on recherchait les températures extrêmes observées en divers lieux : à Nijni-Kdinsk, en Sibérie, on a eu à supporter un froid de — 62°, tandis que dans le pays des Touaregs, en Afrique, on a relevé une température de + 67° à l'ombre.

**170. Causes des variations de la température dans les différents pays.** — Les causes qui produisent les variations de la température dans les différents pays sont diverses.

D'abord, c'est la *latitude.* A mesure qu'on s'éloigne de l'équateur pour s'avancer vers les pôles, les rayons du soleil arrivent plus obliquement et échauffent moins. Aussi la température moyenne va-t-elle en diminuant de l'équateur au pôle.

Le *voisinage* ou *l'éloignement des mers* a aussi une grande importance. L'air s'échauffe surtout au contact du sol, car les rayons du soleil le traversent sans être absorbés. Les variations de la température atmosphérique doivent donc suivre toujours de près les variations de la température du sol.

Or, nous avons montré que les flots de la mer ne sont jamais bien chauds en été ni bien froids en hiver, tandis que, sous l'influence des rayons solaires et du rayonnement nocturne, le sol des continents éprouve des vari-tions de température beaucoup plus considérables.

L'écart quotidien entre les températures maxima minima, l'écart annuel entre la plus grande chaleur d l'été et le plus grand froid de l'hiver, seront donc moi dres sur l'Océan qu'à l'intérieur des continents.

Si nous prenons deux points à la même latitude, l'u au milieu de l'Océan Atlantique, l'autre au centre d l'Asie, ces deux points pourront avoir la même tempéra-ture moyenne; mais l'été sera beaucoup moins chaud, l'hiver beaucoup moins froid au premier qu'au second.

Les grands courants marins, qui transportent constam-ment vers les pôles les eaux chaudes de l'équateur, aug-mentent encore l'influence régulatrice de la mer : grâ à ces courants, il fait moins chaud à l'équateur et moi froid aux pôles.

Outre ces deux influences générales, de grande impo-tance, il existe des influences locales, et, en premiè ligne, celle de l'*altitude*. A mesure qu'on s'élève, la tem-pérature moyenne diminue.

Ce fait est aisé à expliquer. La chaleur du soleil tr-verse l'air sans l'échauffer sensiblement : l'élévation de température se produit presque uniquement par le con-tact direct avec le sol. Il en résulte, dans le voisinag immédiat de la terre, un mouvement continuel de conve-tion, qui est bien visible au-dessus des prairies et surto des sables directement échauffés par le soleil. Mais cet a chaud, qui monte, se refroidit peu à peu par rayonne-ment et par le fait même de sa dilatation : voilà pourquo au sommet des montagnes, par un soleil plus chaud qu celui des plaines, on a une atmosphère glacée.

**171. Climats. Climats marins et climats continentaux.** -
L'ensemble des conditions atmosphériques, vents, nuage pluies, orages, variations de température, constitue qu'on nomme le *climat* d'un pays.

La température de l'air est, de tous ces éléments d climat, le plus important à étudier : car c'est de la ch leur surtout que dépendent les météores dans leurs diverses alternatives à la surface des continents et des mers.

La latitude ayant une influence absolument prépondérante sur la répartition de la chaleur du soleil à la surface de la terre, on a divisé notre planète en cinq zones, dont les limites sont justement déterminées par des parallèles convenablement choisis.

Dans la zone comprise entre les tropiques ou *zone tropicale* (*fig.* 110), les jours sont pendant toute l'année sen-

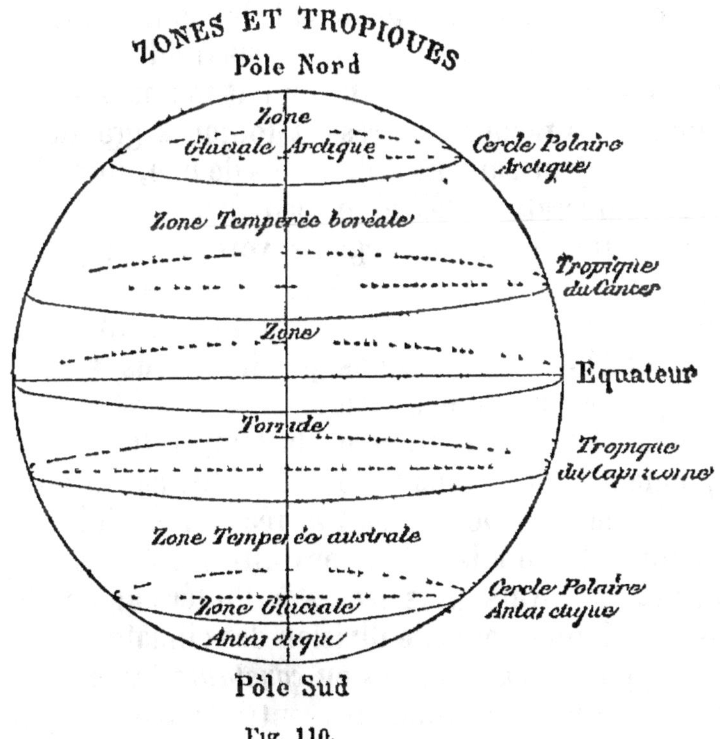


Fig. 110.

siblement égaux aux nuits : l'hiver et l'été s'y font donc peu sentir, la température du mois le plus froid est à peine inférieure à celle du mois le plus chaud. Cette température est, du reste, presque constamment fort élevée : car les rayons du soleil arrivent à peu près normalement et traversent l'atmosphère dans sa plus petite épaisseur, de sorte qu'ils parviennent peu affaiblis jusqu'au sol.

Dans les *zones tempérées*, comprises, dans chaque hémisphère, entre le tropique et le cercle polaire, la durée relative des jours et des nuits devient plus variable d'une saison à l'autre ; il y a une plus grande différence entre la température de l'été et celle de l'hiver. De plus, la moyenne annuelle devient moins élevée : car, même en été, le soleil ne s'élève jamais jusqu'au zénith, et ses rayons sont toujours arrêtés en notable proportion par les couches atmosphériques. Du reste, dans les deux zones tempérées, les saisons sont inverses : dans la zone du nord, les jours sont longs en juillet, le mois de juillet est le plus chaud ; dans la zone du sud, les jours sont courts en juillet, le mois de juillet est le plus froid.

Dans les *zones polaires*, enfin, il fait toujours froid, car l'obliquité des rayons solaires est toujours grande. Pendant le long jour sans nuit des mois de mai, juin, juillet, août, la température s'élève un peu dans le voisinage du pôle nord, tandis que les régions voisines du pôle sud, plongées dans une nuit de même durée, se refroidissent progressivement ; mais ces variations sont toujours faibles, et l'été des régions polaires nous semblerait encore plus rude que nos hivers.

Cependant la distribution de la température n'est pas uniquement réglée, nous l'avons déjà dit, par la latitude. Le voisinage de l'Océan tend à réchauffer l'hiver et à rafraîchir l'été, tandis qu'au contraire les étés sont plus chauds et les hivers plus froids à l'intérieur des continents : de là une nouvelle division des climats.

On appelle *climats marins* ou *constants* les climats qui présentent une petite différence entre la température du mois le plus chaud et celle du mois le plus froid ; *climats continentaux* ou *excessifs*, ceux dans lesquels l'écart de température entre l'été et l'hiver est considérable ; les *climats modérés* présentent un écart moyen ne dépassant pas 18°.

## Résumé.

La *météorologie* est l'étude des phénomènes dont l'atmosphère est le siège.

L'observation régulière du thermomètre permet de déterminer les températures moyennes des différents jours de l'année, des mois, des saisons, de l'année entière, pour chacun des points du globe. Elle permet d'étudier l'influence de la latitude, de l'altitude et du voisinage des mers sur la répartition de la chaleur à la surface du globe.

D'après la latitude, on divise la terre en trois zones : zone torride, zone tempérée, zone glaciale.

D'après le voisinage des mers, on a les climats continentaux et les climats marins.

## II — VARIATIONS BAROMÉTRIQUES. — VENTS.

**172. Variations barométriques.** — L'atmosphère qui nous environne de toutes parts n'est jamais en équilibre; ses mouvements incessants, qui ont leur origine dans la chaleur solaire, constituent les vents, établissent la répartition des pluies et amènent dans les températures des changements continuels.

L'observation du baromètre, qui nous renseigne justement sur les mouvements de l'atmosphère, est donc de la plus grande importance.

Les variations de la pression barométrique sont intimement liées aux changements qui se produisent dans l'état de l'atmosphère, et peuvent, dans certains cas, permettre aux météorologistes de *prévoir le temps* un peu à l'avance.

La masse totale de l'air est invariable; si elle était en équilibre, uniformément répartie autour du globe, la pression atmosphérique serait toujours la même en chaque point, la même aussi dans tous les pays. Mais cet équilibre ne se produit jamais, et les transports continuels de l'élément fluide d'une région à l'autre déterminent les oscillations que l'on remarque dans la hauteur barométrique.

Les variations barométriques sont, les unes diurnes, les autres accidentelles.

Les oscillations accidentelles ont pour l'observateur une grande importance : elles accompagnent et le plus souvent précèdent tous les changements de température ou d'humidité résultant de la direction des vents.

Nous ne pouvons entrer ici dans aucun développement relativement aux rapports qui existent entre les variations du baromètre et les changements de temps ; disons seulement que l'arrivée du mauvais temps est le plus souvent annoncée par un abaissement notable de la colonne barométrique, tandis que le beau temps coïncide ordinairement avec une forte pression. Mais il n'y a là rien d'absolu.

**173. Relation du vent et de la pression atmosphérique.** — Les vents et les variations de la hauteur barométrique sont dus aux mêmes causes.

Lorsque la pression barométrique augmente ou diminue au-dessus d'une région, l'équilibre de l'atmosphère est détruit, et il en résulte la production du vent. Ce vent sera d'autant plus fort que la différence de pression entre les deux régions sera plus considerable, et il soufflera toujours du côté de la pression la plus basse.

Les vents réguliers qui soufflent en divers points du globe sont justement liés aux variations de la pression atmosphérique.

Indiquons quels sont ces vents réguliers.

*Vents alizés.* — L'air des régions équatoriales, échauffé par son contact avec les eaux tiedes de l'Océan ou avec le sol brûlant des continents, devient plus léger et s'élève : il en résulte une diminution de pression. L'air plus pesant des latitudes moins échauffées se précipite des deux hémisphères, pour combler ce vide partiel. De là l'existence de deux vents qui, d'une manière permanente, soufflent, rasant la surface du sol, des deux zones tempérées vers la zone tropicale : ce sont les *alizés*.

A la rencontre des deux alizés, qui se produit, grâce à l'action réchauffante du grand continent africain, un peu au nord de l'équateur, les deux courants se neutralisent sensiblement. Dans cette région le vent a généralement une vitesse presque nulle : c'est la région des *calmes équatoriaux*.

La figure **111** montre la disposition des alizés, qui soufflent presque constamment dans l'Océan Atlantique.

VENTS ALIZÉS DE L'ATLANTIQUE

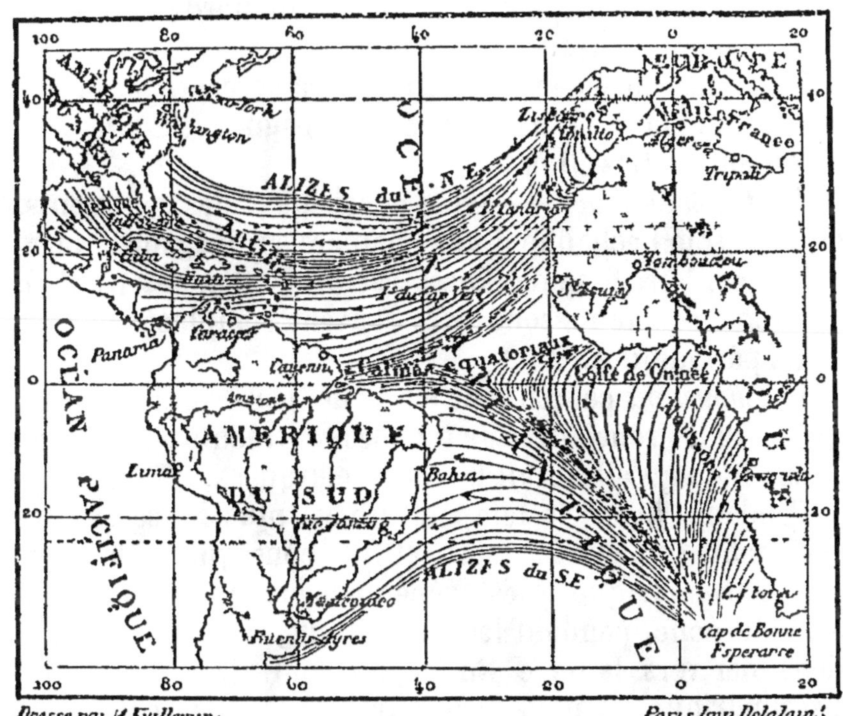


Fig. 111.

Mais l'air, échauffé à l'équateur, ne peut s'élever indéfiniment.

A mesure qu'il monte, il se refroidit, et bientôt il se déverse à droite et à gauche, pour former deux grands courants supérieurs de retour, qui s'écoulent en sens inverse dans les régions supérieures de l'atmosphère : ce sont les *contre-alizés*.

Ils sont d'abord trop élevés pour que l'on puisse directement constater leur existence; mais, à mesure qu'ils s'éloignent de l'équateur, pour arriver dans des régions plus froides, ils s'abaissent et descendent même, en certaines régions, jusqu'à la surface du sol. Alors ces vents, chargés de la vapeur d'eau puisée à l'équateur, deviennent l'origine de pluies abondantes.

La direction des contre-alizés est inverse de celle des alizés : ils se dirigent, dans l'Atlantique, vers le nord-est et vers le sud-est; autrement dit, ils *soufflent* du sud-ouest dans l'hémisphère boréal, et du nord-ouest dans l'hémisphère austral.

Le contre-alizé de notre hémisphère descend jusqu'à la surface du sol à la hauteur de l'Espagne; c'est le vent dominant de nos climats.

*Vents périodiques.* — Dans le voisinage des continents, là où le soleil échauffe d'une manière si inégale la terre et la mer, le régime des alizés est profondément troublé. Les vents constants sont alors souvent remplacés par des vents périodiques.

Les *moussons* constituent les principaux vents périodiques. On les rencontre sur tous les continents; mais c'est dans l'Inde qu'elles sont le mieux marquées.

Pendant l'hiver, la température est plus basse sur les continents que sur les mers, et, par conséquent, la pression barométrique y est généralement plus grande : il s'établit donc, pendant la saison froide, un vent régulier de la mer vers la terre En été, au contraire, la pression barométrique est plus forte sur l'Océan : le vent souffle en sens inverse.

La mousson d'hiver, venant de l'intérieur du continent, apporte la sécheresse et le beau temps; la mousson d'été, venant de la mer, est chargée d'une énorme quantité de vapeur d'eau, et détermine des pluies extrêmement abondantes. Ainsi sont expliquées les pluies d'été de certains continents.

Les *vents locaux*, qui s'élèvent dans certaines contrées avec une régularité plus ou moins grande, s'expliquent tous par des considérations de même ordre. Tels sont le *mistral* de la France méridionale, le *sirocco* de la Syrie, le *simoun* de l'Arabie, le vent le plus chaud du globe entier.

Sur toutes les côtes marines la *brise* s'élève un peu après le lever du soleil, et souffle de la mer vers la terre : l'échauffement du sol sous l'action des rayons solaires est, en effet, plus rapide que celui de l'eau, et il en résulte un abaissement du baromètre sur la côte. Le soir, au contraire, après le coucher du soleil, la *brise* souffle en sens inverse, à cause du refroidissement plus rapide de la terre. La *brise de terre* et la *brise de mer* sont utilisées par les pêcheurs pour sortir du port et pour y rentrer.

## *Résumé.*

Les vents et les variations barométriques proviennent de la même cause, l'échauffement de l'atmosphère par l'action du soleil.

L'étude des variations barométriques est importante à cause des relations qui existent entre elles et les changements de temps.

Les vents, et en particulier les vents réguliers (*alizés, moussons*), résultent également de l'action du soleil.

## III. — MÉTÉORES AQUEUX.

**174. Quantité de vapeur répandue dans l'atmosphère.** — Il y a toujours de la vapeur transparente dans l'air; l'état hygrométrique s'abaisse rarement au-dessous de $\frac{1}{5}$ et il atteint quelquefois l'unité.

Quand la température est très basse, la quantité absolue de vapeur est toujours faible : un mètre cube d'air, à — 20°, est saturé lorsqu'il renferme un gramme de vapeur. Au contraire, par les chaleurs, la quantité absolue de vapeur est considérable, même si la sécheresse est grande : un mètre cube d'air, à + 35°, renferme 40 grammes de vapeur s'il est saturé, et 10 grammes si l'état hygrométrique est $\frac{1}{4}$. En général, l'air est plus sec en été qu'en hiver, c'est-à-dire plus éloigné du point de saturation; mais il contient une plus grande quantité de vapeur.

Lorsque l'air est saturé, le plus léger refroidissement détermine une condensation ; de là résultent les *météores aqueux*, que nous avons maintenant à passer en revue : brouillards, nuages, pluie, neige, grêle, rosée, givre ou gelée blanche.

L'air le plus sec en apparence peut aussi, par le seul fait du refroidissement, être amené à son point de saturation et produire les mêmes effets.

**175. Brouillards.** — Quand la température de l'air humide s'abaisse, il arrive un moment où la vapeur devient saturante, et la condensation partielle se produit. L'atmosphère perd sa transparence, par suite de la formation de gouttelettes liquides extrêmement petites, mais très nombreuses, qui y restent en suspension à cause de la résistance que l'air oppose à leur chute. Ces gouttelettes liquides constituent le *brouillard*.

Les brouillards se dissolvent fréquemment comme ils se sont formés. L'air, réchauffé par les rayons du soleil, peut contenir une plus grande quantité de vapeur : les gouttelettes s'évaporent, et l'air reprend sa transparence. On dit que le brouillard s'élève. C'est ce qui arrive, quand il fait beau temps, aux brouillards des vallées et des plaines basses.

Mais si le temps est couvert, et que le refroidissement de l'atmosphère continue à s'accentuer, les gouttelettes grossissent, et ne peuvent plus rester en suspension dans l'air : le brouillard tombe.

**176. Nuages.** — Il n'y a pas de distinction essentielle entre les nuages et les brouillards. On dit que les brouillards reposent sur le sol, et que les nuages sont suspendus dans l'atmosphère; mais il n'en est pas toujours ainsi : tel nuage qui semble, pour les habitants de la plaine, entourer la cime d'une montagne, est un brouillard pour celui qui gravit la pente.

Les nuages se forment exactement comme les brouillards : *toutes les fois qu'une masse d'air est amenée au-dessous de son point de saturation, les flocons nuageux paraissent.*

Fig 112 — Cirrus.

La forme et l'altitude des nuages varient à l'infini. Il est cependant possible de ramener toutes les formes à quatre types principaux ; ces types sont importants, en ce qu'ils se rattachent au mode de formation des nuages et nous fournissent des indications précieuses sur les changements de temps à venir.

Fig 113. — Stratus.

Les *cirrus* (*fig.* **112**) sont de petits nuages blancs, composés de filaments déliés et transparents, assez semblables à des flocons de laine ou à des barbes de plume. Ces nuages sont toujours fort élevés ; on ne les rencontre pas au-dessous de 5 000 mètres, et leur altitude dépasse souvent 10 000 mètres. Ils sont formés, non pas de gouttelettes d'eau, mais de fines aiguilles de glace : ce fait ne doit pas nous étonner, car nous savons que, dans les hautes régions de l'atmosphère, il fait toujours très froid. Dans nos contrées, les cirrus indiquent fréquemment l'arrivée des vents du sud-ouest.

Les *stratus* (*fig.* 113) sont de longs nuages étroits, sous forme de bandes horizontales, très souvent colorées; on les remarque à l'horizon au moment du lever ou du coucher du soleil. Les stratus ne constituent pas véritablement un type distinct. Ce sont des nuages des autres types et surtout des cumulus, que la perspective montre par la tranche; leur étude particulière n'offre donc pas un grand intérêt.

Fig. 114. — Cumulus.

Les *cumulus* (*fig.* 114) sont formés de masses arrondies, blanches, qui ressemblent à des montagnes entassées et couvertes de neige; leur aspect blanchâtre leur a fait donner par les marins le nom de *balles de coton*. Ils apparaissent principalement pendant le jour, et surtout en eté. Leur hauteur, toujours moindre que celle des cirrus, est

Fig. 115. — Nimbus.

core considérable : elle varie entre 1000 et 3000 mètres. ur formation indique, dans nos climats, l'approche du it du sud, et un temps assez incertain.

Les *nimbus* (*fig.* 115), enfin, sont de gros nuages som-s, à contours mal définis. Ils planent beaucoup plus s que les précédents, entourent souvent la crête des lines, et peuvent arriver à raser la surface du sol, sem-bles alors à d'épais brouillards. Les nimbus se résol-it généralement en pluie. Un nuage quelconque, lors-'il augmente d'épaisseur, qu'il s'abaisse, qu'il est près se resoudre en pluie, devient un nimbus.

**177. Pluie.** — Lorsque la condensation qui a déter-né la formation du nuage se continue, les gouttelettes ossissent, leur vitesse de chute augmente, et elles arri-it jusqu'au sol, constituant la *pluie*.

Nous indiquons plus loin quelle est la distribution des ies à la surface du sol, et leur influence sur l'équilibre la nature.

**178. Neige.** — Les cumulus sont souvent situés dans e atmosphère à très basse température. Alors les ittelettes se congelent en cristaux de glace, qui gros-sent lentement par suite d'une condensation nouvelle : ombe de la *neige*

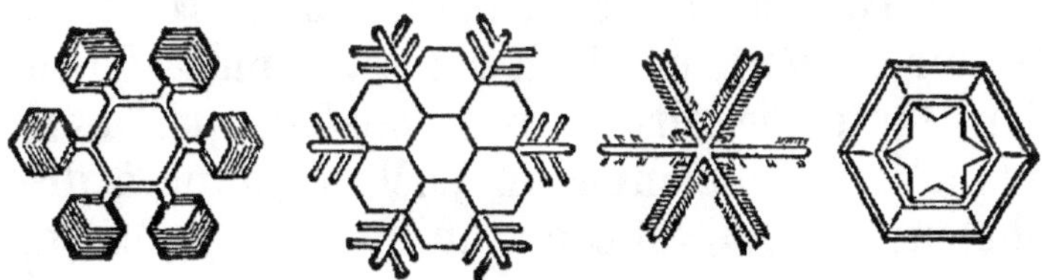

Fig. 116. — Les cristaux de la neige

Quand le froid n'est pas trop vif, l'humidité atmosphé-ue est encore assez abondante : les flocons de neige vent être nombreux et volumineux.

Par les grands froids, la dose de vapeur que l'air peut itenir n'est plus suffisante pour alimenter de gros nuages : les flocons sont petits et rares. Les grandes chutes de neige ont lieu par les temps relativement doux.

La disposition des flocons de neige est remarquable : ils se présentent toujours sous forme d'étoiles hexagonales (*fig.* 116). Mais, si le plan général est toujours le même, le détail change d'un cristal à l'autre : les fleurs à six pétales prennent les formes les plus variées et les plus merveilleuses. Quelques flocons de neige, reçus sur une étoffe noire et examinés à la loupe, étonnent par la variété et la délicatesse de leurs dispositions.

**179. Grêle.** — La *grêle*, eau congelée sous forme de petites boules, tombe surtout en été, au commencement des orages.

La production de la grêle est due à l'état électrique des nuages d'où elle provient : nous ne donnerons pas la théorie de la formation des grêlons.

La grosseur de ces grêlons peut atteindre celle d'un œuf de poule. Aussi la grêle occasionne-t-elle parfois de véritables désastres ; elle hache si bien les récoltes qu'il ne reste absolument rien à ramasser dans les endroits où elle a passé.

**180. Rosée. Gelée blanche.** — La théorie de la formation de la *rosée* est aujourd'hui bien connue.

Le soir, lorsque le soleil a disparu sous l'horizon, le refroidissement commence. Mais, tandis que le refroidissement de l'air est lent, celui du sol est rapide. Le sol rayonne dans toutes les directions la chaleur qu'il avait reçue pendant le jour, comme un poêle rayonne à distance la chaleur qui lui est communiquée par le feu intérieur.

Grâce à ce rayonnement, le sol est bientôt plus froid que l'air. Un thermomètre, posé sur l'herbe d'une prairie, marque pendant la nuit une température de 4, 5 et 6° plus basse que celle de l'air qui est à un mètre plus haut.

Cette herbe froide va refroidir la couche d'air qui est

en contact immédiat avec elle ; la vapeur d'eau qui s'y trouve va devenir saturante, et, le refroidissement continuant, la condensation commencera. Elle aura lieu à la surface du corps froid, reproduisant ainsi le phénomène qu'on observe en hiver sur les vitres de nos appartements (*fig.* 117), et en été quand on remplit une carafe d'eau très fraîche.

Fig 117. — Cristaux de glace sur les vitres, en hiver.

La surface du sol va donc se recouvrir de gouttes d'eau.

Au printemps et à l'automne, le refroidissement du sol peut amener, par un temps clair, le thermomètre à une température inférieure à zéro, quoique dans l'air il y ait encore plusieurs degrés au-dessus du point de glace. Alors la rosée se congèle sur les feuilles : on a la *gelée blanche* appelée aussi *givre.*

**181. Relation des vents et de la pluie.** — Nous savons que la pluie est due à la condensation, par le froid, de la vapeur d'eau atmosphérique. Nous allons maintenant indiquer quelles circonstances influent sur la distribution des pluies à la surface du globe.

Il est rare que la vapeur, fournie par l'évaporation de l'eau, retombe en pluie sur la region même où elle s'est produite. Le plus souvent l'humidité est apportée de loin par les courants de l'atmosphère : dans chaque région, la marche des vents est la cause véritable de la répartition des pluies. Selon les points d'où il souffle, suivant les localités qu'il a traversées avant d'arriver au lieu de l'observation, le vent amène l'humidité ou la sécheresse.

Le courant atmosphérique a-t-il traversé de grandes régions continentales fortement échauffées par le soleil, il est *sec* et *chaud :* il ne déterminera jamais de chute d'eau. En Égypte et en Arabie, le vent du sud-ouest, qui est le vent dominant, vient du centre de l'Afrique, il est très sec : aussi ne pleut-il que très rarement dans ces régions.

Supposons, au contraire, que les régions continentales traversées par le vent soient froides, et que le courant atmosphérique arrive dans une région à température élevée, dont l'air soit humide : l'arrivée du vent froid déterminera la condensation de la vapeur, et les nuages de pluie se formeront.

Mais les chutes d'eau sont le plus souvent occasionnées par l'arrivée d'un vent chaud et humide, venant de la mer, sur une région continentale située plus près du pôle, c'est-à-dire plus froide Le vent chaud du sud-ouest, qui a traversé l'Atlantique, amène quatre-vingt-dix fois sur cent la pluie en France et en Angleterre.

**182. Répartition des pluies.** — La répartition des pluies ou de la neige sur les divers points du globe est beaucoup plus irrégulière que la répartition de la température. Deux endroits très voisins accusent souvent, sous ce rapport, des différences très notables.

1° La quantité annuelle de pluie décroît le plus souvent à mesure qu'on s'éloigne de l'équateur pour se rapprocher des pôles. Il est facile de comprendre, en effet, que l'abondance des pluies soit d'autant plus grande que l'air renferme plus de vapeur d'eau, c'est-à-dire que la région est plus chaude.

Sous les tropiques, les pluies, qui sont torrentielles, tombent principalement en été; dans la zone tempérée, elles sont réparties presque également dans toutes les saisons; dans la zone glaciale, elles tombent plutôt en hiver sous forme de neige.

2° Les pluies sont généralement plus abondantes sur les bords de la mer qu'à l'intérieur des terres. Lorsque le vent souffle de la mer, il apporte une atmosphère presque saturée de vapeur, et les nuages se forment au moindre refroidissement ; les vents du sud-ouest amènent des pluies sur toute l'Europe occidentale.

3° Les montagnes, enfin, exercent une influence considérable sur la distribution des pluies. En général, les pluies sont plus abondantes sur les hauteurs que dans les plaines.

Les montagnes arrêtent et refroidissent les nuages, et déterminent ainsi la chute de la pluie. Le versant tourné du côté de la mer est donc généralement fortement arrosé, tandis que le versant opposé est remarquable par sa sécheresse.

## *Résumé.*

La quantité de vapeur d'eau qui se trouve dans l'air est très variable.

Les *brouillards* et les *nuages* proviennent de la condensation de la vapeur d'eau atmospherique sous l'influence du froid.

Quand le refroidissement est assez considérable, les nuages se resolvent en *pluie*, en *neige* ou en *grêle*.

La condensation peut aussi avoir lieu, la nuit, à la surface du sol, sans qu'il y ait de brouillard ni de nuages : on a alors la *rosée*.

L'abondance et la fréquence de la pluie en chaque lieu dépendent de la provenance du vent qui domine en ce lieu, et aussi de la latitude.

# LIVRE IV

## OPTIQUE

## CHAPITRE PREMIER

### PROPAGATION ET RÉFLEXION DE LA LUMIÈRE.

#### I. — PROPAGATION DE LA LUMIERE.

**183. Qu'est-ce que la lumière? —** Les anciens pensaient que la lumiere émanait de l'œil. Cependant, quand le soleil a disparu de l'horizon, nous ne voyons plus les objets, quoique notre œil soit toujours le même.

La cause de la vision est donc dans le soleil, ou dans tout autre corps lumineux, et non dans notre œil. La lumière, c'est quelque chose d'extérieur, venant des corps lumineux, qui impressionne l'œil.

Quel est ce quelque chose qui constitue la lumière? Nous ne pouvons le rechercher ici.

**184. Corps lumineux, corps éclairés, corps transparents, corps opaques. —** Le soleil n'est pas la seule source de lumière que nous connaissions. Les étoiles, les éclairs des orages, la flamme d'une bougie, sont autant de sources de lumière. Tous ces corps, qui envoient de la lumière aux alentours, sont appelés *corps lumineux*.

Les *corps éclairés* reçoivent des corps lumineux la lumiere qui permet de les voir. Ils répandent cette lumière dans toutes les directions, et sont ainsi rendus visibles. La lune est un corps éclairé : elle reçoit la lumière du soleil et la renvoie vers nous.

Les corps éclairés sont *transparents* quand ils se laissent librement traverser par la lumière; ils sont *opaques* lorsqu'ils ne se laissent pas traverser.

Il n'existe pas de corps d'une transparence parfaite ni

d'une opacité complète. L'eau la plus limpide devient opaque sous une grande épaisseur ; le métal le plus opaque est transparent quand il est réduit en une couche assez mince. On peut voir les objets à travers une feuille d'or battu collée sur une plaque de verre.

**185. La lumière se propage en ligne droite.** — La lumière se meut en ligne droite.

Si entre un corps lumineux et l'œil on interpose un corps opaque, la lumière est interceptée.

Entre l'œil et une bougie plaçons une série d'écrans opaques percés chacun d'une très petite ouverture : si nous voulons voir la lumière, il nous faudra disposer les écrans de façon que toutes les ouvertures soient sur la ligne droite qui joint l'œil à la bougie.

Perçons un petit trou dans le volet d'une chambre obscure et faisons-y passer la lumière du soleil : un *faisceau lumineux* étroit marquera son passage sur la poussière de la chambre, et la trace du faisceau sera rectiligne. Supposons le trou assez petit pour qu'il se réduise à un point : le faisceau lumineux sera réduit à une *ligne droite*, qu'on nommera un *rayon lumineux*.

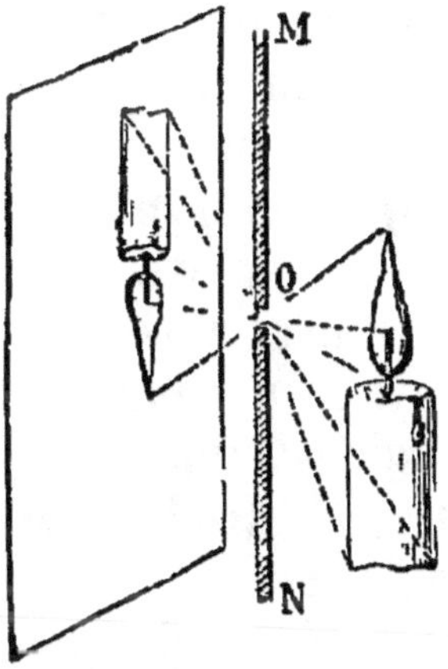

Fig. 118. — Image d'une bougie, vue à travers une petite ouverture de la chambre noire.

**186. Chambre noire.** — Dans le volet MN d'une chambre obscure, perçons, comme nous l'avons déjà fait, une petite ouverture O (*fig.* 118). En face de cette ouverture, en dehors de la chambre obscure, à une distance quelconque du volet, plaçons un objet lumineux ou éclairé, une bougie, par exemple.

Chaque point de la bougie enverra par l'ouverture O un rayon lumineux, qui sera capable d'éclairer en un point un écran placé de l'autre côté, dans la chambre. Tous les points de l'écran ainsi éclairés formeront évidemment l'image de la bougie, image renversée, d'autant plus brillante et d'autant plus nette, que l'objet même sera plus brillant, et l'écran placé plus près du trou.

La figure 118 montre que l'image sera plus petite que l'objet, si l'écran est très près du volet; elle sera d'autant plus grande qu'on éloignera davantage l'écran du volet.

On peut ainsi avoir sur un écran l'image très petite, et toujours un peu confuse, des arbres ou des monuments qui sont devant la fenêtre de la chambre noire.

L'expérience peut se faire plus simplement encore de la manière suivante. Une bougie étant allumée dans une pièce obscure, on met auprès une feuille de carton un peu grande, dans laquelle on a fait un petit trou : sur une feuille de papier placée de l'autre côté on voit l'image renversée de la bougie.

**187. Ombre et pénombre.** — Si un point lumineux était isolé dans l'espace, il enverrait des rayons lumineux dans tout l'espace environnant.

Mais quand le point lumineux est en présence d'un corps opaque, il en est autrement. Les rayons incidents sont arrêtés (*fig.* 119) par le corps, qui se trouve ainsi divisé en deux régions: l'une, éclairée, située du côté du point lumineux; l'autre, située derrière, plongée dans l'obscurité, dans l'*ombre*.

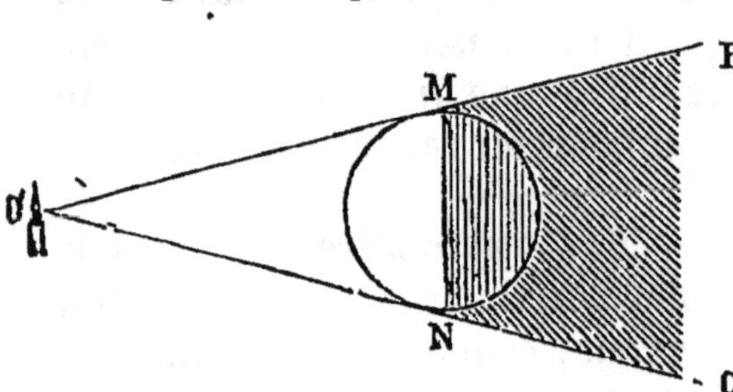

Fig. 119. — Ombre derrière un corps opaque

De plus, il y a derrière l'objet toute une région de l'espace dans laquelle ne pénètrent pas les rayons lumineux : c'est *l'ombre portée* par le corps. Cette ombre MNPQ est limitée par une ligne qui passerait toujours par le point lumineux C et tournerait autour du corps opaque en s'appuyant constamment dessus : elle va s'élargissant de plus en plus, à mesure qu'elle s'éloigne du corps MN.

Supposons maintenant que deux points lumineux C et C' (*fig.* 120) soient en présence du corps opaque. Les ombres portées seront, pour ces deux points, les espaces MNP'Q et MNPQ'. Ces deux ombres se superposent par le milieu : dans l'espace MNPQ il n'y aura pas de lumière du tout; dans les espaces MPP' et MQQ' il arrivera de la lumière de l'un des points, sans qu'il en arrive de l'autre. Ces régions recevront plus de lumière que la région située dans l'ombre, mais moins que les régions voisines, éclairées à la fois par les deux points : elles formeront la *pénombre*

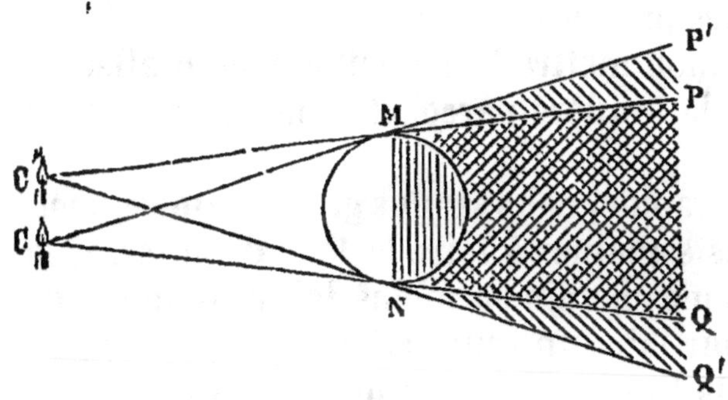


Fig. 120. — Ombre et pénombre derrière un corps opaque.

Si, au lieu de deux points lumineux C et C', il y avait un corps lumineux allant de C en C', on aurait de même une *ombre* sans lumière, et, tout autour, une *pénombre*, dont les différents points recevraient de la lumière d'une partie de la source sans en recevoir de l'autre. Sur un écran placé derrière le corps opaque on verrait se dessiner une ombre, très obscure au milieu, frangée sur les bords d'une pénombre de moins en moins obscure à mesure qu'on s'approcherait de la région de l'écran complètement éclairée.

Les éclipses de lune sont dues à ce que l'ombre de la terre rencontre la lune, et que celle-ci, ne recevant plus la lumière du soleil, devient, par conséquent, invisible pour nous.

Les éclipses de soleil sont dues à ce que l'ombre de la lune rencontre la terre, et que, dès lors, la lune intercepte les rayons du soleil.

**188. Vitesse de la propagation de la lumière.** — La lumière traverse l'espace avec une si prodigieuse rapidité qu'on a pensé pendant longtemps qu'elle se propageait instantanément d'un point à un autre.

Un astronome danois, Rœmer, a prouvé, le premier, en 1675, que la lumière met un certain temps pour se propager ; ses observations lui ont permis d'établir qu'elle va du soleil à la terre en 8 minutes 18 secondes.

Des observations de Rœmer et de celles de plusieurs autres expérimentateurs il résulte que la lumière parcourt 300 000 kilomètres par seconde.

Un boulet de canon mettrait dix-sept ans pour aller au soleil, tandis que la lumière parcourt le même espace en huit minutes.

L'oiseau le plus rapide, dans sa plus grande vitesse, mettrait près de trois semaines à faire le tour de la terre; la lumière fait le même chemin en moins de temps qu'il n'en faut à l'oiseau pour faire un seul battement d'ailes.

La rapidité de la lumière n'est comparable qu'à la distance qu'elle a à parcourir. Et, en effet, les étoiles sont si éloignées que la lumière, malgré sa vitesse, met plusieurs siècles pour arriver de certaines d'entre elles jusqu'à nous.

**189 Diminution de l'intensité de la lumière avec la distance.** — La lumière diminue d'intensité à mesure qu'on s'éloigne de la source lumineuse. La loi de cette diminution est simple.

*L'intensité de la lumière varie en raison inverse du carré de la distance.* Ceci veut dire que si l'on double, triple, quadruple la distance d'un objet à une source lumineuse, il recevra quatre fois, neuf fois, seize fois moins de lumière qu'au début.

## *Résumé.*

La lumière provient des corps lumineux. Elle se propage en ligne droite avec une vitesse de 300 000 kilomètres par seconde.

Quand la lumière venant d'un objet pénètre dans une chambre noire par un petit trou, elle donne sur un écran placé dans la chambre une image renversée de l'objet extérieur.

Si la lumière arrive sur un corps opaque, il se produit une *ombre* derrière l'objet

L'intensité de la lumière varie en raison inverse du carré de la distance.

---

## II. — LOIS DE LA RÉFLEXION DE LA LUMIÈRE.

**190. Réflexion, ses lois.** — Quand la lumière arrive sur une surface opaque bien polie, elle est renvoyée dans une direction déterminée. Ce phénomène a reçu le nom de *réflexion.*

La surface polie sur laquelle a lieu la réflexion se nomme un *miroir.*

Représentons par AB (*fig.* 121) la section d'un miroir plan; élevons à ce miroir une perpendiculaire RD en un point quelconque. Si un rayon lumineux arrive en R, suivant la direction CR, il est réfléchi suivant la direction RC'. Le rayon qui arrive se nomme le *rayon incident;* l'angle CRD qu'il fait avec la perpendiculaire au miroir est l'*angle d'incidence.* Le rayon RC' est le *rayon réfléchi*, et l'angle DRC' est l'*angle de réflexion.*

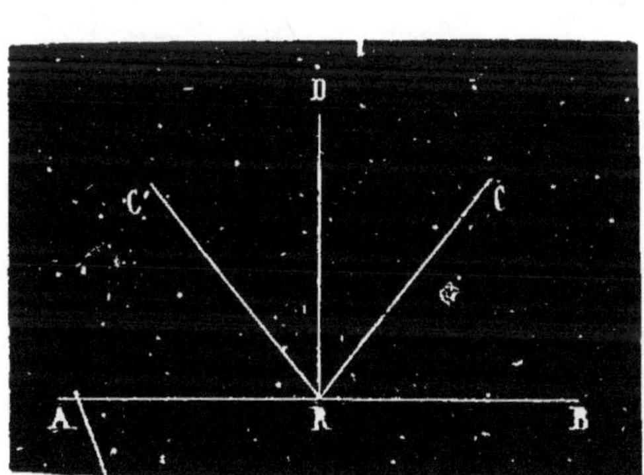

Fig. 121. — Lois de la réflexion de la lumière.

La direction du rayon réfléchi est déterminée par les lois suivantes :

1° *Le plan qui passe par le rayon incident et le rayon réfléchi contient aussi la normale; il est perpendiculaire au plan du miroir.*

2° *L'angle de réflexion est égal à l'angle d'incidence.*

Pour vérifier l'exactitude de ces lois, faisons entrer dans la chambre noire un faisceau de lumière solaire par une petite ouverture pratiquée dans le volet (*fig.* 122).

Recevons ce faisceau sur un miroir placé horizontalement sur une table : nous verrons le rayon incident et le rayon réfléchi, grâce aux poussières de l'appartement.

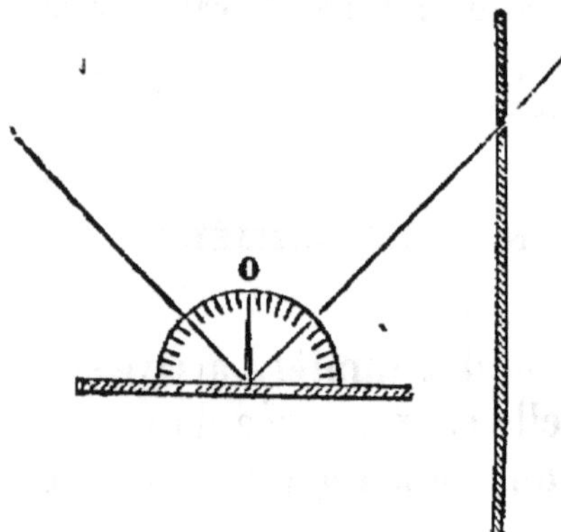


Fig 122. — Vérification des lois de la réflexion de la lumière.

Appliquons alors sur le miroir un grand rapporteur à dessin, de façon qu'il soit longé par les deux rayons, et que son centre soit au point touché par le rayon incident. Nous verrons : 1° que nous devrons le mettre perpendiculairement à la surface du miroir, ce qui démontre la première loi ; 2° que les deux angles déterminés sur le rapporteur par les rayons, à partir du point O, seront égaux.

**191. Formation des images dans les miroirs plans.** — Lorsqu'un objet est placé devant un *miroir plan*, on voit de l'autre côté *une image* qui reproduit exactement l'objet, sans déformation, et en vraie grandeur. Les lois de réflexion vont nous expliquer ce phénomène.

Fig. 123. — Image d'un point dans un miroir plan.

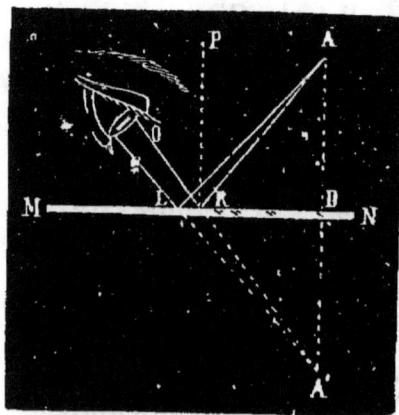

Considérons un point lumineux A (*fig.* 123) placé devant un miroir. Il envoie sur ce miroir un grand nombre de rayons, qui sont immédiatement réfléchis. Prenons l'un quelconque de ces rayons, AR ; il est réfléchi dans la direction RO, faisant avec la perpendiculaire RP au miroir un angle ORP égal à l'angle ARP.

Prolongeons ce rayon réfléchi OR jusqu'à sa rencontre

en A′ avec la perpendiculaire abaissée du point lumineux sur le miroir. Nous aurons ainsi formé deux triangles égaux ARD et A′RD; ces deux triangles ont, en effet, un côté commun RD, et deux angles égaux, savoir : les angles en D égaux comme droits, et les angles en R égaux, puisque, d'après les lois de la réflexion, les angles ARD et ORM sont égaux. On a donc DA′=DA : c'est-à-dire que le point de rencontre du rayon réfléchi prolongé avec la perpendiculaire AD également prolongée est symétrique du point lumineux par rapport au miroir.

Le rayon sur lequel nous avons raisonné étant quelconque, il en résulte que tous les rayons réfléchis, prolongés au-dessous du miroir, se rencontreraient au même point A′.

Donc *tous les rayons émanés du point* A *ont, après leur réflexion, la même direction que s'ils provenaient du point* A′ *symétrique du point* A.

Si donc l'œil, placé devant le miroir, reçoit un certain nombre de ces rayons réfléchis, il sera impressionné comme s'il y avait un point lumineux en A′; il verra en A′ une *image* du point A, quoiqu'il n'y ait en A′ aucun rayon lumineux.

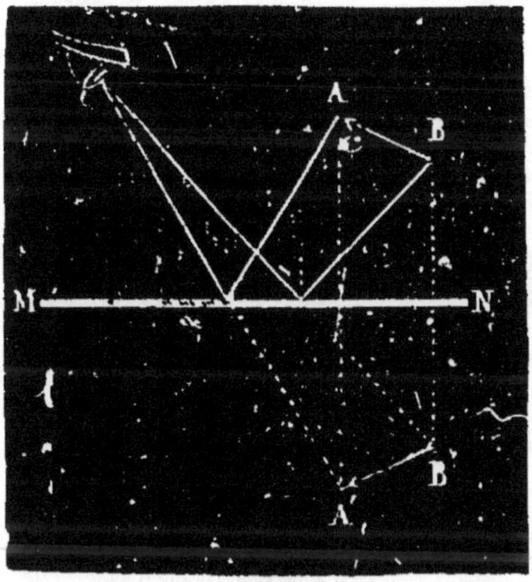

Fig. 124. — Image d'un objet dans un miroir plan.

Il est aisé de répéter pour chaque point d'un objet la construction et le raisonnement que nous venons de faire, ce qui montre comment se produit l'image d'un objet, de même que nous venons de voir comment se produit l'image d'un point.

Il est inutile, du reste, de répéter le raisonnement précédent quand on veut obtenir l'image d'un objet. On construit cette image (*fig.* 124) en menant simplement de chaque point de l'objet une perpendiculaire au miroir, et en la prolongeant derrière le miroir d'une quantité égale à elle-même. On reconnait ainsi que l'image a les mêmes dimensions et la même forme que l'objet, et qu'elle lui est égale sous tous les rapports, sauf pourtant que l'image est dans une *position inverse* de l'objet.

**192. Usages des miroirs plans.** — La réflexion de la lumière à la surface des miroirs plans est utilisée dans un grand nombre d'instruments de physique.

Nous nous contenterons d'en indiquer un seul, le *porte-lumière*, qui sert à envoyer dans la chambre noire un faisceau horizontal de lumière solaire; cet appareil est indispensable à la réalisation de la plupart des expériences que nous indiquerons dans ce chapitre et dans les suivants.

Il se compose (*fig.* 125) d'un miroir plan, de forme rectangulaire, porté par deux tiges rigides, qui sont fixées à une forte plaque métallique percée en son centre d'une large ouverture circulaire.

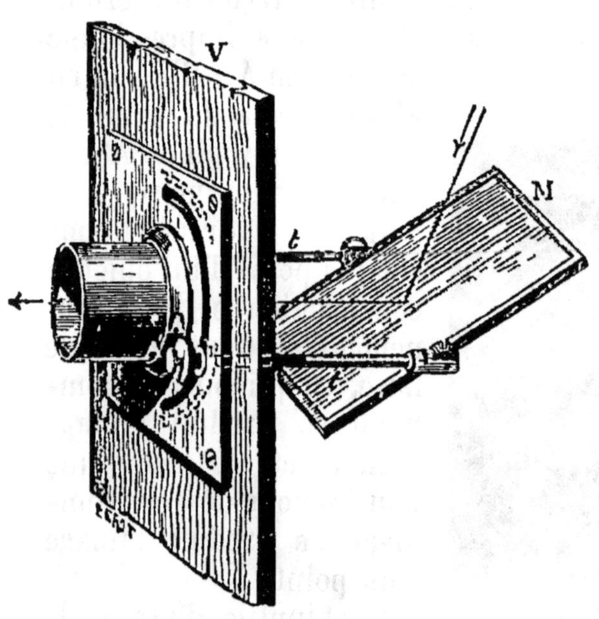


Fig. 125. — Porte-lumière.

Pour se servir du *porte-lumière*, on adapte, au moyen de vis de pression, la plaque métallique à une ouverture du volet de la chambre noire : le miroir est ainsi, à l'extérieur, exposé aux rayons du soleil. Une vis A permet de faire tourner les deux tiges par rapport à la plaque qui les porte; une seconde vis A' permet de faire tourner le miroir par rapport aux deux tiges; grâce à ce double mouvement, on donne aisément au miroir une position telle que les rayons solaires qui le frappent soient renvoyés horizontalement dans la chambre noire.

## *Résumé.*

La *reflexion* de la lumière obéit aux lois suivantes : 1° le plan qui passe par le rayon incident et le rayon réfléchi contient aussi la normale; 2° l'angle de réflexion est égal à l'angle d'incidence.

De ces lois résulte la formation des images dans les miroirs, et en particulier dans les miroirs plans. L'image formée dans les miroirs plans est pareille à l'objet, de même dimension, et placée symétriquement à cet objet par rapport au miroir.

## III. — MIROIRS SPHÉRIQUES CONCAVES ET CONVEXES.

**193. Miroirs sphériques.** — La réflexion de la lumière se produit sur une surface courbe tout aussi bien que sur une surface plane. Nous nous contenterons d'étudier ici la réflexion sur les surfaces sphériques.

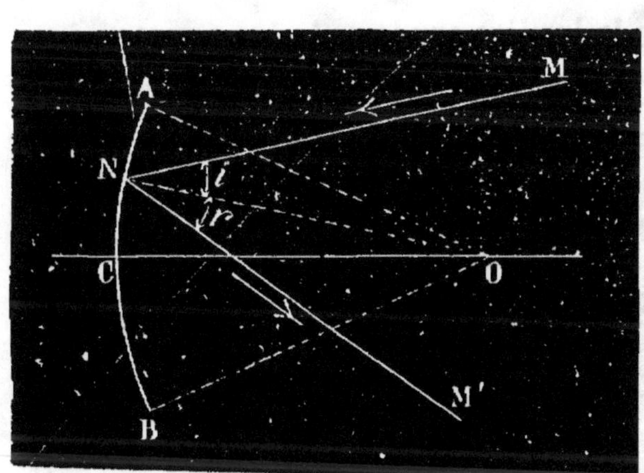

Fig. 126. — Réflexion de la lumière sur un miroir sphérique.

Les *miroirs sphériques* sont dits *concaves* ou *convexes*, selon que la face réfléchissante est à l'intérieur ou à l'extérieur de la portion de sphère qui les constitue.

Le centre O de la sphère (*fig.* 126) dont le miroir est une partie se nomme le *centre de courbure;* le centre C de la calotte sphérique qui constitue le miroir est le *centre du miroir*.

La ligne OC est l'*axe principal*; toute autre ligne, telle que ON, qui passe par le centre de courbure, est un *axe secondaire*. Enfin, l'angle COA que fait l'axe principal avec un axe secondaire extrême OA, constitue l'*ouverture du miroir;* nous supposerons, dans ce qui va suivre, tous nos miroirs de très petite ouverture, c'est-à-dire tels que l'arc CA soit très petit par rapport au *rayon* CO.

On obtient la *perpendiculaire* ou *normale* en un point N de la surface d'un miroir sphérique en joignant ce point au centre O. Si donc nous considérons un rayon lumineux MN, réfléchi en un point N, l'angle d'incidence MNO sera déterminé par la direction MN et la direction du rayon NO du miroir; on obtiendra le rayon réfléchi en menant, dans le plan MNO, une ligne NM, faisant avec le rayon du miroir un angle ONM' égal à l'angle d'incidence.

Nous allons montrer, en nous appuyant uniquement sur l'expérience, que la réflexion sur les miroirs sphériques produit des images tout aussi bien que la réflexion sur les miroirs plans. Nous commencerons par l'étude des miroirs concaves.

**194. Réflexion de la lumière sur les miroirs concaves.** — L'expérience conduit aux observations suivantes, rendues suffisamment claires par les figures qui accompagnent le texte.

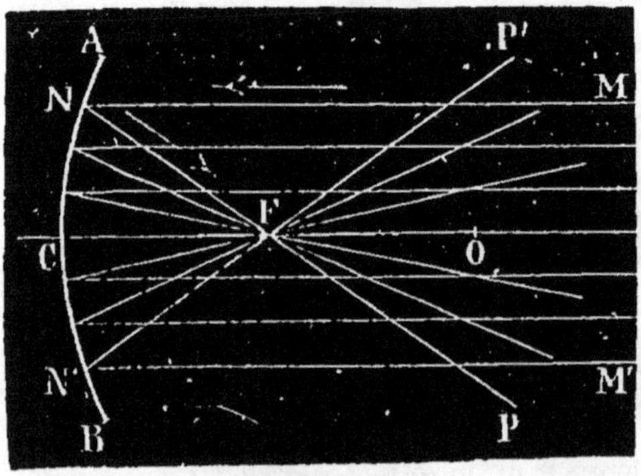

Fig. 127. — Foyer principal réel d'un miroir concave.

1° Tous les rayons lumineux qui arrivent sur un miroir concave parallèlement à l'axe principal (venant du soleil, par exemple), convergent, après leur réflexion, en un même point, situé sur cet axe, et à égale distance entre le centre de la sphère et le centre du miroir (*fig.* 127).

Ce point F de convergence des rayons se nomme le *foyer principal* du miroir.

Si le faisceau cylindrique avait la direction d'un axe secondaire OC′ (*fig.* 128), les rayons réfléchis viendraient converger en un point de cet axe secondaire, situé à égale distance entre les points O et C′. Ce point F′ de convergence est un *foyer secondaire*.

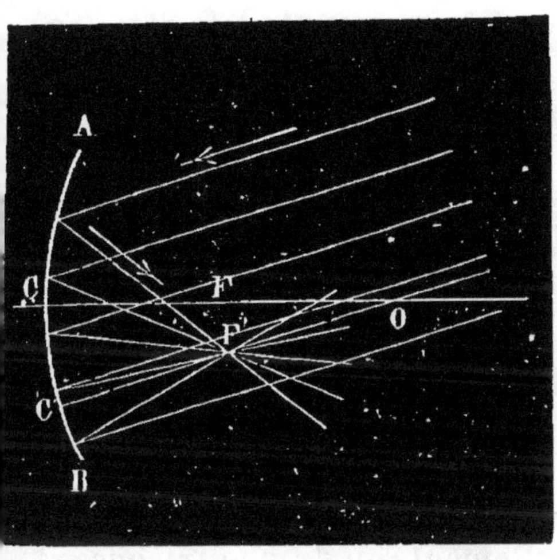


Fig. 128. — Foyer secondaire réel d'un miroir concave.

2° Tous les rayons lumineux qui émanent d'un point P, situé sur l'axe principal d'un miroir concave, convergent, après leur réflexion, en un même point P′, également situé sur cet axe (*fig.* 129).

Le point P′ se nomme le *foyer conjugué* du point P, ou autrement, l'image du point P.

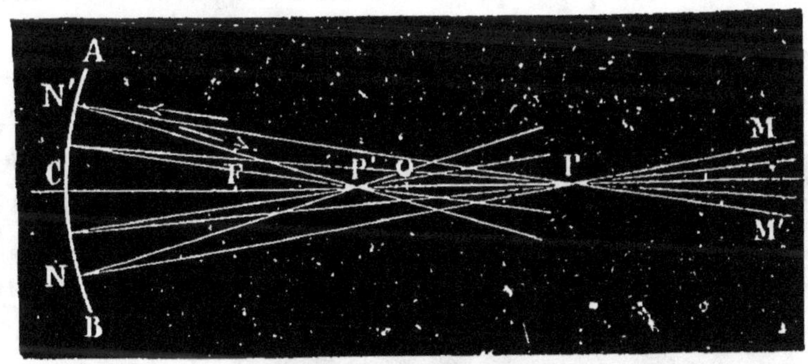


Fig. 129. — Image réelle d'un point P.

3° Lorsqu'on transporte un point lumineux, placé devant un miroir concave, à la position qu'occupe son image, l'image se transporte là où était auparavant le point lumineux.

4° A mesure que le point lumineux P s'approche du

miroir, son image P′ s'en éloigne. Quand le point lumineux est au foyer F, les rayons réfléchis sont parallèles à l'axe principal : ils forment un cylindre (*fig.* 127).

Qu'on approche encore le point lumineux : à partir de ce moment les rayons réfléchis forment un cône divergent N′Q′NQ (*fig.* 130), et ne se rencontrent plus. Mais leurs prolongements géométriques se rencontreraient en un point P′ situé derrière le miroir.

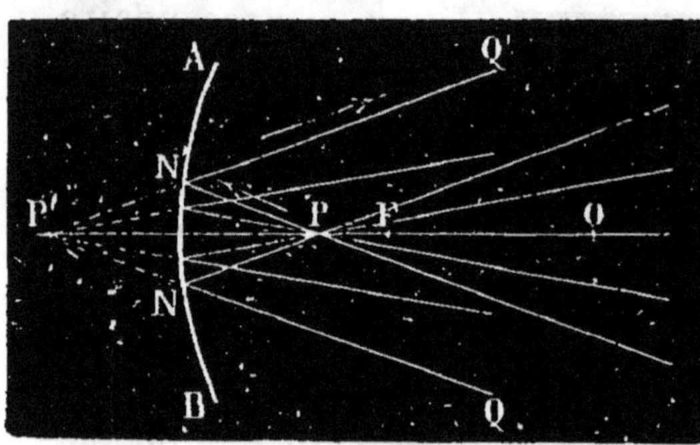


Fig. 130. — Image virtuelle d'un point P.

Le point P′ se nomme encore *foyer conjugué* du point P.

*Remarque.* — Dans les cas 1, 2, 3, les rayons lumineux réfléchis se rencontrent réellement : on dit que l'*image est réelle.*

Dans le cas 4, au contraire, les rayons lumineux réfléchis ne se rencontrent pas; mais, si l'observateur est placé sur le trajet de ces rayons, il lui semblera, comme dans les miroirs plans, qu'ils proviennent d'un point P′, situé derrière le miroir : l'observateur verra donc, en P′, une image du point P. Dans ce cas, l'*image est dite virtuelle* : au point où on la voit il n'y a, en réalité, aucun rayon lumineux.

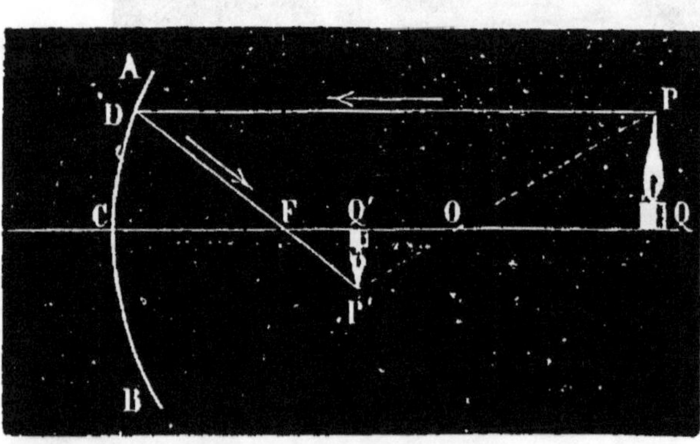


Fig. 13 . — Image réelle, plus petite, d'une bougie

**195. Image d'un objet placé devant un miroir concave.** — Plaçons maintenant, non plus un point lumineux, mais un objet lumineux, devant un miroir concave.

Nous verrons qu'il se forme toujours une image semblable à l'objet, mais généralement plus grande ou plus petite que l'objet.

1° Quand l'objet est situé au delà du point O, l'image se forme entre F et O; elle est *renversée* et *plus petite* que l'objet (*fig.* 131).

De plus, elle est *réelle*, c'est-à-dire qu'on peut la recevoir sur un écran.

2° Lorsque l'objet est situé entre O et F, l'image se forme au delà du point O; elle est encore *réelle* et *renversée*, mais plus grande que l'objet (*fig.* 132).

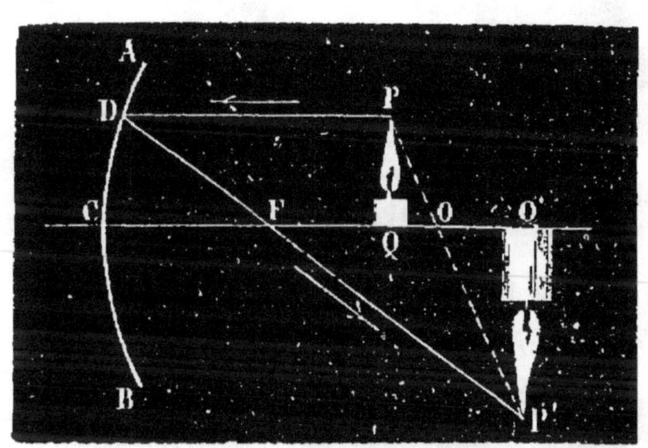


Fig 132. — Image réelle, plus grande, d'une bougie.

3° Enfin, si l'objet est placé entre F et C (*fig.* 133), l'image est *virtuelle* On ne peut plus la recevoir sur un écran; mais on peut la voir directement en se plaçant devant le miroir.

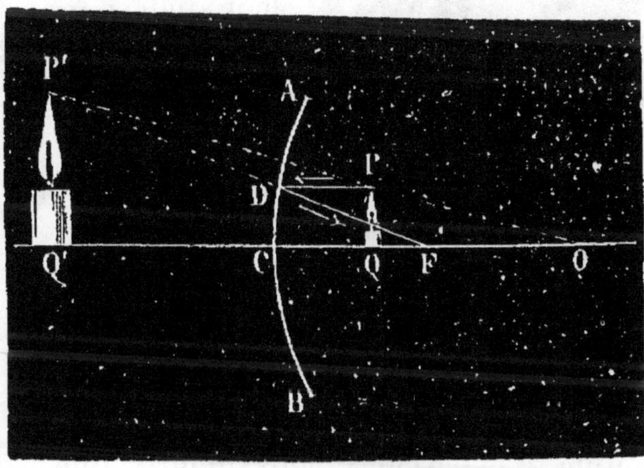


Fig. 133. — Image virtuelle, plus grande, d'une bougie

Elle est alors *droite* et *plus grande* que l'objet.

**196. Réflexion de la lumière sur les miroirs convexes. Image d'un objet.** — Les rayons, émanant d'un point lumineux, qui arrivent sur un miroir sphérique convexe, sont toujours rendus divergents; ils ne se rencontrent pas; mais leurs prolongements derrière le miroir se rencontrent en un même point, *image virtuelle,* du point lumineux.

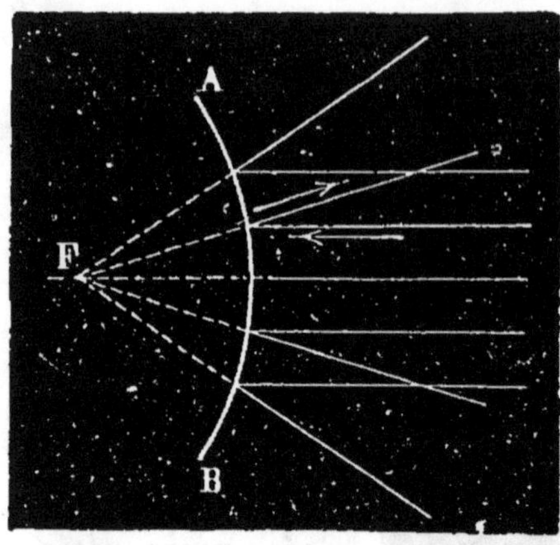


Fig 134. — Foyer principal virtuel d'un miroir convexe.

1° Quand on fait arriver sur un miroir convexe un faisceau cylindrique de lumière solaire, les rayons réfléchis forment un cône divergent. L'observateur placé devant le miroir reçoit les rayons réfléchis comme s'ils provenaient d'un point F situé derrière le miroir (*fig* 134).

Ce point F est le *foyer principal :* c'est un foyer virtuel.

2° Des rayons venant d'un point P forment, après leur réflexion, un cône divergent, dont le sommet P', placé derrière le miroir, constitue le foyer conjugué de P, ou l'*image virtuelle* de P (*fig.* 135).

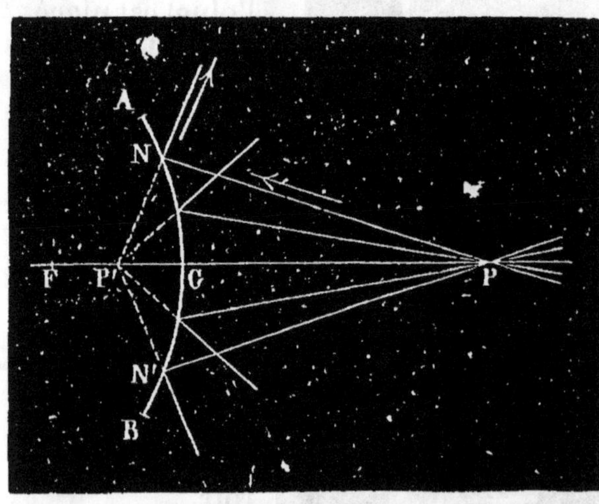


Fig. 135. — Image virtuelle d'un point P.

3° Si nous remplaçons le point lumineux P par un objet, une bougie par exemple, l'expérience nous montre que l'image est toujours *virtuelle, droite* et *plus petite* que l'objet (*fig.* 135).

Ainsi, les *miroirs concaves* donnent, suivant la position de l'objet, des images réelles ou virtuelles; les *miroirs convexes* donnent, comme les miroirs plans, des images toujours virtuelles.

**197. Usages des miroirs concaves et convexes.** — Les miroirs convexes n'ont pas d'applications importantes.

Les miroirs concaves servent quelquefois à concentrer en un point la chaleur et la lumière émanant d'une source éloignée : c'est avec des miroirs concaves (miroirs ardents) qu'Archimède put concentrer la chaleur du soleil et incendier, dit on, la flotte romaine qui assiégeait Syracuse.

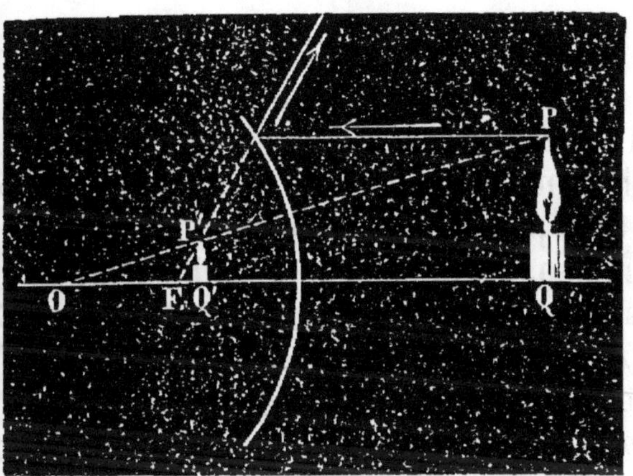


Fig. 136. — Image virtuelle d'une bougie.

Plus souvent le miroir concave est employé pour envoyer au loin, en un faisceau cylindrique, qui ne s'affaiblit pas avec la distance, la lumière d'une lampe placée à son foyer principal. Les réflecteurs des quinquets, des lanternes de voitures, sont concaves.

## *Résumé.*

Les miroirs sphériques donnent des *images* comme les miroirs plans.

Les images données par les *miroirs concaves* sont tantôt *réelles* (elles sont alors *renversées*, *plus petites* ou *plus grandes* que l'objet), tantôt *virtuelles* (elles sont alors *droites* et *plus grandes* que l'objet).

Les images données par les *miroirs convexes* sont toujours *virtuelles*, *droites* et *plus petites* que l'objet.

# CHAPITRE II

## RÉFRACTION DE LA LUMIÈRE.

### I. — PHÉNOMÈNE DE LA RÉFRACTION. — PRISMES.

**198. Réfraction de la lumière.** — Lorsqu'un faisceau cylindrique de rayons lumineux tombe sur un corps transparent, une partie de ces rayons est réfléchie, tandis qu'une autre partie pénètre dans le corps et le traverse.

Dans ce milieu transparent, la lumière se propage en ligne droite comme dans l'air; mais la nouvelle direction du rayon n'est pas dans le prolongement de la première.

On appelle *réfraction* cette déviation que subit la lumière quand elle passe d'un milieu dans un autre.

Soit LR un *rayon incident*, qui arrive sur une *surface réfringente* AB (*fig.* 137) : en passant du milieu supérieur dans le milieu inférieur, il change de direction, de telle sorte que le *rayon réfracté* fasse avec la perpendiculaire à la surface un *angle de réfraction* DRP' différent de l'*angle d'incidence* LRP.

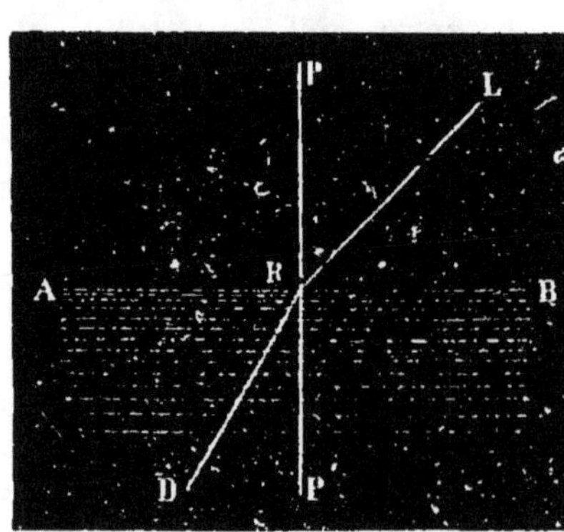

Fig. 137. — Réfraction d'un rayon lumineux.

Par exemple, lorsqu'un rayon passe de l'air dans l'eau ou dans le verre, il se rapproche de la perpendiculaire à la surface; il s'en éloigne, au contraire, lorsqu'il passe de l'eau ou du verre dans l'air.

La réfraction nous explique pourquoi les objets plongés dans l'eau nous semblent toujours moins profondément enfoncés qu'ils ne sont en réalité.

Considérons, en effet, un faisceau LAB de rayons lumineux, émanant d'un point L situé sous l'eau (*fig.* 138) : les rayons qui constituent ce faisceau sont déviés à la sortie de manière à prendre les directions ABCD, plus éloignées de la verticale. De sorte qu'un observateur placé au-dessus du niveau du liquide voit l'objet en L', dans le prolongement des rayons réfractés, au lieu de le voir dans sa position véritable.

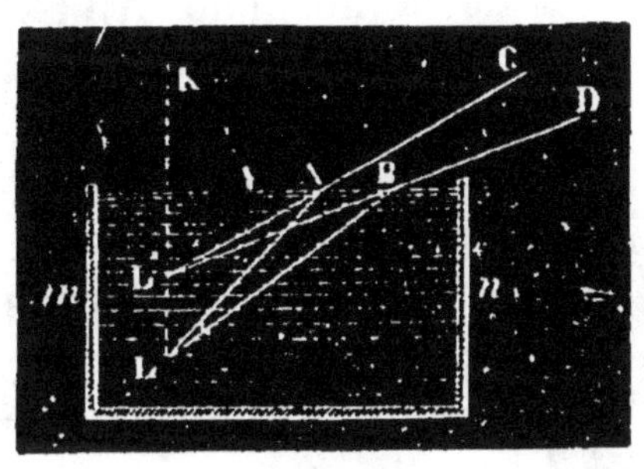


Fig. 138. — Le point L, situé sous l'eau, semble relevé en L'.

Nous comprenons maintenant pourquoi un bâton, plongé obliquement dans l'eau, paraît brisé au point d'immersion comme le montre la figure 139.

Fig. 139.— La réfraction fait voir le bâton comme s'il était brisé.

Nous nous contenterons d'avoir indiqué ainsi le phénomène de la réfraction, mais nous n'en énoncerons pas les lois, plus complexes que celles de la réflexion.

**199. Déviation de la lumière par les prismes.** — On désigne en optique, sous le nom de *prisme*, un bloc de verre ou d'une substance transparente limité par deux plans qui se coupent; l'angle que font entre eux ces deux plans se nomme l'*angle réfringent*, ou l'*angle du prisme*.

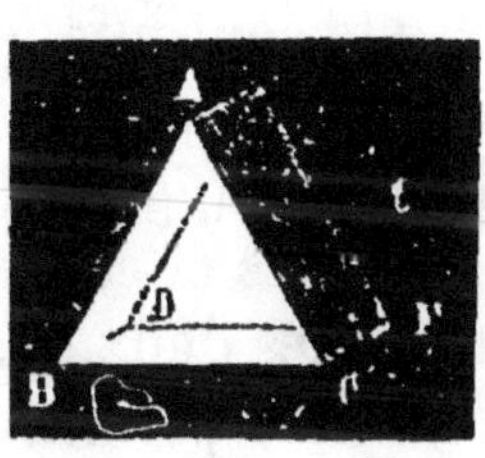


Fig. 140. — Prisme.

En somme, un *prisme* a la forme du solide connu en géométrie sous le nom de prisme triangulaire (*fig.* 140.) Il est généralement monté sur un pied qui permet de lui donner diverses positions.

Supposons que, par une ouverture percée dans le volet de la chambre noire, on fasse arriver sur un prisme ABC un rayon lumineux OR (*fig.* 141) : le rayon, en pénétrant dans le prisme, *se rapprochera* de la normale NR ; il prendra la direction RL. Arrivé en L. il sortira du prisme, *en s'éloignant* de la normale LN', et il prendra la direction LK. L'angle OIO', que fait la direction primitive du rayon incident avec la direction du rayon LK prolongée est la *déviation* produite par le prisme.

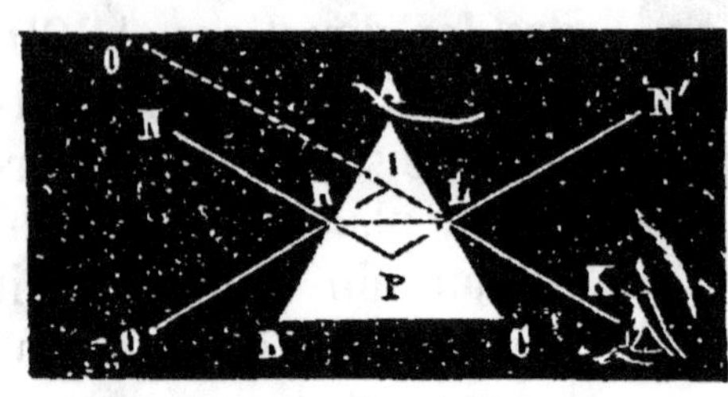


Fig. 141. — Déviation des rayons lumineux par le prisme.

L'expérience montre que la déviation varie :

1° *Avec la nature du prisme.* — Pour le démontrer, on prend deux prismes de même angle et de substances différentes ; on les colle l'un au bout de l'autre de manière qu'ils semblent n'en former qu'un seul.

L'arête A étant alors dirigée horizontalement, on la place sur le trajet d'un faisceau plat de lumière solaire qui traverse horizontalement la chambre noire. On peut aisément s'arranger de telle sorte qu'une partie du faisceau ne rencontre pas le prisme, et continue sa route en ligne droite suivant AN (*fig.* 142); l'autre partie passe à travers les deux prismes et est déviée différemment par chacun d'eux ; on voit les deux faisceaux déviés, AP et AQ, faisant avec la direction primitive AN des angles NAP et NAQ.

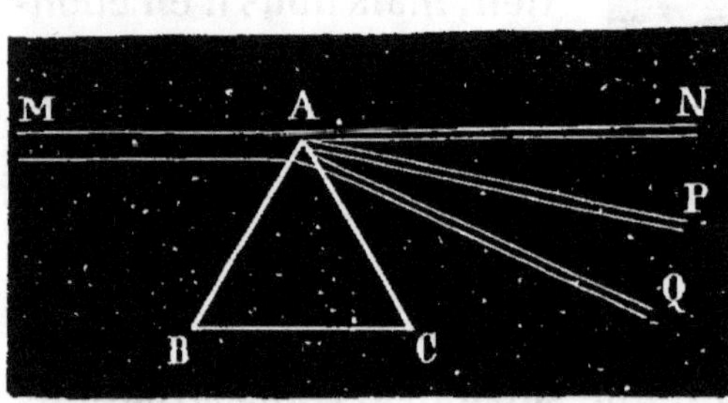


Fig. 142. — Deux prismes de substances différentes produisent des déviations différentes.

2° *Avec l'angle du prisme.* — La déviation est d'autant plus grande que l'angle A du prisme est plus grand.

Lorsque l'angle A est nul, c'est-à-dire lorsque la lumière traverse une plaque transparente à faces parallèles, il n'y a plus de déviation. Le rayon émergent R'L' reprend une direction parallèle à celle du rayon incident LR (*fig.* 143).

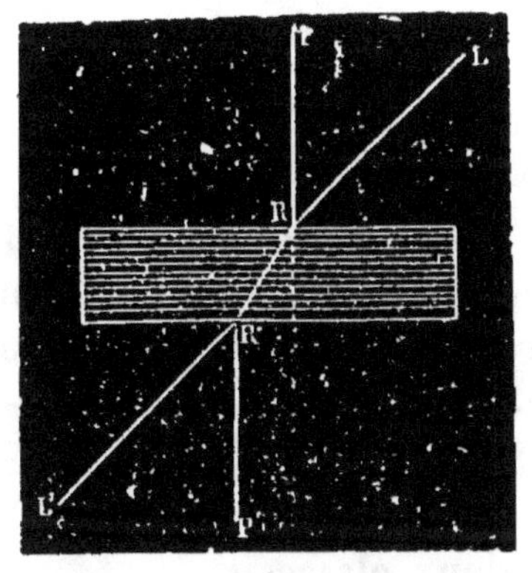

Fig. 143. — Réfraction à travers une barre à faces parallèles.

3° *Avec l'incidence de la lumière sur la face d'entrée.* — Si l'on fait tourner le prisme (*fig.* 142), autour de son arête A, on voit l'angle de déviation varier progressivement. La déviation est *minimum* lorsque l'angle d'incidence est tel que la portion du rayon qui traverse le prisme fasse avec les plans AB et AC des angles égaux.

**200. Déplacement apparent des objets par le prisme.** — Supposons qu'on place l'œil sur le trajet des rayons émergents LK (*fig.* 141). Ces rayons sembleront venir de la direction LK prolongée : de telle sorte que l'ouverture O du volet, par laquelle est entrée la lumière, paraîtra remontée en O'.

C'est là un fait général : chaque fois qu'on regarde un objet à travers un prisme, cet objet semble déplacé, du côté de l'arête du prisme, d'un angle égal à l'angle de déviation des rayons lumineux.

## *Résumé.*

Un rayon lumineux qui passe de l'air dans un corps transparent change de direction. Ce changement de direction se nomme *réfraction*.

Le phénomène de la réfraction explique pourquoi les objets plongés dans l'eau nous semblent moins profondément enfoncés qu'ils ne le sont en réalité.

Quand la lumière traverse un *prisme*, elle change une première fois de direction à l'entrée, puis une seconde fois à la sortie ; la déviation totale qu'on observe dépend de la nature du prisme, de l'angle du prisme, et de l'incidence de la lumière sur la face d'entrée.

## II. — LENTILLES, INSTRUMENTS D'OPTIQUE.

**201. Lentilles convergentes, lentilles divergentes.** — En optique, une *lentille* est un morceau d'une substance réfringente, terminé par des surfaces courbes. Nous nous occuperons uniquement des *lentilles sphériques*, c'est-à-dire des lentilles dont les surfaces terminales sont des portions de sphères.

Les lentilles sont partagées en deux classes :

1° *Les lentilles convergentes*, qui rendent convergents les rayons parallèles. Elles sont ou bi-convexes, ou plan-convexes, ou concaves-convexes. On les distingue immédiatement à ce caractère, qu'elles sont plus épaisses au milieu que sur les bords (*fig.* 144).

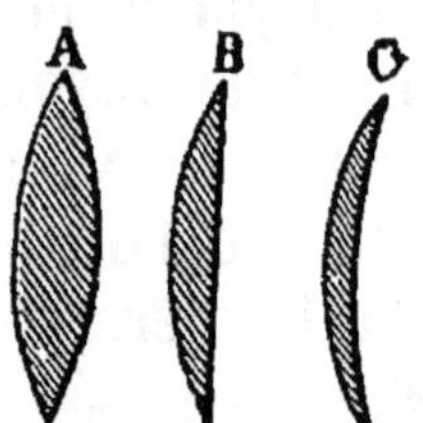


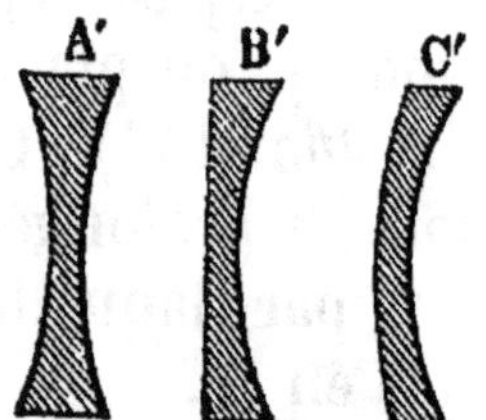


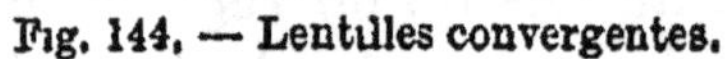

Fig. 144. — Lentilles convergentes.

Fig. 145. — Lentilles divergentes.

2° *Les lentilles divergentes*, qui rendent divergents les rayons parallèles. Elles sont bi-concaves, plan-concaves, ou convexes-concaves. On les distingue à ce caractère qu'elles sont plus épaisses sur les bords qu'au milieu (*fig.* 145).

**202. Action des lentilles convergentes sur la lumière.** — L'expérience conduit aux résultats suivants :

1° Tous les rayons lumineux qui arrivent sur une *lentille convergente* parallèlement à son axe (venant du soleil, par exemple), convergent, après leur réfraction, en un même point F, situé sur cet axe, de l'autre côté de la lentille (*fig.* 146)

Ce point est le *foyer principal* de la lentille.

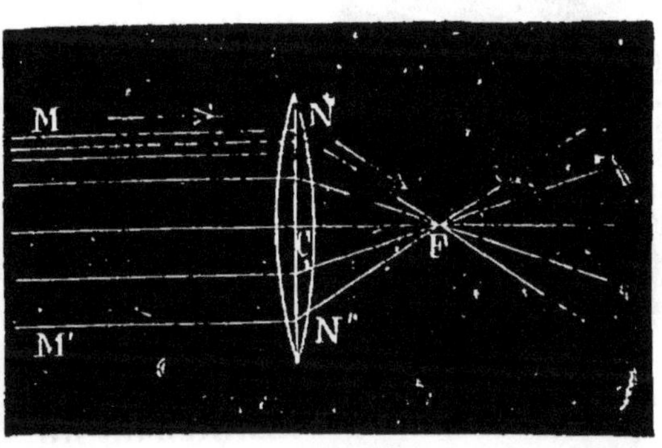


Fig. 146. — Foyer principal réel d'une lentille convergente.

Chaque lentille a deux foyers principaux, situés de part et d'autre, à la même distance de la lentille.

Réciproquement, si l'on place en F un point lumineux, les rayons qu'il envoie sur la lentille sortent, après leur passage, sous la forme d'un faisceau de rayons parallèles à l'axe principal.

2° Tous les rayons lumineux qui émanent d'un point P, situé sur l'axe principal d'une lentille convergente, passent, après leur réfraction, par un même point P', également situé sur cet axe (*fig.* 147).

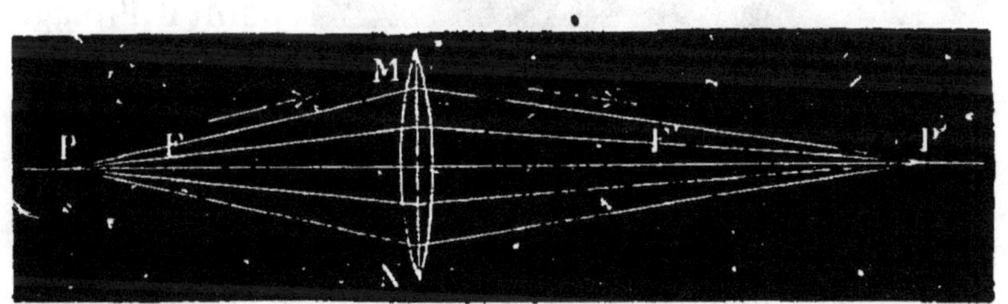


Fig. 147. — Image réelle P' d'un point P, dans une lentille convergente

Le point P' se nomme le *foyer conjugué* du point P, ou autrement l'*image* du point P.

Si le cône P'MN était le cône incident, les rayons réfractés iraient se réunir en P.

3° Si le point lumineux P est situé entre le foyer principal F et la lentille, les rayons réfractés forment un cône divergent : ils ne se rencontrent plus.

Mais leurs prolongements géométriques convergent vers un point P', situé du même côté que le point P (*fig.* 148). Ce point P' est l'*image virtuelle* du point P.

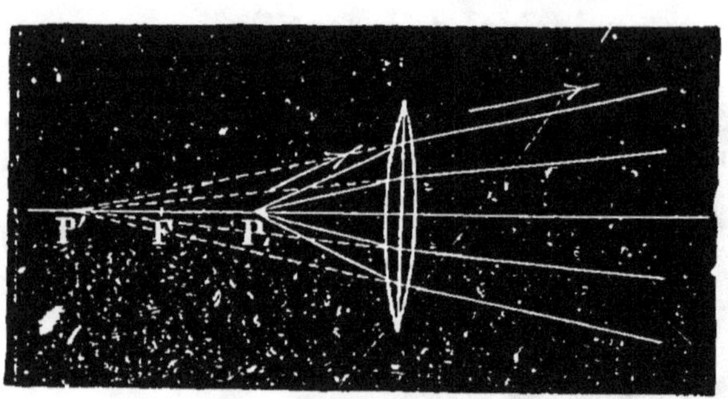


Fig. 148. — Image virtuelle P' d'un point P, dans une lentille convergente.

**203. Image d'un objet placé devant une lentille convergente.** — Plaçons maintenant un objet lumineux devant la lentille convergente : il se forme toujours une image semblable à l'objet, mais généralement plus grande ou plus petite que l'objet.

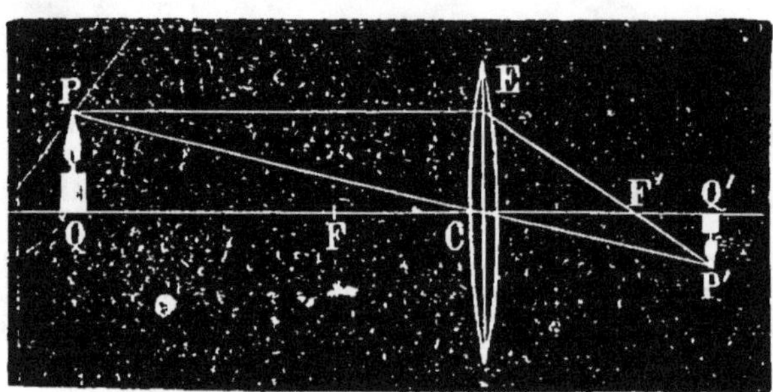


Fig. 149. — Image d'une bougie dans une lentille convergente.

Quand l'objet est situé plus loin de la lentille que le point F, l'image est *réelle, renversée* (*fig* 149).

Si l'objet est placé plus près de la lentille que le point F, l'image est *virtuelle*. On ne peut plus la recevoir sur un écran ; mais on peut la voir directement en se plaçant de l'autre côté de la lentille. Elle est alors *droite* et *plus grande* que l'objet.

**204. Action des lentilles divergentes sur la lumière. Image d'un objet.** — Les rayons émanant d'un point lumineux sont rendus divergents par leur passage à travers une lentille divergente. Les lentilles divergentes ne donnent jamais que des images virtuelles.

C'est ce que montre l'expérience.

1° Quand on fait arriver sur une *lentille divergente* un

faisceau cylindrique de lumière solaire, le faisceau réfracté constitue un cône divergent. L'observateur, placé derrière la lentille, reçoit les rayons comme s'ils provenaient d'un point F (*fig.* 150), situé du même côté que le faisceau incident. Le point F est le *foyer principal* : c'est un foyer virtuel.

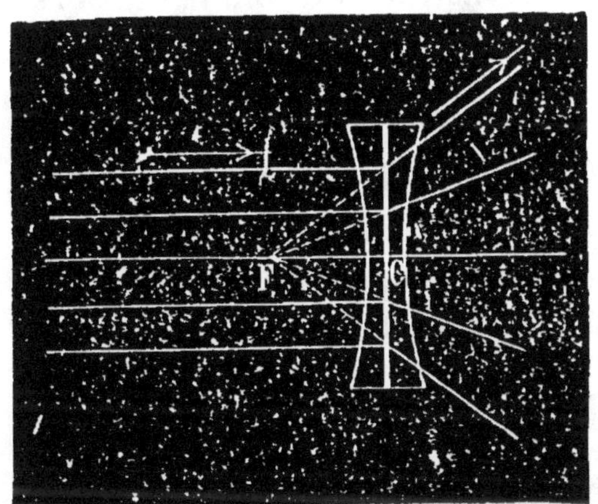


Fig. 150. — Foyer principal virtuel dans une lentille divergente.

2° Un faisceau conique, provenant d'un point P, est rendu plus divergent par son passage à travers la lentille : le sommet de ce faisceau divergent est l'image virtuelle du point P (*fig.* 151).

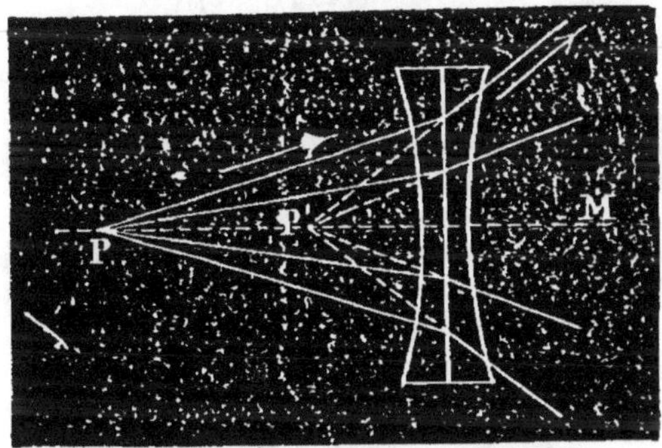


Fig. 151. — Image virtuelle P' d'un point P dans une lentille divergente.

Si l'observateur se place en M, le point lumineux P lui semble transporté en P'.

3° Si on remplace le point lumineux P par un objet, par une bougie, par exemple (*fig.* 152), on a une image *virtuelle droite*, *plus petite* que l'objet.

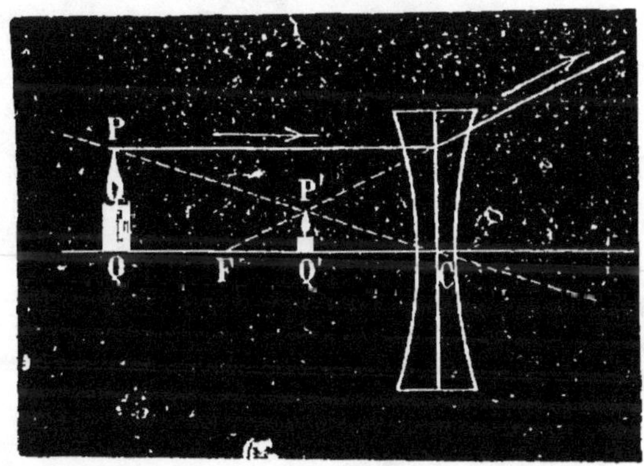


Fig. 152. — Image virtuelle d'une bougie dans une lentille divergente.

**205. Usages des lentilles. Instruments d'optique.** — Les lentilles, et principalement les lentilles convergentes, sont utilisées dans un grand nombre d'instruments d'optique.

Les plus importants de ces instruments sont la *chambre noire des photographes*, la *lanterne magique*, la *loupe*, le *microscope*, la *lunette astronomique*, la *lunette de Galilée*, le *télescope*.

Les trois premiers, seuls, sont assez simples pour qu'on puisse en parler ici.

**206. Chambre noire des photographes.** — Une lentille convergente est fixée à un tube en laiton, devant une chambre noire G (*fig.* 153), dont la paroi postérieure D est constituée par une plaque de verre dépoli E.

Fig. 153. — Chambre noire des photographes.

Les objets placés devant la lentille viennent former sur la plaque une image *réelle*, *plus petite que l'objet*, et *renversée*.

On obtient la netteté de l'image en faisant varier convenablement, à l'aide de la vis K, la position de la lentille par rapport à la plaque de verre dépoli.

**207. Lanterne magique.** — Cet instrument est destiné à rendre visible pour un grand nombre de spectateurs, l'image amplifiée des objets très petits et transparents.

Il a encore pour organe essentiel une lentille convergente.

L'objet, très petit, est collé sur une plaque de verre. On le place assez près d'une lentille, pour qu'il donne, de l'autre côté, une image *réelle renversée*, et plus grande que l'objet.

Cette image, reçue sur un écran blanc, peut être vue de toutes les personnes qui sont dans la chambre rendue obscure. Pour que l'image soit assez brillante, il faut que l'objet soit éclairé par une lampe munie d'un réflecteur concave.

**208. Loupe.** — La loupe a pour but de faciliter la vision des objets de petites dimensions.

Elle se compose d'une lentille convergente, que l'observateur tient à la main par l'intermédiaire d'une monture de forme quelconque.

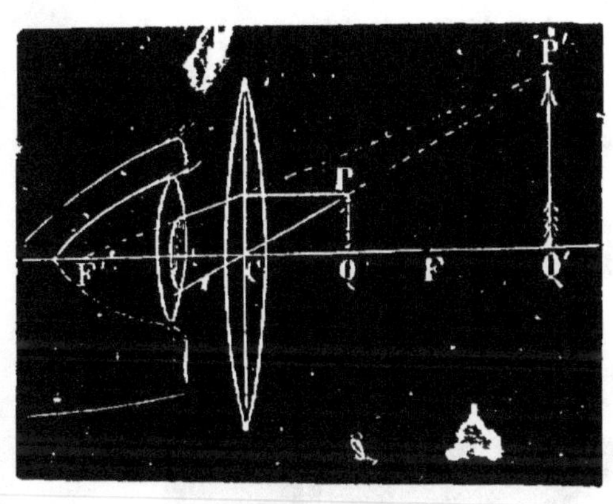


Fig. 154. — Loupe.

L'œil *étant appliqué derrière la loupe* (*fig.* 154), on approche l'objet à examiner, jusqu'à ce qu'il soit situé entre la loupe et le foyer principal. Nous savons que, dans ce cas, les rayons réfractés sont rendus divergents et semblent provenir de l'image virtuelle P′Q′. Au lieu de voir l'objet réel PQ, l'observateur verra donc l'image virtuelle P′Q′, beaucoup plus grande.

## *Résumé.*

Les *lentilles convergentes* sont à bords minces, les *lentilles divergentes* à bords épais.

Les *lentilles convergentes* donnent des images tantôt *réelles* (et alors elles sont *renversées*, *plus grandes* ou *plus petites* que l'objet), tantôt *virtuelles* (et alors elles sont *droites*, *plus grandes* que l'objet).

Les *lentilles divergentes* donnent toujours des images *virtuelles*, *droites* et plus petites que l'objet.

La *chambre noire des photographes* est constituée par une lentille convergente employée de manière qu'elle donne une image *réelle*, *renversée*, *plus petite* que l'objet.

La *lanterne magique* est constituée par une lentille convergente employée de manière qu'elle donne une image *réelle*, *renversée*. *plus grande* que l'objet.

La *loupe* est constituée par une lentille convergente employée de manière qu'elle donne une image *virtuelle*, *droite*, *plus grande* que l'objet.

# CHAPITRE III

## DISPERSION DE LA LUMIÈRE.

### I. — SPECTRE SOLAIRE

**209. Décomposition de la lumière solaire par le prisme.** — La lumière solaire n'est pas seulement *déviée* par la réfraction à travers les corps transparents, elle est aussi *décomposée*. Nous allons nous occuper de cette décomposition, que nous avons jusqu'ici passée sous silence.

Par l'ouverture du volet d'une chambre noire faisons arriver, au moyen du porte-lumière, un faisceau lumineux SOD (*fig.* 155). Ce faisceau traversera la chambre en

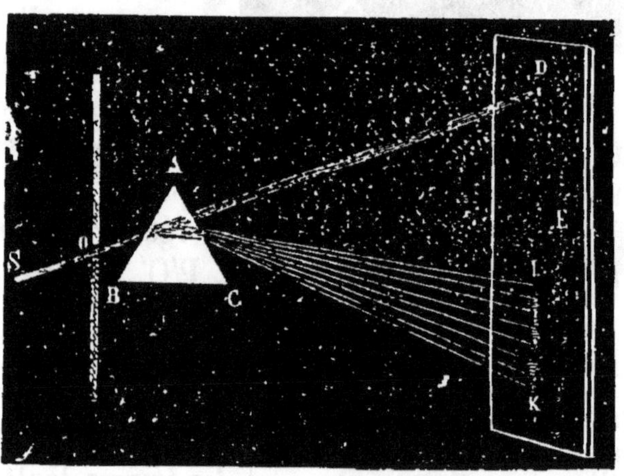


Fig 155. — Décomposition de la lumière blanche par le prisme.

ligne droite, et viendra marquer, sur un écran blanc E, une trace lumineuse D.

Plaçons maintenant sur le trajet du faisceau lumineux notre prisme de verre : nous verrons, comme nous l'avons déjà dit, le faisceau changer de direction et s'éloigner de l'angle du prisme; sa trace sur l'écran s'abaissera.

De plus, la trace nouvelle, au lieu d'être ronde et blanche, comme la première, sera allongée et colorée des nuances les plus vives.

Nous aurons sur l'écran une longue bande lumineuse formée de couleurs variées, *se fondant insensiblement les unes dans les autres.* Ces couleurs sont, en commençant par la plus déviée, qui est en K :

*violet, indigo, bleu, vert, jaune, orange, rouge.*

L'ensemble de ces couleurs forme ce qu'on nomme le *spectre solaire.*

Newton, qui, le premier, en 1668, a exécuté cette remarquable expérience, l'a expliquée, en admettant que *la lumière solaire est composée d'un nombre infini de rayons ayant des indices de réfraction différents La séparation de ces divers rayons par le prisme est appelée dispersion.*

Ces conclusions vont être entièrement justifiées par la série des expériences que nous allons indiquer. Newton, en effet, a prouvé l'exactitude de son hypothese, en montrant : 1° que les différentes couleurs du spectre sont simples et inégalement réfrangibles; 2° qu'en réunissant ces couleurs on recompose la lumière blanche.

**210. Les différentes couleurs du spectre sont simples et inégalement refrangibles.** — Recevons le spectre IK (*fig.* 156) sur un écran E. percé d'une petite ouverture L, et faisons tourner le prisme ABC autour de son arête A, de telle manière que les rayons violets du spectre passent seuls à travers l'ouverture. Si, sur le trajet du faisceau de lumiere violette ainsi obtenu, nous interposons un second prisme A'B'C', nous constaterons une déviation *d* de ce faisceau.

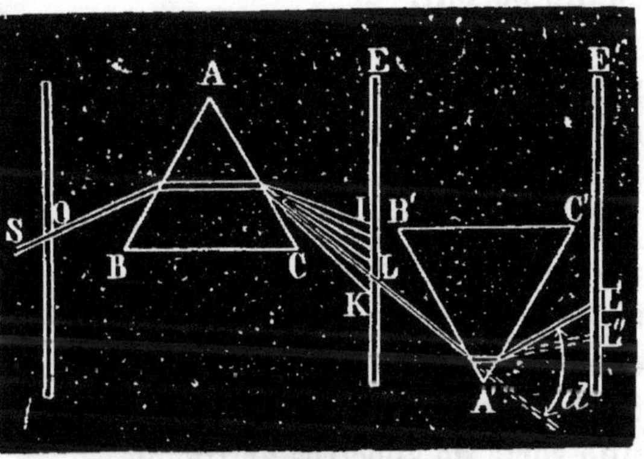


Fig 156. — Les divers rayons du spectre sont simples, et diversement réfrangibles.

Mais le faisceau ne sera que dévié, et la trace L′, qu'il ira former sur un second écran E′, sera violette comme le faisceau incident.

*Donc la lumière violette du spectre n'est pas dispersée par le prisme : c'est une lumière simple.* Il en serait de même de toute autre couleur du spectre.

Maintenant, par une rotation du premier prisme autour de son arête A, amenons les rayons rouges à traverser l'ouverture L. Ces rayons rouges seront aussi déviés par le second prisme; mais ils le seront moins que les rayons violets : la trace qu'ils marqueront sur le second écran, en L″, sera située plus bas que la trace L′ des rayons violets.

*Donc les différentes couleurs du spectre sont inégalement réfrangibles; elles ont, par rapport au verre, des indices de réfraction différents.*

**211. En réunissant les différentes couleurs du spectre on recompose la lumière blanche.** — Newton a montré, de plusieurs manières, qu'en réunissant les différentes couleurs du spectre on recompose la lumière blanche.

1° Il prit des poudres de diverses couleurs, se rapprochant autant que possible des nuances du spectre, et, les ayant mélangées en proportions convenables, il obtint une poudre d'un blanc parfait.

Fig 157. — Disque tournant de Newton, servant à la formation de la lumière blanche.

2° Prenons un carton circulaire (*fig.* 157) partagé en secteurs d'une étendue proportionnelle à la longueur que chaque couleur principale occupe dans le spectre solaire, et collons sur ces secteurs des bandes de papier présentant les couleurs du spectre : nous aurons ainsi un cercle tout autour duquel se succéderont une série de spectres artificiels.

Si l'on imprime à ce disque un rapide mouvement de rotation autour de son centre, il nous paraîtra d'un blanc grisâtre.

Pour bien saisir ce qui se produit ici, il faut se rappeler que les impressions produites sur l'œil par un phénomène lumineux, qui n'a duré qu'un instant très court, ont cependant une certaine durée. La lumière n'est plus là, qu'on la voit encore pendant une fraction de seconde. Par exemple, lorsqu'on fait tourner rapidement une baguette dont le bout est en feu, on voit un ruban lumineux, comme si le bout incandescent était partout à la fois.

Dans la rotation rapide de notre cercle, chaque nuance vient agir sur l'œil avant que l'impression produite par les précédentes ait disparu. Toutes les couleurs se superposent dans l'œil, et reproduisent la sensation de lumière blanche.

Si le blanc n'est pas parfait, c'est que nos couleurs, qui sont artificielles, ne sont pas absolument identiques à celles du spectre.

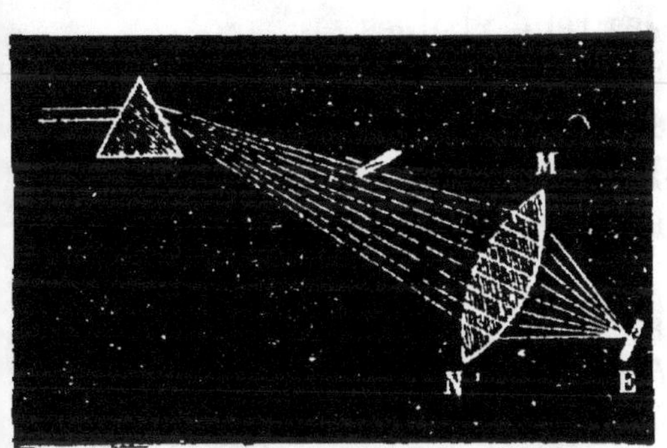


Fig. 158. — Une lentille M réunit en son foyer les diverses couleurs qui avaient été séparées par un prisme.

3° Enfin, on peut faire arriver sur une lentille convergente MN un faisceau dispersé par son passage à travers un prisme (*fig.* 158). Les rayons diversement colorés sont réfractés de manière à se superposer au foyer de la lentille E : en ce point on a une trace blanche, légèrement colorée sur les bords. Un miroir concave produirait le même effet.

212. **Couleurs complémentaires.** — Il n'est pas toujours nécessaire de superposer toutes les couleurs du spectre pour régénérer la lumière blanche.

Ainsi, la lumière *jaune* et la lumière *bleue* du spectre forment la lumière blanche par leur superposition : ces couleurs sont appelées *couleurs complémentaires.* De même, le rouge et le bleu verdâtre, l'orangé et le bleu de Prusse, sont des couleurs complémentaires qui, par leur superposition, régénèrent la lumière blanche.

En peinture, on emploie fréquemment des mélanges de couleurs; mais ces mélanges produisent toujours des nuances différentes de celles qu'on obtiendrait en superposant les couleurs naturelles du spectre. Cela tient à ce que nos couleurs artificielles sont loin d'être identiques aux couleurs du spectre : elles ne sont, notamment, jamais simples, et on peut toujours les décomposer en rayons de nuances diverses par leur passage à travers le prisme.

**213. Théorie des couleurs.** — Nous avons vu que les corps opaques et dépolis absorbent toujours une partie de la lumière qui les éclaire, et diffusent dans toutes les directions l'autre partie qui les rend visibles.

Supposons qu'un corps absorbe presque toute la lumière : il n'en enverra vers l'œil qu'une quantité très faible, presque nulle; il nous paraîtra obscur, *noir*. Le noir n'est pas une couleur; c'est l'absence de lumière, c'est l'obscurité.

Supposons, au contraire, qu'un corps renvoie presque toute la lumière qui l'éclaire : il prendra la couleur de cette lumière : il sera blanc, s'il est éclairé par le soleil; rouge, s'il est éclairé par un feu de Bengale rouge; bleu, s'il est éclairé par un feu de Bengale bleu. Un corps blanc est donc celui qui diffuse la lumière sans la modifier, telle qu'elle lui est venue.

Mais prenons maintenant un corps qui absorbe presque tous les rayons solaires, et qui ne diffuse que les *bleus* : il n'enverra dans l'œil que des *rayons bleus*; il sera *bleu*. Si nous éclairons ce corps par un feu de Bengale rouge, il nous paraîtra noir, puisqu'il a précisément la propriété d'absorber les rayons rouges, les seuls qui l'éclairent en ce moment.

Le plus souvent les corps absorbent certains rayons du spectre, et en diffusent certains autres : *l'ensemble des rayons diffusés détermine la couleur propre du corps.*

**214. Arc-en-ciel.** — Tout le monde connaît l'arc-en-ciel et ses brillantes couleurs. Elles sont trop semblables aux couleurs du spectre pour ne pas être produites, elles aussi, par une dispersion de la lumière solaire. L'arc-en-ciel est, en effet, un spectre dans lequel les gouttes de pluie jouent le rôle de prismes.

Les rayons solaires entrent dans les gouttes de pluie, y pénètrent par réfraction, subissent au fond des gouttelettes le phénomène de la réfraction totale, et ressortent pour revenir du côté du soleil. Mais ces rayons ont été dispersés par leur passage à travers l'eau et ont pris les couleurs du spectre.

Ceci nous montre que, pour voir l'arc-en-ciel, il faut tourner le dos au soleil et regarder devant soi, vers les nuages qui doivent le produire.

En se plaçant comme il vient d'être dit, on peut aussi voir un arc-en-ciel dans les gouttes qui tombent d'une cascade ou d'un jet d'eau.

## *Résumé.*

La lumière solaire est composée d'un nombre infini de rayons ayant des indices de réfraction différents. Le *prisme* sépare ces rayons et donne le spectre.

Les couleurs les plus visibles du spectre sont, en commençant par la plus réfractée : *violet, indigo, bleu, vert, jaune, orange, rouge.*

Newton a montré que : 1° les différentes couleurs du spectre sont simples et inégalement réfrangibles; 2° en réunissant les différentes couleurs du spectre on recompose la lumière blanche.

Deux couleurs sont dites complémentaires quand leur superposition reforme du blanc.

La couleur propre des corps est déterminée par l'ensemble des rayons lumineux que ce corps diffuse vers l'œil.

L'arc-en-ciel est dû à une dispersion de la lumière solaire dans les gouttelettes d'eau des nuages.

## II. — PHOTOGRAPHIE.

**215. Effets chimiques de la lumière.** — Certaines décompositions et certaines combinaisons chimiques se produisent sous l'action de la lumière.

C'est ainsi que le chlore et l'hydrogène, mélangés à volumes égaux, se combinent instantanément et produisent de l'acide chlorhydrique, lorsqu'on fait arriver sur le ballon qui les renferme un faisceau de lumière solaire.

Inversement, le chlorure d'argent, précipité blanc qu'on obtient en versant une dissolution de sel marin dans une dissolution d'azotate d'argent, est lentement décomposé par la lumière; un papier imprégné de chlorure d'argent se conserve indéfiniment blanc dans l'obscurité, tandis qu'il noircit sous l'action de la lumière, par suite de la formation d'argent métallique à l'état de poudre impalpable.

L'iodure et le bromure d'argent éprouvent la même décomposition quand on les expose à la lumière du jour.

**216. Photographie.** — On tire parti des décompositions chimiques que produit la lumière pour fixer les images positives données par les lentilles dans la chambre noire décrite au § 206.

La *photographie* est l'art d'opérer cette fixation.

Les premiers procédés photographiques ont été imaginés en 1838 par Niepce et Daguerre. Ils ont été successivement perfectionnés par Talbot, Fizeau, Poitevin.....

La photographie et les arts qui en dérivent (photoglyptie, photolithographie, photogravure...) ont pris de nos jours un grand développement et sont parvenus à un haut degré de perfection. Nous n'indiquerons ici que les principes fondamentaux de la photographie sur papier.

**217. Opérations fondamentales de la photographie.** — L'obtention des images photographiques sur papier se compose de deux séries distinctes d'opérations.

1° *Production de l'épreuve négative ou cliché.* — Sur une plaque de verre parfaitement propre on répand une couche uniforme de *gélatine*, mélangée à du *bromure d'argent*, substance aisément décomposable par la lumière.

Cette *plaque sensible* est placée dans la chambre noire, préalablement mise au point ; l'image réelle qui se forme à sa surface détermine un commencement de décomposition du bromure d'argent.

Après quelques secondes d'exposition, on reporte la plaque dans la pièce obscure.

Si on la regarde alors, on n'y remarque aucun changement : la décomposition par la lumière a été à peine commencée, et n'est pas sensible à la vue.

Mais si on lave avec une dissolution d'*acide pyrogallique*[1], on voit presque immédiatement l'image se *développer :* partout où, dans l'objet, étaient des parties très éclairées, on voit dans l'image des taches noires; aux ombres de l'objet correspondent, au contraire, des blancs de l'image, parce que, en ces points, il n'y a pas eu décomposition des sels d'argent. Cette image renversée porte le nom d'*épreuve négative* ou *cliché*.

Avant de pouvoir sortir le *cliché* du cabinet obscur, il reste à le laver avec une dissolution d'*hyposulfite de soude*, qui dissout le bromure d'argent non décomposé, et rend ainsi la plaque insensible à l'action postérieure de la lumière.

Dès lors le négatif est *fixé;* il ne reste plus qu'à le faire sécher.

2° *Production de l'épreuve positive sur papier.* — Le cliché sur verre peut servir à *tirer* un nombre aussi grand qu'on le veut d'épreuves positives sur papier.

1. L'*acide pyrogallique* et un certain nombre d'autres substances, dites *révélatrices*, ont la propriété de décomposer l'iodure et le bromure d'argent qui ont été soumis à l'action de la lumière. Le métal, mis en liberté par suite de la décomposition, colore en noir la gélatine dans laquelle il est en suspension. La décomposition est d'autant plus rapide, et, par suite, la teinte noire d'autant plus foncée, que l'action de la lumière a été plus vive.

On pose le cliché sur une feuille de papier sensible, qu'on a préparée à l'avance[1], et on expose le tout à l'action de la lumière.

Les rayons lumineux sont arrêtés par les noirs de l'épreuve négative; mais ils passent librement à travers les parties blanches et déterminent la décomposition du chlorure d'argent dans les régions correspondantes du papier sensible.

On aura donc une épreuve inverse du cliché, c'est-à-dire une épreuve positive, reproduisant les clairs et les ombres de l'objet.

Après une exposition suffisante à la lumière, on enlève la feuille de papier; l'image a alors une teinte rouge désagréable, qu'on fait *virer* au violet par une immersion de 20 minutes dans une dissolution de chlorure d'or.

On *fixe* enfin l'image, c'est-à-dire qu'on la rend inaltérable à la lumière, par un lavage à la solution d'hyposulfite de soude, qui dissout le chlorure d'argent non décomposé.

Après plusieurs lavages à l'eau pure la photographie est terminée.

### *Résumé.*

La *photographie* est basée sur les décompositions chimiques produites par la lumière.

*Production du cliché.* — Une plaque sensible au *gélatino-bromure* est exposée dans la chambre noire; puis on *révèle* l'image par un lavage à l'*acide pyrogallique*, et on la *fixe* par un lavage à l'*hyposulfite de soude*.

*Production des épreuves positives.* — On place le cliché sur une feuille de papier sensible, et on l'expose à l'action de la lumière. On *vire*, par un lavage au *chlorure d'or*, puis on *fixe* par un lavage à l'*hyposulfite de soude*.

1. Les photographes trouvent, dans le commerce, du papier albuminé, dont une des faces est imprégnée de chlorure de sodium. Si l'on trempe ce papier dans une dissolution d'azotate d'argent, on détermine la formation de chlorure d'argent dans la pâte même du papier. Il ne reste qu'à faire sécher ce papier dans l'obscurité pour avoir du papier sensible sur lequel se produisent les epreuves positives. L'albumine, qui entre dans la pâte de ce papier, a pour but de le rendre inaltérable par l'eau, et de lui permettre de subir, sans se déchirer, les nombreux lavages auxquels on doit le soumettre.

# CHAPITRE IV

## CHALEUR RAYONNANTE

### I. — LOIS DU RAYONNEMENT DE LA CHALEUR

**218. Rayonnement de la chaleur.** — La chaleur se propage à travers le vide, comme la lumière. La chaleur du soleil nous arrive, en effet, tout aussi bien que sa lumière, après avoir traversé les espaces planétaires.

La chaleur qui se propage ainsi à travers le vide a reçu le nom de *chaleur rayonnante.*

La chaleur rayonnante peut aussi se transmettre à travers l'air et certains autres corps sans les échauffer sensiblement.

Une planche, placée devant un feu très vif, se carbonise sous l'action de la chaleur; et pourtant la température de l'atmosphère qui l'entoure s'élève à peine de quelques degrés.

Une lentille de glace, exposée aux rayons du soleil, concentre en son foyer assez de chaleur pour déterminer l'inflammation de la poudre; la glace de la lentille reste cependant toujours à 0°.

Nous allons montrer que cette *chaleur rayonnante* peut être *réfléchie*, *réfractée*, *diffusée*, *dispersée*, *absorbée*, exactement comme la lumière.

**219. Propagation et émission de la chaleur.** — La chaleur rayonnante se propage en ligne droite, comme la lumière; et la quantité de chaleur qui, venant d'un corps chaud, arrive sur un corps soumis au rayonnement, *varie en raison inverse du carré de la distance* qui les sépare.

Enfin la vitesse de propagation de la chaleur est la même que celle de la lumière; la chaleur du soleil nous arrive, en effet, chaque matin, en même temps que sa lumière.

Nous devons examiner maintenant comment l'intensité de la chaleur rayonnante varie avec la nature du corps chaud qui l'émet.

Un corps chaud rayonne alentour d'autant plus de chaleur que sa température est plus élevée; mais, de plus, les différents corps chauds, lorsqu'ils sont à la même température, n'émettent pas la même quantité de chaleur.

En particulier, les *métaux polis* rayonnent alentour beaucoup moins de chaleur que les corps non métalliques qui ne sont pas polis. Si une plaque d'*argent poli* et une plaque recouverte de *noir de fumée* sont à la même température, la première rayonne 50 fois moins de chaleur que la seconde.

Il en résulte qu'un vase plein d'eau chaude se refroidit lentement si sa surface est formée d'un métal poli, et qu'il se refroidit beaucoup plus vite s'il est recouvert de noir de fumée.

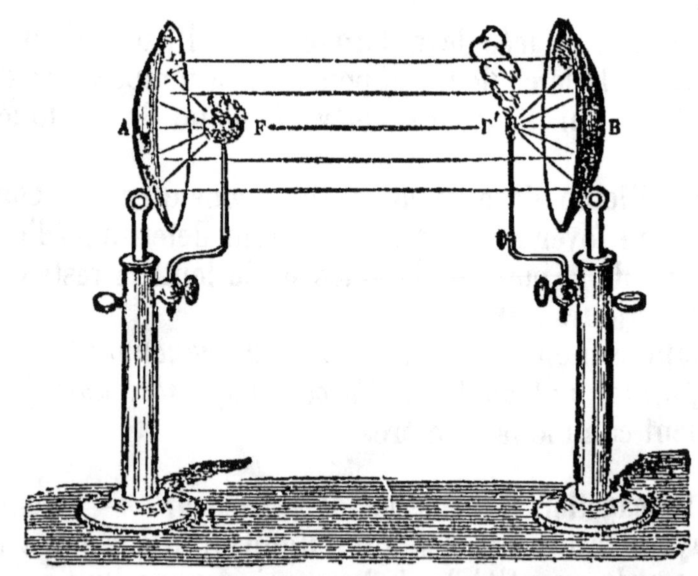


Fig. 159. — La chaleur d'un brasier F est renvoyée, tout aussi bien que sa lumière, du foyer du premier miroir au foyer du second.

**220. Reflexion de la chaleur rayonnante.** — La chaleur se réfléchit, comme la lumière, à la surface des corps polis, et en obéissant aux mêmes lois.

Si l'on dispose deux miroirs sphériques en face l'un de

l'autre (*fig.* 159), de manière que leurs axes principaux coïncident, et qu'au foyer de l'un on place des charbons incandescents, les rayons réfléchis par ce premier miroir iront converger au foyer du second, à plusieurs mètres de distance, et pourront y enflammer un morceau d'amadou.

Cette expérience est connue sous le nom d'expérience des *miroirs ardents*.

Les métaux polis sont les corps qui réfléchissent la lumière en plus grande quantité ; les substances dépolies ne la réfléchissent que fort peu.

**221. Transmission et réfraction de la chaleur rayonnante. Pouvoir diathermane.** — Un grand nombre de corps, tels que l'air, le verre, la glace, se laissent traverser par la chaleur : on les désigne sous le nom de *corps diathermanes*. D'autres, appelés *corps athermanes*, arrêtent la totalité des rayons calorifiques qui arrivent sur leur surface.

Le passage de la chaleur à travers les corps diathermanes obéit aux mêmes lois que le passage de la lumière à travers les corps transparents. Il y a un changement de direction, qu'on nomme *réfraction*.

**Fig. 160.** — La chaleur du soleil est concentrée au foyer d'une lentille, tout aussi bien que sa lumière.

Dans la réfraction par les lentilles, la chaleur accompagne toujours la lumière.

Ainsi la chaleur solaire, concentrée au foyer principal d'une lentille de verre (*fig.* 160), suffit à fondre les métaux et à enflammer les substances combustibles.

Non seulement les rayons calorifiques qui émanent d'une source sont déviés par leur passage à travers une substance diathermane, mais encore ils sont *dispersés*. *Tout faisceau calorifique est composé, comme tout faisceau lumineux, d'un nombre infini de rayons ayant des réfractions différentes.*

*Pouvoir diathermane.* — Les substances diathermanes ne laissent pas passer la totalité de la chaleur qu'elles reçoivent.

On appelle *pouvoir diathermane* d'une substance le rapport entre la quantité de chaleur que laisse passer cette substance, et la quantité totale qu'elle reçoit sur sa surface.

L'étude que l'on a faite du pouvoir diathermane des différentes substances a conduit aux résultats suivants :

1° Le *sel gemme* laisse passer la presque totalité de la chaleur : c'est le plus diathermane de tous les corps connus; de plus, son pouvoir diathermane reste le même, quelle que soit la source qui envoie ses rayons;

2° Tous les autres corps retiennent une notable partie de la chaleur qu'ils reçoivent, et leur pouvoir diathermane varie avec la source calorifique employée. Ainsi l'alun, la glace, le verre, qui laissent passer une grande partie de la chaleur du soleil (chaleur que nous pouvons appeler *lumineuse*), ne laissent pas passer la chaleur venant d'un poêle (chaleur que nous pouvons appeler *obscure*).

Les corps diathermanes se laissent donc traverser par certains rayons calorifiques, tandis qu'ils en arrêtent certains autres. C'est là, pour la chaleur, un phénomène analogue à celui de la couleur pour la lumière : les corps colorés sont, en effet, ceux qui se laissent traverser par certains rayons lumineux du spectre, et en arrêtent certains autres.

Parmi les gaz, l'air se laisse traverser, plus encore que le sel gemme, par tous les rayons de chaleur. La vapeur d'eau, au contraire, arrête, comme la glace, une grande quantité de chaleur.

**222. Absorption de la chaleur rayonnante.** — Un corps exposé au rayonnement d'une source de chaleur absorbe une certaine quantité de chaleur, et s'échauffe.

Le *pouvoir absorbant* est le rapport entre la quantité de chaleur absorbée par le corps, et la quantité totale de chaleur qu'il a reçue.

Les substances qui absorbent le mieux la chaleur sont celles qui ne la réfléchissent pas, et qui ne sont pas diathermanes. Les métaux polis absorbent peu de chaleur, puisqu'ils en réfléchissent beaucoup; les corps diathermanes absorbent peu de chaleur, puisqu'ils en laissent passer beaucoup. Mais les corps dépolis ont un grand pouvoir absorbant.

On a même vérifié par l'expérience que les corps qui envoient alentour beaucoup de chaleur quand ils sont chauds en absorbent, au contraire, beaucoup quand on les soumet à l'influence rayonnante d'un autre corps chaud. On exprime ce fait en disant que *le pouvoir émissif d'un corps est égal à son pouvoir absorbant.*

## *Résumé.*

La chaleur se propage à travers l'espace, comme la lumière, en ligne droite, avec la même vitesse que la lumière, et en suivant les mêmes lois de réflexion et de réfraction.

La chaleur traverse certains corps (corps diathermanes), comme la lumière traverse les corps transparents.

Les métaux polis rayonnent peu de chaleur quand ils sont chauds, et en absorbent peu quand on les soumet à un rayonnement. Au contraire, les corps dépolis rayonnent beaucoup de chaleur quand ils sont chauds, et en absorbent beaucoup quand on les soumet à un rayonnement.

## II. — APPLICATION DE LA CHALEUR RAYONNANTE.

**223. Applications domestiques.** — Les lois auxquelles obéit la propagation de la chaleur rayonnante ont de nombreuses applications dans l'économie domestique et jouent dans la nature un rôle important. Nous allons rapidement indiquer ces applications.

Les métaux polis ont un pouvoir émissif très faible : de là la pratique de placer dans des vases en métal poli les liquides que l'on veut préserver d'un refroidissement trop rapide.

Le noir de fumée, et en général les substances dépolies de couleur foncée, ont un grand pouvoir absorbant. Les vases dont la surface extérieure sera noircie par la fumée s'échaufferont donc plus rapidement que les vases à surface polie. Mais ils se refroidiront plus vite dès qu'ils seront retirés du feu.

C'est pour la même raison que les jardiniers peignent souvent en noir les murs le long desquels ils disposent des espaliers. La chaleur du soleil est ainsi fortement absorbée, puis rayonnée sur les fruits.

Les vêtements blancs dont on se couvre en été, surtout dans les pays chauds, garantissent ceux qui les portent contre l'ardeur des rayons du soleil. Les substances blanches ont, en effet, *pour les rayons, en grande partie lumineux, du soleil,* un pouvoir absorbant moindre que les substances noires. Exposez aux rayons d'un beau soleil d'été une bande de drap blanc près d'une bande de drap noir : le drap noir s'échauffera beaucoup plus que le blanc, et la différence des températures sera sensible à la main.

En hiver, alors que nous devons diminuer autant que possible le rayonnement de la chaleur de notre corps, nous n'avons aucun intérêt à prendre des vêtements blancs plutôt que des noirs. Lorsqu'il s'agit, en effet, de rayons obscurs comme ceux qui émanent du corps, le pouvoir émissif des substances blanches est le même que celui des substances noires.

Le grand pouvoir réflecteur des métaux polis a été utilisé depuis quelques années par M. Mouchot. Il a imaginé de concentrer la chaleur solaire sur une petite chaudière, au moyen d'un miroir métallique de forme conique (*fig.* 161) ; ses appareils, de dimensions plus ou moins grandes, peuvent suffire, dans les pays chauds, comme l'Algérie, pour faire cuire les aliments et même pour faire marcher de petites machines à vapeur industrielles.

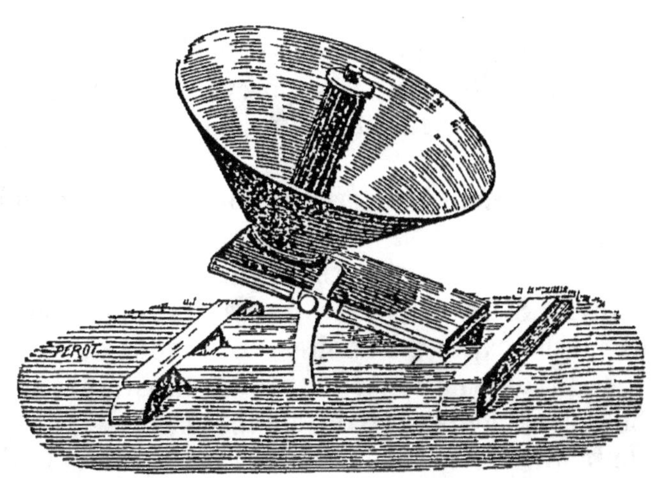


Fig 161. – Appareil Mouchot, pour l'utilisation directe de la chaleur solaire.

La propriété qu'a le verre d'être diathermane pour les rayons calorifiques lumineux, et athermane pour les rayons calorifiques obscurs, permet d'expliquer les avantages des cloches à melon pour favoriser le développement des plantes qui ont besoin de chaleur.

La cloche, posée sur le sol et exposée aux rayons du soleil, laisse passer librement les rayons calorifiques lumineux. Ces rayons, absorbés par la terre et la plante, déterminent sous la cloche une rapide élévation de la température; l'effet est d'autant plus marqué que les objets placés sous la cloche ne rayonnent, malgré leur échauffement, que des rayons obscurs, incapables, par conséquent, de traverser le verre pour se perdre à l'extérieur.

Les serres vitrées, les appartements dont les fenêtres fermées sont tournées du côté du soleil, laissent de même entrer les rayons calorifiques lumineux, et ne laissent point sortir les rayons obscurs.

Dans tous ces cas, la chaleur intérieure ne peut se perdre par rayonnement direct; elle se perd seulement par suite de la conductibilité des vitres, dont la face extérieure est en contact avec l'atmosphère froide du dehors, pendant que la face interne est en contact avec l'air chaud du dedans.

Mais si l'on munit l'appartement de doubles fenêtres (voir la *conductibilité*), qui interposent une couche isolante d'air entre l'intérieur et l'extérieur, le refroidissement sera insensible.

Badigeonnez en noir l'intérieur d'une boîte de bois, puis fermez-la au moyen d'un couvercle composé de deux plaques de verre placées à quelques millimètres l'une de l'autre. Si ce couvercle ferme hermétiquement, vous n'aurez qu'à exposer la boîte aux rayons du soleil, pour qu'il se produise à l'intérieur une température supérieure à 80°, capable de faire durcir les œufs.

La chaleur qu'émettent les métaux fondus, ou la braise de nos foyers, est beaucoup moins riche que la chaleur solaire en rayons lumineux ; elle renferme au moins 90 pour 100 de rayons obscurs. Un écran de verre, interposé entre l'observateur et le foyer, arrêtera donc la presque totalité de la chaleur, sans arrêter la lumière; dans les usines métallurgiques les ouvriers portent souvent de grandes lunettes de verre, qui garantissent leurs paupières de l'action d'une chaleur trop vive.

**224. Applications à la météorologie.** — Nous avons déjà insisté sur quelques-unes de ces applications dans le chapitre consacré à la météorologie.

Le pouvoir absorbant de l'air étant presque nul, la chaleur du soleil traverse l'atmosphère sans l'échauffer. Elle échauffe, au contraire, fortement le sol, dont le pouvoir absorbant est considérable. Voilà pourquoi il fait plus chaud dans le voisinage du sol que dans les hautes régions.

Pendant le jour, et surtout quand il fait du soleil, le sol est beaucoup plus chaud que l'air. Le thermomètre-fronde indique, au soleil, une température de l'air égale à 20°, lorsque le sol est assez chaud pour brûler la main qui le touche. Les corps qui s'échauffent le plus sous l'acon du soleil sont justement ceux dont le pouvoir absorant est le plus considérable.

La nuit, au contraire, la température du sol est bientôt férieure à celle de l'air : car le pouvoir émissif des objets ui le recouvrent est bien supérieur au pouvoir émissif de air. Tout abri, si mince qu'il soit, capable de comenser par son rayonnement propre le rayonnement du ol, s'oppose en partie à son refroidissement et diminue production de la rosée, en même temps qu'il empêche formation de la gelée blanche.

La neige, à cause de sa blancheur, a un faible pouvoir bsorbant pour les rayons calorifiques lumineux du oleil; elle n'absorbe guère que les rayons obscurs. Si l'on épand à sa surface une mince couche de suie ou de noir e fumée, elle absorbe les rayons lumineux et les rayons bscurs, et elle fond beaucoup plus rapidement.

La nuit, au contraire, elle se refroidit beaucoup : car le a un grand pouvoir émissif pour les rayons obscurs, s seuls qu'elle puisse émettre; un thermomètre couché ır la neige indique souvent, dans les nuits claires, une empérature inférieure de 10° à la température de l'air. ais, grâce à la mauvaise conductibilité de la neige, ce efroidissement est superficiel ; nous avons vu qu'en effet neige garantit les récoltes contre la gelée, à cause de sa auvaise conductibilité.

La vapeur d'eau répandue dans l'atmosphère a un assez rand pouvoir absorbant pour les radiations obscures. algré son grand état de dilution dans l'air, elle absorbe 0 fois plus de chaleur que ne le ferait l'air s'il était sec. râce à son action, la plupart des rayons obscurs du soleil ont arrêtés par notre atmosphère et n'arrivent pas jusu'à nous.

Inversement, la chaleur émise pendant la nuit par le ol est en grande partie arrêtée par la vapeur d'eau, et este ainsi près de nous.

La vapeur atmosphérique nous permet donc de recevoir ne grande partie de la chaleur du soleil, et nous oblige la garder. Sans la vapeur d'eau nos journées seraient beaucoup plus chaudes et nos nuits beaucoup plus froides. Les grands plateaux sans eau, tels que le Thibet et le Sahara, doivent en partie la chaleur accablante de leurs journées et la fraîcheur de leurs nuits à la rareté de la vapeur atmosphérique.

L'eau a une action plus puissante encore lorsqu'elle est condensée sous forme de nuages. Quand le temps est couvert, les journées ne sont pas très chaudes, et le refroidissement nocturne est presque insensible.

## *Résumé.*

Les lois du rayonnement de la chaleur ont de nombreuses applications, parmi lesquelles des applications relatives à la couleur de nos vêtements, à l'utilisation directe de la chaleur du soleil, à la conformation des serres vitrées, etc.

Les applications à la météorologie ne sont pas moins importantes. Les lois du rayonnement montrent, en particulier, comment la vapeur d'eau atmosphérique est un puissant régulateur de la température.

# LIVRE V

# ÉLECTRICITÉ ET MAGNÉTISME

## PRODUCTION DE L'ÉLECTRICITÉ.

### I. — DÉVELOPPEMENT DE L'ÉLECTRICITÉ PAR LE FROTTEMENT.

**225. Électricité développée par le frottement.** — Quand on frotte un bâton de verre, de soufre, de résine, avec un morceau de laine, il acquiert la propriété d'attirer les corps légers, tels que les brins de paille ou les petits morceaux de papier. On dit que ces corps sont électrisés, et l'on nomme *électricité* la cause de l'attraction qui se produit.

Si l'on cherche à électriser par le frottement une tige de fer, on n'y parvient pas; il est impossible de lui communiquer la propriété d'attirer les corps légers. Mais si la tige métallique est fixée à un manche de verre tenu à la main, elle s'électrise parfaitement.

**226. Corps bons conducteurs. Corps mauvais conducteurs.** — Il faut en conclure que, lorsqu'on tient la tige de fer directement à la main, la propriété d'attirer les corps légers se perd, s'en va à mesure qu'elle est développée par le frottement; la cause de l'attraction, l'*électricité*, peut donc se mouvoir facilement sur le métal, pour passer d'une extrémité à l'autre de la tige, comme le fait la chaleur, mais avec une rapidité bien plus grande.

On dit que le fer est *bon conducteur* de l'électricité, de même qu'il est bon conducteur de la chaleur.

Le verre, au contraire, est *mauvais conducteur* : quand on développe l'électricité en un de ses points, elle y reste, et ne peut ni se transporter, ni s'écouler par la main qui tient la tige.

*Tous les corps peuvent*, en réalité, *s'électriser par le frottement;* seulement, ceux qui sont *mauvais conducteurs* peuvent être directement tenus à la main pendant l'expérience, tandis qu'il faut munir les *bons conducteurs* d'une poignée *isolante*, destinée à arrêter l'électricité et à l'empêcher de disparaître, par la main, dans le corps et dans le sol.

La propriété, qu'ont les corps mauvais conducteurs, d'arrêter l'électricité, fait qu'on les nomme fort souvent *corps isolants*. Lorsqu'on voudra électriser, par un moyen quelconque, un corps bon conducteur, il sera indispensable de le soutenir par des cordons ou par des pieds isolants pour empêcher l'électricité de se perdre rapidement.

On a dressé une liste des corps bons ou mauvais conducteurs; en voici quelques-uns :

| *Corps bons conducteurs.* | *Corps mauvais conducteurs.* |
|---|---|
| Les métaux. | La gomme laque. |
| Le charbon calciné. | L'ambre. |
| Le corps de l'homme. | La résine. |
| La vapeur d'eau. | Le soufre. |
| L'air humide. | Le verre. |
| Le fil de lin. | La soie. |
| Le sol. | L'air sec. |

Nous voyons que le corps de l'homme et le sol sont assez bons conducteurs : voilà pourquoi l'électricité peut se perdre si aisément par le corps de l'homme et le sol. L'air humide conduit assez bien, tandis que l'air sec est isolant.

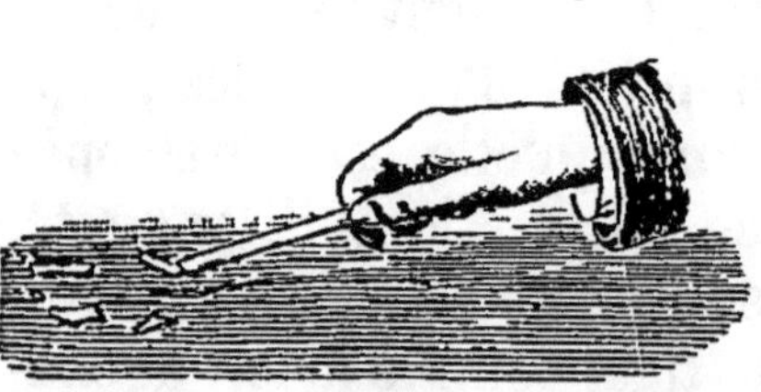

Fig. 162. — Attraction des corps légers par un bâton électrisé.

**227. Attractions et répulsions électriques.** — Reprenons l'expérience primitive et examinons-la de plus près.

Un bâton de verre frotté (*fig.* 162) est approché de petits morceaux de papier. Ceux-ci sont attirés, viennent se précipiter à la surface du bâton, lui prennent une partie de son électricité, puis, aussitôt après, ils sont repoussés et s'éloignent.

Pour mieux observer la répulsion qui succède à l'attraction du début, opérons autrement. Une petite balle très légère de moelle de sureau est suspendue à un support isolant de verre par l'intermédiaire d'un fil de soie isolant lui-même (*fig*. 163). Cette petite balle suspendue constitue un corps léger très mobile, dont il est facile de suivre tous les mouvements : c'est ce qu'on nomme un *pendule électrique*.

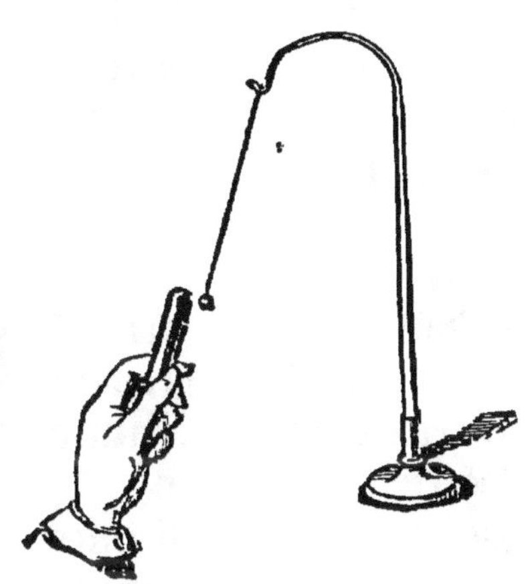

Fig 163. — Pendule électrique.

Approchons de notre pendule le bâton de verre frotté : la balle est d'abord attirée, puis, aussitôt que le contact a eu lieu, l'attraction se change en répulsion.

L'expérience réussit de la même manière avec tout autre corps électrisé : toujours à une attraction succède une répulsion.

Prenons maintenant deux bâtons, l'un de verre, l'autre de résine. Le verre, frotté sur un morceau de drap, est approché du pendule ; il y a attraction, contact, puis répulsion. Si, au moment où la répulsion a lieu, nous approchons le bâton de résine, nous constatons, au contraire, une attraction.

Notre boule, placée successivement en présence du verre électrisé et de la résine électrisée, est repoussée par l'un, attirée par l'autre.

Ainsi donc, l'électricité que l'on développe par frottement n'est pas la même pour tous les corps : celle du verre est différente de celle de la résine. La première est appelée électricité *vitrée* ou *positive*, la seconde électricité *résineuse* ou *négative*.

Nous n'avons pas à expliquer ici pourquoi on a adopté

ces appellations d'*électricité positive*, d'*électricité négative*; qu'il nous suffise de les connaître.

**228. Les deux électricités se développent toujours simultanément.** — Nous ne nous sommes pas occupés jusqu'ici de rechercher ce qui se produit sur le morceau de drap qui frotte le bâton de verre ou de résine. L'expérience montre qu'il se charge aussi d'électricité. Chaque fois que deux corps sont frottés l'un contre l'autre, ils s'électrisent tous les deux, l'un prenant de l'électricité positive, l'autre de l'électricité négative.

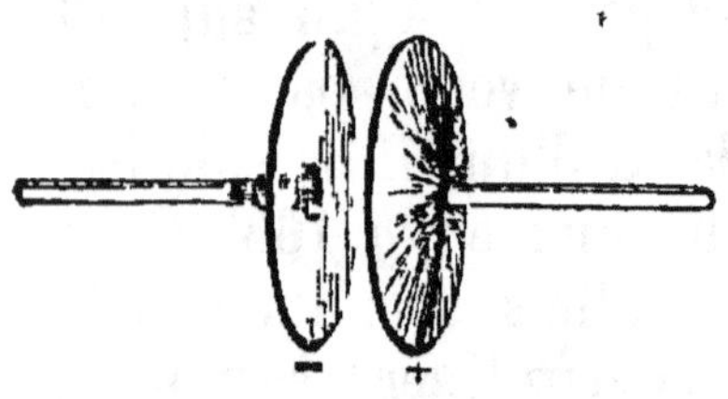


**Fig. 164. —Dans un frottement, les deux électricités se développent séparément.**

On met ce fait en évidence en se servant de deux disques isolés par des manches de verre (*fig.* 164), et que l'on frotte l'un contre l'autre. L'un, qui est, par exemple, en bois recouvert de drap, se charge d'électricité négative; l'autre, qui est en verre, se charge d'électricité positive.

**229. Hypothèse des deux fluides.** — Pour expliquer les faits précédents, on admet que l'électricité est quelque chose d'impondérable, sans couleur ni odeur, qu'on nomme *fluide électrique*.

Il y aurait *deux fluides électriques* : le *fluide positif* et le *fluide négatif*. Ces deux fluides, réunis l'un à l'autre, formeraient un *fluide neutre* sans action sur les corps légers; ce fluide neutre serait répandu en abondance, en quantité indéfinie, sur tous les corps.

Deux corps sont-ils frottés l'un contre l'autre : alors le fluide neutre se décompose, le fluide positif se porte sur l'un des corps, le fluide négatif sur l'autre; les deux corps prennent la propriété d'attirer les corps légers. Nos deux corps électrisés sont-ils mis en contact : les deux fluides se recombinent, reforment le fluide neutre, et les deux corps perdent la propriété d'attirer les corps légers.

Mais il ne faut pas oublier que ce n'est là qu'une hypothèse, ou plutôt une série d'hypothèses. C'est une manière d'expliquer les faits ; mais cette explication pourrait bien n'être pas la bonne.

Dans tous les cas, indépendamment de toute hypothèse, les résultats de l'expérience peuvent s'énoncer sous forme de lois :

1° *Il existe deux espèces d'électricité qui se développent toujours simultanément par le frottement ;*

2° *Deux corps chargés de la même électricité se repoussent ;*

3° *Deux corps chargés d'électricités contraires s'attirent.*

Les deux dernières lois s'énoncent souvent plus simplement : *Les électricités de même nom se repoussent ; les électricités de noms contraires s'attirent.*

230. **Déperdition de l'électricité.** — Un corps électrisé par le frottement perd rapidement, quand on l'abandonne à lui-même, la propriété d'attirer les corps légers. Cela tient à ce que le corps n'est pas parfaitement *isolé :* l'électricité qui était répandue à sa surface s'en va par le support et par l'air.

La déperdition par le support est d'autant moins rapide que ce support est plus mauvais conducteur, qu'il est plus mince et plus long. Les supports en verre sont employés à l'exclusion de tous les autres dans presque tous les instruments. Le verre a le double avantage d'être très mauvais conducteur et de présenter une solidité suffisante quand il forme des colonnes massives.

La déperdition se fait aussi par l'air. L'air sec conduit très mal l'électricité : la déperdition dans l'air sec est lente ; l'air humide est relativement bon conducteur : la déperdition dans l'air humide est très rapide.

Les expériences d'électricité réussissent bien par les froids secs de l'hiver, et se font mal en été, quand l'atmosphère renferme beaucoup de vapeur d'eau.

## *Résumé.*

Un bâton de verre frotté prend la propriété d'attirer les corps légers; la cause de l'attraction a reçu le nom d'*électricité.*

On a divisé les corps en *bons* et *mauvais* conducteurs de l'électricité

Il existe deux sortes d'électricité, qui se développent toujours simultanément.

Deux corps chargés de la même électricité se repoussent; deux corps chargés d'électricité contraire s'attirent.

L'électricité se perd rapidement par l'air et par les supports.

## II. — DISTRIBUTION DE L'ÉLECTRICITE.

**231. L'électricité se porte à la surface des corps.** — L'électricité ne pénètre pas à l'intérieur des corps, elle reste à leur surface.

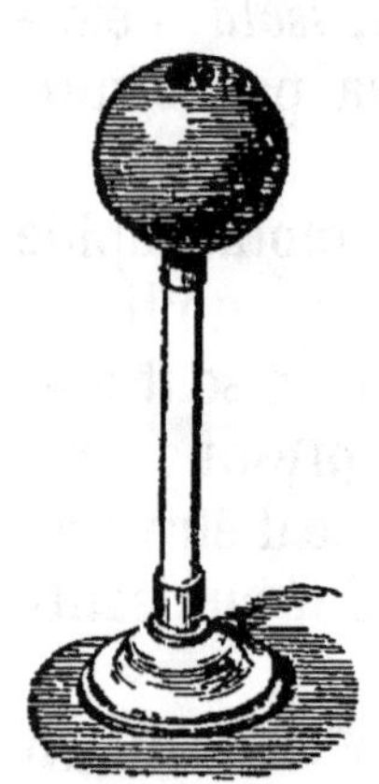

Fig. 165.

Fig 166. — L'électricité se porte à la surface des corps.

Pour le montrer, prenons une boule creuse de laiton supportée par un pied isolant de verre (*fig.* 165) et électrisons-la par frottement. Touchons la surface avec un petit disque de clinquant A, isolé par un manche de verre B (*fig* 166): le disque a acquis la propriété d'attirer le pendule électrique.

Touchons, au contraire, avec le disque l'intérieur de la boule, ce qui est facile, grâce à l'ouverture pratiquée à la partie supérieure; il ne s'électrise pas et n'attire point le pendule électrique. Il n'y a donc point d'électricité à l'intérieur de la boule.

On peut encore faire la même démonstration par l'expérience suivante. Une sphère de cuivre (*fig.* 167), portée par un pied de verre, peut être recouverte exactement au moyen de deux hémisphères de même diamètre, munis de manches isolants. La sphère étant d'abord électrisée, on applique à sa surface les deux hémisphères. Si alors on les retire d'un seul coup, on constate qu'ils sont électrisés tous les deux, tandis que la sphère, qu'ils enveloppaient et recouvraient, a cessé de l'être.

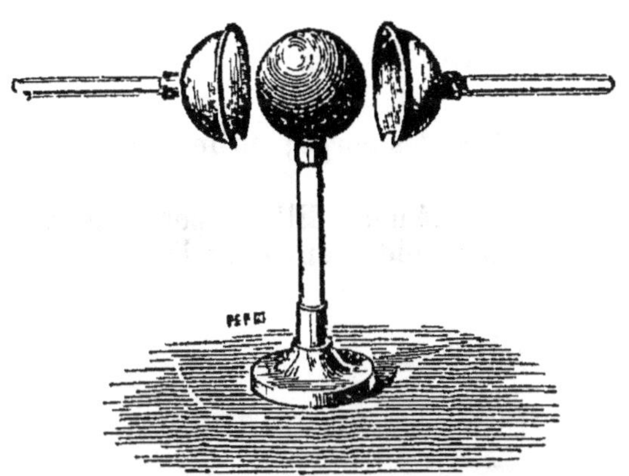

Fig. 167. — L'électricité se porte à la surface des corps.

**232. Distribution de l'électricité à la surface des corps.** — L'expérience montre, de plus, que l'électricité, tout en restant à la surface des corps, ne s'y distribue pas uniformément.

Sur une sphère conductrice, la charge électrique est la même en tous les points. Mais sur un corps ayant la forme d'un œuf, l'électricité se porte surtout vers le petit bout. Le disque de clinquant, touchant en ce point, se charge de beaucoup d'électricité et fait dévier fortement le pendule, tandis que, mis en contact avec l'autre extrémité, vers le gros bout, il ne prendrait presque point d'électricité.

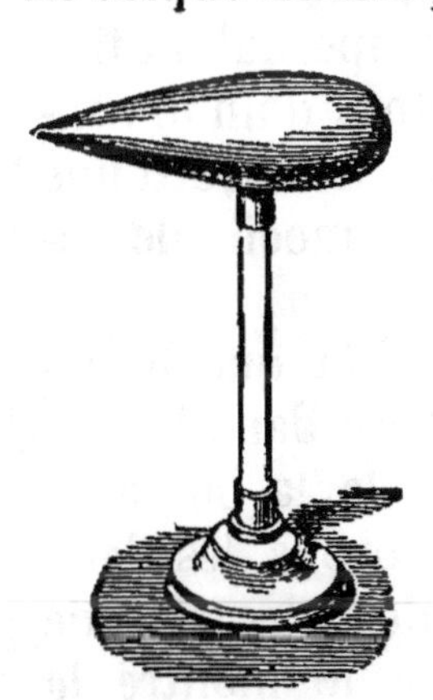

Fig. 168. — L'électricité se porte surtout vers les pointes.

Si la petite pointe s'allonge davantage, de façon à se rapprocher de plus en plus de la forme d'une aiguille, l'électricité se porte de plus en plus vers cette pointe.

Quand la pointe est tout à fait aiguë (*fig.* 168), toute l'électricité du corps s'accumule de ce côté; mais alors elle s'écoule rapidement dans l'air et s'y disperse. Tout corps frotté, muni d'une pointe métallique, perd son électricité à mesure qu'elle se produit.

La propriété qu'ont les pointes de lancer dans l'air l'électricité qui se porte à leur surface est connue sous le nom de *pouvoir des pointes*. Elle a une grande importance.

## *Résumé.*

L'électricité se porte à la surface des corps ; on le montre par plusieurs expériences.

Mais elle ne se répand pas uniformément. Elle se porte surtout vers les pointes, et, de là, se perd rapidement dans l'air (c'est le *pouvoir des pointes*).

## III. — ÉLECTRISATION PAR INFLUENCE

**233. Développement de l'électricité par influence.** — Prenons une grosse boule de laiton C (*fig.* 169), isolée par un pied de verre, et fortement chargée, par le frottement, d'électricité positive.

A une petite distance, plaçons un cylindre de laiton AB également isolé. Ce cylindre porte à chacune de ses extrémités un petit pendule électrique composé d'une tige de laiton, d'un fil conducteur de lin, et d'une balle de moelle de sureau.

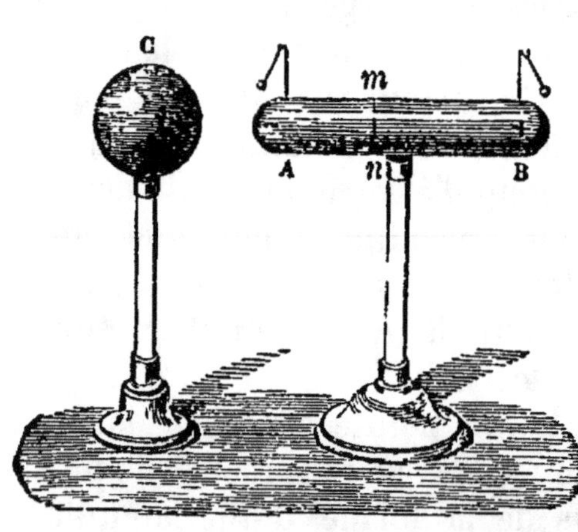


Fig. 169. — Développement de l'electricité par influence.

Aussitôt que le cylindre est dans le voisinage de la boule C, nous voyons les deux pendules s'écarter de la position verticale et diverger comme le montre la figure 169.

On ne peut expliquer cette divergence qu'en admettant que de l'électricité s'est développée, sans frottement, à chacune des extrémités A et B. Cette électricité, montant dans les pendules, a amené leur écartement par suite de la répulsion de la balle pour la tige, répulsion provenant de ce qu'elles sont toutes les deux chargées de la même électricité.

Cette électricité, qui s'est produite en A et en B, quelle est-elle?

Approchons du pendule A un morceau de verre frotté; il y a attraction : donc l'électricité de A est de nom contraire à celle du verre frotté, elle est négative; marquons-la du signe —.

Inversement, le pendule A serait repoussé par un bâton de résine frotté. Approchons le verre frotté du pendule B; il y a répulsion : donc l'électricité de B est de même nom que celle du verre, elle est positive; marquons-la du signe +.

On peut donc électriser un corps sans frottement, par la simple influence, exercée à distance, d'un corps électrisé.

On admet que le fluide positif de la boule C a décomposé à distance, par influence, l'électricité neutre du cylindre AB. L'électricité négative, attirée, est venue le plus près possible de la boule, en A; et l'électricité positive, repoussée, est allée le plus loin possible, en B. Au milieu du cylindre, dans la région *mn*, il n'y a aucune électricité.

La quantité d'électricité neutre décomposée par l'influence de C est limitée. L'équilibre s'établit lorsque les quantités d'électricité négative, attirée en A, et d'électricité positive, repoussée en B, sont telles que leur attraction mutuelle contrebalance exactement l'action de C, qui a déterminé la séparation.

Qu'on diminue la distance du cylindre à la sphère : l'action de C augmentera, une nouvelle décomposition aura lieu, les charges en A et en B deviendront plus grandes, les pendules divergeront davantage. Qu'on éloigne, au contraire, le cylindre de la sphère : l'action de C diminuera, une recomposition partielle aura lieu, les pendules divergeront moins. Si on enlève complètement C, les fluides de nom contraire, accumulés en A et en B, se recombineront complètement, et toute trace d'électrisation disparaîtra sur le cylindre.

**234. Cas où le conducteur n'est pas isolé.** — L'électrisation par influence se produit encore lorsque l'on approche d'un corps électrisé un conducteur non isolé.

Prenons à la main une tige métallique, et approchons-la d'une machine chargée d'électricité positive : le fluide neutre de la tige sera décomposé par influence; l'électricité positive, repoussée, ira se perdre dans le sol, tandis que l'electricité négative, attirée, s'accumulera sur la tige.

Dès que l'influence viendra à cesser, l'électricité négative, n'étant plus retenue par l'attraction de la machine, se perdra, à son tour, par conductibilité.

Reprenons la disposition expérimentale de la figure 169. Si nous touchons le cylindre avec le doigt, ou que nous le mettions en communication avec le sol par une chaîne métallique, l'électricité positive qui est en B, repoussée par l'électricité du même nom qui est en C, s'échappera pour aller se perdre dans le sol, et le cylindre restera chargé seulement d'électricité négative. On pourra alors enlever la communication avec le sol, puis éloigner la sphère C; et le cylindre restera chargé d'électricité négative, comme s'il avait été soumis à un frottement.

Le phénomène ne dépend pas, du reste, du point de AB qu'on a mis en communication avec le sol; quand bien même le doigt serait appliqué en A, là où se trouve l'électricité négative, ce serait toujours le fluide positif qui s'en irait dans le sol, et le fluide négatif, attiré par C, qui resterait dans le conducteur.

Donc, *quand on soumet à l'influence électrique un corps conducteur isolé, et qu'on le met en communication avec le sol par l'un quelconque de ses points, il reste chargé, après qu'on a enlevé la communication et le corps influent, d'une électricité contraire à celle du corps influent.*

**235. Électroscopes.** — Les *électroscopes* sont des instruments destinés à constater la présence de l'électricité à la surface des corps, et à en déterminer la nature.

Le pendule électrique permet, par ses déviations, de reconnaître si les corps qu'on approche sont ou ne sont pas électrisés. Lorsqu'il a été préalablement électrisé par contact avec un bâton de verre, il indique, suivant qu'il est attiré ou repoussé par un corps, si ce corps est chargé d'électricité négative ou d'électricité positive.

Le pendule électrique est donc un électroscope.

Certains électroscopes peuvent, de plus, être employés à *mesurer les quantités d'électricité* répandues sur les corps : ces électroscopes prennent alors le nom d'*électromètres*. On emploie actuellement, dans les laboratoires, des électroscopes très sensibles et des électromètres très précis.

*Résumé.*

Un corps conducteur isolé, mis en présence d'un corps électrisé, se charge, par *influence*, d'électricité de même nom à son extrémité la plus éloignée du corps influençant, et d'électricité de nom contraire à son extrémité la plus rapprochée.

Si on met alors le corps conducteur en communication avec le sol par l'un quelconque de ses points, il reste chargé, après qu'on a enlevé la communication et le corps influent, d'une électricité contraire à celle du corps influent.

---

## IV. — MACHINES ÉLECTRIQUES.

**236. Électrophore.** — Nous nous sommes contentés, jusqu'à présent, de produire l'électricité par frottement, contre un morceau de drap, d'un bâton de verre, de résine, ou de métal muni d'un manche isolant.

On remplace le plus souvent cet appareil si simple par des instruments plus complexes, mais donnant plus d'électricité. Ces instruments sont les *machines électriques*. La plus simple a reçu le nom d'*électrophore*.

L'*électrophore* se compose (*fig.* 170) d'un gâteau de résine R, coulé dans un moule en bois de 30 à 50 centimètres de diamètre. Un plateau de bois recouvert de papier d'étain P, et muni d'un manche isolant en verre M, peut s'appliquer sur le gâteau.

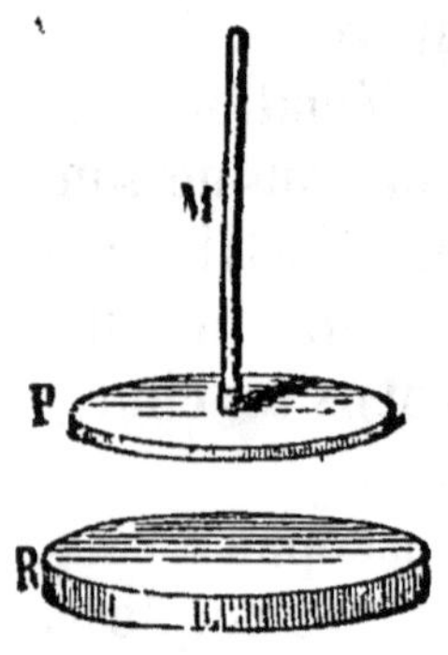

Fig. 170
Électrophore.

Quand on veut obtenir de l'électricité, on commence par frotter vivement la résine avec un morceau de drap, ou mieux encore avec une peau de chat, qui développe de l'électricité négative.

Sur le gâteau ainsi chargé, on pose le plateau.

Par influence, l'électricité du plateau est décomposée; la positive est attirée à la partie inférieure par l'électricité de la résine, qui est de nom contraire; la négative est repoussée. Le fluide négatif de la résine et le fluide positif du plateau ne se combinent pas sensiblement pour se neutraliser, parce que la résine n'est pas conductrice, et que, d'ailleurs, le gâteau présente toujours un grand nombre de petites aspérités qui empêchent le contact intime des deux surfaces.

Si donc on touche le plateau avec le doigt, son électricité negative va se perdre dans le sol (*fig.* 171). On n'a plus qu'à enlever le doigt et à soulever le plateau en le tenant par son manche isolant, pour soulever en même temps une quantité d'électricité assez considérable, et capable de produire les effets que nous allons bientôt étudier.

Fig. 171.
Théorie de l'électrophore.

Quand l'électricité du plateau a été perdue ou employée, il suffit, pour en avoir d'autre, de recommencer la même manœuvre, mais sans avoir à frotter de nouveau la résine, car elle conserve fort longtemps son électricité.

**237. Machine de Ramsden.** — L'appareil le plus généralement employé est plus compliqué.

Un plateau circulaire (*fig.* 172) en verre peut tourner autour d'un axe horizontal. Ce mouvement lui est com-

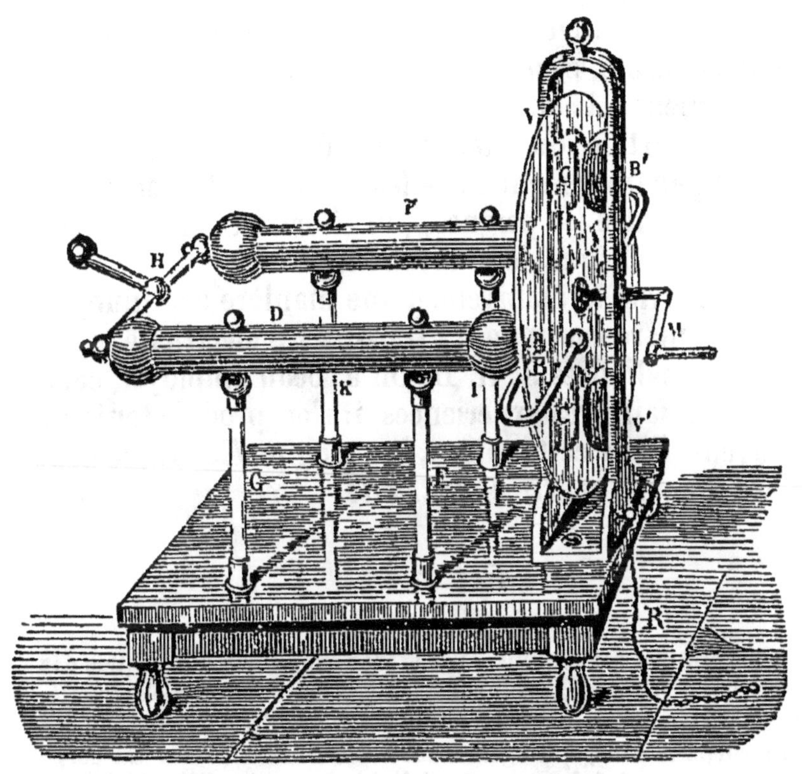


Fig. 172. — Machine électrique de Ramsden.

muniqué par une manivelle M. Dans sa rotation, il est frotté par quatre coussins C et C', situés de part et d'autre du plateau, en haut et en bas. Par suite de ce frottement, il se charge d'électricité positive; les coussins, qui sont maintenus en communication constante avec le sol, perdent leur électricité négative à mesure qu'elle se développe.

Le plateau ainsi chargé passe entre des tiges métalliques recourbées B et B', armées de pointes; ces tiges (ou peignes) sont en communication avec des cylindres E, H, D, en laiton, soutenus par des pieds en verre, qui portent le nom de *conducteurs*.

L'électricité du plateau, qui est positive, décompose par influence l'électricité neutre des pointes. L'électricité positive qui résulte de la décomposition est repoussée dans les cylindres E, H, D, où elle s'accumule, et où on la prendra pour l'employer.

Quant à l'électricité négative, elle est attirée à l'extrémité de la pointe, s'en échappe et se répand sur le plateau, qu'elle ramène à l'état neutre.

Chaque portion du plateau est donc successivement électrisée par frottement entre les coussins, déchargée par son passage entre les peignes, puis électrisée et déchargée de nouveau à chaque demi-rotation.

Si l'on tourne la manivelle d'une manière continue, on a d'une manière continue un transport d'électricité positive sur les cylindres E, H, D. On a beau employer cette électricité à faire des expériences, il s'en produit toujours de nouvelle. Pour cette raison, la machine électrique peut être appelée une *source d'électricité*.

### *Résumé.*

L'*électrophore* est la plus simple des machines électriques ; la *machine de Ramsden*, plus complexe, donne plus d'électricité. Dans ces deux machines, l'électricité est produite par frottement sur un corps isolant, qui agit ensuite par influence sur un corps conducteur destiné à devenir un véritable magasin d'électricité.

## V. — CONDENSATION DE L'ÉLECTRICITÉ.

**238. Condensation de l'électricité.** — Reprenons l'étude du développement de l'électricité par influence, mais dans des conditions différentes de celles du § 233.

Soit un plateau métallique C (*fig.* 173 et *fig.* 174), porté par un pied isolant. Mettons-le en communication avec une machine électrique : il se chargera d'électricité de même nom que celle de la source. Il y aura équilibre, et le plateau cessera de recevoir de l'électricité, lorsqu'une molécule de fluide, prise sur la chaîne de communica-

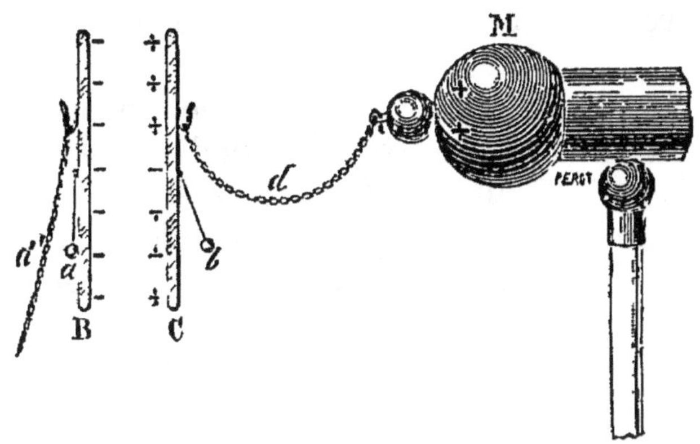


Fig. 173. — Théorie de la condensation.

tion, en *d* par exemple, sera également repoussée par la charge de la machine et par celle du plateau.

Approchons maintenant de C un plateau semblable B, communiquant avec le sol. Le fluide neutre de B sera décomposé par influence: l'électricité positive s'en ira dans le sol, l'électricité négative restera sur le plateau. Dès lors

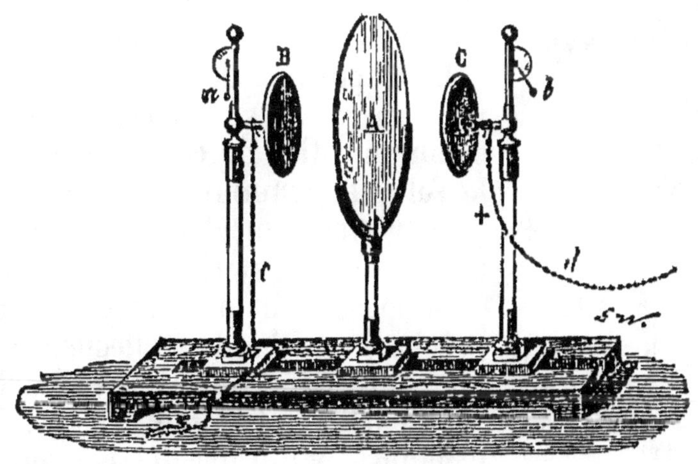


Fig. 174. — Condensateur à plateaux.

l'équilibre sera rompu sur le système MC; la molécule de fluide *d* sera attirée par l'influence de B, et une nouvelle quantité d'électricité positive passera de la machine sur le plateau C.

De ce transport de fluide positif en C résultera une nouvelle influence sur B, et un accroissement de la charge de ce plateau.

Et ainsi l'influence réciproque des deux conducteurs aura pour résultat de permettre à chacun d'eux de prendre une charge électrique plus grande que s'il était seul.

On dit, dès lors, qu'il y a *condensation* de l'électricité sur les conducteurs en présence : le plateau C se nomme le *collecteur*, le plateau B le *condenseur*.

La figure 174 montre quelle disposition on donne dans la pratique aux plateaux avec lesquels on étudie la condensation de l'électricité. L'ensemble des plateaux et de leurs supports constitue ce qu'on nomme un *condensateur*.

**239 Décharges successives.** — Les plateaux du condensateur sont généralement munis d'un pendule électrique. Lorsque la condensation est arrivée à sa limite, on constate que le pendule *b* du collecteur diverge seul ; le pendule *a* du condenseur demeure dans la position verticale.

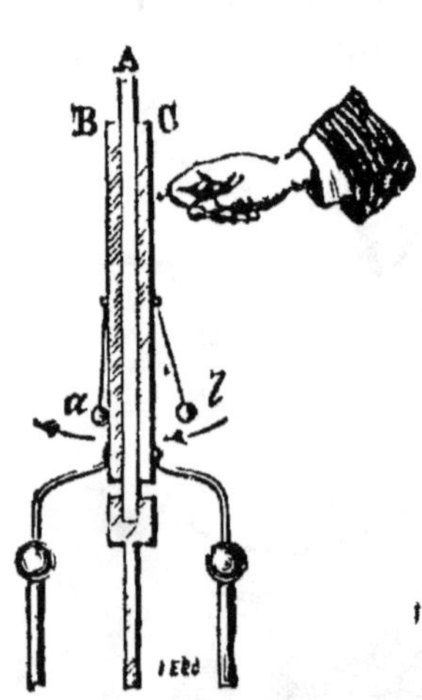

Fig. 175. — Décharges successives d'un condensateur.

La disposition des deux pendules reste la même si l'on supprime la communication du condenseur avec le sol et la communication du collecteur avec la machine, de manière à isoler tout le système (*fig.* 175).

Supposons maintenant qu'on approche la main du collecteur C ; une petite étincelle jaillit, et l'excès d'électricité qui faisait diverger le pendule *b*, et qui n'était pas retenue sur la face interne par l'action du condenseur, s'en va dans le sol. Aussitôt le pendule *b* retombe, et le pendule *a* diverge : car, l'influence du collecteur diminuant, une portion du fluide négatif de B cesse d'être retenue sur la face interne.

Si l'on touche maintenant B, on obtient de même une petite étincelle; le pendule *a* retombe, et le pendule *b* diverge de nouveau.

En touchant ainsi alternativement les deux plateaux, chaque communication avec le sol diminue la charge du plateau touché, et après un certain nombre de ces décharges successives, ils sont revenus l'un et l'autre à l'état neutre.

**240. Décharge instantanée.** — Au lieu de toucher alternativement les deux plateaux, on peut les toucher à la fois avec les deux mains; alors la totalité des deux fluides se recombine à travers le corps, et le condensateur est tout à fait déchargé d'un seul coup.

Le corps, traversé par les deux *courants* d'électricité de noms contraires qui vont à la rencontre l'un de l'autre, éprouve une commotion assez forte.

Si l'on ne veut pas ressentir cette commotion, on obtient la décharge instantanée au moyen de l'*excitateur* à manches de verre.

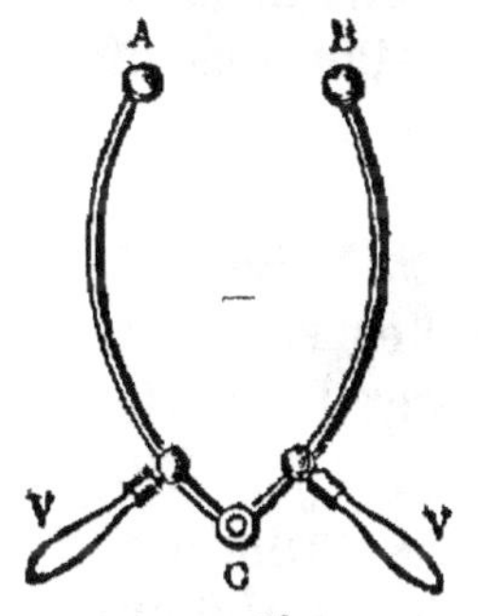

Fig. 176
Excitateur universel.

C'est un arc métallique (*fig.* 176), composé de deux branches A et B réunies par une charnière C; deux manches de verre V et V permettent de tenir l'excitateur. On applique l'extrémité de l'une des branches contre l'un des plateaux, et on approche peu à peu l'extrémité de l'autre branche du second plateau. Quand la distance devient assez petite, une bruyante étincelle jaillit, produite par la combinaison des deux fluides qui étaient accumulés en grande quantité sur les deux plateaux.

**241. Bouteille de Leyde.** — La *bouteille de Leyde* est un condensateur de forme particulière, beaucoup plus commode que le condensateur à plateaux.

Elle se compose (*fig.* 177) d'un flacon de verre recouvert extérieurement, jusqu'aux trois quarts de sa hauteur, d'une feuille d'étain ou *armature extérieure*, qui joue le rôle de condenseur. L'intérieur est rempli de feuilles de clinquant, qui constituent l'*armature intérieure* ou le collecteur. Une tige de laiton traverse le bouchon, et plonge au milieu des feuilles de clinquant; elle se termine à l'extérieur par une partie recourbée, par laquelle on peut, au besoin, accrocher la bouteille à la machine électrique.

Fig. 177. — Bouteille de Leyde.

Pour charger une bouteille de Leyde, on la prend ordinairement à la main, ce qui met l'armature extérieure en communication avec le sol, puis on fait communiquer la tige, et, par suite, toute l'armature intérieure, avec la machine électrique.

Pour la décharger, on peut employer l'excitateur à poignées de verre.

Si, pendant qu'on tient l'armature extérieure d'une main, on vient à toucher avec l'autre l'armature intérieure, on reçoit une commotion provenant de la recomposition instantanée du fluide neutre.

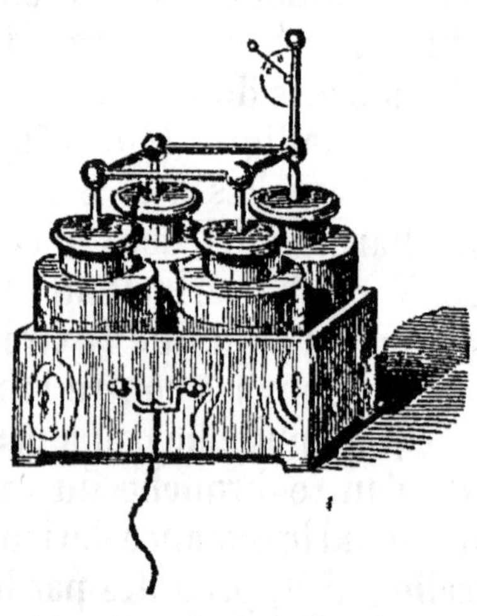

Fig. 178. — Batterie électrique.

**242. Batteries.** — Les batteries électriques sont formées de grosses bouteilles de Leyde ou *jarres* (*fig.* 178), dont toutes les armatures extérieures communiquent entre elles par l'intermédiaire du fond métallique de la caisse qui les renferme, et dont toutes les armatures intérieures sont aussi mises en communication par des tiges métalliques.

Chacune des jarres, au lieu d'être remplie de clinquant,

est tapissée intérieurement d'une feuille d'étain; la tige qui traverse le bouchon se termine à sa partie inférieure par une chaîne, qui repose sur la feuille d'étain.

Pour charger la batterie, on fait communiquer les armatures intérieures avec la machine électrique, et le fond métallique de la caisse avec le sol. Un pendule électrique indique à chaque instant la charge électrique.

Les effets des batteries sont ceux d'une bouteille de Leyde qui aurait de très grandes dimensions.

## *Résumé.*

La *condensation* est un phénomène d'*influence électrique*. Elle consiste dans une grande accumulation d'électricités de noms contraires à la surface de deux plateaux placés l'un en face de l'autre, le premier étant en communication avec une machine électrique, et le second avec le sol.

Pour décharger un condensateur, on peut procéder par contacts successifs, ou par décharge instantanée.

La bouteille de Leyde est un condensateur de forme particulière; elle donne de fortes commotions quand on la décharge en touchant à la fois, avec les deux mains, les deux armatures.

# CHAPITRE II

## EFFETS DE L'ÉLECTRICITÉ.

### I. — EFFETS MÉCANIQUES.

**243. Attraction des corps légers.** — Maintenant que nous possédons de puissants moyens d'obtenir de l'électricité, nous allons pouvoir étudier les effets très variés qu'elle produit.

Examinons d'abord les effets mécaniques.

Le premier que nous ayons constaté est l'attraction des corps légers. Voici comment on l'explique :

Lorsqu'un bâton de verre, chargé d'électricité positive, est approché d'un corps léger, le fluide neutre de ce corps est décomposé ; son fluide positif est repoussé dans le sol, et son fluide négatif attiré ; alors le corps léger, entraîné par l'attraction du fluide qui est répandu à sa surface, se porte vers le bâton. Après le contact, le corps léger se trouve chargé d'électricité positive, et il est repoussé.

Si le corps léger, au lieu d'être en communication avec le sol, est isolé, la décomposition par influence s'y fait encore. L'électricité positive se porte en *k* (*fig.* 179), aussi loin que possible du corps influent, tandis que l'électricité négative est attirée en *d*. L'attraction a lieu alors parce que le fluide négatif, qui est attiré, se trouve à une distance moindre que le fluide positif, qui est repoussé. Au moment du contact il y a combinaison du fluide négatif de *d* avec une partie du fluide positif de *c*; le corps léger, restant chargé de l'électricité positive qu'avait développée l'influence, est repoussé.

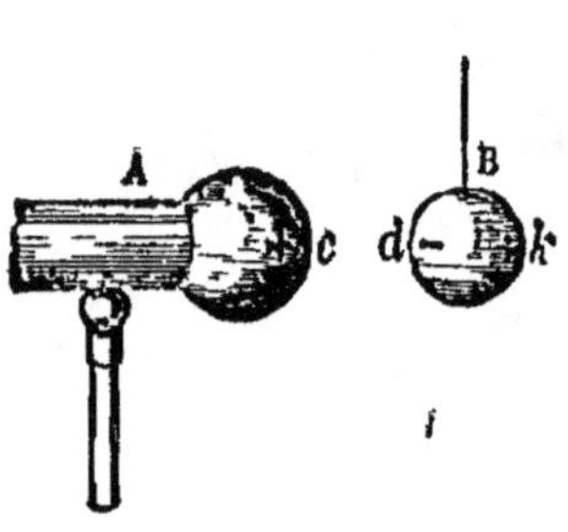

Fig. 179. — Attraction des corps légers.

Ainsi donc, ce n'est pas l'électricité de la machine qui a passé sur le corps B pour l'électriser ; le fluide positif qui se trouve en B après le contact a été développé par influence. Il en est toujours ainsi.

On peut montrer l'attraction des corps légers d'une manière amusante par les dispositions suivantes :

1° *Carillon électrique.* — Une barre métallique AB (*fig.* 180) supporte deux timbres C et D par l'intermédiaire de deux chaînes métalliques, et un troisième par l'intermédiaire d'un fil de soie isolant. Ce troisième timbre O est en communication avec le sol. Deux boutons métalliques *b* et *b'*, suspendus par des fils de soie, complètent l'appareil.

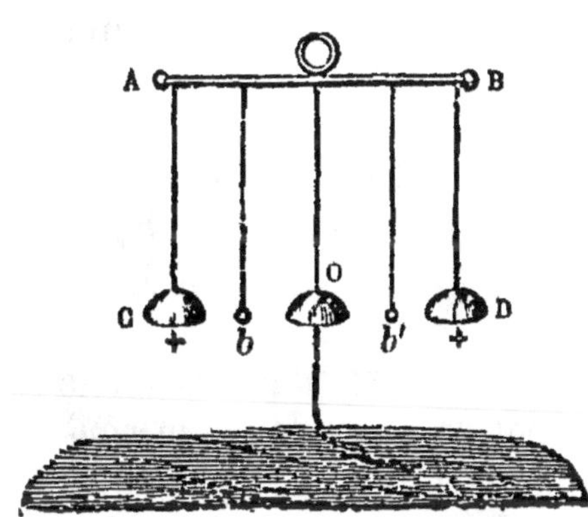


Fig. 180. — Carillon électrique.

Attachons-le à une machine électrique en mouvement : les timbres C et D se chargent d'électricité, attirent les boutons, qui viennent les frapper et se charger ainsi d'électricité. A l'attraction succède une répulsion : les boutons viennent frapper le timbre du milieu, qui n'est pas électrisé, puisqu'il ne communique pas avec la machine ; dans ce second choc, ils perdent leur électricité, qui s'en va dans le sol, et ils peuvent dès lors être de nouveau attirés par C et D.

Il va donc se produire une oscillation régulière des boutons, qui frapperont alternativement les timbres extrêmes et celui du milieu.

2° *Grêle électrique.* — Un plateau métallique AD (*fig.* 181) est mis en communication avec la machine électrique. A une petite distance au-dessous de ce plateau est un autre plateau M, qui repose sur le sol, et sur lequel on a placé des balles de moelle de sureau.

Quand la machine fonctionne, on voit les balles se soulever vivement, toucher le plateau AD, être repoussées, venir perdre leur électricité par un contact avec M et être soulevées de nouveau. La cloche V est là simplement pour empêcher les balles d'être projetées au loin dans leurs mouvements.

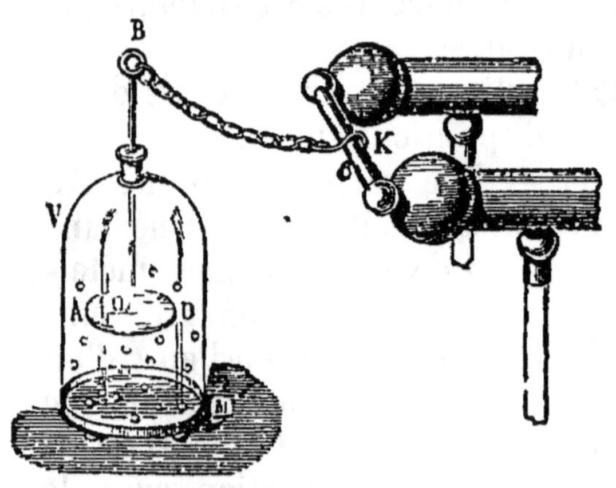

Fig. 181. — Grêle electrique.

On aurait pu, au lieu de balles, coucher sur le plateau M un bonhomme fait en moelle de sureau : il se serait levé et aurait exécuté entre les deux plateaux une danse fort amusante.

**244. Pouvoir des pointes.** — C'est aussi par des effets mécaniques que nous pouvons mettre en évidence le *pouvoir des pointes*, dont nous avons parlé.

1° A l'extrémité de l'un des conducteurs d'une machine électrique, fixons une pointe recourbée A (*fig.* 182). Toute l'électricité produite par la machine s'échappe par cette pointe au fur et à mesure de sa formation, repoussant l'air, qui se charge d'électricité de même nom. Ce mouvement de l'air est si marqué que la flamme d'une bougie placée devant la pointe s'incline et finit même par s'éteindre.

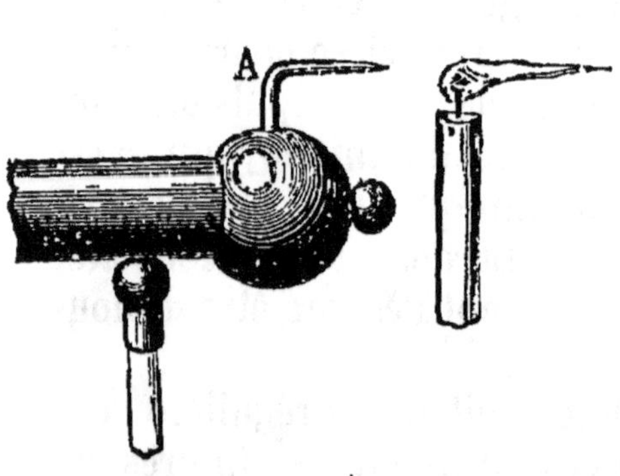

Fig. 182. — Pouvoir des pointes, montré par l'extinction d'une bougie.

2° Remplaçons la pointe recourbée A par une pointe droite, et plaçons par-dessus une rosace formée de cinq ou six pointes recourbées toutes dans le même sens (*fig.* 183). L'air repoussé par chacune d'elles réagit sur la

17.

rosace, qui prend un mouvement de rotation très rapide, dirigé, comme pour le tourniquet hydraulique, dans le sens inverse de celui des pointes.

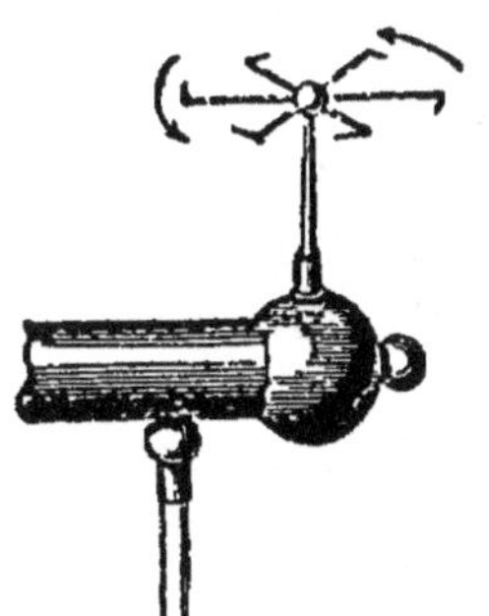

Fig. 183. — Pouvoir des pointes, montré par la rotation d'un tourniquet

3° A une machine électrique en fonction fixons un carillon électrique (*fig.* 184); puis, approchons peu à peu de la machine une pointe métallique tenue à la main : le carillon s'arrêtera, indiquant que la machine a perdu son électricité, comme si elle avait elle-même porté la pointe. L'électricité de la machine a décomposé, par influence, l'électricité neutre de la pointe; l'électricité de même nom, repoussée, s'est perdue dans le sol; l'électricité de nom contraire, attirée, s'est accumulée sur la pointe, d'où elle s'est échappée pour venir sur la machine et la ramener ainsi à l'état neutre.

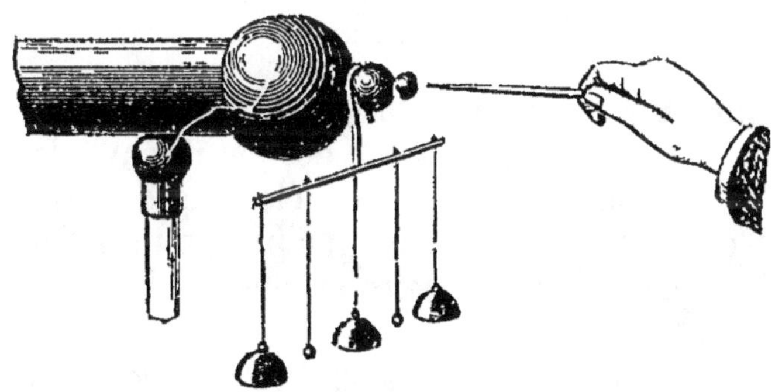

Fig. 184. — Carillon électrique arrêté par l'influence d'une pointe.

Le pouvoir des pointes explique pourquoi, dans la construction des appareils électriques, on évite les pointes et les arêtes vives : dans une machine électrique tous les conducteurs sont arrondis en forme de cylindres ou de boules.

**245. Effets de rupture.** — Si l'on approche l'un de l'autre deux corps chargés d'électricités de noms contraires, les deux fluides se recombinent avant même que les conducteurs soient arrivés au contact. Lorsque les conducteurs sont séparés l'un de l'autre par un corps isolant, les fluides se transportent de l'un à l'autre en déterminant la projection ou la rupture du corps isolant.

Les expériences suivantes mettent ces effets en évidence.

1° Deux pointes métalliques sont placées en regard, à une petite distance l'une de l'autre (*fig.* 185). Entre les

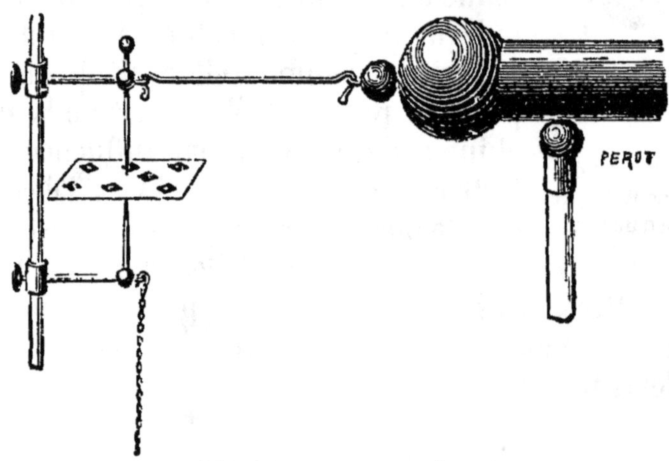


Fig. 185. — Perce carte.

deux on met une carte à jouer, une plaque mince de verre. On fait communiquer l'une des pointes avec le sol, l'autre avec une puissante machine électrique fortement chargée. L'électricité passe vivement d'une pointe à l'autre, perçant d'un petit trou circulaire la carte ou la plaque de verre.

2° L'expérience du *perce-carte* ou du *perce-verre* réussit encore mieux avec la forte décharge que fournit une bouteille de Leyde ou une batterie. La pointe inférieure est mise en communication avec l'armature extérieure de la batterie; au moyen de l'excitateur on fait communiquer l'armature intérieure avec la pointe supérieure. On entend un bruit sec, on voit une petite étincelle : la plaque de verre est trouée.

La décharge d'une forte batterie, passant au travers d'un morceau de bois sec, le fait voler en éclats.

3° L'ébranlement du corps isolant à travers lequel se fait la décharge est tout aussi manifeste quand ce corps est un liquide ou un gaz.

Un tube de verre A (*fig.* 186) est rempli d'eau, puis hermétiquement fermé ; les bouchons sont traversés par deux tiges métalliques. On fait communiquer l'une avec l'armature extérieure de la batterie, l'autre avec l'armature intérieure ; l'étincelle jaillit entre les boules B et C ; le liquide en est si fortement ébranlé que le tube est souvent brisé.

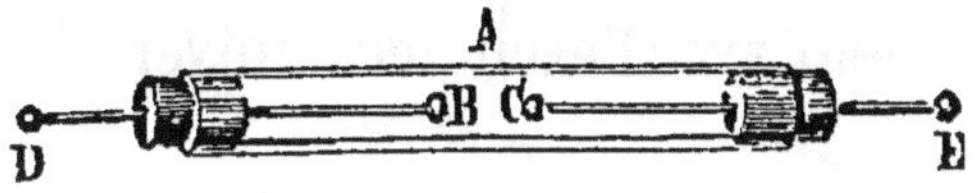

Fig. 186. — Rupture d'un tube sous l'influence d'une décharge brusque, au sein de l'eau.

4° Le *mortier électrique*, représenté dans la figure 187, montre l'ébranlement de l'air traversé par la décharge d'une bouteille de Leyde. La petite bombe A est projetée par l'expansion subite de l'air sous l'action de l'étincelle produite entre *c* et *b*.

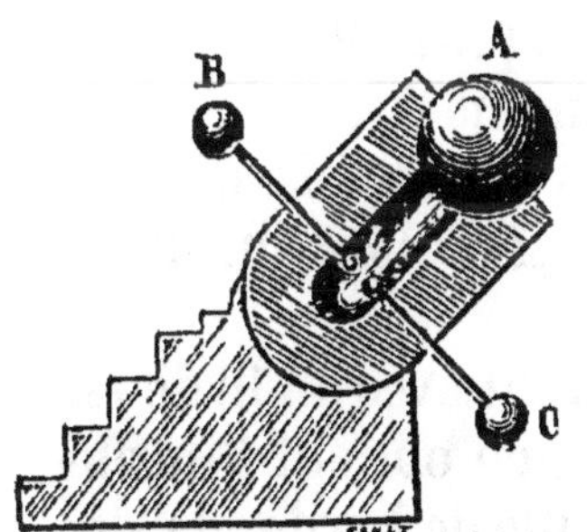

Fig. 187.— Mortier électrique

**246. Transport des matières pondérales par l'électricité.** — Quand une étincelle jaillit entre deux boules métalliques, une portion du métal est transportée, d'une boule sur l'autre, sous forme d'une poussière impalpable ou de microscopiques globules fondus.

Nous verrons que ces transports mécaniques des métaux par l'étincelle peuvent communiquer à celle-ci des colorations très variées.

## *Résumé.*

Parmi les effets physiques de l'électricité, il convient de citer : l'attraction des corps légers, les effets de rotation dus au pouvoir des pointes, de puissants effets de rupture et des transports de matières pondérales.

## II. — EFFETS CALORIFIQUES.

**247. Échauffement des fils métalliques.** — Lorsque la décharge traverse des corps conducteurs, on n'observe plus de rupture; mais, si le corps a une faible section, il se produit une grande élévation de température.

L'expérience se fait aisément avec l'excitateur universel (*fig.* 188).

Deux tiges métalliques TT sont articulées au sommet de deux pieds isolants CC. On réunit leurs extrémités par un fil métallique fin et court, et on fait passer la décharge d'une batterie : le fil devient incandescent.

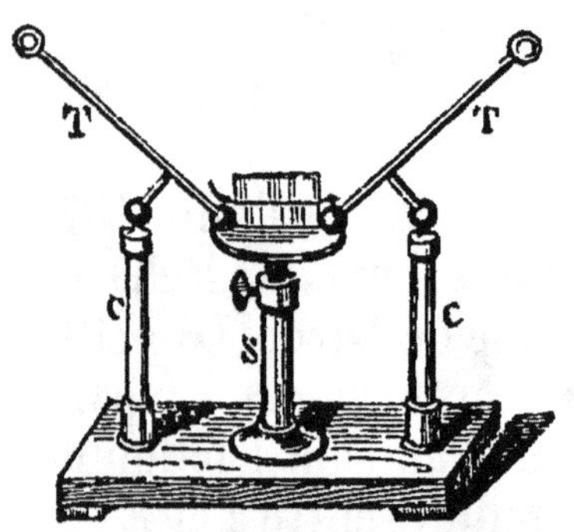

Fig. 188. — Volatilisation d'un fil, sous l'influence de la décharge d'une batterie.

L'échauffement est d'autant plus considérable que le fil est plus fin, plus court, et qu'il conduit moins bien l'électricité (pourvu toutefois qu'il la conduise assez pour lui livrer passage).

En opérant avec un fil de fer d'un à deux centimètres de longueur, on obtient l'incandescence à l'aide d'une simple bouteille de Leyde; la décharge d'une batterie détermine la fusion du fil.

**248. Volatilisation des métaux.** — Si, dans l'expérience précédente, on emploie un fil de soie recouvert seulement d'une couche métallique très mince, la décharge laisse le fil de soie intact et volatilise la couche métallique. En plaçant derrière le fil une feuille de papier, on voit les vapeurs métalliques s'y condenser et produire une coloration noirâtre.

On montre encore la volatilisation des métaux par l'expérience du *portrait de Franklin*. Dans une feuille de papier fort A (*fig.* 189) on a découpé le portrait de Franklin, à l'emporte-pièce; à cette feuille de papier sont collées deux bandes de papier d'étain B et C.

Sur une plaque de bois M on pose une carte de visite ou un morceau de soie blanche ; par-dessus on applique

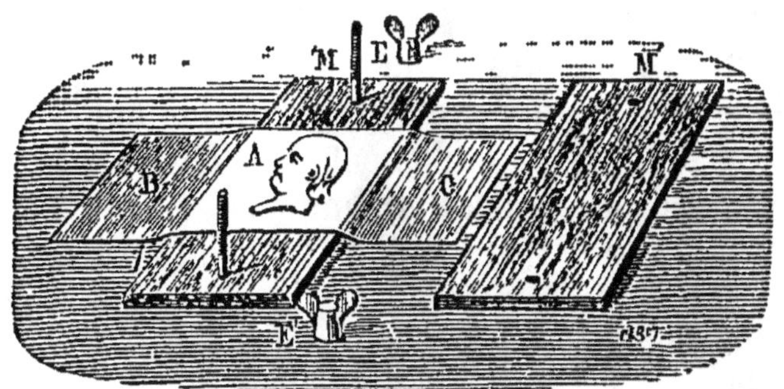


Fig. 189. — Portrait de Franklin.

le portrait BAC, puis une mince feuille d'or battu. Enfin on recouvre le tout d'une plaque de bois M' semblable à la première, et qu'on serre fortement au moyen des écrous E et E'.

L'expérience étant ainsi préparée, on met la bande B en communication avec l'armature extérieure d'une batterie fortement chargée, et on fait passer la décharge en réunissant avec l'excitateur la bande C et l'armature intérieure. La feuille d'or est volatilisée, et la vapeur, projetée à travers la découpure, imprime le portrait de Franklin sur la soie blanche.

**249. Chaleur de l'étincelle.** — L'étincelle électrique qui jaillit dans l'air entre les deux armatures de la bouteille de Leyde, ou celle qu'on tire d'une machine électrique, a une température élevée. Dans l'expérience du mortier électrique, l'expansion de l'air est due, non seulement à une projection mécanique des molécules gazeuses, mais aussi à une élévation de température produite par le passage de l'étincelle.

Cette température élevée de l'étincelle peut déterminer l'inflammation des corps combustibles.

L'étincelle d'une machine électrique ou d'une bouteille de Leyde enflamme parfaitement l'éther, l'alcool, la résine, le benjoin, le coton-poudre.

Dans une cuiller métallique tenue à la main on verse de l'éther, puis on approche la cuiller d'une bonne machine électrique en mouvement ; une étincelle jaillit et l'éther s'enflamme.

Autour de l'une des boules d'un excitateur on dispose du coton-poudre, puis on décharge une bouteille de Leyde, avec cet excitateur ; au moment où l'étincelle arrive sur le coton-poudre, celui-ci s'enflamme.

Un mélange d'oxygène et d'hydrogène, à travers lequel on fait passer une étincelle électrique, détone comme si on l'enflammait au moyen d'une allumette. L'expérience se fait dans le petit appareil connu sous le nom de *pistolet de Volta*.

Il se compose (*fig.* 190) d'un vase de laiton très résistant A, qu'on peut fermer par un bouchon D, après y avoir introduit le mélange détonant. Une tige métallique CB, isolée par un tube de verre M, pénètre dans le vase ; elle se termine intérieurement par une boule C, placée très près des parois.

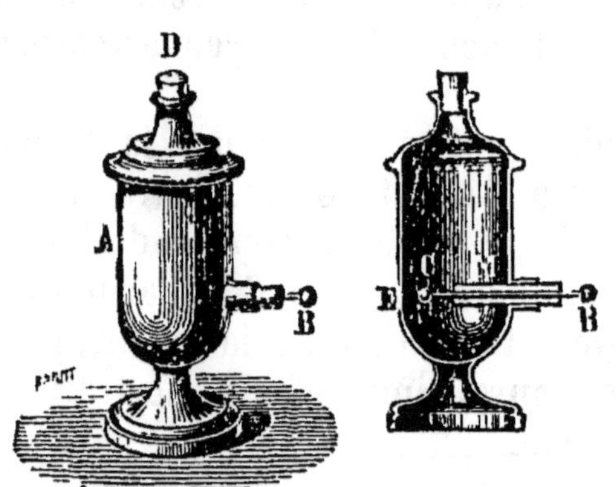


Fig. 190. — Le pistolet de Volta.

Quand on tient le pistolet à la main, et qu'on approche la boule B d'une machine électrique, une étincelle part de C en E et détermine la détonation : le bouchon est projeté avec bruit.

## *Résumé.*

La décharge électrique, passant à travers un fil métallique assez fin, l'échauffe jusqu'à l'incandescence, et peut même le volatiliser. En outre, la température élevée de l'étincelle détermine l'inflammation des corps combustibles : éther, poudre, coton-poudre, mélange d'oxygène et d'hydrogène.

## III. — EFFETS LUMINEUX.

**250. Étincelle électrique.** — Nous sommes maintenant en état de comprendre ce qu'est le phénomène le plus frappant que produise l'électricité : l'étincelle.

Quand on approche le doigt d'une machine électrique qui fonctionne, on voit un trait lumineux jaillir entre le doigt et le conducteur (*fig.* 191), en même temps qu'on sent comme une piqûre, et qu'on entend un bruit sec.

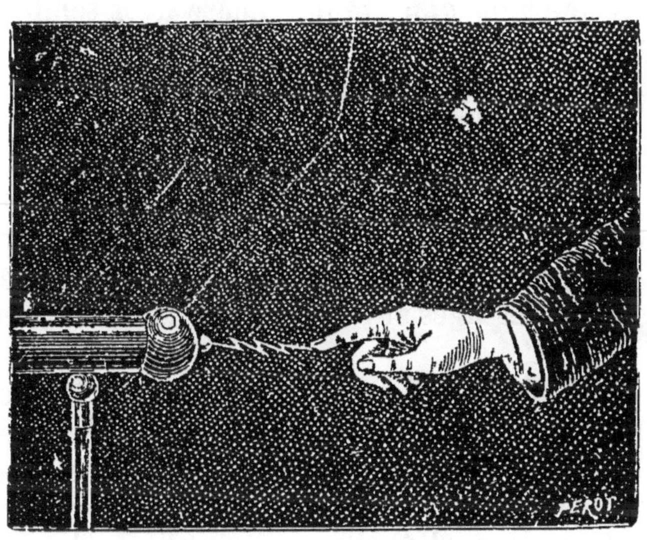

Fig. 191. — L'étincelle électrique.

Voici ce qui se produit. Quand la main s'approche, elle se charge par influence d'électricité de nom contraire à celle de la machine. Les deux fluides en présence, celui de la machine et celui de la main, s'attirent, et, quand leur distance est devenue assez petite, ils vont à la rencontre l'un de l'autre à travers l'air. Le filet d'air traversé par les deux fluides s'échauffe comme le ferait un fil métallique, et devient lumineux.

L'étincelle est donc formée d'air porté à une haute température. Si elle ne nous brûle pas, c'est qu'elle dure trop peu de temps.

**251. Forme de l'étincelle.** — Quand on approche un corps conducteur d'une forte machine électrique, l'étincelle jaillit. Si la distance du conducteur à la machine est petite, les étincelles sont rectilignes et se succèdent si rapidement que l'impression lumineuse produite sur l'œil est continue.

La distance augmentant, les étincelles, plus longues, deviennent moins nombreuses; elles se présentent alors sous la forme d'un trait lumineux brisé en zigzags (*fig.* 191).

Qu'on éloigne un peu le conducteur, et on n'aura plus d'étincelle. Mais si l'on opère dans une obscurité absolue, on voit encore une *aigrette* lumineuse assez semblable à un arbre, qui aurait sa tige plantée dans la machine et ses branches tournées du côté du conducteur. En même temps, on entend un bruit sourd et saccadé.

**252. Couleur des étincelles.** — La teinte des étincelles varie avec les circonstances qui en déterminent la production; elle dépend surtout de la nature du gaz traversé et de la matière des tiges entre lesquelles le phénomène se produit.

Les étincelles que l'on obtient dans l'air atmosphérique, à l'aide des machines ordinaires, sont le plus souvent blanches ou légèrement violacées. Mais, pour en changer la couleur, il suffit de faire varier la nature des boules contre lesquelles elles jaillissent. Ce changement de coloration s'explique aisément : nous savons, en effet, que le métal des conducteurs est transporté par l'étincelle sous forme d'une poussière impalpable. Ces particules métalliques, portées à l'incandescence, donnent à l'étincelle son pouvoir éclairant et sa coloration.

La nature du gaz dans lequel l'étincelle est produite peut aussi en modifier la coloration. Ainsi, dans l'hydrogène, la lueur devient pourprée; dans l'acide carbonique, elle devient verdâtre.

**253. Longueur de l'étincelle.** — Dans les très fortes machines électriques, l'étincelle peut atteindre trois ou quatre décimètres de longueur; elle produit, dans ce cas, un bruit comparable à celui d'une capsule.

Les cabinets de physique possedent tous des appareils qui, par une disposition particulière, permettent d'obtenir des étincelles beaucoup plus longues, et produisent, dans l'obscurité, des effets lumineux assez interessants.

Sur une lame isolante, sur un tube de verre par exemple (*fig.* 192), on colle des plaques métalliques très petites, qu'on dispose à une faible distance les unes des autres, et de telle sorte qu'elles forment un dessin. Après avoir mis la dernière plaque en communication avec le sol, on fait jaillir une étincelle sur la première.

Aussitôt l'électricité passe de chaque plaque à la suivante, sous forme d'étincelle, et fait apparaître en une ligne de feu le dessin que l'on avait tracé.

On peut varier à l'infini la disposition de ces tubes, de ces sphères, de ces carreaux étincelants.

De même, en collant sur un tube de verre des poussières des différents métaux, on obtient un tube étincelant, dans lequel la diversité des métaux donne aux différentes parties de l'étincelle des colorations variées, dont l'effet est saisissant.

Fig. 192. Tube étincelant.

**254. Durée de l'étincelle.** — L'étincelle électrique est un phénomène presque instantané; sa durée est inférieure à un dix-millième de seconde.

Si l'étincelle nous parait avoir une durée plus grande, cela tient à la persistance des impressions lumineuses sur l'œil. Le disque de Newton, placé dans l'obscurité, et éclairé par la lueur subite d'une étincelle électrique, parait immobile, quelle que soit la rapidité de sa rotation.

**255. Décharge dans les gaz raréfiés.** — Les phénomènes lumineux produits par le passage de l'électricité varient aussi d'aspect avec la pression de l'atmosphère traversée par la décharge : on le démontre au moyen de *l'œuf électrique*.

Cet appareil se compose (*fig.* 193) d'un ballon de verre, de forme ellipsoïdale, fermé à l'une de ses extrémités par une garniture métallique dans laquelle passe une tige conductrice, et, à l'autre, d'une garniture à robinet, munie aussi d'une tige intérieure. On peut faire le vide dans le ballon au moyen de la machine pneumatique.

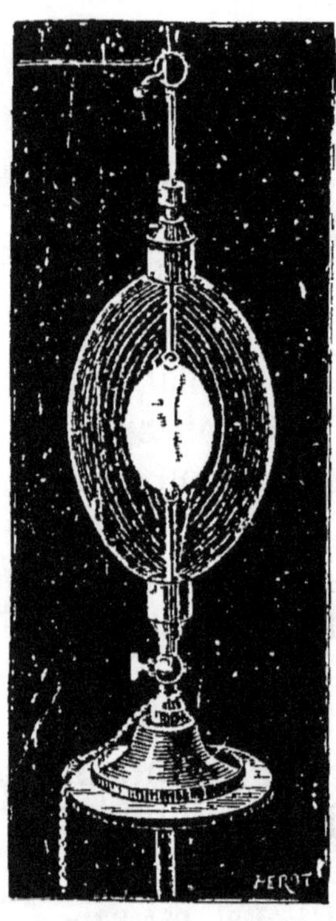

Fig. 193. — Œuf électrique, montrant l'apparence de l'étincelle dans les gaz raréfiés.

Quand on veut faire passer la décharge dans l'œuf électrique, on met la garniture inférieure en communication avec le sol, et la garniture supérieure en communication avec la machine électrique. Puis on fait varier convenablement la distance des deux boules intérieures jusqu'à ce que le phénomène lumineux se produise.

Si l'œuf est d'abord plein d'air, on a des étincelles rectilignes ou en zigzags. Si l'œuf renferme de l'air à une pression notablement inférieure à la pression atmosphérique, les étincelles se changent en une aigrette. Lorsque la pression de l'air est de 5 à 6 centimètres de mercure, chaque décharge fait apparaître, entre les boules, des bandes lumineuses. Ces bandes semblent partir de la boule positive ; elles s'écartent les unes des autres, puis convergent vers la boule négative, qui est entourée d'une lueur violacée. Enfin, si la pression de l'air devient inférieure à 2 ou 3 millimètres, on ne voit plus de bandes, mais une lueur vague qui remplit tout l'œuf.

Dès que la raréfaction est assez prononcée pour que l'étincelle cesse de jaillir avec bruit, le métal des conducteurs n'est plus transporté, et la coloration ne dépend plus que de la nature du gaz.

De ces expériences il résulte que l'électricité semble se diffuser d'autant plus que les conducteurs sont placés dans une atmosphère plus raréfiée.

Les phénomènes lumineux produits par le passage de la décharge à travers les gaz raréfiés sont surtout brillants et faciles à observer dans les tubes de Geissler.

Ces tubes sont en verre (*fig.* 194) et contiennent des atmosphères extrêmement raréfiées de différents gaz ; à

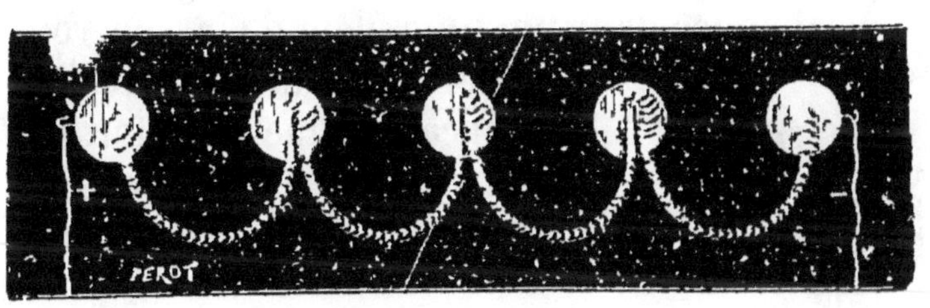


Fig. 194. — Tubes étincelants, dans lesquels on a fait le vide.

leurs extrémités sont fixés des fils de platine qui servent à faire passer l'électricité.

Avec ces tubes, auxquels on donne toutes les formes possibles, on obtient les apparences les plus charmantes et les plus variées.

On augmente encore la beauté de l'effet en employant des verres qui acquièrent des teintes diverses au moment du passage de la décharge.

## *Résumé.*

L'étincelle électrique est constituée par de l'air porté à une haute température par le passage de la décharge. Elle a une longueur, une forme, une coloration, qui varient avec les circonstances de sa production. Dans les gaz raréfiés l'étincelle perd ses contours nets, et elle peut prendre une grande longueur.

La durée de l'étincelle est peut-être inférieure à la dix-millième partie d'une seconde.

## IV. — EFFETS CHIMIQUES.

**256. Combinaisons produites par l'étincelle électrique.** — L'inflammation des corps combustibles et des mélanges détonants est un effet chimique ; mais cet effet est dû uniquement à la chaleur de l'étincelle.

Dans d'autres circonstances, l'étincelle produit des combinaisons chimiques que la chaleur ne détermine pas.

Lorsque, par exemple, on fait passer une longue série d'étincelles électriques dans un tube plein d'air, on voit apparaître une coloration rougeâtre, due à la formation d'une combinaison d'azote et d'oxygène qu'on nomme *peroxyde d'azote*. La figure 195 montre quelle disposition on peut donner à l'expérience. Le fil N est en communication avec la machine électrique, dont on fait tourner le plateau, et le fil M en communication avec le sol ; les étincelles jaillissent de N à M.

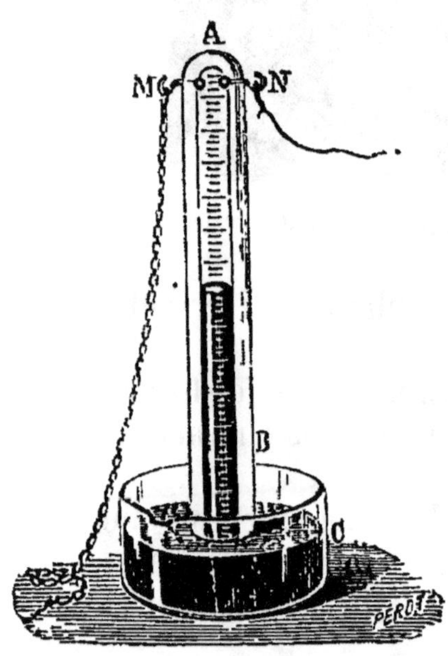


Fig. 195. — Décomposition du gaz ammoniac par une longue série d'étincelles électriques.

L'odeur qu'acquiert l'air que traversent des étincelles électriques est due à la formation d'un gaz nommé *ozone*, qui n'est qu'une simple modification de l'oxygène. C'est encore là une véritable action chimique de l'étincelle.

**257. Décompositions produites par l'étincelle électrique.** — Nous étudierons, en chimie, de nombreux exemples de décompositions, obtenues soit par les étincelles électriques, soit par le courant des piles. Toutes ces décompositions, sur lesquelles nous aurons à revenir, peuvent être mises en évidence à l'aide d'une machine électrique.

1° Une longue série d'étincelles, traversant le *gaz ammoniac* contenu dans le tube de la figure 195, le décompose complètement en hydrogène et en azote. Le volume du gaz finit par doubler.

2° Si l'on plonge dans de l'eau acidulée deux fils de platine, recouverts d'un vernis à la gomme laque, sauf à leurs extrémités, et qu'on fasse passer, de l'une des extrémités à l'autre, des étincelles qui traversent le liquide, l'eau est décomposée ; il se dégage de l'oxygène sur le fil communiquant avec le sol.

3° Les mêmes fils plongés dans une dissolution de sulfate de cuivre décomposent ce sel, pour donner du cuivre, qui se dépose sur le fil communiquant avec le sol, puis de l'acide sulfurique et de l'oxygène, qui se portent sur l'autre fil.

### *Résumé.*

L'étincelle produit des combinaisons chimiques (combinaison de l'oxygène et de l'azote), et des décompositions (décomposition du gaz ammoniac, de l'air, de la dissolution de sulfate de cuivre).

## V. — EFFETS PHYSIOLOGIQUES.

**258. Effets physiologiques.** — Lorsque l'étincelle d'une machine électrique arrive sur la main, on ressent une sorte de piqûre. Si la machine est puissante, la piqûre est accompagnée d'une commotion dans les articulations des doigts et du poignet, commotion qui s'étend même quelquefois jusqu'aux jambes et à la poitrine.

L'étincelle la plus petite de la bouteille de Leyde produit une commotion beaucoup plus forte et extrêmement désagréable.

Pour la ressentir, il suffit de toucher avec une main l'armature intérieure pendant qu'on tient l'armature extérieure de l'autre main. Avec la décharge d'une batterie, on peut tuer un chien et même un animal de plus forte taille.

Il est donc important de ne manœuvrer ces appareils qu'avec les plus grandes précautions; on doit prendre garde de ne jamais toucher à la fois les deux armatures, même lorsque la batterie vient d'être déchargée, à cause des décharges successives qu'elle est susceptible de fournir.

La commotion peut être ressentie à la fois par plusieurs personnes qui se tiennent par la main.

C'est au passage rapide de l'électricité à travers le corps qu'il faut attribuer l'effet produit.

Quand on monte sur le tabouret isolant et qu'on touche la machine électrique en mouvement, on se charge progressivement, après la première étincelle reçue, d'une assez grande quantité d'électricité sans ressentir aucune commotion.

### *Résumé.*

Les bouteilles de Leyde, et surtout les puissantes batteries, peuvent donner des commotions assez fortes pour être dangereuses.

# CHAPITRE III

## ÉLECTRICITÉ ATMOSPHÉRIQUE.

### I. — PRÉSENCE DE L'ÉLECTRICITÉ DANS L'AIR.

**259. Identité de la foudre et de l'électricité.** — Au milieu du dix-huitième siècle, quand les physiciens eurent construit les premières machines électriques, ils ne tardèrent pas à remarquer l'analogie évidente des effets de la foudre avec ceux que l'électricité produisait dans les laboratoires.

Franklin imagina, en 1752, des expériences destinées à montrer que la foudre n'est autre chose qu'une immense étincelle électrique. Elles furent exécutées simultanément en France et en Amérique.

Dans l'une de ces expériences, un cerf-volant, armé d'une pointe et relié au sol par un fil de lin, fut lancé dans un nuage orageux. Sous l'influence du nuage orageux, le cerf-volant se chargea d'électricité, et on put tirer, par la partie inférieure de la corde, des étincelles longues de trois pieds, qui produisaient autant de bruit qu'un coup de fusil.

**260. Électricité atmosphérique dans les temps calmes.** — Des observations assidues, faites depuis cette époque, ont montré que l'atmosphère est constamment chargée d'électricité; il en est de même du sol et de tous les objets qui le recouvrent.

C'est justement parce que tous les objets sont également électrisés, qu'il n'en résulte aucune manifestation visible.

Cette électricité atmosphérique, cause des orages, est due probablement à un grand nombre de causes, encore imparfaitement connues. Il est à croire que l'évaporation de l'eau, la chute de la pluie, la végétation des plantes, les mille réactions chimiques dont la surface de la terre et l'atmosphère sont constamment le siège, constituent autant de sources d'électricité.

*Résumé.*

**Les orages sont dus à l'électricité répandue en abondance dans l'air, même dans les temps calmes. L'expérience du cerf-volant de Franklin l'a démontré pour la première fois en 1752.**

---

## II. — LES ORAGES.

**261. Électrisation des nuages.** — Quand les circonstances sont favorables, les nuages qui passent enlèvent à l'air son électricité. La quantité de fluide positif dont ils se chargent ainsi peut devenir très considérable, surtout lorsque l'air est sec, ce qui ne se produit qu'en été.

Un nuage chargé d'électricité positive passe-t-il au-dessus d'un nuage non électrisé, il l'électrise par influence, attire l'électricité négative et repousse la positive. Que le nuage inférieur vienne alors à toucher le sommet d'une montagne, son fluide positif s'en va dans le sol, et le nuage, quand il a quitté la montagne, est chargé de fluide négatif.

Voilà pourquoi il peut y avoir dans l'air des nuages chargés d'électricité positive, et d'autres chargés d'électricité négative.

Alors, des uns aux autres, ou bien d'un nuage au sol, jaillissent des étincelles, qui éclairent le ciel, accompagnées d'un bruit intense.

**262. Eclair.** — L'éclair est l'étincelle jaillissant entre deux nuages orageux chargés de fluides de noms contraires. L'éclair a quelquefois plusieurs lieues de longueur.

L'éclair, comme l'étincelle électrique, a une durée excessivement courte.

Qu'on regarde, la nuit, une voiture allant d'un train

rapide, alors qu'elle est illuminée par un éclair. Le cheval, la voiture, les roues, tout semble absolument immobile : la durée de l'éclair est si petite qu'aucun de ces objets ne peut effectuer, pendant qu'il brille, un mouvement appréciable.

Les éclairs présentent généralement l'apparence d'un trait de feu qui traverse le ciel en zigzag. Quand les nuages interposés entre l'éclair et le spectateur cachent ce trait éclatant, on ne voit plus qu'une lueur vague causée par la lumière qu'il lance alentour.

**263. Tonnerre.** — Le tonnerre, c'est le bruit de l'éclair. Un temps assez long sépare ordinairement la lueur de l'éclair du bruit du tonnerre.

Nous savons que la lumière se transmet avec une vitesse considérable, de sorte qu'on voit l'éclair juste au moment où il se produit; le son, au contraire, ne se propage dans l'air qu'en parcourant 340 mètres par seconde. Avant qu'il soit arrivé à l'oreille, il s'écoule autant de secondes qu'il y a de fois 340 mètres entre l'éclair et le spectateur. Aussi peut-on juger facilement la distance d'un orage par le nombre de secondes qui séparent la vue de l'éclair de la perception du bruit du tonnerre.

L'éclair dure peu, et cependant le tonnerre gronde pendant longtemps. Cela est dû encore à la lenteur de la propagation du son. L'éclair ayant plusieurs kilomètres de longueur, le bruit qui se produit en ses différents points met des temps différents pour arriver à l'oreille.

**264. Influence des nuages orageux sur le sol.** — Quand un nuage orageux s'approche du sol, il y détermine une forte électrisation par influence. L'électricité s'échappe alors par toutes les pointes qui garnissent le sol, formant souvent, pendant la nuit, des aigrettes lumineuses parfaitement visibles.

Les anciens avaient observé souvent ces aigrettes pendant les nuits orageuses, et en avaient tiré des présages.

Les marins les voient fréquemment apparaître à l'extrémité des mâts et les désignent sous le nom de *feu Saint-Elme.*

**265. Foudre.** — Quand le nuage est assez fortement chargé, et qu'il s'approche du sol, la recomposition se fait, sous forme d'éclair, entre son électricité et l'électricité de nom contraire accumulée dans le sol par influence. Cet éclair, qui jaillit ainsi entre le sol et un nuage orageux, c'est la foudre.

La théorie de la foudre nous montre que l'expression : *la foudre est tombée*, est une expression impropre. La foudre monte aussi bien qu'elle descend, puisqu'elle provient de la réunion de deux fluides, dont l'un s'élève du sol, tandis que l'autre descend du nuage.

Les points le plus souvent atteints sont les sommets et les masses métalliques : les sommets, parce qu'ils sont plus près des nuages, et que, par conséquent, la décomposition s'y fait plus aisément sentir, les masses métalliques, parce que le transport des fluides s'y fait plus facilement, et que, par conséquent, la décomposition par influence y développe plus d'électricité.

Pendant les orages il ne faudra donc se placer ni sous les arbres ou les clochers, ni dans le voisinage des grandes masses métalliques.

**266. Les effets de la foudre.** — La foudre produit, mais avec une énergie incomparablement plus grande, tous les effets de l'électricité que nous avons étudiés dans le chapitre précédent.

1° *Effets mécaniques.* — Les arbres sont tordus et renversés, les murs transportés à une grande distance ou percés de part en part, les maisons écroulées en partie.

2° *Effets calorifiques.* — Les fils métalliques sont rougis, fondus ou volatilisés, les matières combustibles s'enflamment, les incendies s'allument.

3° *Effets lumineux.* — Nous avons vu que l'électricité atmosphérique produit des effets lumineux analogues à ceux de l'étincelle électrique.

4° *Effets chimiques.* — La foudre allume l'incendie. L'odeur particulière qui se répand dans les lieux frappés par la foudre n'est pas, comme on le dit fréquemment, l'odeur du soufre, mais l'odeur de l'oxygène électrisé.

5° *Effets physiologiques.* — Les hommes et les animaux frappés sont terrassés, le plus souvent tués. On trouve sur les cadavres des plaies béantes; d'autres fois le feu du ciel n'a laissé aucune trace visible. Quelquefois l'action se borne à un simple évanouissement, au sortir duquel les personnes frappées racontent toutes qu'elles n'ont même pas vu l'éclair.

## *Résumé.*

L'*éclair* est l'étincelle qui jaillit entre deux nuages chargés d'électricité contraire. Le *tonnerre* est le bruit de l'éclair. La *foudre* est l'étincelle qui jaillit entre le sol et un nuage électrisé.
Les effets de la foudre sont les mêmes que ceux de l'étincelle électrique, mais ils ont une plus grande puissance.

## III. — LE PARATONNERRE.

**267. Théorie du paratonnerre.** — En 1752, Franklin proposa de garantir les édifices de la foudre en les armant de longues tiges métalliques, terminées en pointe, et soigneusement maintenues en communication avec le sol.

Supposons, en effet, qu'un nuage orageux passe au-dessus d'une tige semblable. Il se produira une décomposition par influence : si la tige est en parfaite communication avec le sol, la quantité d'électricité attirée sera considérable, et le fluide de même nom que celui du nuage trouvera à s'écouler dans le sol sans produire aucun effet fâcheux. Quant à l'électricité de même nom, elle s'écoulera par la pointe et ira dans le nuage neutraliser une partie de l'électricité de nom contraire qui s'y trouve.

L'effet du paratonnerre sera donc triple. 1° la charge électrique du nuage orageux sera diminuée; 2° le paratonnerre empêche l'accumulation du fluide de nom contraire sur les différentes parties de l'édifice, et diminue ainsi l'attraction qui détermine la production de la foudre; 3° l'extrémité du paratonnerre est le point de l'édifice le plus élevé et le plus chargé d'électricité : c'est donc là qu'éclatera toujours la foudre, si la charge du nuage est assez grande pour que l'étincelle jaillisse malgré l'action de la pointe.

Cette théorie du paratonnerre nous montre que, pour être efficace, il doit remplir les conditions suivantes : 1° être placé sur le faîte de la maison à protéger; 2° être terminé par une pointe ; 3° être constamment maintenu en parfaite communication avec le sol.

**268. Construction du paratonnerre.** — La tige AB du paratonnerre (*fig.* 196) est en fer; sa longueur est de 5 à 10 mètres, son diamètre à la base de 5 à 6 centimètres. A sa partie supérieure la tige porte un cylindre C de cuivre de 2 centimètres de diamètre terminé par un cône D de 3 centimètres de hauteur : ce cône est doré. Grâce à cette disposition, la pointe ne s'oxydera pas au contact de l'air, et, faite d'un métal très conducteur de l'électricité, elle ne sera pas fondue si la foudre vient à la frapper.

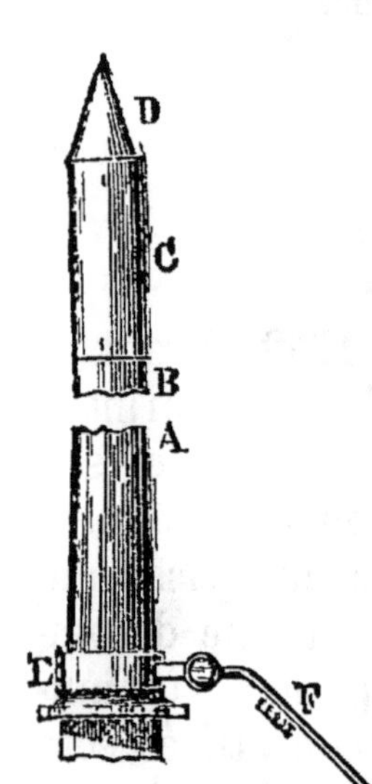

Fig. 196. — Tige supérieure du paratonnerre.

Le pied de la tige est mis en communication, par un collier E, avec une barre de fer de 2 centimètres de côté, qui descend le long du toit et des murs, pour aller s'enfoncer dans le sol. La tige est mise en communication avec toutes les grosses pièces métalliques du bâtiment, afin que l'électricité développée par influence dans ces pièces trouve à s'écouler par la pointe.

Pour que la communication avec le sol soit parfaite, on fait arriver l'extrémité inférieure de la barre de fer dans un *puits*, dans une *nappe d'eau;* cela est indispensable.

On admet qu'un paratonnerre bien construit préserve efficacement un espace qui s'étend, tout autour de son pied, à une distance double de sa hauteur.

## *Résumé.*

Le *paratonnerre* garantit les maisons contre la foudre; sa pièce principale est une grande tige de fer terminée en pointe. Un paratonnerre, pour être efficace, doit remplir les conditions suivantes: 1° être placé sur le faîte de la maison à protéger; 2° être terminé par une pointe; 3° être constamment maintenu en parfaite communication avec le sol.

# CHAPITRE IV

## PILES ÉLECTRIQUES.

### I. — DESCRIPTION DES PILES ÉLECTRIQUES.

**269. Production d'un courant électrique par une action chimique.** — A la fin du dix-huitième siècle, une longue polémique scientifique qui s'éleva entre deux savants italiens, Galvani et Volta, conduisit ce dernier à la découverte d'un nouvel appareil producteur d'électricité.

Cet appareil reçut le nom de *pile*, à cause de la première forme qui lui fut donnée par Volta; la forme a été, depuis, tout à fait changée; mais le nom de *pile* est resté.

Voici le principe de l'appareil:

Dans un vase de verre mettons de l'eau additionnée d'un peu d'*acide sulfurique;* puis plongeons dans ce liquide une lame de cuivre et une lame de zinc, de manière que ces deux lames ne se touchent pas. Aussitôt, elles se chargent l'une et l'autre d'électricité; le *cuivre* se charge d'électricité positive, le *zinc* d'électricité négative. Ces charges, cependant, sont extrêmement faibles, et on ne peut les mettre en évidence qu'à l'aide d'instruments très délicats.

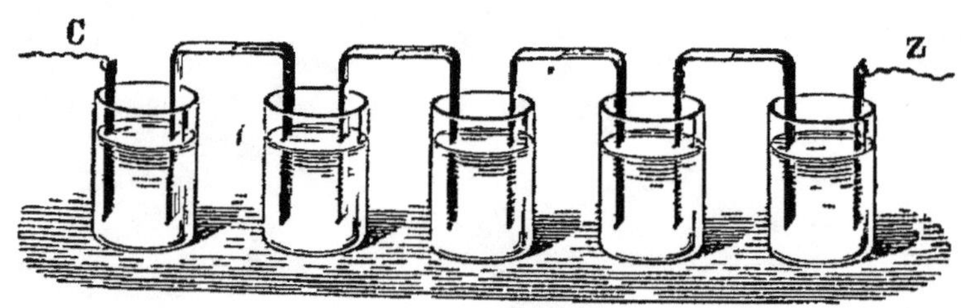


Fig. 197. — Pile simple, à un seul liquide, constituée par plusieurs éléments.

La charge est augmentée si on met à la suite les uns des autres plusieurs *éléments* semblables à celui que nous venons de décrire. Il faut alors faire communiquer le zinc du premier élément avec le cuivre du second, le zinc du second avec le cuivre du troisième..., de telle sorte que le premier cuivre et le dernier zinc soient seuls libres (*fig.* 197).

Par cette disposition on n'a encore, au premier cuivre et au dernier zinc, que des charges très faibles, incapables, par exemple, de donner des étincelles. Mais ces charges vont se manifester par d'autres effets.

Si, en effet, on joint par un fil métallique continu le cuivre C (appelé *pôle positif*), avec le zinc Z (appelé *pôle négatif*), les deux fluides qui s'attirent vont parcourir le fil en deux *courants* inverses, l'un allant du cuivre au zinc (*courant positif*), l'autre du zinc au cuivre (*courant négatif*).

Et ces courants ne dureront pas seulement un moment ; ils passeront indéfiniment dans le fil, tant que les liquides contenus dans les vases seront dans un état convenable.

On admet, en effet, que c'est l'*action chimique* exercée par l'acide sulfurique sur le zinc qui détermine la *production des courants;* et ces courants restent les mêmes tant que l'action chimique continue à se faire dans les mêmes conditions.

Dans le fil conducteur, le *courant positif* va du pôle positif au pôle négatif; le *courant négatif* va en sens inverse. On est convenu, pour simplifier le langage, de ne parler jamais que du *courant positif*, qu'on appelle tout simplement le *courant;* mais il ne faut pas oublier qu'en réalité il y a toujours deux courants marchant à la rencontre l'un de l'autre.

Nous examinons plus loin les effets qu'est capable de produire le courant électrique fourni par une pile.

**270. Piles à courant constant.** — Le courant de la pile que nous venons de décrire, assez puissant au début, s'affaiblit rapidement, par suite de modifications qui se produisent dans le liquide des vases. On construit actuellement un grand nombre de piles dont l'action est beaucoup plus constante. Dans la plupart de ces piles il y a deux liquides distincts : l'un dans lequel plonge la *lame de zinc* (qui constitue toujours le pôle négatif); l'autre dans lequel plonge la *lame de cuivre*, ou une lame d'une autre substance, remplaçant le cuivre (cette seconde lame constitue toujours le pôle positif).

Les deux liquides sont séparés l'un de l'autre par un vase en porcelaine poreuse, légèrement perméable. De la sorte, chaque élément est constitué de la manière suivante : 1° un vase de verre; 2° un vase poreux, plus mince, placé dans le vase de verre; 3° un premier liquide, contenu dans le vase de verre, et dans lequel plonge le zinc (pôle négatif); 4° un second liquide contenu dans le vase poreux, et dans lequel plonge l'autre lame (pôle positif).

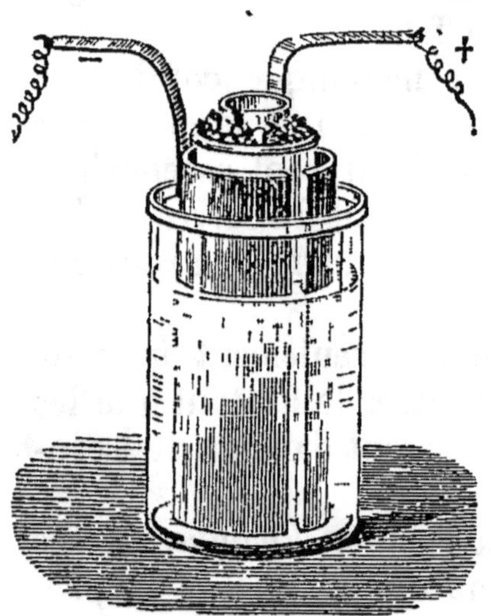

Fig. 198. — Pile de Daniell.

1° *Pile de Daniell.* — Le premier liquide est de l'eau additionnée d'*acide sulfurique.* Le second liquide est une dissolution concentrée de *sulfate de cuivre;* la lame qui plonge dans ce liquide est une lame de cuivre (*fig.* 198).

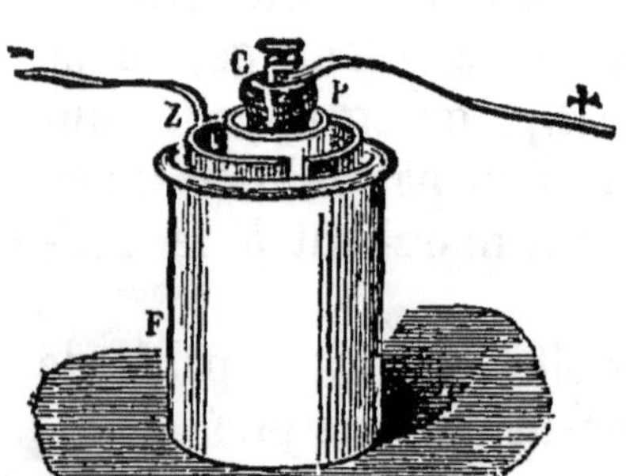

Fig. 199. — Pile de Bunsen.

2° *Pile de Bunsen.* — Le premier liquide est de l'eau additionnée d'*acide sulfurique.* Le second liquide est de l'*acide azotique concentré ;* la lame qui plonge dans ce liquide est en *charbon des cornues* (*fig.* 199);

3° *Pile au bichromate de potasse.* — Elle diffère de

pile de Bunsen en ce que l'acide azotique y est rem-acé par une dissolution concentrée de *bichromate de po-sse.*

4° *Pile Leclanché.* — La forme est toujours la même. le diffère de la pile de Bunsen en ce que le premier quide est une dissolution de *chlorhydrate d'ammoniaque;* ant au second liquide, il est remplacé par une bouillie ns laquelle entre de l'eau, du coke pilé et du *bioxyde manganèse* en poudre.

## *Résumé.*

Une pile est un appareil qui produit un *courant* d'électricité r suite des réactions chimiques qui y ont lieu.

Une pile à courant constant est constituée : 1° par une lame de nc (*pôle négatif*) plongeant dans un premier liquide; 2° par une me d'une autre substance (*pôle positif*) plongeant dans un se-nd liquide. Les deux liquides sont séparés par un vase en por-laine poreuse.

Les piles actuellement le plus employées sont : celle de Daniell, lle de Bunsen, celle au bichromate de potasse et celle de Le-anché.

## II. — PRINCIPAUX EFFETS DES PILES

**271. Effets des piles.** — Avec l'électricité des piles on ut produire des effets analogues à ceux des machines ectriques à frottement. Il faut cependant remarquer des fférences considérables entre les deux sources d'élec-icité.

Dans la machine à frottement, on a sur les conduc-urs une grande quantité d'électricité, qui se tient là en pos, prête à agir. Approche-t-on la main, il jaillit une rte étincelle; mais il faut attendre qu'on ait fait tourner ndant un instant le plateau avant de pouvoir recom-encer l'expérience.

Dans une pile, au contraire, si puissante qu'elle soit, n'a jamais à la fois une grande quantité d'électricité.

Lorsqu'on approche l'un de l'autre les deux fils conducteurs attachés aux pôles, on n'obtient pas d'étincelle, ou bien on n'obtient qu'une étincelle extrêmement petite.

Mais si les deux fils sont réunis, le courant électrique passe d'une manière continue, sans aucune interruption, de sorte que, au bout d'une seconde, la pile a donné plus d'électricité que n'aurait pu en fournir la machine électrique la plus puissante.

**272. Effets calorifiques des piles.** — Faisons passer le courant d'une pile à travers un fil de platine *fin* et *court* : ce fil rougira immédiatement, et pourra même se fondre.

Pour faire cette expérience, il suffit de prendre les deux gros fils de cuivre qui sont attachés aux deux pôles de la pile et de les faire communiquer avec les deux extrémités d'un petit fil de platine.

Plus la pile est forte, plus gros est le fil de platine qu'elle peut faire rougir.

Un métal est d'autant plus aisément rougi par le courant, qu'il est moins bon conducteur de l'électricité. Une pile qui peut rougir et fondre un fil de platine ou de fer, échauffe à peine un fil d'argent ou de cuivre de même grosseur et de même longueur.

**273. Effets lumineux des piles.** — Quand on rapproche l'un de l'autre les deux fils conducteurs d'une pile, on n'obtient pas d'étincelle ; les piles composées de plusieurs milliers d'éléments ont seules une tension électrique suffisante pour produire une très petite étincelle. Le plus souvent les deux électricités ne s'unissent pour former le fluide neutre que lorsque le contact des deux fils a lieu. Si l'on sépare ensuite les deux conducteurs, on a une petite lueur au moment de la rupture du courant ; mais cette lueur est unique, et, pour en obtenir une seconde, il faut ramener les conducteurs au contact et les séparer de nouveau.

Il en est tout autrement quand les fils sont terminés par des baguettes de charbon des cornues. Dès que les baguettes se touchent (*fig.* 200), il apparaît un point lumineux très brillant. C'est que, par suite de la disposi-

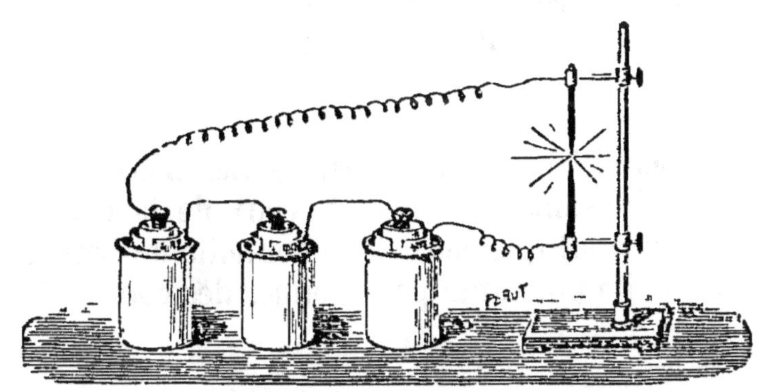

Fig. 200. — Arc lumineux produit entre deux pointes de charbon par un courant puissant

tion adoptée, le passage de l'électricité est difficile; le charbon conduit encore moins bien que le platine, et, à l'endroit où les pointes se joignent, l'électricité ne peut s'écouler que par le petit nombre des points de contact. L'effet est le même que si l'on faisait passer le courant dans un fil de charbon très fin et très court.

Supposons maintenant qu'on éloigne progressivement les baguettes l'une de l'autre : la lumière, au lieu de s'éteindre, grandira ; un *arc lumineux* extrêmement brillant jaillira d'un charbon à l'autre, lançant alentour une lumière éblouissante, capable d'éclairer un espace considérable.

Expliquons ce qui se passe ici. Le courant qui traversait les baguettes en contact produisait sur le charbon un effet mécanique; il détachait peu à peu des parcelles de la pointe en communication avec le pôle positif pour les transporter sur l'autre pointe. Quand on a rompu le contact, ce transport de charbon d'un pôle à l'autre s'est continué, de sorte qu'on a eu, entre les deux extrémités de ces baguettes, comme une poussière extrêmement fine de charbon. Le courant continue à passer à travers cette fine poussière, qui alors est portée à l'incandescence, comme le serait un fil très fin.

*L'arc électrique*, produit par une pile de 150 à 200 éléments de Daniell, est extrêmement brillant. Sa température est assez élevée pour fondre les substances les plus réfractaires, pour ramollir et volatiliser partiellement le charbon.

**274. Effets physiologiques des piles.** — Les effets physiologiques des piles sont moindres que ceux de la machine électrique et surtout que ceux de la bouteille de Leyde.

Il faut une pile puissante pour donner des commotions un peu fortes.

**275. Effets chimiques des piles.** — Le passage du courant détermine la décomposition d'un grand nombre de substances.

Dans un vase rempli d'eau acidulée plongeons les deux fils A et C, conducteurs du courant. Aussitôt des bulles de gaz se dégagent le long des fils et viennent crever à la surface. Le passage de l'électricité a donc eu pour effet de décomposer l'eau en deux gaz. On peut recueillir ces gaz dans des cloches B et D (*fig.* 201). On constate alors que l'un a la propriété de rallumer une allumette qui ne présente plus que quelques points en ignition : il se nomme *oxygène;* l'autre est *inflammable* : il se nomme *hydrogène.*

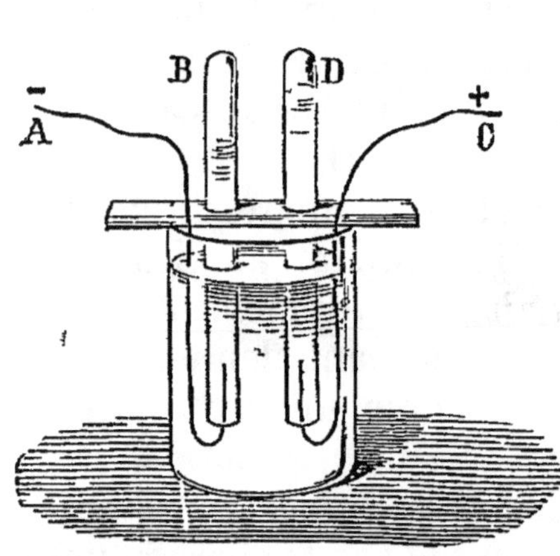

Fig. 201. — Décomposition de l'eau par le courant électrique.

*Le courant électrique décompose donc l'eau en deux gaz : l'oxygène* (qui va au pôle positif), et *l'hydrogène* (qui va au pôle négatif).

Le courant décomposerait également le *sulfate de cuivre* en dissolution dans l'eau. Ce sulfate de cuivre renforme du *cuivre*, de *l'oxygène* et de *l'acide sulfurique*. Dans la décomposition sous l'influence du courant, le *cuivre* vient se déposer en une couche rouge, d'aspect métallique, sur le fil qui est en communication avec le pôle négatif; *l'oxygène* et *l'acide sulfurique* se rendent autour du fil qui est en communication avec le pôle positif.

Lorsque ce dernier fil est en platine, l'oxygène et l'acide sulfurique qui viennent alentour ne peuvent l'attaquer. Mais supposons que ce second fil soit en cuivre. L'oxygène et l'acide sulfurique agiront sur ce fil pour reformer justement le *sulfate de cuivre* que le courant vient de décomposer.

Donc, quand le fil qui communique avec le pôle positif est en cuivre, le sulfate est régénéré au fur et à mesure de sa décomposition par l'action de l'oxygène et de l'acide sulfurique. Dans ces conditions, la dissolution conserve toujours le même degré de concentration; mais le fil diminue progressivement de poids, *comme si le courant prenait le métal qui le constitue et le transportait à la surface du fil qui est en communication avec le pôle négatif.*

## *Résumé.*

Les effets des piles sont analogues à ceux des machines électriques a frottement.

Le courant electrique fait rougir et fondre un fil métallique fin; il fait jaillir entre deux pointes de charbon un arc tres lumineux; il donne des commotions; enfin il décompose chimiquement un grand nombre de substances, parmi lesquelles l'eau et le sulfate de cuivre.

## III. — ÉCLAIRAGE ELECTRIQUE.

**276. Historique.** — Les effets lumineux qu'on obtient en faisant passer le courant d'une pile très puissante entre deux pointes de charbon de cornues (§ 273) ont semblé, dès l'origine, pouvoir être employés à l'éclairage.

Mais la production de l'électricité par les piles était beaucoup trop dispendieuse pour qu'on pût songer à employer la lumière électrique autrement que dans des circonstances tout à fait exceptionnelles.

Cependant l'invention des *machines dynamo-électriques*, dont nous n'avons pu donner ici le principe, et qui permettent d'obtenir de l'électricite en utilisant la force des machines à vapeur, a fait entrer l'éclairage électrique dans une voie réellement pratique.

Nous allons examiner rapidement les principaux systèmes actuellement employés.

**277. Lampes à régulateur.** — Lorsque l'arc voltaïque jaillit entre deux pointes de charbon, il se produit une lumière éblouissante, due à l'incandescence des particules solides transportées par le courant d'un charbon à l'autre.

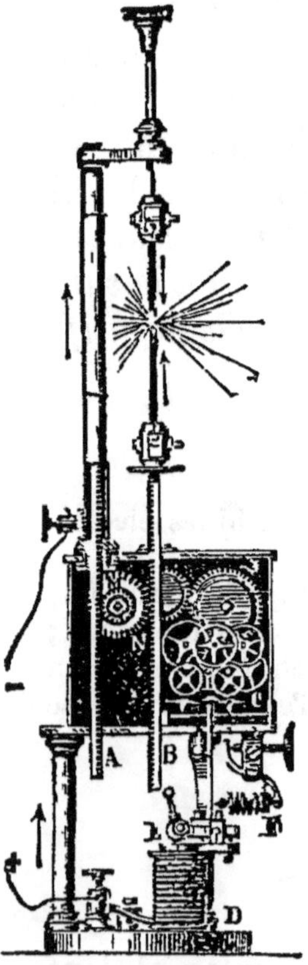

Comme l'arc se produit dans l'air, l'incandescence est accompagnée d'une combustion lente des charbons, qui s'usent dès lors progressivement.

Il est donc nécessaire de rapprocher constamment les deux pointes l'une de l'autre. On y arrive avec des *régulateurs*, de systèmes très divers, qui fonctionnent automatiquement, de façon à maintenir les pointes à distance constante (*fig.* 202).

Fig 202. — Lampe à arc a régulateur.

**278. Bougies électriques.** — La *bougie électrique*, imaginée en 1876 par M. Jablochkoff, constitue un système de lampe beaucoup plus simple : c'est grâce à cette bougie que l'éclairage électrique a pu prendre, depuis quelques années, un développement si considérable.

Elle se compose (*fig.* 203) de deux minces charbons A et

B, longs de 25 centimètres, placés parallèlement, l'un à côté de l'autre, et séparés par une substance isolante, kaolin ou de préférence plâtre, susceptible de se volatiliser ou de se fondre sous l'influence du passage du courant électrique entre les deux charbons. Ces deux charbons sont fixés à la substance isolante par une ligature M également isolante; à leur extrémité inférieure ils sont munis de tubes de cuivre A' et B', qu'on met en communication avec le circuit électrique.

Fig 203. Bougie électrique.

**279. Lampes à incandescence.** — Ces lampes, plus simples encore, n'ont plus *d'arc* lumineux. Elles éclairent simplement par l'incandescence d'un fil de platine ou de charbon, traversé par le courant.

Pour que le contact de l'air ne vienne pas déterminer une combustion, qui détruirait rapidement le fil, on place ce fil au sein d'une petite boule de verre, dans laquelle on a fait le vide.

Fig 204.

Fig. 205.

Fig. 206.

Divers modèles de lampes à incandescence.

On voit actuellement partout ces petites lampes à incandescence (*fig*. 204, 205, 206).

## *Résumé.*

L'éclairage à l'électricité se fait au moyen de trois systèmes principaux d'appareils : 1° les *lampes à arc*, avec régulateur ; 2° les *bougies à arc*, sans régulateur ; 3° les *lampes à incandescence* dans le vide. Chacun de ces systèmes a ses avantages dans chaque cas particulier.

## IV. — GALVANOPLASTIE.

**280. Dépôts galvaniques.** — Nous savons que si un courant traverse une dissolution d'un sel métallique, il la décompose : le métal se porte au pôle négatif, et les autres éléments au pôle positif.

Si donc on attache à l'électrode négative (c'est-à-dire au fil conducteur qui part du pôle négatif) un objet quelconque, cet objet se recouvrira peu à peu d'une couche plus ou moins adhérente du métal qui entre dans la composition du sel. Tout un art important, la *galvanoplastie*, est fondé sur la formation de ces dépôts métalliques.

**281. Galvanoplastie proprement dite.** — La *galvanoplastie proprement dite* a pour objet le dépôt, à la surface d'un moule, d'une couche de cuivre assez épaisse pour qu'on puisse la séparer, si besoin est, de l'objet sur lequel le dépôt s'est produit.

Le moule présente une disposition inverse de celle de l'objet à reproduire ; on l'obtient en coulant sur l'objet du plâtre, dont on attend la solidification ; on sépare alors l'objet du bloc de plâtre, qui en présente la reproduction exacte, en creux. On fait aussi des moules en *gutta-percha* (*fig.* 207).

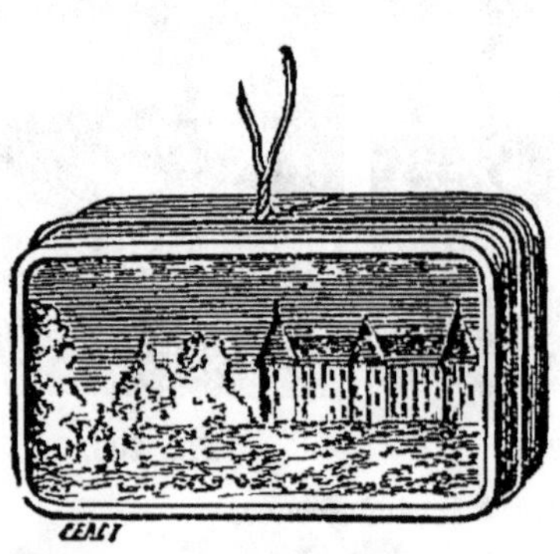

Fig. 207. — Moule en gutta percha.

Le moule obtenu *m* est attaché à un fil métallique et suspendu dans une dissolution concentrée de *sulfate de cuivre*, en face d'une lame de cuivre *p* (*fig.* 208). Le cuivre est mis en communication avec le pôle positif d'une pile, le moule avec le pôle négatif, et le dépôt se fait (§ 275). On arrête l'opération quand on juge que l'épaisseur est suffisante.

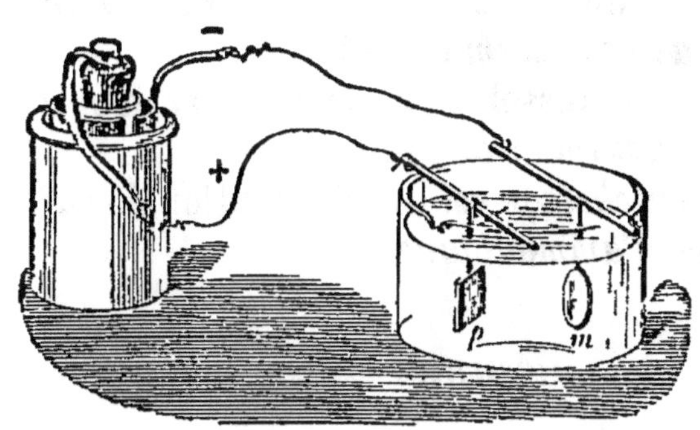


Fig. 208. — Appareil galvanoplastique.

Les applications de la galvanoplastie sont nombreuses et extrêmement importantes.

**282. Argenture, dorure, nickelage galvaniques.** — Les dépôts galvaniques sont souvent employés *à recouvrir un métal commun d'une couche mince et adhérente d'un métal plus précieux ou moins altérable.*

Il suffit, pour arriver au but qu'on se propose, de décomposer par le courant un *bain* renfermant un sel convenablement choisi du métal que l'on veut déposer. Dans ce bain on suspend une lame de ce même métal, qu'on met en communication avec le pôle positif d'une pile; en face de la lame métallique on suspend l'objet à

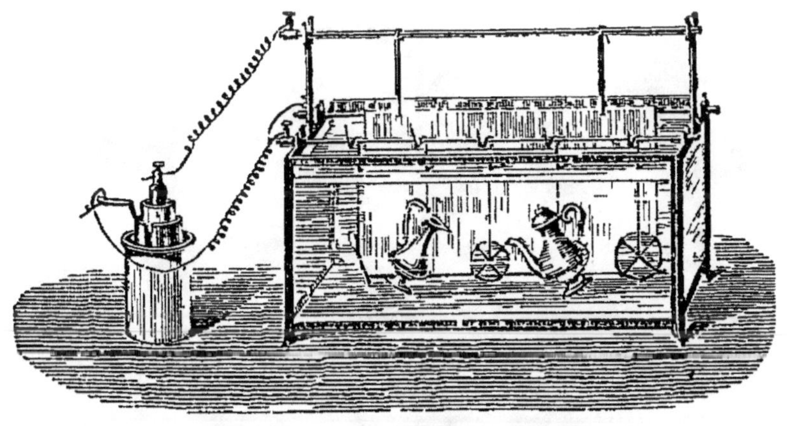

Fig. 209. — Argenture galvanique.

recouvrir, et on le met en communication avec le pôle négatif (*fig.* 209).

Les *bains* communément adoptés, comme donnant les meilleurs résultats, sont les suivants :

Pour l'*argenture*, une dissolution de *cyanure d'argent* dans du *cyanure de potassium* et de l'eau ;

Pour la *dorure*, une dissolution de *cyanure d'or* dans du *cyanure de potassium* et de l'eau.

Le bain pour le *nickelage* est une dissolution de *sulfate double de nickel et d'ammoniaque.*

## *Résumé.*

On opère les *dépôts galvaniques* en décomposant par le courant électrique les dissolutions des sels métalliques. Le métal se dépose sur l'objet qu'on a suspendu dans le bain, en communication avec le pôle négatif.

Dans la *galvanoplastie*, le bain est une dissolution de sulfate de cuivre ; dans l'*argenture*, la *dorure*, le *nickelage*, le bain renferme un sel d'argent, d'or ou de nickel.

# CHAPITRE V

## MAGNÉTISME.

### I. – PROPRIÉTÉS DES AIMANTS.

**283. Aimants naturels et aimants artificiels.** — On trouve en quelques lieux du globe certains échantillons d'un *minerai de fer* qui jouissent de la propriété d'attirer le *fer* et l'*acier*. On leur donne le nom de *pierres d'aimants* ou *aimants naturels.*

On appelle *magnétisme* l'ensemble des phénomènes que peuvent produire les aimants, et aussi la cause de ces phénomènes.

Les aimants naturels, frottés contre des barreaux d'acier, ou maintenus pendant longtemps en contact avec ces barreaux, leur communiquent la propriété d'attirer le fer et l'acier. On nomme *aimants artificiels* les barreaux d'acier qui sont devenus magnétiques. L'acier est le seul corps auquel on puisse communiquer le pouvoir magnétique d'une manière permanente.

**284. Pôles des aimants.** — Si l'on trempe un aimant naturel ou artificiel dans de la limaille de fer, on voit que cette limaille ne s'attache pas partout. La propriété d'attraction est donc localisée en certains points, qu'on nomme *pôles de l'aimant.*

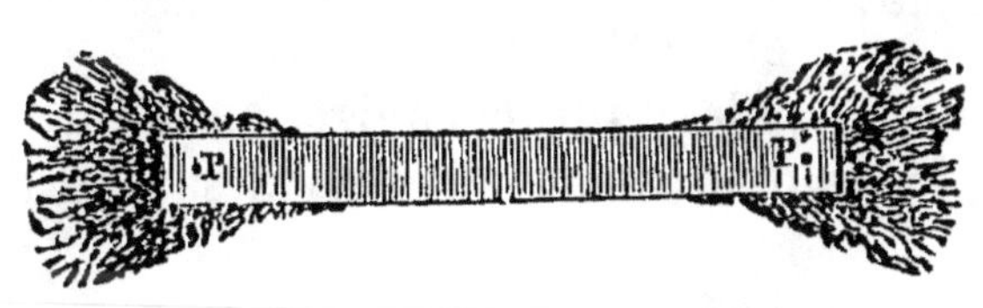

Fig. 210. — Les pôles d'un aimant.

Dans les aimants artificiels, les seuls dont nous ayons à nous occuper, il y a un *pôle* à chaque extrémité et une *ligne neutre*, sans attraction, au milieu (*fig.* 210).

Les aimants artificiels reçoivent souvent la forme d'un *fer à cheval*, qui rapproche l'un de l'autre les deux pôles, de façon à faire concourir leur action pour soulever une petite barre de fer, nommée *contact* (*fig.* 211).

D'autres fois, on leur donne la forme d'un losange très allongé, mobile sur un pivot : on a alors une *aiguille aimantée* (*fig.* 212).

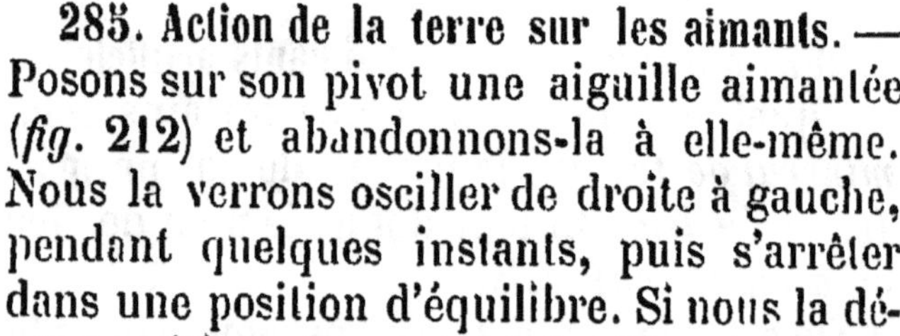

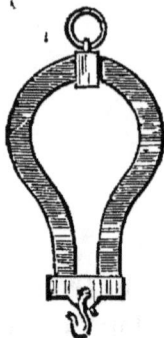

Fig. 211. — Aimant en fer à cheval.

**285. Action de la terre sur les aimants.** — Posons sur son pivot une aiguille aimantée (*fig.* 212) et abandonnons-la à elle-même. Nous la verrons osciller de droite à gauche, pendant quelques instants, puis s'arrêter dans une position d'équilibre. Si nous la dérangeons de cette position, elle y reviendra bientôt : l'une des extrémités se dirigera toujours vers un point voisin du pôle nord, l'autre vers un point voisin du pôle sud.

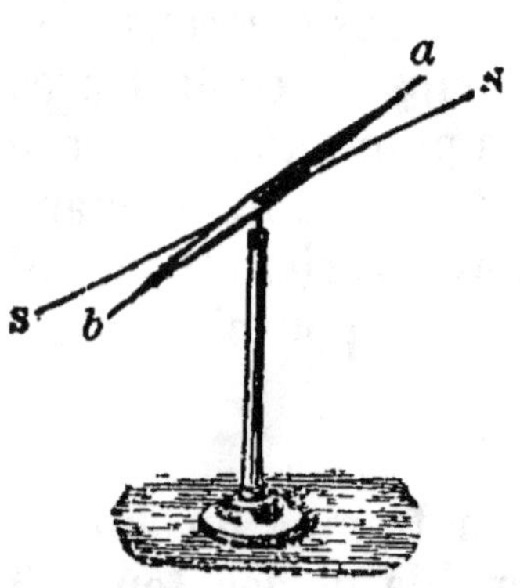


Fig. 212. — Aiguille aimantée.

Comme l'aiguille prend cette direction, sans qu'aucun appareil agisse sur elle, il en faut conclure que c'est l'action propre de la terre qui agit. Il faut en conclure aussi que les deux pôles d'un aimant ne jouissent pas des mêmes propriétés, puisque l'un se tourne toujours *vers le nord*, et l'autre *vers le sud*.

Afin de distinguer ces pôles l'un de l'autre, on marque, dans les barreaux, le premier de la lettre *a*, le second de la lettre *b*.

Dans les aiguilles le premier pôle est coloré en bleu, le second conserve la couleur grise de l'acier.

Pour distinguer l'un de l'autre les deux pôles d'un barreau aimanté, il suffit de suspendre ce barreau dans une chape en papier soutenue par un fil : il peut ainsi osciller aussi librement que le fait une aiguille portée sur un pivot.

Le pôle *a*, qui se dirige vers le *nord*, a reçu le nom de pôle *austral;* le pôle *b*, qui se dirige vers le *sud*, est le pôle *boréal.*

**286. Actions réciproques des pôles des aimants.** — Les aimants agissent aussi les uns sur les autres. Du pôle austral *a* d'une aiguille aimantée en équilibre (*fig.* 213), approchons le pôle du même nom A d'un barreau tenu à la main : il y a répulsion.

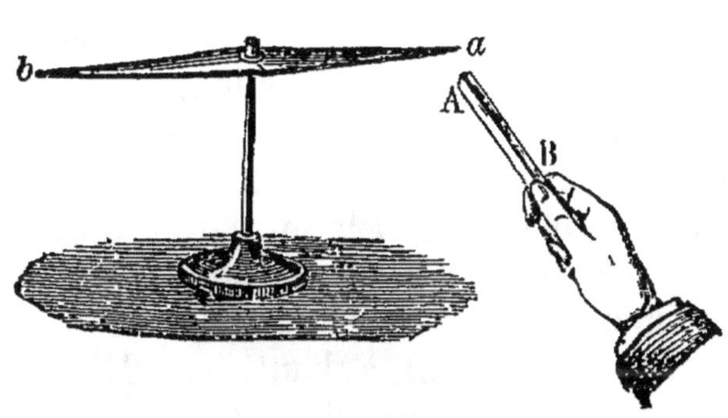

Fig. 213

Approchons, au contraire, notre pôle austral A du pôle boréal *b* de l'aiguille : il y a attraction.

Nous pouvons donc énoncer la loi suivante, analogue à la loi des actions électriques : *Dans les aimants, les pôles de même nom se repoussent, et les pôles de noms contraires s'attirent.*

## *Résumé.*

Les *aimants* attirent le fer et l'acier. Chaque aimant artificiel a deux poles, où se trouve localisée la propriété magnétique. Suspendu sur un pivot, l'aimant prend une direction voisine de celle du nord au sud; on nomme *pôle boréal* celui qui va vers le sud, *pôle austral* celui qui va vers le nord.

Deux aimants agissent l'un sur l'autre; les pôles de même nom se repoussent, les pòles de noms contraires s'attirent.

## II — AIMANTATION.

**287. Aimantation du fer par influence.** — Si l'on approche d'un aimant un barreau de fer, ce barreau acquiert instantanément des propriétés magnétiques : il attire la limaille de fer à ses deux extrémités (*fig.* 214).

En approchant le pôle austral d'une aiguille aimantée de l'extrémité *a*, on voit qu'il y a répulsion ; en approchant ce même pôle austral de l'extrémité *b*, on constate une attraction.

Fig. 214. — Influence d'un aimant sur un barreau de fer.

Donc le pôle austral A a agi par influence sur le barreau de fer ; il a déterminé la formation d'un pôle de même nom à l'extrémité la plus éloignée, et la formation d'un pôle de nom contraire à l'extrémité la plus rapprochée.

Cette influence permet de suspendre à l'aimant plusieurs morceaux de fer placés bout à bout (*fig.* 215) : chacun d'eux s'aimante et attire le suivant. A mesure qu'ils s'éloignent du point A, l'aimantation des barreaux successifs devient de plus en plus faible, et le poids qu'ils sont capables de supporter devient de plus en plus petit.

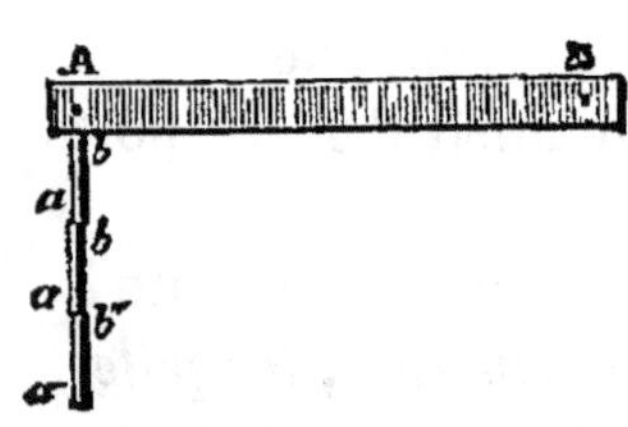

Fig. 215. — Aimantation de plusieurs barreaux de fer placés à la suite les uns des autres.

Mais les propriétés magnétiques de chacun des barreaux influencés ne durent pas plus longtemps que l'influence. Aussitôt qu'on éloigne l'aimant, toute trace d'aimantation disparaît dans le fer, qui cesse immédiatement d'attirer la limaille.

**288. Aimantation de l'acier par influence.** — Quand on remplace le barreau de fer *a b* par un barreau d'acier trempé non aimanté, il ne se produit, au premier moment, aucun phénomène d'influence.

Mais si on laisse les deux corps en présence pendant fort longtemps, l'aimantation se développe peu à peu dans l'acier et acquiert une force de plus en plus grande.

Après plusieurs jours, le barreau soumis à l'influence

est transformé en un aimant, dont les pôles sont disposés comme l'indique la figure 214.

Le magnétisme ainsi développé par influence dans l'acier est persistant : il subsiste même lorsqu'on a écarté l'aimant qui l'a produit.

**289. Procédés d'aimantation.** — Mais on peut aimanter rapidement un barreau d'acier, en le frottant à l'aide d'un barreau aimanté. La manière la plus simple d'opérer est la suivante :

On frotte avec l'un des pôles d'un fort aimant le barreau *a b* à aimanter (*fig.* 216). Les frictions se font toujours dans le même sens, de *a* en *b*, et se réitèrent un grand nombre de fois.

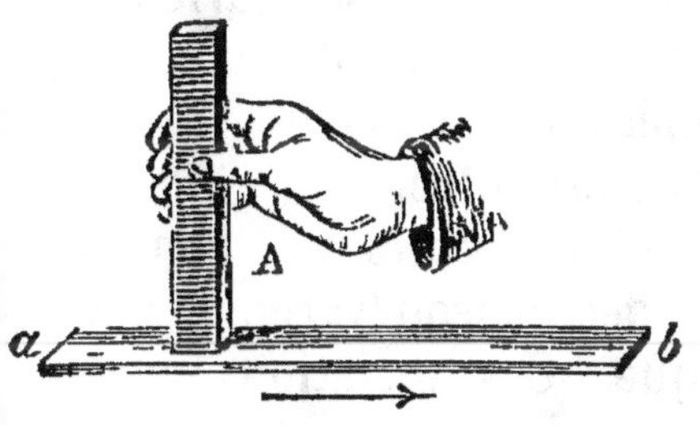

Fig. 216. — Aimantation d'un barreau d'acier par frottement.

On développe ainsi une aimantation régulière : un pôle de même nom que le pôle frottant A se produit à l'extrémité par laquelle on commence la friction ; un pôle de nom contraire se produit à l'autre extrémité.

Quand on a aimanté un barreau d'acier trempé, l'aimantation de ce barreau se conserve indéfiniment, si on ne la fait pas disparaître à dessein par des procédés particuliers.

## *Résumé.*

Le *fer pur* s'aimante instantanément par l'influence d'un aimant ; mais il perd instantanément son aimantation, dès que l'aimant influent est éloigné. L'*acier*, au contraire, s'aimante très lentement et très peu par influence ; mais il garde ensuite son aimantation.

On aimante rapidement un barreau d'acier trempé en le frottant à l'aide d'un aimant puissant.

## III. — MAGNÉTISME TERRESTRE

**290. Déclinaison.** — Une aiguille aimantée, mobile autour de son centre dans un plan horizontal, s'arrête en équilibre dans une direction un peu différente de la ligne tracée du nord au sud.

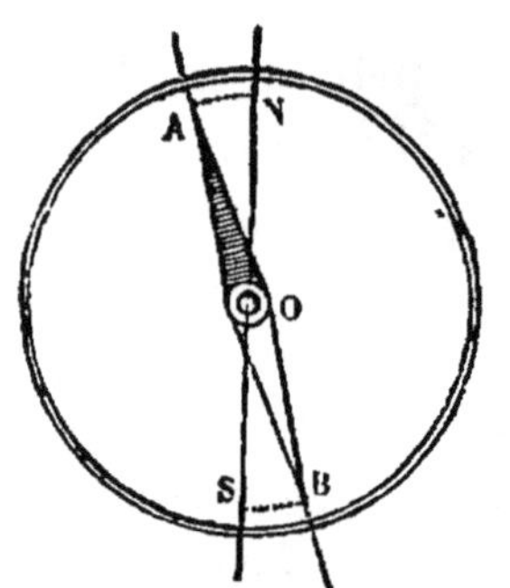

Fig. 217. — L'angle AON represente la déclinaison.

On nomme *déclinaison de l'aiguille aimantée l'angle que fait la direction de l'aiguille aimantée avec la direction du nord au sud* (*fig.* 217).

Cet angle de déclinaison varie avec le temps en chaque point du globe; il est différent, au même instant, d'un point à un autre.

1° *Variations locales.* — Pendant la durée de chaque journée, la déclinaison varie, comme varie la pression atmosphérique. Ces variations continuelles sont très faibles, et nous n'avons pas à nous en occuper.

Mais il y a aussi des variations régulières, qui se font avec une grande lenteur, et qu'on nomme pour cette raison *variations séculaires.*

A Paris, en 1580, le pôle austral de l'aiguille aimantée était à l'est de la méridienne, la *déclinaison était orientale* et égale à 11°30′. Peu à peu la déclinaison a diminué; en 1666 elle était nulle, c'est-à-dire que l'aiguille aimantée indiquait exactement, à Paris, la direction du nord au sud. A partir de cette époque, le pôle austral de l'aiguille a passé à l'ouest de la méridienne; la *déclinaison est devenue occidentale*, et elle a augmenté progressivement jusqu'en 1814, époque à laquelle elle était égale à 22°30′. Après avoir passé par ce maximum, la déclinaison a diminué peu à peu : en 1898, elle est, à Paris, occidentale et égale à 14°50′.

2° *Variations d'un point à un autre.* — La déclinaison, mesurée à la même époque en divers points du globe, n'a pas partout la même valeur. En certaines régions elle est occidentale, en d'autres orientale ; les régions à déclinaison occidentale sont séparées des régions à déclinaison orientale par des lignes pour lesquelles la déclinaison est nulle.

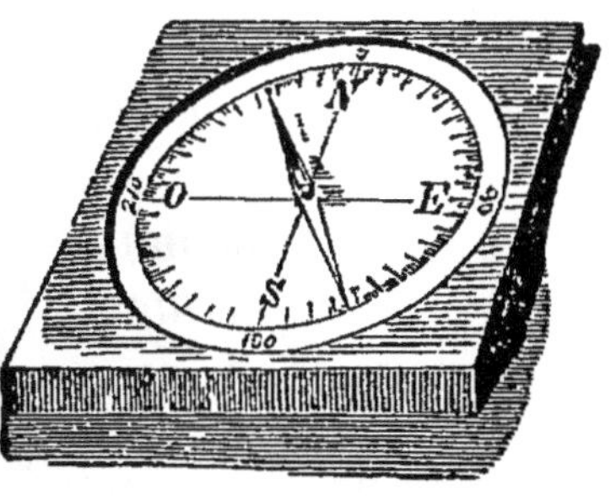


Fig. 218. — Boussole commune.

**291. Boussole d'arpentage.**— On voit tout de suite que, lorsque l'on connaît la déclinaison d'un lieu, on peut, avec une aiguille aimantée, avoir la direction du nord au sud, et, par conséquent, les quatre points cardinaux.

On nomme *boussole* l'instrument qui sert à faire cette détermination.

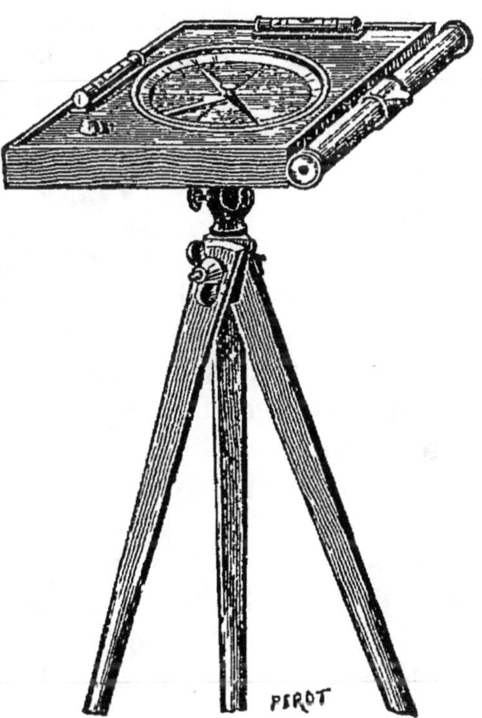

Fig. 219. — Boussole d'arpentage, sur son pied.

La boussole se compose essentiellement d'une aiguille aimantée placée au-dessus d'un cercle divisé. Le tout est contenu dans une boîte en bois ou en cuivre, couverte d'un verre, qui met l'aiguille à l'abri des chocs et du vent.

Nous sommes, avec la boussole, dans un lieu où la déclinaison est occidentale et égale à 16°, par exemple ; cherchons à nous orienter. Pour cela, plaçons le cadran de la boussole aussi horizontalement que possible (*fig.* 218), et attendons que l'aiguille ait pris sa position d'équilibre. Faisons alors tourner le cadran horizontalement sur lui-même, pendant que l'aiguille reste immobile, jusqu'à ce que l'extrémité bleue de celle-ci soit en face de l'angle 16°, à l'occident de la ligne marquée NS sur le cadran.

A ce moment, le cadran est orienté et donne les quatre points cardinaux.

La figure 219 montre la disposition que l'on donne d'ordinaire à la *boussole d'arpentage*, si fréquemment employée pour lever les plans sur le terrain.

**292. Boussole marine.** — La *boussole marine* permet aux navigateurs de se diriger en mer. Elle se compose (*fig.* 220) d'une aiguille aimantée mobile sur un pivot vertical. La boîte dans laquelle se trouve l'aiguille doit toujours demeurer dans une position horizontale, malgré les oscillations du navire. Pour satisfaire à cette condition, on suspend la boîte au moyen de *la suspension* dite *à la Cardan*.

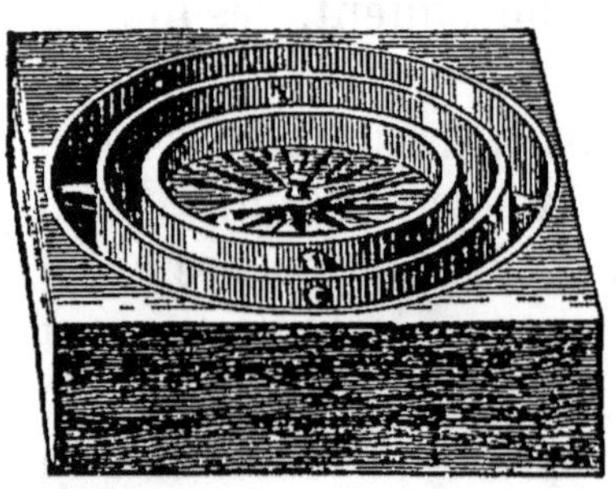

Fig. 220. — Boussole marine, avec la suspension à la Cardan.

Dans la boussole marine l'aiguille aimantée est fixée sur une lame circulaire de tôle très légère, qu'elle entraîne dans ses mouvements. Sur ce disque mobile sont tracés les degrés de la circonférence, en même temps que huit losanges faisant entre eux des angles égaux : cette figure constitue ce qu'on nomme la *rose des vents*. L'aiguille coïncide avec la ligne 0-180° de la division.

Sur le fond de la boîte est tracée une ligne fixe, la *ligne de foi*, qui marque la direction de la quille du navire. On peut donc observer à chaque instant l'angle que fait la ligne de foi avec la ligne 0-180° de la rose des vents, c'est-à-dire avec l'aiguille. Si l'on connaît la déclinaison du lieu où l'on se trouve, on en conclut l'angle que fait l'axe du navire avec le méridien géographique, et on voit si l'on va dans la direction voulue.

**293. Inclinaison.**—Nous avons supposé, jusqu'à présent, que l'aiguille aimantée était portée par un pivot vertical, de manière à se mouvoir dans un plan horizontal.

Lorsque, au contraire, elle est portée par un axe horizontal, de manière à se mouvoir dans un plan vertical, elle prend encore une direction fixe, qui dépend de la situation du plan vertical dans lequel elle se meut.

*On nomme inclinaison l'angle que fait avec l'horizon la partie australe de l'aiguille, quand elle est suspendue de façon à se mouvoir dans le plan vertical du méridien magnétique.*

L'*inclinaison* ne présente pas un intérêt pratique. Aussi n'avons-nous pas à nous y arrêter.

## *Résumé.*

La *déclinaison* de l'aiguille aimantée est l'angle que fait la direction de l'aiguille aimantée avec la direction du nord au sud. Elle varie d'un point à un autre à la surface du globe ; elle varie aussi d'une année à l'autre en chaque lieu.

Quand on connaît la déclinaison d'un lieu, on détermine la direction du nord au sud à l'aide de la boussole.

L'*inclinaison* est l'angle que fait avec l'horizon la partie australe de l'aiguille, quand elle est suspendue de façon à se mouvoir dans le plan vertical du méridien magnétique.

# CHAPITRE VI

## ACTION DES COURANTS SUR LES AIMANTS.

### I. — EXPÉRIENCE D'ŒRSTEDT. ELECTRO-AIMANTS.

**294. Expérience d'Œrstedt.** — Œrstedt a montré, par l'expérience suivante, que les courants exercent une action sur les aimants.

Une aiguille aimantée (*fig.* 221), mobile sur un pivot, est d'abord abandonnée à elle-même, de telle sorte qu'elle prenne la direction du méridien magnétique. Au-dessus de cette aiguille et parallèlement à sa direction, on approche un fil métallique SN, traversé par le courant d'une assez forte pile : on voit aussitôt l'aiguille abandonner sa position d'équilibre, et se mettre à peu près en croix avec le fil.

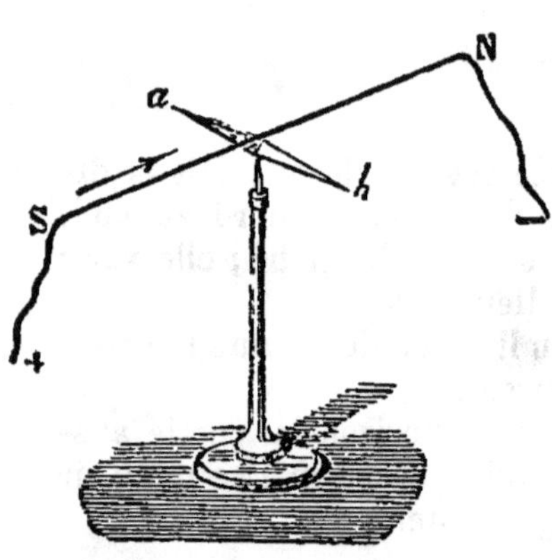

Fig. 221. — Action du courant sur l'aiguille aimantée.

Le sens de la déviation observée dépend du sens du courant et de la position du fil par rapport à l'aiguille. Ampère a énoncé une règle générale, qui permet d'indiquer, dans chaque cas, le sens de cette déviation :

*Lorsqu'on fait agir un courant sur un aimant mobile, l'aimant tend toujours à se mettre en croix avec le courant, et son pôle austral se porte à la gauche du courant.*

Pour définir ce qu'on entend par la *gauche du courant*, on n'a qu'à imaginer un observateur couché le long du fil conducteur, de telle sorte que le courant entre par ses pieds et sorte par sa tête. On appelle *gauche du courant* la gauche de cet observateur, tourné de manière à regarder l'aiguille.

Dans le cas de notre figure l'observateur aurait les pieds en S, la tête en N, et la figure tournée vers le bas : la gauche du courant est donc en *a* ; c'est de ce côté que va le pôle austral.

**295. Galvanomètre.** — L'action qu'exerce un courant sur une aiguille aimantée est fréquemment utilisée.

En particulier, on s'en sert pour reconnaître si un fil métallique est ou n'est pas traversé par un courant électrique. S'il est traversé par un courant, il fait dévier l'aiguille aimantée de laquelle on l'approche.

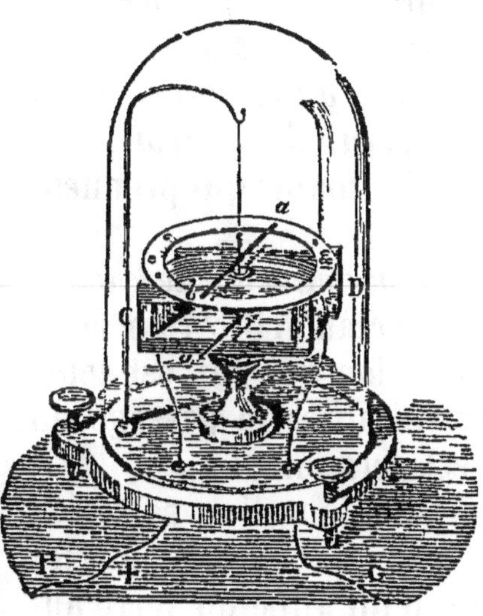

Fig. 222. — Galvanomètre.

Le *galvanomètre* est un instrument justement construit dans le but de permettre de faire cette expérience aisément. Des dispositions particulières le rendent très sensible. Aussi son aiguille aimantée est-elle déviée d'une façon visible sous l'influence des courants les plus faibles qui circulent dans son fil, alors même que ces courants seraient incapables de produire aucune action lumineuse, calorifique ou chimique appréciable (*fig.* 222).

**296. Aimantation par les courants.** — Lorsqu'on plonge dans la limaille de fer un fil conducteur traversé par un courant, on voit les parcelles du métal s'attacher à ce fil ; les divers grains de la limaille s'attirent les uns les autres, absolument comme ils le font sous l'influence des aimants.

*Donc le courant agit sur chaque grain pour le transformer en un petit aimant.*

Arago, qui a découvert ce fait d'une extrême importance, a mis en évidence l'aimantation des substances magnétiques par les courants au moyen d'une autre expérience.

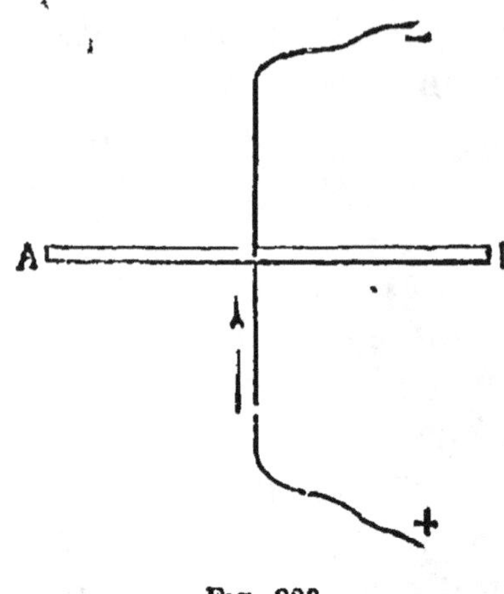


Fig. 223.

Il a placé un fil métallique, traversé par le courant d'une pile puissante, en présence d'un barreau placé perpendiculairement à sa direction (*fig.* 223). *Le barreau s'est aimanté par influence, un pôle austral s'est développé à la gauche du courant, et un pôle boréal à sa droite.* La règle d'Ampère s'applique donc aux aimants qui prennent naissance sous l'influence des courants.

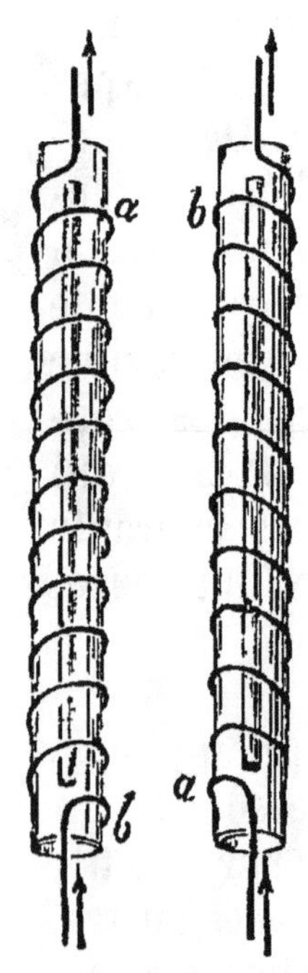


Fig. 224. — Aimantation de l'acier sous l'influence du courant.

1° *Aimantation permanente de l'acier.* — Lorsque le barreau AB est en acier trempé, l'aimantation qui lui est communiquée persiste après le passage du courant : elle est permanente.

Pour que cette aimantation soit plus puissante, on place le barreau d'acier dans l'intérieur d'un tube de verre autour duquel on enroule le fil conducteur. Quel que soit le sens de l'enroulement, le pôle austral se développe toujours à la gauche du courant, c'est-à-dire à la gauche de l'observateur d'Ampère.

Ainsi la figure 224 montre que la position du pôle austral est différente suivant que l'enroulement a lieu dans un sens ou dans l'autre, parce que la gauche du courant change en même temps que le sens de l'enroulement.

2° *Aimantation temporaire du fer doux.* — Quand le barreau placé dans l'axe de l'hélice est de fer doux, l'aimantation cesse aussitôt qu'on supprime le courant. On obtient ainsi des aimants très puissants, essentiellement temporaires, qui sont désignés sous le nom d'*électro-aimants*.

**297. Électro-aimants.** — Un électro-aimant se compose d'un cylindre de fer doux, placé dans l'axe d'une bobine, sur laquelle on enroule un fil de cuivre recouvert de soie. Quand le fil magnétisant a une longueur considérable, et qu'on y fait passer le courant d'une pile de plusieurs éléments de Bunsen, on obtient un aimant temporaire qui dépasse de beaucoup en puissance les aimants permanents les plus énergiques (*fig.* 225).

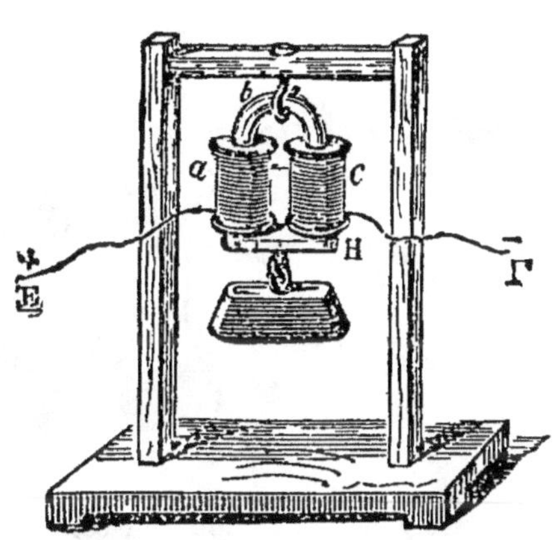

Fig. 225 — Électro aimant.

Certains électro-aimants de grandes dimensions peuvent soutenir un poids de plus de 3000 kilogrammes.

## *Résumé.*

Lorsqu'on fait agir un courant sur un aimant mobile, l'aimant tend toujours à se mettre en croix avec le courant, et son pôle austral se porte à la gauche du courant. Le *galvanomètre*, qui sert à révéler le passage des faibles courants dans les fils métalliques, est justement basé sur ce principe.

Un courant qui circule dans un fil enroulé sur un barreau d'acier en détermine l'aimantation. Agissant sur un barreau de fer, il lui communique une aimantation temporaire (*électro-aimant*).

### II — TÉLÉGRAPHE ÉLECTRIQUE.

**298. Principe de la transmission télégraphique.** — La plupart des systèmes télégraphiques actuellement en usage reposent sur la propriété que possèdent les électro-aimants d'acquérir et de perdre *instantanément* leur aimantation aussitôt qu'un courant passe dans le fil qui les entoure ou cesse d'y passer.

Imaginons qu'une pile (*fig.* 226) soit placée à Paris, et qu'un électro-aimant G, placé à Marseille, soit mis en

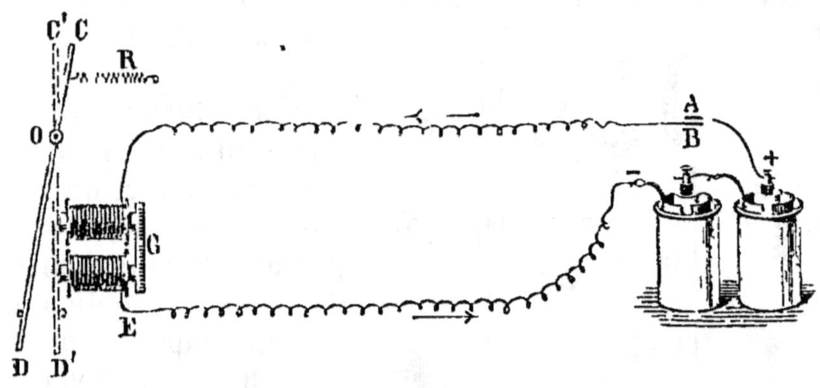


Fig 226. — Figure théorique des différents organes du télégraphe électrique

communication avec cette pile au moyen de deux longs fils conducteurs. Supposons qu'on ait disposé, en face des pôles de l'électro-aimant, une tige de fer doux COD, mobile autour d'un point fixe O, et maintenue éloignée de l'électro-aimant, dans la position COD, par l'action d'un petit ressort à boudin R. Si on lance le courant en établissant la communication entre les deux extrémités A et B du fil conducteur, la tige de fer doux sera attirée et prendra, malgré l'action du ressort, la position C'OD'; si, au contraire, on rompt la communication en AB, l'attraction cessera immédiatement, et le ressort ramènera la tige à sa position initiale.

Il sera donc facile, en établissant et en interrompant alternativement le courant un certain nombre de fois, de produire une oscillation du levier COD. En faisant varier convenablement le nombre et la rapidité de ces oscillations, on pourra transmettre ainsi une série de signaux conventionnels représentant les lettres de l'alphabet, et, par suite, des phrases entières.

Ceci nous montre qu'un télégraphe doit se composer : 1° d'une source d'électricité destinée à produire le courant ; 2° de fils de communication allant d'une station à l'autre ; 3° d'un système AB destiné à faciliter l'établissement et la rupture du courant en AB : c'est le *manipulateur ;* 4° d'un système GCOD destiné à recevoir le courant et à produire les signaux conventionnels : c'est le *récepteur.*

**299. Sources d'électricité.** — Les piles employées en télégraphie doivent être bien constantes, et d'un entretien facile. En France, on se sert ordinairement de la pile Daniell ou de la pile Leclanché.

**300. Fils de transmission.** — Ces fils sont en fer galvanisé. Ils sont suspendus en l'air à de grands poteaux de sapin. On les accroche aux poteaux par l'intermédiaire d'*isolateurs* en porcelaine (*fig.* 227). Les fils souterrains et les fils sous-marins sont en cuivre, recouverts de gutta-percha ; leur disposition est plus complexe.

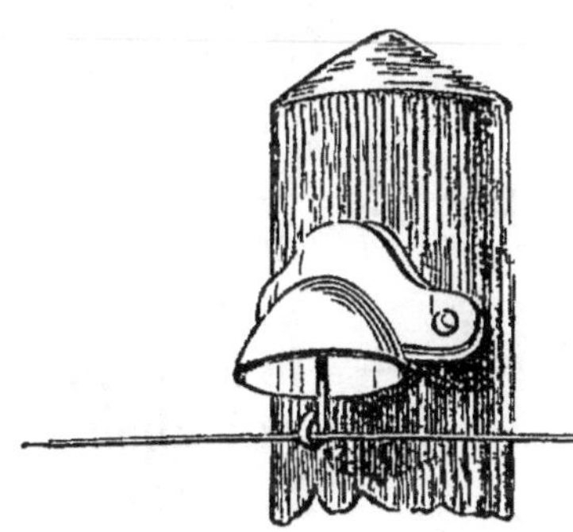

Fig. 227. — Isolateur de porcelaine pour ligne aérienne.

**301. Manipulateur et récepteur.** — Les systèmes de manipulateur et de récepteur actuellement en usage dans les différentes parties du monde sont très nombreux.

A chaque récepteur correspond un manipulateur particulier, capable de transmettre les signaux que peut reproduire ce récepteur.

Nous indiquerons seulement le plus simple, qui est en même temps le plus usité en France. Un autre système, celui de Hughes, qui imprime directement la dépêche en caractères typographiques, est trop complexe pour pouvoir être décrit ici.

**302. Télégraphe de Morse.** — Le système de Morse n'est guère plus compliqué que le télégraphe théorique décrit au paragraphe 298.

*Manipulateur.* — Le manipulateur se compose d'une barre métallique AB, mobile autour de l'extrémité O d'une borne également métallique (*fig.* 228 et *fig.* 229).

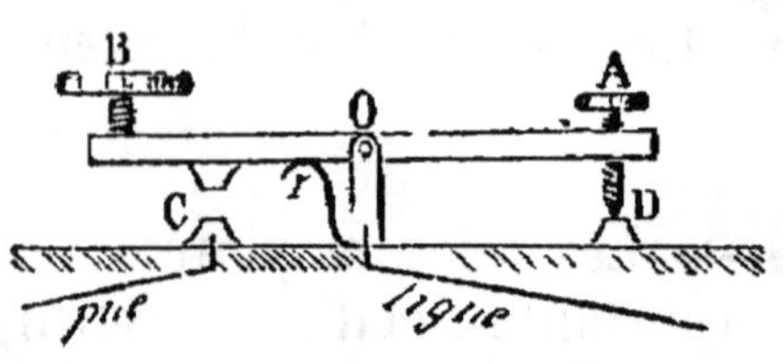


Fig. 228. — Figure simplifiée du manipulateur Morse.

Au repos, cette barre s'appuie par son extrémité A sur un arrêt D; elle est maintenue dans cette position par l'action d'un ressort *r*.

Mais quand on presse avec la main sur la poignée isolante B, le contact cesse en D et s'établit en C; alors le courant de la pile, dont le pôle positif est en communication avec l'arrêt C, passe dans la tige métallique, va de C en O, et se lance dans le fil de ligne, qui aboutit à la borne O.

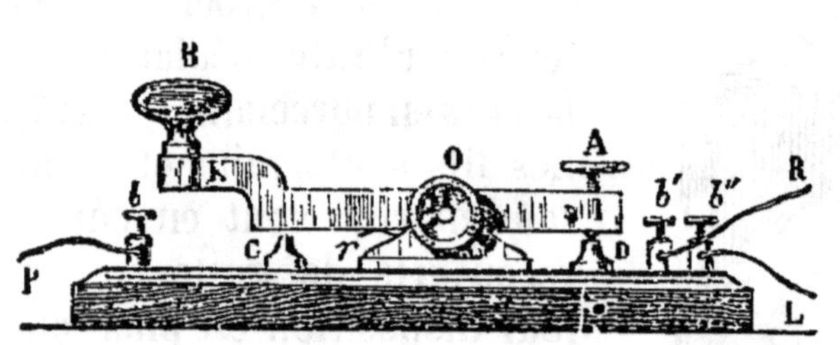


Fig. 229. — Manipulateur du télégraphe de Morse.

Dès qu'on cesse d'appuyer en B, le manipulateur reprend sa position primitive, et le courant cesse de passer.

*Récepteur.* — Un électro-aimant A en fer à cheval (la figure 230 le représente vu de côté) reçoit le courant de la ligne, qui va ensuite se perdre dans le sol. Un levier BOC, mobile autour du point O, reproduit exactement les

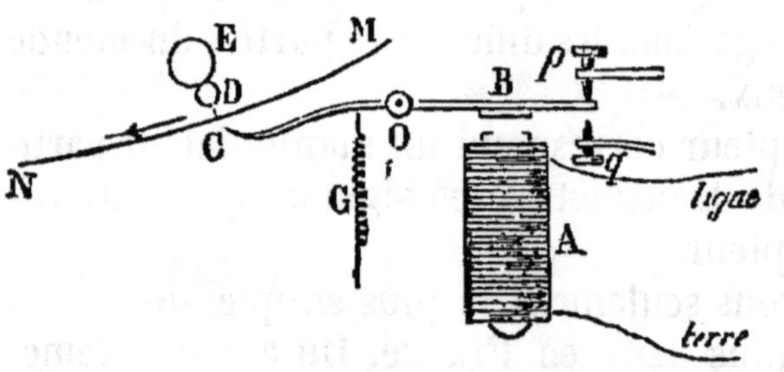


Fig. 230. — Figure simplifiée du récepteur Morse.

mouvements du manipulateur. Quand le manipulateur s'abaisse, le courant passe, et l'extrémité B du levier du récepteur, attirée, s'abaisse; quand le manipulateur se soulève, le courant cesse de passer, et l'extrémité C s'abaisse, entraînée par le ressort G. Deux arrêts *p* et *q* limitent le mouvement de va-et-vient.

Ces mouvements d'oscillation du levier BOC sous l'influence du courant servent à l'inscription graphique des signaux. Une bande de papier MN, soumise à l'action d'un mouvement d'horlogerie (*fig.* 231), se déroule lentement en face de la pointe C; une molette d'acier D, qui frotte

Fig. 231. — Recepteur du telegraphe de Morse.

constamment contre un tampon E imprégné d'encre grasse, est placée en regard de la pointe, de l'autre côté du papier. Quand le courant passe, et que C se soulève, le papier est pressé par la pointe contre la molette; cette molette trace ainsi sur le papier un trait dont la longueur dépend de la durée du courant.

*Alphabet conventionnel.* — Les signaux employés dans le télégraphe de Morse sont au nombre de deux : le point (.), qu'on trace en pressant sur la poignée du manipulateur pendant un temps extrêmement court; le trait (—), qui correspond à un courant ayant une durée appréciable. En combinant le point et le trait, on forme toutes les lettres de l'alphabet.

Le tableau suivant indique les conventions adoptées en France :

| | | | |
|---|---|---|---|
| a .— | k — — | u ..— | 1 .———— |
| b —... | l .—.. | v ...— | 2 ..——— |
| c —.—. | m —— | w .—— | 3 ...—— |
| d —.. | n —. | x —..— | 4 ....— |
| e . | o ——— | y —.—— | 5 ..... |
| f ..—. | p .——. | z ——.. | 6 —.... |
| g ——. | q ——.— | , .—.—.— | 7 ——... |
| h .... | r .—. | ; —.—.—. | 8 ———.. |
| i .. | s ... | : ———... | 9 ————. |
| j .——— | t — | . ...... | 0 ————— |

**303. Sonnerie électrique.** La *sonnerie électrique*, si fréquemment employée, peut se placer à côté du télégraphe (*fig.* 232).

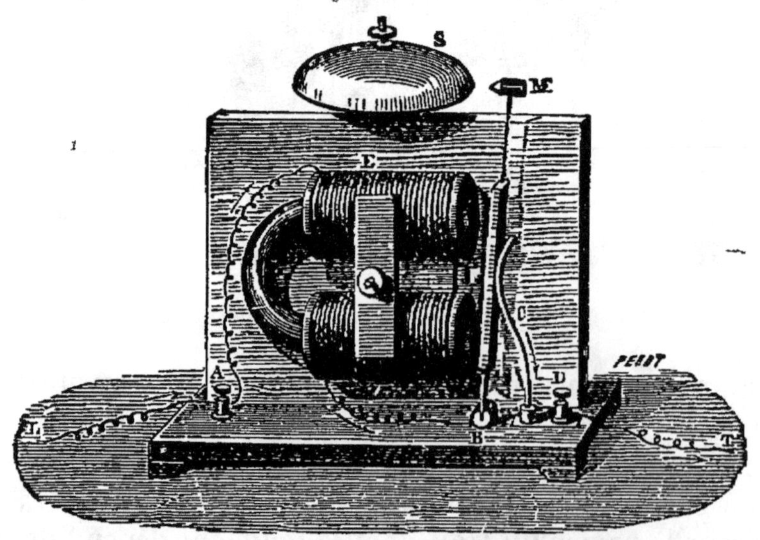


Fig. 232. — Sonnerie électrique à trembleur.

Elle se compose d'un électro-aimant en fer à cheval E, dont le fil est mis en communication avec une pile. Le pôle positif de la pile étant attaché en A, et le pôle négatif en D, le courant suit le chemin indiqué par les flèches.

Quand on presse sur un bouton convenablement disposé, le courant passe.

Dès lors l'électro-aimant attire le levier F; ce levier, ainsi attiré, cesse d'être en contact avec le ressort C, et le courant cesse immédiatement de passer. Aussitôt l'électro-aimant revient à l'état naturel, et le levier retombe sur le ressort, pour être de nouveau immédiatement attiré et retomber encore.

Il se produira donc des oscillations très rapides, qui auront pour effet de déterminer des chocs réitérés du marteau M contre le timbre S.

## *Résumé.*

Un télégraphe électrique se compose d'une *pile*, d'un *fil* de communication, d'un *manipulateur*, pour envoyer les signaux, et d'un *récepteur*, pour les recevoir.

Dans le système Morse, le récepteur *écrit* la dépêche en caractères conventionnels, qu'on traduit ensuite en français. L'organe essentiel du récepteur est un électro-aimant.

Dans la *sonnerie électrique*, l'organe essentiel est aussi un électro aimant.

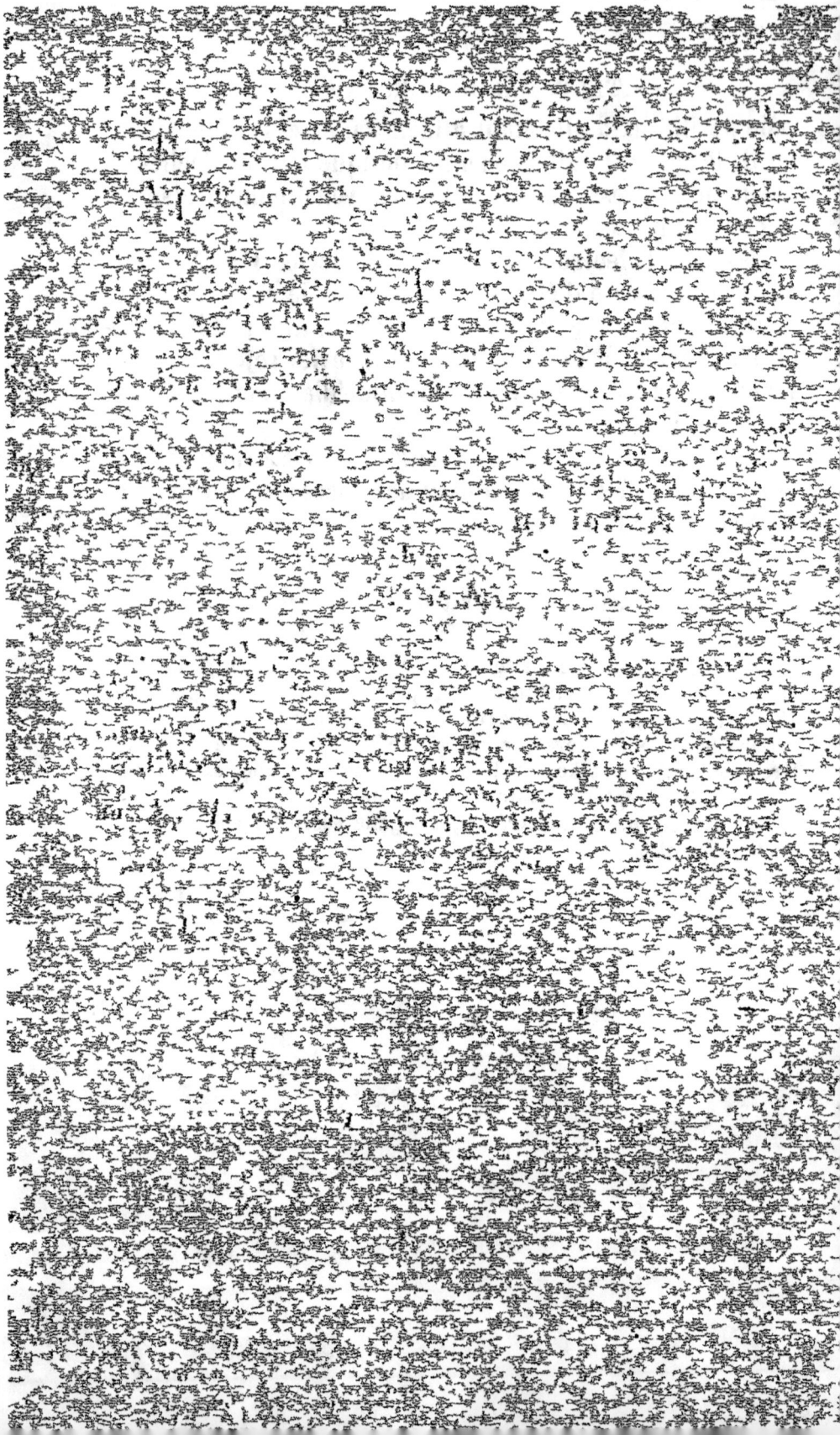

# DEUXIÈME PARTIE

# CHIMIE

## NOTIONS PRÉLIMINAIRES

304. **Analyse et synthèse.** — Nous avons vu (§ 275) que l'eau est décomposée, par le courant électrique, en deux gaz, nommés l'*oxygène* et l'*hydrogène*.

L'opération que nous avons faite en *décomposant* l'eau pour en tirer les corps qui la forment se nomme une *analyse*. *Analyser* un corps, c'est le décomposer de manière à en tirer les éléments qui le constituent.

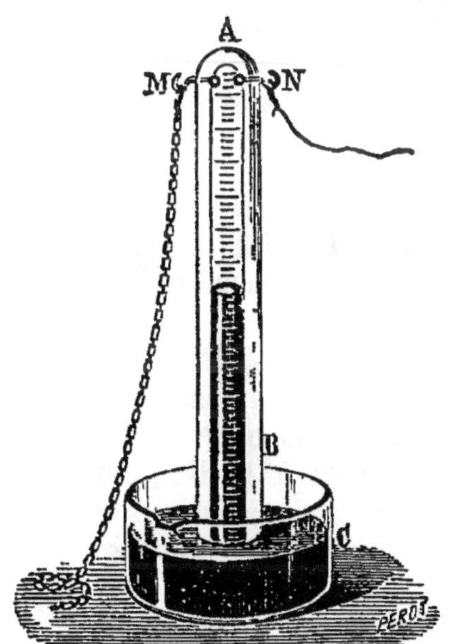


Fig. 233. — Eudiomètre servant à la synthèse de l'eau par l'oxygène et l'hydrogène.

Mais il est possible de faire l'opération inverse et de reformer l'eau au moyen de l'oxygène et de l'hydrogène.

Pour cela, on n'a qu'à employer l'appareil représenté figure 233 ; cet appareil, qui nous a déjà servi (§ 256), se nomme *eudiomètre*.

Pour s'en servir, on le remplit de mercure et on le retourne au dessus d'une cuvette renfermant du mercure. Le liquide, soutenu par la pression atmosphérique, ne cessera pas de remplir l'appareil.

Introduisons maintenant de l'oxygène et de l'hydrogène dans les proportions de deux volumes d'hydrogène pour un volume d'oxygène, et faisons passer une étincelle électrique entre les deux fils de platine M et N. Il se produit une détonation, le mercure remonte jusqu'au sommet du tube, et le mélange des deux gaz semble avoir complètement disparu. Cependant, en y regardant de près, nous constatons la présence de quelques gouttelettes d'eau en haut de la colonne de mercure.

Sous l'influence de l'étincelle électrique l'hydrogène et l'oxygène se sont combinés, pour former de l'eau.

L'opération que nous avons faite en *combinant* l'oxygène et l'hydrogène, pour former de l'eau, se nomme une *synthese*. Faire la *synthèse* d'un corps, c'est le former par la combinaison de ses éléments constituants.

**305. Corps simples, corps composés.** — Il y a donc des corps, et l'eau en est un exemple, qui résultent de l'union de deux ou plusieurs autres élements plus simples. Par l'analyse on peut retirer de ces corps les éléments constituants; par la synthèse on peut unir les éléments de manière à former le corps complexe.

D'autres, au contraire, l'oxygène et l'hydrogène sont de ce nombre, ne peuvent être ni décomposés par l'analyse, ni formés par la synthèse.

Ces derniers corps se nomment les *corps simples*, et les autres les *corps composés*.

**306. Nomenclature.** — Le nombre des *corps simples* actuellement connus n'est pas très considérable; il s'élève à 67 seulement, qu'on divise, comme nous allons l'indiquer, en *métalloides* et *métaux*.

Dans la suite de ces pages nous ne parlerons que des principaux d'entre eux. Mais nous en donnons ici la liste complète, en faisant suivre le nom de chacun d'eux de l'abréviation conventionnelle qui sert à le désigner dans l'écriture courante des chimistes. Ces abréviations conventionnelles se nomment les *symboles* des corps simples.

METALLOIDES.

| | | | |
|---|---|---|---|
| Hydrogène, | H = 1 | Tellure, | Te |
| Fluor, | Fl | Azote, | Az = 14 |
| Chlore, | Cl = 35,5 | Phosphore, | Ph = 31 |
| Brome, | Br | Arsenic, | As |
| Iode, | Io | Carbone, | C = 12 |
| Oxygene, | O = 16 | Bore, | Bo |
| Soufre, | S = 32 | Silicium, | Si |
| Sélénium, | Se | | |

## METAUX.

| | | | |
|---|---|---|---|
| Potassium, | K = 39 | Chrome, | Cr |
| Sodium, | Na = 23 | Zinc, | Zn = 66 |
| Lithium, | Li | Cadmium, | Cd |
| Rubidium, | Rb | Vanadium, | Va |
| Cœsium, | Cœ | Uranium, | U |
| Thullium | Tl | Tungstène, | Tu |
| Baryum, | Ba | Molybdène, | Mo |
| Strontium, | St | Osmium, | Os |
| Calcium, | Ca = 40 | Niobium, | Ni |
| Magnésium, | Mg | Pélopium, | Pe |
| Manganèse, | Mn = 55 | Ilménium, | Il |
| Aluminium, | Al | Tantale, | Ta |
| Glucinium, | Gl | Titane, | Ti |
| Zirconium, | Zi | Etain, | Sn = 118 |
| Yttrium, | Yt | Antimoine, | Sb |
| Thorium, | Th | Cuivre, | Cu = 63 |
| Cérium, | Ce | Plomb, | Pb = 207 |
| Lanthane, | La | Bismuth, | Bi |
| Didyme. | Di | Mercure, | Hg = 200 |
| Erbium, | Er | Argent, | Ag = 108 |
| Therbium, | Th | Or, | Au = 197 |
| Gallium, | Ga | Platine, | Pt = 197 |
| Indium, | In | Palladium, | Pd |
| Fer, | Fe = 56 | Iridium, | Ir |
| Nickel, | Ni | Rhodium, | Ro |
| Cobalt, | Co | Ruthénium, | Ru |

Quant aux *corps composés*, ils sont en nombre infiniment grand. Aussi les chimistes de la fin du siècle dernier (Lavoisier, Berthollet, Fourcroy, Guyton de Morveau) ont-ils senti la nécessité d'établir des règles qui permettent de former le nom de chacun d'eux à l'aide du nom des corps simples qui les constituent.

Nous devons indiquer les principales de ces règles.

**307. Acides, bases, sels.** — Certains corps composés ont la propriété de *rougir la teinture de tournesol*[1], en même temps qu'ils ont une saveur aigre, analogue à celle du vinaigre.

1. La *teinture de tournesol* est une dissolution, dans l'eau, de la matière colorante bleue qu'on extrait d'un lichen nommé *tournesol*.

Ces composés se nomment des acides. Tel est ce liquide incolore, l'*acide sulfurique*, désigné souvent aussi sous le nom d'*huile de vitriol.*

D'autres corps composés ont, au contraire, la propriété de ramener au bleu la teinture de tournesol qu'on vient de rougir à l'aide d'un acide : on les nomme des *bases*. La *chaux* des maçons est une base.

Enfin les *bases* ont la propriété de s'unir aux *acides*, pour former des composés plus complexes encore, qui n'ont aucune action sur la teinture bleue ni sur la teinture rougie de tournesol ; on les nomme des *sels*.

Les noms des *acides*, des *bases* et des *sels* se forment à l'aide de règles très simples.

**308. Métalloïdes, métaux.** — La considération des acides et des bases, ainsi que l'examen des propriétés physiques, a permis de diviser les corps simples en deux grandes catégories.

Les *métalloïdes*, au nombre de 15, ont en général peu d'éclat ; ils conduisent mal la chaleur et l'électricité. En se combinant, soit avec l'hydrogène seul, soit avec l'oxygène et l'hydrogène, ils produisent des *acides ;* ils n'entrent jamais dans la composition des *bases*, ce qui les distingue nettement des métaux.

Les *métaux*, au nombre de 52, ont un éclat particulier, appelé *éclat métallique ;* ils conduisent bien la chaleur et l'électricité. En se combinant avec l'oxygène, ils produisent chacun au moins un composé *basique*.

**309. Nomenclature des composés oxygénés.** — Beaucoup de composés oxygénés jouissent de la propriété de se combiner avec l'eau pour former des acides. On les nomme des *anhydrides*.

1° *Anhydrides.* — Lorsqu'un corps ne donne avec l'oxygène qu'un seul *anhydride*, on forme le nom de ce composé en faisant suivre le nom du corps de la terminaison *ique*.

*Exemple :* Anhydride carbonique (carbone et oxygène).

Quand un corps forme avec l'oxygène deux *anhydrides*, on conserve la terminaison *ique* pour celui qui renferme le plus d'oxygène, et on donne à l'autre la terminaison *eux*.

*Exemples :* Anhydride phosphorique (phosphore et oxygène);
Anhydride phosphoreux (phosphore avec moins d'oxygène).

2° *Acides.* — Quand un *anhydride* s'unit à l'eau pour former un *acide*, le nom du composé se forme en remplaçant le mot *anhydride* par le mot *acide.*

*Exemple :* L'anhydride phosphoreux, en se combinant avec l'eau, donne l'acide phosphoreux.

3° *Bases ou composés neutres* (c'est-à-dire qui ne sont ni acides ni basiques). — Le nom de ces composés est formé par le mot *oxyde*, qu'on fait suivre du nom du corps simple combiné avec l'oxygène.

*Exemples :* Oxyde de carbone (composé neutre de carbone et d'oxygène);
Oxyde de potassium (composé basique de potassium et d'oxygène).

Quand un même corps forme avec l'oxygène plusieurs oxydes basiques ou neutres, on les distingue les uns des autres en faisant précéder le mot *oxyde* des préfixes *proto*, *sesqui*, *bi*, *sous*, *per*.

4° *Sels.* — Les *sels*, qui résultent de la combinaison d'un acide oxygéné avec une base oxygenée, se nomment avec le nom de l'acide, dans lequel on a changé la terminaison *ique* en *ate*, ou la terminaison *eux* en *ite*, suivi du nom du métal contenu dans la base.

*Exemples :* L'*acide sulfurique* se combine avec le *sesquioxyde de fer :* le sel formé est le *sulfate de fer.*
L'*acide hypochloreux* se combine avec l'*oxyde de potassium :* le sel formé est l'*hypochlorite de potassium.*

*Remarque.* — Les *oxydes de potassium*, de *sodium*, de *calcium*, de *baryum*, sont connus depuis longtemps sous les noms de *potasse*, *soude*, *chaux*, *baryte* Les sels correspondants sont dès lors appeles sels de potasse, de soude, de chaux, de baryte.

C'est ainsi qu'on dit ordinairement *carbonate de chaux* au lieu de dire *carbonate de calcium*, *sulfate de soude*, au lieu de dire *sulfate de sodium*, *chlorate de potasse* au lieu de dire *chlorate de potassium* Ces désignations usuelles peuvent être employées sans inconvenients, au lieu des designations rigoureusement conformes aux règles de la nomenclature.

**310. Nomenclature des composés non oxygénés.** — Pour nommer le composé qui résulte de l'union de deux corps simples dont l'oxygène ne fait pas partie, on termine par *ure* le nom de l'un des éléments, et on le fait suivre du nom de l'autre.

*Exemple :* Chlorure de zinc (chlore et zinc).

Quand les deux corps se combinent en plusieurs proportions. on distingue les composés les uns des autres à l'aide des préfixes *proto, bi, tri.*

Cette règle de la nomenclature des composés non oxygénés présente quelques exceptions.

*Hydracides.* — Certains composés de l hydrogène avec les métalloides ont des propriétés acides. On les désigne en faisant suivre de la terminaison *hydrique* le nom du métalloide.

*Exemple :* Acide chlorhydrique (chlore et hydrogène).

*Alliages.* — Les combinaisons des métaux entre eux ne suivent pas les règles de la nomenclature : on les nomme simplement *alliages.*

Les alliages qui renferment du mercure s'appellent *amalgames.*

**311. Notations chimiques** — Nous avons dit (§ 306) que chaque corps simple peut être représenté par un *symbole* conventionnel. L'usage de ces notations symboliques simplifie singulièrement l'écriture, et permet de représenter les transformations chimiques des corps sous forme d'équations très simples.

Grâce à ce système de notations, les transformations les plus complexes sont immédiatement comprises.

Les élèves qui débutent dans l'étude de la chimie doivent s'attacher, avant toutes choses, à connaître et à appliquer, sans aucune espèce d'hésitation, les règles de la nomenclature et des notations chimiques.

Les symboles par lesquels on écrit les corps simples représentent, en outre, non pas une quantité quelconque du corps symbolisé, mais une quantité déterminée, appelée *poids atomique* de ce corps, quantité proportionnellement à laquelle le corps entre dans toutes ses combinaisons. Ces poids atomiques sont écrits au § 306, à la suite des symboles, pour les corps les plus importants.

**312. Notation des combinaisons.** — Pour représenter un composé binaire, on écrit à la suite l'un de l'autre les symboles des deux corps simples qui le constituent.

Ainsi l'acide chlorhydrique, combinaison de chlore et d'hydrogène, s'écrit HCl. A la vue de ce symbole si simple, on peut affirmer : 1° que l'acide chlorhydrique renferme du chlore et de l'hydrogène, 2° que le rapport des poids des deux corps est de 35,5 à 1, puisque le tableau des corps simples nous indique que le poids atomique du chlore est de 35,5 et celui de l'hydrogène 1.

Quelquefois la formule est plus compliquée : 1, 2, 3, 4 poids atomiques de l'un des corps se combinent à 1, 2, 3, 4 poids atomiques de l'autre. Le nombre des poids atomiques de chaque corps est représenté par un petit chiffre placé en *exposant* en haut et à droite du symbole. Ainsi la formule de l'eau est $H^2O$ : cela veut dire que l'eau renferme deux poids atomiques d hydrogène pour un poids atomique d'oxygène; le rapport des poids d'hydrogène et d'oxygene qui constituent l'eau est donc celui de 2 à 16.

Le symbole d'un sel s'écrit aussi simplement. L'acide sulfurique $SO^4H^2$ réagit sur la chaux vive ou oxyde de calcium CaO. Il se forme de l'eau $H^2O$ et un sel qu'on nomme le sulfate de chaux ou de calcium : son symbole s'obtient en remplaçant, dans la formule de l'acide, le symbole de l'hydrogène par celui du métal contenu dans la base : on a ainsi $SO^4Ca$, sulfate de calcium.

**313. Notation des réactions chimiques.** — Grâce aux notations symboliques, les réactions chimiques peuvent se représenter par des égalités. En voici quelques exemples :

1° Le mercure chauffé au contact de l'air se transforme en protoxyde de mercure. Cela s'écrit :

$$Hg + O = HgO.$$

2° Le fer exposé à l'air humide se rouille : il se transfo en hydrate de sesquioxyde de fer. Cela s'écrit :

$$2Fe + 3O + H^2O = Fe^2O^3,H^2O.$$

3° Le chlorate de potassium chauffé au rouge perd t son oxygène et se réduit à l'état de chlorure de potassiu

$$ClO^3K = 3O + KCl.$$

Mais, ne l'oublions pas. les égalités que l'on écrit ici doivent représenter que des résultats d'expérience, que réactions obtenues dans les laboratoires.

Une égalité chimique devra donc simplement traduire notations symboliques une réaction réalisée par l'expérien

Elle devra contenir dans le premier membre tous corps que l'on a mis en présence, et dans le second tous corps qui ont pris naissance dans la réaction. Comme, d aucun cas, un corps simple ne peut être créé ni detruit, *devra toujours retrouver dans le second membre tous corps simples qui étaient dans le premier, et en même qu tité.*

Enfin, on ne devra jamais écrire une égalité chimique s indiquer dans quelles circonstances expérimentales s'acco plit la réaction qu'elle représente.

# LIVRE PREMIER

## MÉTALLOIDES

## CHAPITRE PREMIER

### OXYGÈNE ET HYDROGÈNE.

#### I. — OXYGÈNE : O = 16.

**314. Propriétés.** — L'oxygène est un gaz incolore sans odeur ni saveur. Sa densité, prise par rapport à l'air[1], est 1,1056 : le poids d'un litre d'oxygène, à la température de 0° et à la pression de 760$^{mm}$, est donc égal à $1,1056 \times 1,293 = 1^{gr},429$.

Pour le liquéfier, il faut faire agir sur l'oxygène en même temps un froid très intense et une très forte pression.

L'oxygène est peu soluble dans l'eau, surtout quand cette eau est chaude.

Il se combine aisément avec un grand nombre d'autres corps, pour former des composés très divers.

La combinaison d'un corps quelconque avec l'oxygène porte le nom de *combustion* : tout corps capable de brûler dans l'oxygène est appelé *corps combustible*. Par opposition, l'oxygène, dans lequel se fait la combustion, est dit *comburant*. Voici quelques exemples de combustion dans l'oxygène :

1° Un morceau de charbon qui ne présente plus que quelques points incandescents se rallume vivement quand

1. Lorsqu'il s'agit des gaz, on adopte une définition de la densité différente de celle que nous avons donnée en physique pour les solides et les liquides. On nomme *densité* d'un gaz le rapport qui existe entre le poids d'un litre de ce gaz et le poids d'un litre d'air, le gaz et l'air étant pris tous les deux à la température de 0°, et sous la pression de 760 millimètres.

Pour avoir le poids d'un litre d'un gaz, il faut donc en multiplier la densité par le poids d'un litre d'air, $1^{gr},293$.

on le plonge dans un flacon plein d'oxygène. Au bout de quelques instants, le charbon a disparu, totalement brûlé.

Quel phénomene s'est-il produit? Le charbon s'est *combiné* avec l'oxygène.

Le corps formé par cette combinaison a reçu le nom d'*anhydride carbonique* $CO^2$ : c'est un gaz incolore et inodore. Le charbon, qu'on ne voit plus, n'a pas été anéanti; il est maintenant répandu dans l'atmosphère du flacon à l'état d'anhydride carbonique, c'est-à-dire de combinaison avec l'oxygène.

Fig. 234.—La combustion du soufre dans l'oxygène donne de l'anhydride sulfureux.

2° Un fragment de soufre, placé dans une petite coupelle (*fig.* 234), et préalablement enflammé, brûle avec une flamme bleue quand on le plonge dans l'oxygène. L'*anhydride sulfureux* $SO^2$, qui résulte de la combinaison du soufre et de l'oxygène, est un gaz incolore comme l'anhydride carbonique, mais doué de l'odeur suffocante que dégage une allumette qu'on vient d'enflammer.

3° Un morceau de phosphore brûle aussi très vivement dans l'oxygène (*fig.* 235). Dans ce cas la flamme est tellement vive que l'œil n'en peut supporter l'éclat : le résultat de la combinaison, l'*anhydride phosphorique* $Ph^2O^5$, n'est plus un gaz, mais un solide; il se répand dans le flacon en épaisse fumée blanche.

Fig. 235. — La combustion du phosphore produit de l'anhydride phosphorique.

4° Les métaux peuvent aussi se combiner avec l'oxygène, et il y a incandescence.

Qu'on attache un morceau d'amadou enflammé à l'extrémité d'un fil de fer (*fig.* 236), et qu'on enfonce le tout dans un flacon plein d'oxygène : on verra l'amadou brûler rapidement, communiquer l'inflammation au fer, et le fer se consumer en lançant de brillantes étincelles alentour. L'*oxyde de fer* formé, combinaison de fer et d'oxygène, $Fe^3O^4$, est un solide qui tombe en globules fondus sur le fond du flacon.

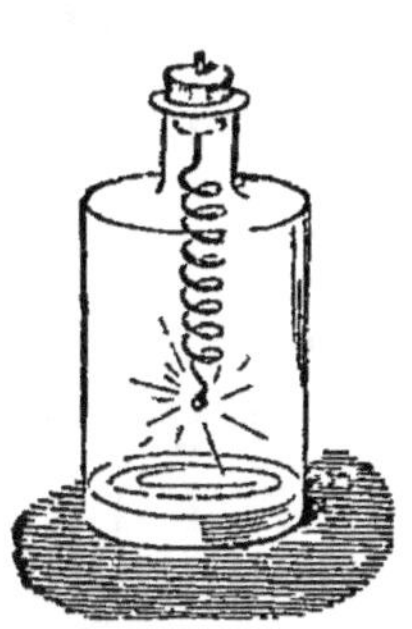

Fig 236. — La combustion du fer dans l'oxygene donne de l'oxyde de fer.

Les corps que nous venons de citer ne sont pas les seuls qui puissent se combiner avec l'oxygène en dégageant de la chaleur et de la lumière. D'autres corps simples, que nous aurons à étudier, et beaucoup de corps composés, jouissent de la même propriété.

**315 Préparation.** — L'oxygène se rencontre presque partout dans la nature : aussi existe-t-il un grand nombre de réactions chimiques qui permettent de l'obtenir pur, en le séparant des éléments avec lesquels il se trouve combiné ou mélangé.

Le procédé de préparation le plus simple consiste à chauffer assez fortement du *chlorate de potassium* $ClO^3K$. Sous l'influence de la chaleur, ce sel laisse dégager tout son oxygène à l'état gazeux, et il reste dans l'appareil un résidu de *chlorure de potassium* KCl :

$$ClO^3K = 3O + KCl.$$

On opère dans une *cornue* en verre (*fig.* 237), dans laquelle on met le chlorate de potassium. Cette cornue est fermée par un bouchon traversé par un tube de verre recourbé (appelé tube de dégagement), dont l'extrémité plonge dans une cuvette pleine d'eau.

Fig. 237. — On prépare l'oxygène en chauffant le chlorate de potassium.

Quand l'oxygène se dégage, sous l'influence de la chaleur, le gaz se rend, à travers l'eau, dans une éprouvette également remplie d'eau, qu'on a mise au-dessus de l'ouverture du tube.

**316. État naturel, usages.** — L'oxygène est le plus important des corps de la nature; il forme à lui seul à peu près la moitié du poids de l'écorce terrestre.

Combiné avec d'autres corps simples, il entre dans la composition de l'eau, du plus grand nombre des roches, des tissus animaux et végétaux. L'air contient un cinquième de son poids d'oxygène, non plus combiné, mais simplement mélangé avec d'autres gaz.

Aussi ce corps joue-t-il dans la nature un rôle absolument prépondérant. Il est l'agent essentiel de toutes les combustions, de la respiration des animaux, de la décomposition et de la transformation spontanée des matières organiques animales et végétales.

Dans les laboratoires, il intervient dans un très grand nombre de réactions chimiques.

Quant à l'oxygène pur, tel que nous venons de l'étudier, il n'est employé que dans les laboratoires.

### *Résumé.*

L'oxygène est un gaz incolore, inodore, insipide, peu soluble dans l'eau, difficilement liquéfiable. Il se combine aisément avec un grand nombre d'autres corps, appelés *corps combustibles* ; la combinaison est souvent accompagnée d'un fort degagement de chaleur et de lumière.

On prépare l'oxygène en chauffant du *chlorate de potassium* $ClO^3K$ dans une petite cornue de verre.

Aucun corps n'est plus répandu dans la nature, et n'y joue un rôle plus important.

## II. — HYDROGENE : H=1.

**317. Propriétés.** — L'hydrogène est un gaz incolore, inodore, insipide. Sa densité est 0,0692. C'est le plus léger de tous les corps connus : il est quatorze fois et demie plus léger que l'air, ce qui le fait employer pour gonfler les aérostats. Si l'on gonfle des bulles de savon avec de l'hydrogène enfermé dans un sac de caoutchouc, ces bulles s'élèvent très rapidement dans l'air.

Ce gaz est très difficilement liquéfiable. Il est peu soluble dans l'eau. L'hydrogène doit à sa grande légèreté la propriété de traverser très rapidement les cloisons poreuses. Aussi les aérostats gonflés d'hydrogène se dégonflent-ils rapidement, si bien fermés qu'ils soient.

Ce gaz est *combustible*, c'est-à-dire susceptible de se combiner aisément avec l'oxygène.

Qu'on approche une allumette enflammée de l'ouverture d'une éprouvette pleine d'hydrogène : on verra immédiatement le gaz s'enflammer et brûler avec une flamme pâle à peine visible. Si l'ouverture de l'éprouvette est tournée vers le haut, le gaz, s'élevant rapidement à cause de sa légèreté, brûlera très rapidement ; la combustion sera plus lente si l'ouverture de l'éprouvette est tournée vers le bas (*fig.* 238). On peut même, dans ce cas, enfoncer dans l'éprouvette la bougie qui a servi à enflammer le gaz; elle s'éteint aussitôt : il en faut conclure que l'hydrogène est incapable d'entretenir la combustion; il est combustible, mais non comburant.

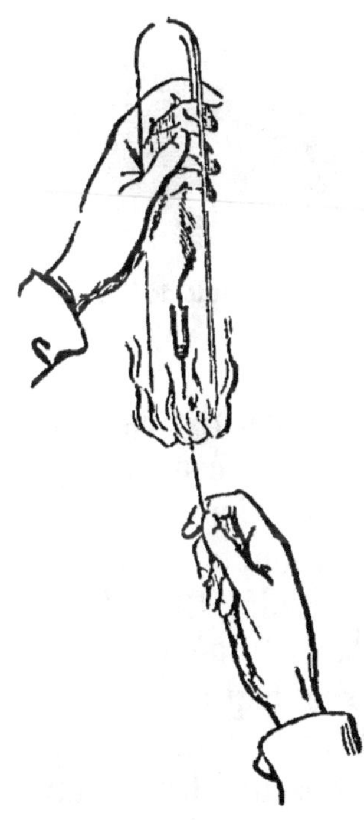

Fig. 238. — L'hydrogène est combustible, mais il n'entretient pas la combustion

Le résultat de la combustion de l'hydrogène est de l'eau; on peut le montrer en recouvrant d'une cloche de verre la flamme de l'hydrogène qui brûle dans l'air. La vapeur d'eau produite se condense sur les parois (*fig.* 239).

La combustion de l'hydrogene est très rapide quand on le mélange avec un volume d'oxygène égal à la moitié du sien, et qu'on enflamme le mélange. On a alors une détonation très bruyante, et le vase dans lequel était enfermé le *mélange détonant* est brisé en cent morceaux.

La grande tendance qu'a l'hydrogène à se combiner avec l'oxygène pour former de l'eau joue en chimie un

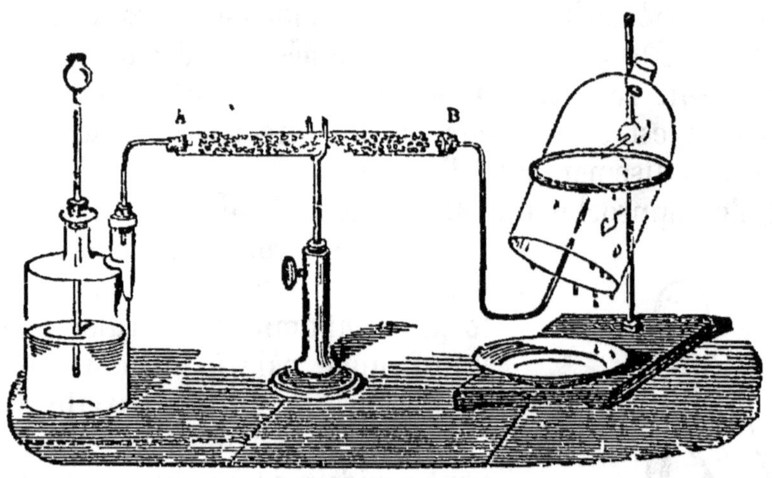


Fig. 239. — L'hydrogène, préalablement bien desséché, produit de l'eau en brûlant dans l'air.

rôle considérable. Quand on fait passer un courant d'hydrogène sur un composé oxygéné chauffé au rouge, ce composé est souvent *réduit* : son oxygène se combine avec l'hydrogène, tandis que l'élément avec lequel était d'abord combiné l'oxygène reste isolé. C'est là ce qu'on appelle le *pouvoir réducteur* de l'hydrogène.

L'oxygène n'est pas le seul corps avec lequel l'hydrogène puisse entrer en combinaison ; mais nous n'indiquerons la suite des propriétés chimiques de l'hydrogène que successivement, quand nous étudierons les autres corps.

**318. Préparation.** — On peut retirer l'hydrogène de l'eau, qui en renferme 1216 litres par kilogramme.

Le procédé le plus simple, en théorie, consiste à faire passer de la *vapeur d'eau* sur du fer chauffé au rouge dans un tube de porcelaine. L'eau est décomposée par le fer, qui se combine avec l'oxygène, et laisse partir l'hydrogène seul, à l'état gazeux :

$$4H^2O + 3Fe = Fe^3O^4 + 8H.$$

Mais, en pratique, il est plus simple de retirer l'hydrogène de l'*acide chlorhydrique* HCl. Il suffit de mettre du zinc dans cet acide, pour que le zinc se combine avec le chlore, ce qui donne du *chlorure de zinc*, qui reste dans l'appareil, tandis que l'hydrogène s'en va :

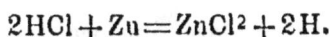

$$2HCl + Zn = ZnCl^2 + 2H.$$

On n'a même pas besoin de chauffer.

Dans un flacon à deux tubulures on met du zinc et de l'eau; par un tube droit, qui est fixé à l'une des tubulures, on verse de l'acide chlorhydrique; l'action se

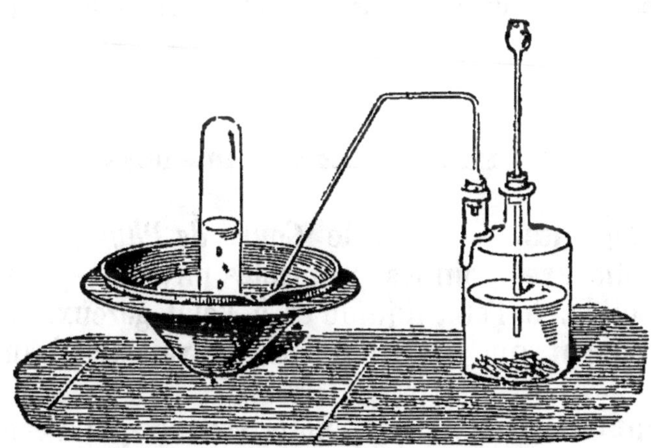

Fig. 240. — On prépare l'hydrogène en traitant le zinc par l'acide chlorhydrique.

produit aussitôt, et l'hydrogène s'en va par le tube à dégagement (*fig*. 240).

Quand on veut avoir le gaz *sec*, on le fait passer à travers un tube AB (*fig*. 239) renfermant une matière desséchante, telle que de la *chaux vive*, du *chlorure de calcium*, ou de la *pierre ponce imprégnée d'acide sulfurique concentré*. Cette figure 239 montre, en outre, comment on peut faire brûler le gaz à la sortie de l'appareil à préparation.

**319. État naturel, usages.** — L'hydrogène ne se trouve guère à l'état libre dans la nature. Mais, combiné avec l'oxygène, il forme l'eau $H^2O$, c'est-à-dire le corps composé le plus abondant qui soit à la surface du globe. Il entre aussi, pour une forte proportion, dans la constitution des matières organiques animales et végétales. On s'en sert pour gonfler les aérostats.

## *Résumé.*

L'hydrogène est un gaz incolore, inodore, insipide, peu soluble dans l'eau, difficilement liquéfiable. C'est le plus leger des corps connus.

Il est combustible; en brûlant il donne de l'eau.

On le prépare en versant de l'acide chlorhydrique sur du zinc, à la température ordinaire.

Il ne se trouve guère à l'état libre dans la nature; mais, à l'état de combinaison, il fait partie de l'eau et de toutes les matières organiques.

---

## III. — EAU : $H^2O = 2 \times 1 + 16 = 18$.

**320. Propriétés.** — Dans le *Cours de Physique*, nous avons étudié avec soin les propriétés physiques de l'eau à l'état solide, à l'état liquide et à l'état gazeux. Ajoutons seulement que la densité de la vapeur d'eau est de 0,622.

Au point de vue chimique, nous savons que l'eau est décomposée en oxygène et hydrogène par le passage d'un courant électrique (§ 275).

L'eau est, en outre, décomposée par un grand nombre de corps.

Les corps simples qui, comme le *charbon*, le *fer*, le *zinc*, sont susceptibles de se combiner avec l'oxygène, mettent en liberté l'hydrogène et forment avec l'oxygène des composés nouveaux, tels que l'*anhydride carbonique* $CO^2$, l'*oxyde de fer* $Fe^3O^4$, l'*oxyde de zinc* ZnO.

Le *chlore*, au contraire, se combine avec l'hydrogène

pour former l'acide chlorhydrique $HCl$, et met en liberté l'oxygène.

Nous verrons de nombreux exemples de ces actions. Dans presque tous les cas, pour obtenir la décomposition, il faudra faire passer la vapeur d'eau sur le corps fortement chauffé.

Outre les corps nombreux qui décomposent l'eau, il en est qui se combinent avec elle sans la décomposer. L'acide sulfurique et la potasse caustique renferment de l'eau à l'état de combinaison.

Enfin, beaucoup de solides, de liquides et de gaz sont susceptibles de se dissoudre dans l'eau sans la décomposer ni se combiner avec elle. L'eau sucrée est une *dissolution* de sucre dans l'eau ; l'eau-de-vie, une dissolution d'alcool dans l'eau ; l'alcali volatil, une dissolution de *gaz ammoniac* dans l'eau.

Nous avons vu (§ 304) comment, par l'*analyse* et la *synthèse*, on a pu reconnaître que l'eau est une *combinaison* d'*oxygène* et d'*hydrogène*. Dix-huit grammes d'eau $H^2O$ renferment 2 grammes d'hydrogène $H^2$, et 16 grammes d'oxygène O. Nous savons aussi que si l'on mesure les volumes, au lieu de prendre les poids, on voit que l'eau renferme un volume de gaz hydrogène double du volume de gaz oxygène.

**321. Substances en dissolution dans l'eau ordinaire.** — L'eau qui coule à la surface du sol rencontre sur sa route de l'air et un grand nombre de solides : elle doit donc dissoudre ceux qui sont solubles et ne pas conserver sa pureté primitive.

Pour se convaincre de l'impureté des eaux naturelles les plus limpides, il suffit de les faire bouillir dans un vase bien propre. On ne tarde pas à voir des bulles de gaz se dégager : ce sont les gaz en dissolution qui partent. Puis l'eau se trouble un peu, et, quand elle est complètement évaporée, on voit au fond du vase un abondant résidu solide.

Les gaz en dissolution dans l'eau sont ceux qu'on trouve

dans l'air, c'est-à-dire l'*azote*, l'*oxygène*, et l'*anhydride carbonique*. En général, les eaux courantes renferment plus de gaz, et surtout plus de gaz carbonique, que les eaux de pluie.

Les matières solides sont plus nombreuses. Un litre d'eau de rivière ou d'eau de source donne, quand on l'évapore à siccité, un résidu solide dont le poids varie de 1 à 6 décigrammes. Ce résidu est formé de sels très nombreux, dont les plus abondants sont habituellement le *carbonate de calcium* ou *calcaire*, le *sulfate de calcium* ou *pierre à plâtre*, et le *chlorure de sodium* ou *sel marin*.

**322. Eaux potables.** — Les eaux potables sont celles qui servent de boisson; le plus souvent elles sont aussi employées aux divers usages du ménage, et notamment à la cuisson des légumes, ainsi qu'au savonnage.

Pour qu'une eau soit potable, il faut qu'elle satisfasse à diverses conditions : elle doit être limpide, inodore, d'une saveur agréable, légère à digérer, fraîche en été, tempérée en hiver; elle doit dissoudre le savon sans former de grumeaux, et cuire les légumes sans les durcir.

Toute eau qui serait trouble, qui aurait une mauvaise odeur ou un mauvais goût, devrait être rejetée absolument : elle serait nuisible à la santé.

Ces diverses conditions ne seront remplies que si l'eau ne renferme pas trop de matières solides en dissolution, et si elle renferme assez de gaz.

L'expérience a montré, en effet, que l'eau est indigeste et d'un goût fade lorsqu'elle n'est pas suffisamment aérée. L'air est la seule substance étrangère sans laquelle l'eau ne puisse pas être potable. L'eau distillée, parfaitement pure, constitue une bonne boisson si elle a été préalablement battue au contact de l'air.

De petites quantités de certaines substances solides ne sont pourtant pas nuisibles à la potabilité de l'eau, et la rendent même peut-être plus apte à remplir sa fonction de nutrition.

Aussi les eaux qui renferment un peu de *carbonate de*

*calcium* et de *chlorure de sodium* sont-elles considérées comme supérieures aux eaux trop pures, pourvu que ces deux corps réunis ne forment pas plus de 2 à 3 décigrammes par litre d'eau. Si cette proportion était dépassée, l'eau serait indigeste, elle prendrait le nom d'*eau crue*.

Le *sulfate de calcium*, au contraire, est toujours nuisible, et les eaux sont, en général, d'autant meilleures qu'elles en renferment moins. Les eaux riches en sulfate de calcium sont dites *séléniteuses;* elles sont impropres au savonnage et à la cuisson des légumes; employées comme boisson, elles sont indigestes.

L'eau des rivières et celle des puits renferment aussi quelquefois des matières organiques, débris d'animaux et de végétaux. Ces matières organiques, en se décomposant, communiquent à l'eau un goût et une odeur désagréables, en même temps qu'elles la rendent très nuisible à la santé.

**323. Rôle de l'eau. Ses usages.** — Le rôle de l'eau est immense. Dans la nature, elle est indispensable à la vie des animaux et des végétaux ; dans sa circulation continuelle, elle change à chaque instant la disposition relative des roches qui constituent l'écorce terrestre ; elle est le véhicule qui permet à la chaleur solaire de se transporter en partie de l'équateur vers les pôles.

Dans l'industrie, elle est employée au lavage ou à la préparation de la plupart des produits naturels ou manufacturés; elle fournit une force motrice moins onéreuse que celle des machines à vapeur.

Dans les laboratoires, elle préside à presque toutes les réactions chimiques; elle est constamment employée pour dissoudre ou faire cristalliser un grand nombre de substances.

Dans le ménage, enfin, outre son rôle capital comme boisson, elle a la mission d'entretenir partout la propreté indispensable à une bonne hygiène.

## *Résumé.*

L'eau est une combinaison d'*oxygène et* d'*hydrogène.* Elle est décomposée par un grand nombre de corps capables de se combiner avec l'*oxygène* (*charbon, fer, zinc*), ou avec l'*hydrogène* (*chlore*). Elle est aussi décomposée par le courant électrique.

Elle renferme un poids d'oxygène huit fois plus grand que celui de l'hydrogène ; ou un volume d'hydrogène double de celui de l'oxygène.

Les *eaux potables* renferment en général en dissolution des *gaz* (*azote, oxygène, anhydride carbonique*) et des *solides* (*chlorure de sodium, carbonate de calcium, sulfate de calcium*).

# CHAPITRE II

## AZOTE, AIR, COMBUSTIONS.

### I. — AZOTE : Az=14.

**324. Propriétés.** — L'azote est un gaz incolore, inodore, insipide. Sa densité est 0,971. Sa liquéfaction est difficile. Il est peu soluble dans l'eau.

Ce gaz se distingue aisément de l'oxygène en ce qu'il n'est ni *comburant* ni *combustible*. Il ne s'enflamme pas, et il éteint une allumette.

L'azote n'entretient pas non plus la respiration ; mais il n'est pas délétère, puisque nous vivons dans l'air, qui en renferme une grande quantité.

Dire que l'azote n'est pas combustible, c'est dire qu'il ne peut pas se combiner directement avec l'oxygène quand on chauffe un mélange de ces deux corps; on peut cependant obtenir des *combinaisons* de l'azote avec l'oxygène, mais par des procédés plus complexes que la combustion directe.

De même, avec divers corps simples, tels que l'hydrogène, le phosphore, le charbon, l'azote peut former des composés nombreux; mais aucun de ces composés ne prend naissance quand on se contente de chauffer l'azote au contact de ces corps simples. On exprime ce fait en disant que l'azote *ne se combine directement* avec aucun d'eux.

**325. Préparation.** — On retire l'azote de l'air, qui en contient beaucoup. L'air est un simple *mélange* renfermant presque uniquement de l'oxygène et de l'azote : si on en retire l'oxygène, il reste l'azote.

Voici la manière la plus simple d'opérer. Sur un bouchon qui flotte à la surface de l'eau (*fig* 241), on place une coupelle renfermant un morceau de phosphore. Après avoir enflammé le phosphore, on recouvre la coupelle avec une grande cloche de verre. Le phosphore brûle dans l'air de la cloche jusqu'à ce qu'il se soit combiné avec la totalité de l'oxygène pour former de l'anhydride phosphorique $Ph^2O^5$, puis il s'éteint.

Fig. 241. — Le phosphore, en brûlant sous une cloche, absorbe l'oxygène et laisse l'azote.

On laisse le gaz se refroidir, les fumées blanches d'anhydride phosphorique solide se dissoudre dans l'eau, et on peut utiliser l'azote qui reste.

**326. Etat naturel, usages.** — L'azote forme à peu près les $\frac{4}{5}$ du poids de l'air : il est donc fort répandu. C'est un des éléments constituants de certains tissus végétaux et de tous les tissus animaux. Enfin, plusieurs sels minéraux en renferment.

Le rôle de l'azote dans la nature est considérable. Dans l'air, il tempère l'action trop vive qu'aurait l'oxygène s'il était pur, en même temps qu'il joue un rôle actif dans les phénomènes de la végétation ; chez les animaux, il tient une place comparable à celle de l'oxygène, de l'hydrogène et du charbon.

Certains composés de l'azote ont une grande importance industrielle.

Quant au gaz même, à l'état libre, il n'a reçu aucune application.

## *Résumé.*

L'azote est un gaz incolore, inodore, insipide, peu soluble dans l'eau, difficilement liquéfiable. Il n'est ni combustible ni comburant ; il ne se combine *directement* presque avec aucun autre corps.

On le prépare en absorbant l'oxygène de l'air par la combustion du phosphore.

Il forme la plus grande partie du poids de l'air.

## II — AIR

**327. L'air est un mélange très complexe.** — L'air est constitué en majeure partie par un *mélange* d'*oxygène* d'*azote;* mais on y trouve en même temps beaucoup autres substances, en quantités tres faibles. Les principales de ces substances sont la *vapeur d'eau* et *l'anhydride carbonique.*

**328. Azote et oxygène contenus dans l'air.** — Une expérience simple permet de mesurer les quantités d'oxygène d'azote qui sont dans l'air.

On se base pour cela sur ce fait, que le phosphore se combine lentement avec l'oxygène, absorbe lentement oxygène, même à la température ordinaire, sans qu'il produise de flamme.

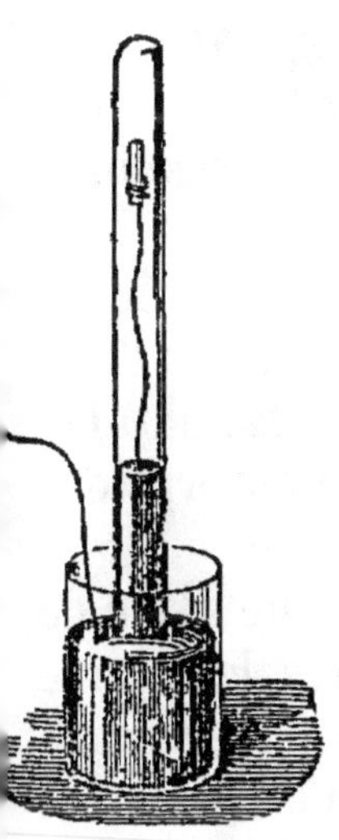

. 242. — Le phosphore absorbe lentement l'oxygène à froid.

Dans un tube gradué en parties d'égale capacité, placé sur le mercure, on introduit un volume d'air, que l'on mesure (*fig.* 242); puis on y fait arriver un fragment de phosphore attaché à un fil de fer, et on abandonne l'expérience à elle-même pendant quelques heures. Au bout de ce temps, le volume gazeux, qui avait progressivement diminué, devient invariable; on retire le phosphore et on mesure le volume du résidu.

Ce résidu est formé d'azote pur, si on néglige les autres substances contenues dans l'air en proportions presque infiniment petites.

Par cette méthode, et par plusieurs autres, on a démontré que l'air a partout la même composition. Il renferme, pour 100 litres, 21 litres d'oxygène 79 litres d'azote.

**329. Vapeur d'eau et anhydride carbonique contenus dans l'air.** — Nous avons vu (§ 137) que l'air renferme toujours de la *vapeur d'eau*, et nous avons indiqué la quantité variable qu'il en renferme.

Il contient aussi de l'*anhydride carbonique* $CO^2$, gaz incolore, provenant de la combinaison du carbone avec l'oxygène.

Un grand nombre de causes, que nous aurons plus tard à passer en revue, en répandent constamment dans l'atmosphère (*combustion*, *respiration des animaux*, *émanations volcaniques*, *décomposition des matières organiques*).

Inversement, le phénomène de la nutrition des plantes enlève à l'air, à chaque instant, de grandes quantités d'anhydride carbonique.

La proportion de ce gaz qui se trouve dans l'air est toujours extrêmement faible, comprise entre 4 et 6 dix millièmes, c'est-à-dire dix fois plus petite encore que la proportion déjà si faible de la vapeur d'eau.

L'anhydride carbonique de l'air est indispensable à la nutrition des plantes : sans ce gaz la végétation ne saurait se produire. Il ne doit donc pas être considéré, non plus que la vapeur d'eau, comme une impureté de l'air, mais comme un de ses éléments essentiels.

Il est aisé de mettre en évidence, par une expérience simple, la présence de l'anhydride carbonique dans l'air. Ce gaz, en effet, est absorbé par l'*eau de chaux*, liquide limpide avec lequel il forme, à la suite de son absorption, une substance insoluble.

Qu'on expose donc à l'air une soucoupe pleine d'eau de chaux : au bout de quelques minutes, on verra le liquide se recouvrir d'une croûte insoluble de *carbonate de calcium*, qui dénotera la présence de l'anhydride carbonique.

**330. Autres gaz contenus dans l'air.** — Nous avons dit que l'atmosphère renferme encore divers gaz (§ 327) ; ces gaz sont en proportions tellement faibles qu'à peine a-t-on pu constater leur présence en mettant en œuvre les procédés les plus délicats de l'analyse chimique.

Il est à croire cependant que ces gaz, quoique en proportions presque infiniment petites, ne sont pas sans influence sur les phénomènes de la vie du globe : c'est ainsi que l'*ammoniaque* et l'*acide azotique*, ramenés sur la terre par les eaux pluviales, ont une puissante action sur la végétation.

**331. Particules solides en suspension dans l'air.** — Quand un rayon solaire pénètre dans une chambre obscure par l'ouverture d'un volet, il rend visible une prodigieuse quantité de particules solides qui flottent dans l'atmosphère, où elles sont maintenues en suspension, grâce à leur extrême ténuité et aux mouvements incessants de l'air.

Ces particules, maintenant étudiées avec soin, sont formées de matières minérales diverses, de filaments de laine et de coton, de débris végétaux et animaux. M. Pasteur a montré qu'elles renferment aussi les germes des animaux et des végétaux microscopiques qui produisent les putréfactions, les fermentations et les maladies infectieuses.

### *Résumé.*

L'*air* est un mélange très complexe ; chacun des éléments constituants de l'air a son rôle dans la nature, si petite que soit la proportion de cet élément.

L'*azote* et l'*oxygène* forment à eux seuls la presque totalité de l'air; les autres substances sont en quantités très faibles. La *vapeur d'eau* et l'*anhydride carbonique* sont cependant encore en proportions mesurables.

Cent litres d'air renferment 21 litres d'oxygène et 79 litres d'azote.

---

## III. — COMBUSTIONS ET COMBINAISONS CHIMIQUES.

**332. Combustions.** — Dans le sens habituel, le mot *combustion* signifie *combinaison avec l'oxygène.* Ainsi la *combustion* du soufre est une combinaison du soufre avec l'oxygène, de laquelle résulte la formation d'un corps, composé $SO^2$, nommé *anhydride sulfureux*.

Plusieurs phénomènes frappent l'observateur dans cette combustion. D'abord il en est résulté la production d'un corps nouveau, l'*anhydride sulfureux*, qui ne ressemble ni au soufre, ni à l'oxygène; puis la production de ce corps nouveau a été accompagnée d'un *dégagement de chaleur*, et d'une *production de lumière*.

Nous allons examiner ces phénomènes divers.

**333. Changements de propriétés.** — Lorsque deux corps sont simplement mélangés, comme le sont l'oxygène et l'azote dans l'air, chacun d'eux conserve dans le mélange ses caractères distinctifs.

Pulvérisez très finement du soufre et du fer et mélangez intimement les deux substances : vous obtiendrez une poudre grise dans laquelle il sera impossible, au premier abord, de distinguer ni soufre ni fer. Cependant nous n'avons pas là une combinaison.

En regardant la poudre au microscope, on y reconnaîtra tout de suite les grains de soufre et les parcelles de fer. placés les uns à côté des autres, mais non unis, ayant conservé leur aspect particulier et leur individualité. Si l'on approche un aimant, les parcelles de fer seront attirées, et les grains de soufre resteront en place; si l'on verse le tout dans le *sulfure de carbone*, liquide capable de dissoudre le soufre, ce corps se dissoudra, en effet, et le fer tombera au fond du vase.

Mais si l'on chauffe le mélange, on observera bientôt une ébullition tumultueuse, peut-être même une incandescence soudaine, puis, la masse étant refroidie, on pourra la regarder au microscope, la traiter par le sulfure de carbone, en approcher un aimant : on n'y distinguera plus ni soufre ni fer; on aura une masse homogène, insoluble dans le sulfure de carbone, non attirée par l'aimant, en un mot une *combinaison* de soufre et de fer, le *sulfure de fer*.

Il en est toujours ainsi. L'*anhydride carbonique* $CO^2$

n'a ni les propriétés du charbon, ni celles de l'oxygène; l'*anhydride phosphorique* $Ph^2O^5$ ne ressemble ni au phosphore ni à l'oxygène.

**334. Combustions lentes.** — Le changement des propriétés des éléments est le caractère le plus constant qui distingue la *combinaison* du *mélange*. Il arrive, en effet, assez souvent que la combinaison se produit sans lumière et sans chaleur sensible; mais il y a toujours changement de propriétés.

Lorsque le fer, abandonné à l'air humide, se recouvre progressivement de rouille, on ne voit ni dégagement de lumière, ni dégagement de chaleur; et pourtant la rouille est une combinaison de fer et d'oxygène : elle renferme à peu près les deux tiers de son poids de fer et un tiers de son poids d'oxygène. Ici la combinaison est indiquée par l'augmentation de poids du fer et par les changements qui se produisent dans ses propriétés.

Il y a eu combustion du fer, mais *combustion lente.*

De même, le phosphore abandonné à l'air laisse dégager des fumées blanches d'*anhydride phosphoreux*, combinaison de phosphore et d'oxygène. Il y a là encore *combustion lente* sans dégagement apparent de lumière ni de chaleur

Les *combustions lentes* sont, dans la nature, beaucoup plus fréquentes que les combustions vives. Presque tous les métaux se ternissent à la longue dans l'air humide à la suite d'une combustion lente; la décomposition progressive des matières organiques, des feuilles mortes par exemple, est un phénomène de combustion lente; le vinaigre provient de l'oxydation lente de l'alcool au contact de l'air.

**335. Respiration.** — La respiration des animaux est aussi, comme l'a montré Lavoisier, un phénomène de combustion lente.

Le sang arrive dans les poumons; il y trouve l'oxygène de l'air, et il l'entraine dans le torrent de la circulation.

Grâce à cet oxygène, il se produit dans toutes les parties du corps une combustion lente de l'hydrogène et du charbon, combustion qui a pour premier rôle de faire disparaître les cellules vieillies et de les rejeter à l'extérieur à l'état de vapeur d'eau et de gaz carbonique.

Lorsque le sang revient aux poumons, il abandonne ces impuretés, pour prendre une nouvelle provision d'oxygène.

Chacun sait que l'air expiré renferme beaucoup de vapeur d'eau; une expérience bien simple montre qu'il renferme aussi de l'anhydride carbonique. On n'a qu'à souffler pendant quelques instants avec une paille (*fig.* 243) dans de l'eau de chaux bien limpide : on la voit se troubler par suite de la formation du carbonate de calcium insoluble.

Fig. 243. — La respiration est une combustion lente; l'air expiré renferme de l'anhydride carbonique.

Dans cette combustion lente, un homme de moyenne taille brûle à peu près 300 grammes de charbon par jour, et fabrique ainsi plus de 500 litres de gaz carbonique. La chaleur qui se produit ici est loin d'être insensible : c'est cette chaleur, en effet, qui maintient notre corps à la température à peu près constante de 38°, et qui fournit la force nécessaire à tous nos mouvements.

Les animaux aquatiques respirent aussi : ils emploient l'oxygène qui se trouve constamment en dissolution dans l'eau.

**336. Chaleur produite dans les combustions.** — Quand un corps combustible brûle dans l'air ou dans l'oxygène, il y a production de chaleur.

Nous utilisons cette chaleur à chaque instant La combustion du bois, du charbon, des huiles minérales, est la source à laquelle nous demandons la chaleur nécessaire au chauffage de nos appartements, à la préparation de nos aliments, à la marche de nos machines à vapeur.

Chaque corps, en brûlant, produit une quantité de charbon déterminée, qui ne dépend pas des circonstances dans lesquelles la combustion a lieu.

Quand, au bout de vingt-quatre heures, un homme a brûlé, en respirant, 300 grammes de charbon, il a développé autant de chaleur que si ces 300 grammes de charbon avaient été brûlés dans un fourneau.

Il y a donc développement de chaleur dans les combustions lentes, comme dans les combustions vives.

Le fer qui se rouille à l'air produit de la chaleur, mais si lentement qu'elle se perd au fur et à mesure par rayonnement, sans que nous puissions en constater la présence.

Ceci nous montre que l'*élévation de température* qui résultera d'une combustion sera d'autant plus grande que la combustion se fera plus rapidement et dans un plus petit espace.

Aussi, chaque fois qu'on voudra avoir une température élevée, il faudra prendre un corps capable de brûler très vite, comme l'hydrogène par exemple, et alimenter activement sa combustion par un vif courant d'air, ou même encore par un courant d'oxygène. Ceci nous fait comprendre le fonctionnement des fourneaux à gaz si employés aujourd'hui partout.

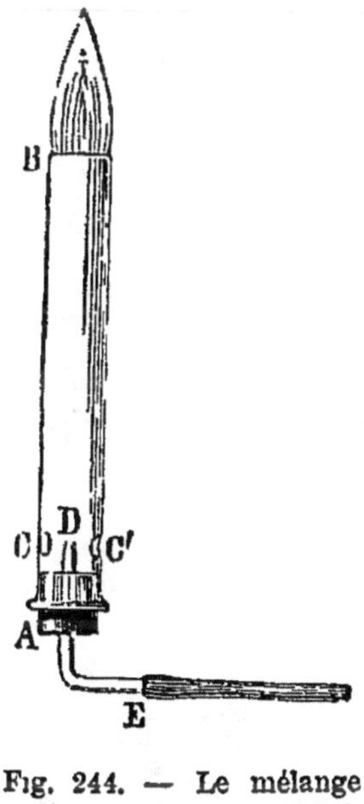

Fig. 244. — Le mélange d'air et de gaz d'éclairage, qui se fait en CDC', brûle en B avec une flamme très chaude.

**337. Bec de Bunsen. Fourneaux à gaz.** — Prenons un tube de verre AB, d'un centimètre de diamètre intérieur, percé sur les côtés de deux petites ouvertures C et C' (*fig.* 244). A son extrémité inférieure fixons, au moyen d'un bouchon, un tube ED plus étroit, communiquant avec une conduite de gaz d'éclairage. Nous réglerons ce tube, de manière que son bout D soit juste à la hauteur des ouvertures CC'.

Maintenant faisons arriver le gaz : le jet qui s'élancera par D, à une pression un peu supérieure à la pression atmosphérique, produira sur l'air extérieur une sorte d'aspiration, et déterminera son entrée par C et C'. Nous aurons donc dans la portion DB du gros tube un mélange intime de gaz et d'air, qu'on enflammera en B, et qui produira une température élevée.

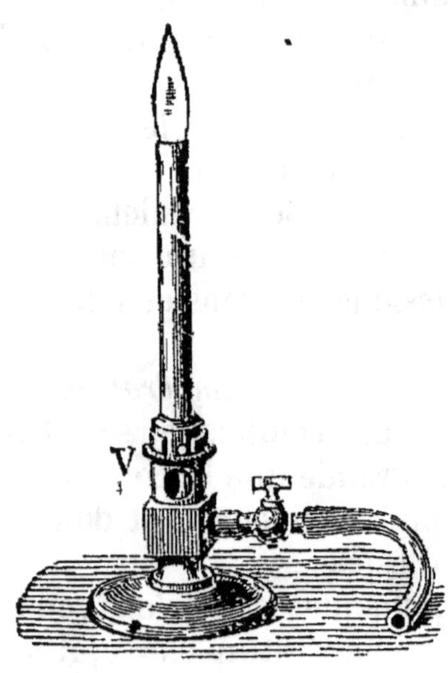


Fig 245. — Bec de Bunsen.

Pour que ce bec, que l'on nomme *chalumeau*, marche régulièrement, il suffit que le gaz injecté ait une pression un peu supérieure à la pression atmosphérique, et cette condition est toujours remplie quand les usines à gaz fonctionnent convenablement.

Le bec de Bunsen (*fig.* 245) ne diffère de cette disposition théorique que par l'adjonction d'une virole V, qui permet de régler l'ouverture des trous C et C', suivant la force du courant du gaz d'éclairage.

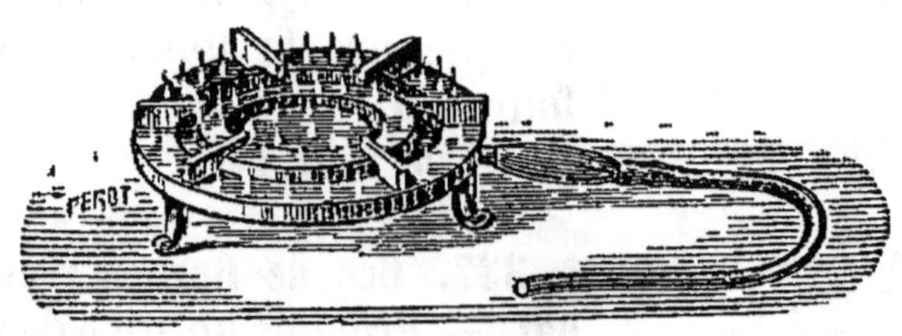


Fig. 246. — Fourneau à gaz.

Les ouvertures étant fermées, et le bec allumé, on tourne la virole jusqu'à ce que la flamme cesse d'être éclairante; si l'on ouvrait davantage, on aurait un excès d'air qui abaisserait la température.

Tous les fourneaux à gaz, qui, dans les laboratoires, ont remplacé presque complètement les anciens fourneaux à charbon, et qui tendent de plus en plus à les remplacer aussi dans les usages domestiques, ne sont autre chose que des becs de Bunsen. Une ouverture pratiquée près du manche permet à l'air aspiré de se mélanger avec le gaz avant sa sortie par les petits trous du fourneau (*fig.* 246).

**338. Lumière produite dans les combustions.** — Lorsque la température développée dans une combustion est assez élevée, il y a production de lumière.

Les combustions vives sont généralement accompagnées de lumière, tandis que les combustions lentes, dans lesquelles la température s'élève peu, sont obscures.

Quand le corps porté à l'incandescence est un solide ou un liquide, on observe un vif éclat, mais peu de flamme. C'est le cas de la combustion du charbon, de la combustion du fer.

Si, au contraire, le corps qui brûle est gazeux ou volatil, la partie incandescente est gazeuse; on a ce qu'on nomme une *flamme*. C'est le cas de la combustion du soufre, du phosphore, du magnésium, du zinc.

Donc une *flamme* est constituée par un gaz ou une vapeur portée à l'incandescence par la combustion.

Quand une flamme ne renferme rien autre chose que des gaz incandescents, elle peut être très chaude, mais elle n'est jamais bien éclatante : telle est la flamme de l'hydrogène.

Pour qu'une flamme soit éclatante, il faut qu'elle contienne un corps solide, fortement chauffé. La flamme d'une bougie et celle du gaz d'éclairage contiennent des parcelles de charbon non encore brûlé, qui sont très brillantes. Si on couvre cette flamme avec une soucoupe, on voit le charbon se déposer sur la soucoupe.

Arrivées sur les contours de la flamme, ces parcelles de

charbon se brûlent au contact de l'air : aussi la flamme n'est-elle pas éclairante sur les bords.

Dans le bec de Bunsen, la flamme n'a plus aucun éclat, parce que l'air que l'on injecte au milieu y brûle tout le charbon. C'est justement à cause de cette combustion plus complète dans le centre de la flamme que la flamme du bec de Bunsen est si chaude.

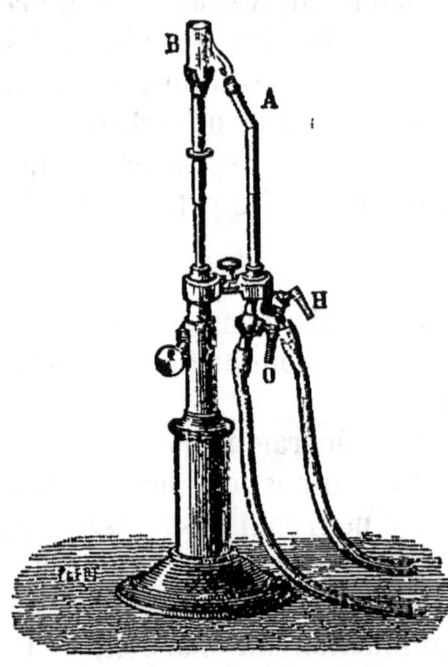

Fig 247. — Lumière Drummond. Le robinet H laisse arriver de l'hydrogène; le robinet O, de l'oxygène. Le mélange brûle en A et rend incandescent le morceau B de chaux vive.

En faisant arriver une flamme pâle, mais très chaude, sur un solide non volatil, on peut lui donner beaucoup d'éclat. Ainsi, en faisant arriver la flamme très chaude de l'hydrogène, alimentée par de l'oxygène, sur un morceau de chaux, on obtient un grand éclat : c'est ce qu'on nomme la *lumière Drummond*.

**339. Combinaisons chimiques.** — Nous avons jusqu'ici appelé *combustion* la combinaison d'un corps avec l'oxygène, qu'elle soit ou ne soit pas accompagnée de lumière (combustion vive, combustion lente).

Mais les combinaisons dans lesquelles n'entre pas l'oxygène présentent exactement les mêmes caractères que les combustions.

On dit que deux ou plusieurs corps se combinent lorsqu'ils s'unissent entre eux pour donner un corps nouveau et unique, dont les propriétés sont différentes de celles des corps primitifs. Dans les combinaisons on observe, aussi bien que dans les combustions, un dégagement de chaleur et de lumière.

Nous aurons à examiner un grand nombre d'exemples de combinaisons chimiques.

**340. Décompositions chimiques.** — La décomposition chimique est l'inverse de la combinaison.

On dit qu'il y a décomposition toutes les fois qu'une substance unique en produit deux ou plusieurs nouvelles, ayant des propriétés différentes.

Les décompositions chimiques se produisent sous l'influence de causes multiples.

La chaleur, cause déterminante d'un grand nombre de combinaisons, produit tout aussi souvent des décompositions : nous avons vu comment le chlorate de potassium est décomposé par la chaleur. Il arrive même fréquemment que la chaleur détruit son propre ouvrage, comme cela a lieu pour l'oxyde de mercure, qui se produit quand on chauffe le mercure au contact de l'air, puis se détruit lorsqu'on chauffe plus fort.

L'électricité, employée surtout sous forme de courant, est un agent de décomposition plus puissant encore que la chaleur. Peu de composés résistent à son action.

La lumière, enfin, opère des décompositions.

La photographie est basée sur les décompositions chimiques que produit la lumière. Les plantes ne s'assimilent le charbon qu'à la suite d'une décomposition de l'anhydride carbonique, dont la lumière du soleil est le facteur principal.

La cause qui détermine la combinaison des corps simples entre eux, qui maintient unis les uns aux autres les atomes de ces corps simples et s'oppose plus ou moins fortement à la décomposition chimique, nous est inconnue dans son essence : on la nomme *affinité*.

On dit que deux corps simples ont beaucoup d'*affinité* l'un pour l'autre lorsque ces deux corps se combinent aisément l'un avec l'autre, que le fait de leur combinaison dégage beaucoup de chaleur, et que le composé formé est stable, difficilement décomposable.

## *Résumé.*

Toute *combustion* d'un corps simple est une combinaison avec l'oxygène. Cette combinaison est toujours caractérisée par la formation d'un corps composé, dont les propriétés diffèrent de celles des corps constituants. En outre, la combinaison est souvent accompagnée d'un dégagement de chaleur appréciable, et de lumière. Les *combustions lentes* sont celles dans lesquelles il n'y a pas production de lumière : la respiration est une combustion lente.

La chaleur produite dans les combustions ainsi que la lumière sont utilisées par nous dans une foule de circonstances.

Une *flamme* est constituée par un gaz ou une vapeur portée à l'incandescence par la combustion. La flamme n'est éclairante que si elle contient des particules solides à une très haute température.

Les *combinaisons chimiques* dans lesquelles n'entre pas l'oxygène présentent exactement les mêmes caractères que les combustions.

La *décomposition chimique* est, au contraire, la séparation d'un corps composé en des corps plus simples ; elle se produit sous l'influence de la chaleur, de l'électricité, de la lumière.

L'*affinité* est la cause qui détermine la combinaison des corps simples, et qui s'oppose à la destruction des corps composés.

---

### IV. — ACIDE AZOTIQUE : $AzO^3H = 14 + 3 \times 16 + 1 = 63$

**341. Composés oxygénés de l'azote.** — L'azote forme avec l'oxygène six composés, qui sont :

| | | | |
|---|---|---|---|
| L'oxyde azoteux *ou* protoxyde d'azote, | $Az^2O$. | L'anhydride azoteux, | $Az^2O^3$. |
| L'oxyde azotique *ou* bioxyde d'azote, | $AzO$. | Le peroxyde d'azote, | $AzO^2$. |
| | | L'anhydride azotique, | $Az^2O^5$. |
| | | L'anhydride perazotique, | $AzO^3$. |

L'anhydride azotique $Az^2O^5$ forme avec l'eau un composé d'une grande importance, l'*acide azotique :*

$$Az^2O^5 + H^2O = 2\,AzO^3H.$$

Aucun de ces composés ne se forme par l'union directe de l'azote et de l'oxygène : nous savons, en effet, que l'azote n'est pas combustible.

On obtient ces composés par des procédés indirects.

Nous avons vu par exemple (§ 256) qu'il se forme du peroxyde d'azote $AzO^2$ quand une longue série d'étincelles électriques traverse un mélange d'oxygène et d'azote.

Les composés oxygénés de l'azote sont peu stables. Ils sont facilement décomposables par la chaleur et par tous les corps qui, comme le charbon, l'hydrogène, les métaux, ont de l'affinité pour l'oxygène.

Un seul de ces composés, l'*acide azotique*, a de l'importance au point de vue de ses applications.

**342. Acide azotique, ses propriétés.** — *L'anhydride azotique* $Az^2O^5$ n'a aucun usage : nous le laisserons de côté.

Il n'en est pas de même de l'acide $AzO^3H$. On le désigne assez souvent dans l'industrie sous les noms *d'esprit de nitre, eau-forte, acide nitrique*. Quand il a pour formule $AzO^3H$, il est dit *acide monohydraté;* mais on prépare aussi un acide plus étendu, appelé *acide quadrihydraté*.

Le premier, liquide incolore, fumant à l'air, a pour den-

Fig 248 — L'acide azotique très concentré détermine l'inflammation du noir de fumée.

sité 1,52; il bout à 86°. Le second, liquide également incolore, a pour densité 1,42; il bout à 123°.

Le trait distinctif de l'acide azotique est son instabilité. Il est décomposé par la chaleur; il suffit de faire passer ses vapeurs dans un tube de porcelaine chauffé au rouge, pour qu'il donne un mélange d'eau, d'azote et d'oxygène.

Les métalloïdes combustibles le décomposent tous à une température assez élevée. On n'a, par exemple, qu'à prendre un *charbon* incandescent, et à l'arroser d'acide azotique, pour le voir brûler plus vivement : le charbon s'est emparé de l'oxygène de l'acide azotique et a donné de l'anhydride carbonique $CO^2$, et l'acide azotique, privé d'une partie de son oxygène, a été ramené à l'état d'oxyde azotique AzO. Il y a plus : il suffit de verser de l'acide azotique sur du noir de fumée bien sec, pour voir ce noir de fumée s'enflammer tout seul (*fig.* 248).

On peut de même laisser tomber un morceau de *phosphore* dans un verre renfermant un peu d'acide azotique : le *phosphore* s'y enflamme si vivement, pour donner de l'anhydride phosphorique $Ph^2O^5$, qu'il y a explosion (*fig.* 249).

Fig. 249. — Il se produit une explosion quand un morceau de phosphore tombe dans de l'acide azotique très concentré.

Tous les métaux, sauf l'or et le platine, sont de même oxydés par l'acide azotique. Ainsi un morceau de fer ou un morceau de cuivre, placé dans l'acide azotique, est vivement attaqué. Le métal est oxydé; l'oxyde formé se combine avec une partie de l'acide azotique pour donner de l'*azotate de fer* ou de *l'azotate de cuivre;* quant à la portion de l'acide qui a attaqué le métal, elle perd une partie de son oxygène, et devient de l'oxyde azotique ou bioxyde d'azote :

$$8\,AzO^3H + 3\,Cu = 3\,(AzO^3)^2Cu + 2\,AzO + 4\,H^2O.$$

Les corps composés combustibles sont également oxydés par l'acide azotique.

Ainsi l'*essence de térébenthine* prend feu quand on l'arrose d'acide azotique.

Mais souvent l'action de l'acide azotique sur les matières organiques est plus complexe. L'acide se combine avec la matière, pour former un composé nouveau, qui est généralement *très explosif*.

Le *fulmi-coton*, la *nitroglycérine*, l'*acide picrique*, sont justement des composés explosifs obtenus en traitant le *coton*, la *glycérine*, l'*acide phénique*, par l'*acide azotique*.

Enfin l'acide azotique est un *acide* puissant, qui se combine avec les *bases*, pour donner des *sels* nommés *azotates*.

*L'azotate de potassium*, en particulier, a une grande importance

**343. Préparation.** — On prépare l'acide azotique en décomposant un sel naturel, l'azotate de potassium, par l'acide sulfurique monohydraté.

Une douce chaleur, appliquée au mélange de ces deux corps, détermine la réaction; il se forme de l'acide azotique et du bisulfate de potassium :

$$AzO^3K + SO^4H^2 = AzO^3H + SO^4KH.$$

Les deux substances sont introduites dans une cornue de verre (*fig.* 250), dont on enfonce le col dans un ballon refroidi par un courant d'eau fraîche. L'acide azotique distille au fur et à mesure de sa formation et va se condenser dans le ballon.

Dans l'industrie, l'opération se fait dans des cylindres de fonte. On remplace l'azotate de potassium par l'azotate

Fig. 250. — On prépare l'acide azotique en chauffant un mélange d'acide sulfurique et d'azotate de potassium. Les vapeurs de l'acide se condensent dans un ballon refroidi.

de sodium, qui est d'un prix moins élevé, et l'acide sulfurique concentré par l'acide étendu.

**341. Usages.** — Il est peu de corps dont les usages industriels soient aussi importants. On en consomme en France 6 millions de kilogrammes par an.

On s'en sert dans le travail ou la préparation d'un grand nombre de métaux, cuivre, or, platine; dans la gravure sur cuivre (gravure à l'eau-forte), sur acier et sur pierre (lithographie); dans la fabrication de l'acide sulfurique, des nitrates d'argent, de mercure, de plomb et de cuivre.

Son action sur les matières organiques le fait employer dans la préparation de l'acide oxalique, de l'acide benzoïque, de la nitrobenzine, dans la teinture en jaune de la laine et de la soie.

Enfin, depuis quelques années, on en consomme des quantités considérables dans la fabrication des matières explosives, fulmi-coton, nitroglycérine (dynamite), acide picrique, fulminate de mercure, poudre sans fumée.

## *Résumé.*

Il existe six composés oxygénés de l'azote, dont aucun ne se forme par l'union directe de l'azote et de l'oxygène.

L'acide azotique hydraté $AzO^3H$, liquide incolore, est surtout remarquable par son instabilité, par la facilité avec laquelle il oxyde tous les corps avides d'oxygène (charbon, phosphore, fer, cuivre, matières organiques).

Le fulmi-coton, la nitroglycérine, sont des composés explosifs qui proviennent de la combinaison de l'acide azotique avec le coton, la glycérine...

On prépare l'acide azotique en chauffant un mélange d'azotate de potassium et d'acide sulfurique.

Les usages de l'acide azotique sont nombreux et importants.

---

### V. — AMMONIAQUE : $AzH^3 = 14 + 3 \times 1 = 17$.

**345. Propriétés.** — L'hydrogène forme avec l'azote un seul composé, qui a pour formule $AzH^3$. On lui a conservé le nom d'*ammoniaque*, qu'il portait avant qu'on eût posé les règles de la nomenclature : on l'appelle aussi *alcali volatil*.

C'est un gaz incolore, d'une odeur et d'une saveur caractéristiques. Il n'est pas vénéneux ; mais, quand on le respire, il cause une vive douleur des muqueuses, qui provoque les larmes.

Sa densité est 0,591.

C'est le plus soluble de tous les gaz ; à la température de 0° un litre d'eau peut dissoudre 1 150 litres de gaz ammoniac. Si l'on débouche dans l'eau une éprouvette pleine d'ammoniaque préparée sur la cuve à mercure, l'ascension du liquide est si brusque que l'éprouvette peut en être brisée ; si l'on introduit un morceau de glace dans une éprouvette pleine d'ammoniaque placée sur la cuve à mercure, le gaz est instantanément absorbé, et la glace se fond, au moins en partie.

Un froid de 40 degrés liquéfie l'ammoniaque à la pression atmosphérique; à 0°, ce gaz se liquéfie sous une pression de 5 atmosphères.

L'ammoniaque est complètement décomposée en ses éléments par une forte chaleur, ou par une longue série d'étincelles électriques (§ 257).

L'ammoniaque est combustible. Elle brûle difficilement dans l'air, mais facilement dans l'oxygène, en produisant de l'eau et de l'azote (*fig.* 251) :

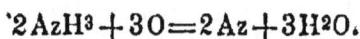

$$2AzH^3 + 3O = 2Az + 3H^2O.$$

L'ammoniaque est aussi décomposée par le chlore, le brome, l'iode, le charbon, le potassium, etc.

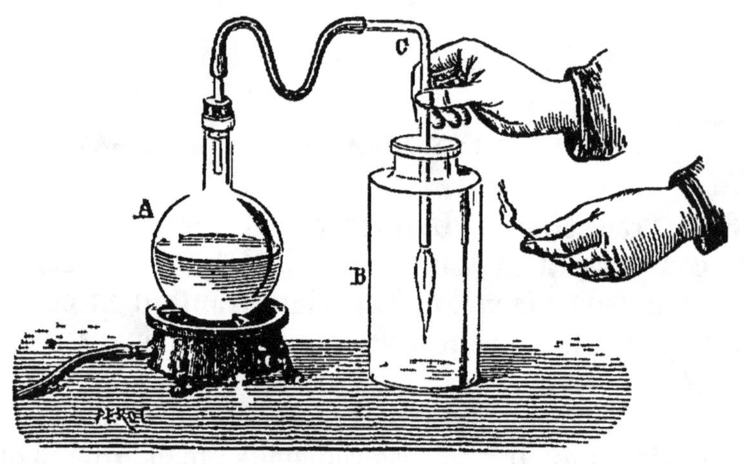


Fig. 251. — L'ammoniaque venant du ballon A brûle vivement dans le flacon B, rempli d'oxygène.

L'ammoniaque est une base qui bleuit fortement la teinture rouge du tournesol. Elle se combine avec les acides, pour former des sels importants, tels que le *chlorhydrate d'ammoniaque* $AzH^4Cl$ et le *sulfate d'ammoniaque* $(AzH^4)^2SO^4$.

C'est un caustique violent, qui attaque fortement la peau et surtout les muqueuses.

**346. Préparation.** — Dans les laboratoires on prépare l'ammoniaque en décomposant le chlorhydrate d'ammomaque par la chaux. La réaction se produit sous l'action d'une faible élévation de température :

$$2\,AzH^4Cl + CaO = CaCl^2 + H^2O + 2\,AzH^3.$$

Les deux substances pulvérisées sont mélangées, puis introduites dans un ballon de verre M (*fig.* 252).

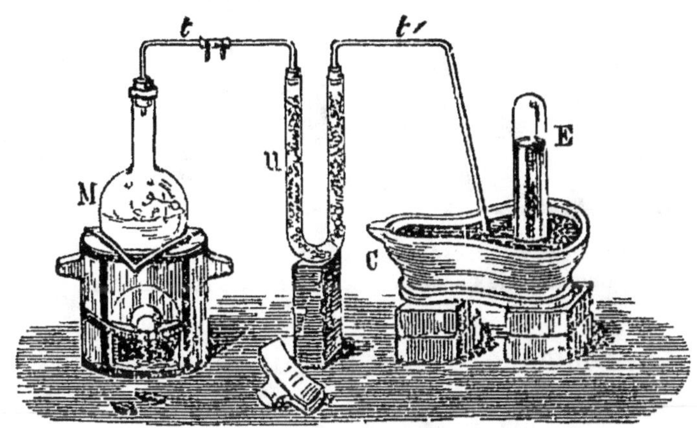


Fig. 252. — On prépare l'ammoniaque en chauffant un mélange de chlorhydrate d'ammoniaque et de chaux vive.

On chauffe doucement. L'ammoniaque passe à travers un tube desséchant U contenant de la chaux vive, puis se rend sur la cuve à mercure C, où on la recueille.

L'ammoniaque à l'état de gaz n'est presque jamais employée ; on se sert presque exclusivement de sa dissolution dans l'eau.

Quand on veut préparer cette dissolution, on fait communiquer l'appareil producteur du gaz avec une série de flacons contenant de l'eau distillée. Le premier A (*fig.* 253) ne renferme que fort peu d'eau : il est destiné à laver le gaz et à le débarrasser des poussières de chaux qu'il aurait pu entraîner ; la dissolution se produira dans les autres.

Cette série de flacons, fréquemment employée, est connue sous le nom d'*appareil de Woulf*.

*Remarque.* — La décomposition des matières organiques azotées, et notamment de la houille, de l'urine, de la chair des animaux, produit toujours de l'ammoniaque. Ainsi, la décomposition de la houille par la chaleur donne naissance à une grande quantité de carbonate et de sulfhy-

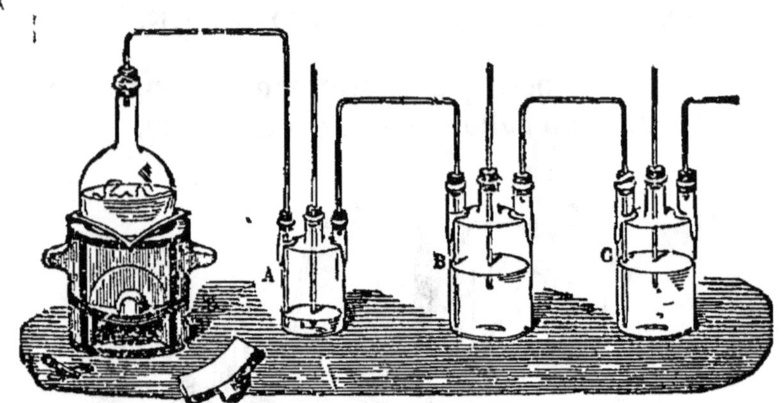


Fig. 253. — On obtient une dissolution d'ammoniaque en faisant passer le gaz dans une série de flacons A, B, C, à moitié remplis d'eau.

drate d'ammoniaque; la décomposition putride de l'urine produit les mêmes sels : de là l'odeur âcre et suffocante que dégagent en été les fosses d'aisances. Les sels ammoniacaux qui prennent naissance dans la putréfaction des excréments des animaux constituent la partie la plus active du fumier de ferme.

Les eaux de condensation qu'on obtient dans la fabrication du gaz d'éclairage, et les urines putréfiées des grandes villes sont la source à laquelle on puise tous les sels ammoniacaux qu'utilise l'industrie, ainsi que l'ammoniaque même.

**347. Usages.** — L'ammoniaque est employée en médecine et dans l'art vétérinaire comme caustique ou comme rubéfiant. On l'administre à l'intérieur pour combattre l'ivresse chez l'homme ou le météorisme chez les animaux herbivores.

L'ammoniaque sert dans le dégraissage, dans la teinture, dans la préparation de quelques matières colorantes et des perles fausses, dans la fabrication artificielle de la glace. Les laboratoires de chimie en consomment des quantités considérables.

## *Résumé.*

L'ammoniaque $AzH^3$ est un gaz incolore, d'une forte odeur, d'une forte saveur, assez facilement liquéfiable. C'est le plus soluble de tous les gaz.

Ce gaz est décomposable par la chaleur et par l'électricité ; il est combustible. Avec les acides il forme des sels. Il est très caustique.

On le prépare en chauffant doucement un mélange de chlorhydrate d'ammoniaque et de chaux L'industrie le retire des urines putréfiées, des eaux d'épuration du gaz d'éclairage.

Les usages de l'ammoniaque sont nombreux et importants.

# CHAPITRE III

## CHLORE, SOUFRE, PHOSPHORE.

### I. — CHLORE : Cl = 35,5.

**348. Propriétés.** — Le chlore est un gaz d'une couleur jaune verdâtre, d'une odeur irritante. C'est un poison violent, qui ne peut être respiré sans provoquer immédiatement des accès de toux et même des crachements de sang.

Sa densité est de 2,44; il est assez soluble dans l'eau. Il a été liquéfié à la température de 12°, sous une pression de 8 atmosphères.

L'activité chimique du chlore est comparable à celle de l'oxygène. *Tous les corps simples, sauf le fluor, l'oxygène, l'azote et le carbone, s'unissent directement au chlore*, et, dans le plus grand nombre des cas, l'action commence dès la température ordinaire.

Le *phosphore* et l'*arsenic* introduits dans un flacon rempli de chlore s'enflamment spontanément; ils se transforment en chlorures de phosphore, d'arsenic, avec production de chaleur et de lumière.

Tous les *métaux*, même l'or et le platine, sont attaqués à froid et transformés en chlorures.

Mais, de toutes les propriétés chimiques du chlore, la plus importante est son action sur l'hydrogène.

Le *chlore* et l'*hydrogène* se combinent à volumes égaux, pour former l'*acide chlorhydrique*. Le mélange des deux gaz détone très violemment quand on l'enflamme, ou simplement quand on le soumet à l'action des rayons solaires. La simple lumière diffuse détermine la combinaison lente, sans détonation.

La grande affinité du chlore pour l'hydrogène lui permet de décomposer tous les composés hydrogénés.

En particulier, le chlore décompose instantanément l'*acide sulfhydrique* et l'*ammoniaque.*

Il suffit de verser une dissolution de chlore dans une éprouvette pleine de gaz acide sulfhydrique pour voir se former sur les parois un dépôt de soufre :

$$2Cl + H^2S = 2HCl + S.$$

De même le gaz ammoniac, arrivant dans un flacon rempli de chlore, s'y enflamme immédiatement, en produisant de l'azote et des fumées blanches de chlorhydrate d'ammoniaque :

$$3Cl + 4AzH^3 = 3\ AzH^4Cl + Az.$$

L'acide sulfhydrique et l'ammoniaque sont des gaz infectants, qui se dégagent de toutes les putréfactions. Le chlore est employé à les détruire partout où ils se produisent (fosses d'aisances, salles d'hôpitaux) : de là son nom de *gaz désinfectant.*

Pour désinfecter, on n'emploie pas le chlore même, mais un composé l'*hypochlorite de chaux* $Cl^2O^2Ca$, vulgairement nommé *chlorure désinfectant*, qui a les mêmes propriétés.

En plus, le chlore agit vivement sur presque toutes les matières colorantes; il leur enlève leur hydrogène, et les décolore : c'est ce qu'on nomme le *pouvoir décolorant* du chlore (*indigo*, *vin*, *encre ordinaire*, etc.).

L'encre d'imprimerie, qui doit sa coloration au charbon, n'est pas altérée par le chlore, puisque ce gaz n'attaque pas le charbon : de là l'emploi du chlore pour enlever les taches d'encre ordinaire sur les livres.

Depuis que Berthollet a découvert l'action du chlore sur la matière colorante bise des étoffes de lin, de chanvre et de coton, ce gaz est employé au blanchiment des toiles. Le blanchiment au chlore est très rapide; mais il n'est pas toujours sans danger pour la solidité de la toile.

Là, comme pour la désinfection, le chlore est toujours

remplacé par l'hypochlorite de chaux, qu'on nomme alors *chlorure décolorant*.

Les ménagères emploient aussi, pour le blanchissage, des hypochlorites de potasse et de soude connus sous les noms d'*eau de Javel* et d'*eau de Labarraque*.

**349. Préparation.** — On prépare le chlore en chauffant, dans un ballon de verre, un mélange d'*acide chlorhydrique* et de *bioxyde de manganèse*. Il se forme de l'eau et du *chlorure de manganèse*, qui reste dans l'appareil ; le chlore se dégage :

$$4HCl + MnO^2 = MnCl^2 + 2H^2O + 2Cl.$$

On ne peut recueillir le gaz ni sur l'eau (il y est soluble), ni sur le mercure (qu'il attaque). On le fait arriver au fond d'un flacon plein d'air ; comme il est très lourd, il reste au fond du flacon, en chassant l'air.

Dans l'industrie on prépare le chlore par la même réaction. On l'emploie immédiatement à la fabrication du *chlorure décolorant* ou *désinfectant*, à celle de l'*eau de Javel* ou de *Labarraque*.

**350. État naturel, usages.** — Le chlore n'existe pas en liberté dans la nature ; mais il est très répandu à l'état de combinaison avec les métaux ; le *chlorure de sodium* est contenu en abondance dans les eaux de la mer.

Il sert industriellement à la décoloration de la pâte à papier, à la fabrication d'un grand nombre de produits chimiques. La préparation des *hypochlorites* (chlorures décolorants et désinfectants, eau de Javel, eau de Labarraque) en consomme surtout des quantités considérables.

## *Résumé.*

Le chlore est un gaz jaune, d'une mauvaise odeur, poison violent, assez soluble dans l'eau, facilement liquéfiable.

Il se combine directement avec la plupart des *métalloïdes* et des *métaux*, et particulièrement avec l'hydrogène. Grâce à sa grande affinité pour l'hydrogène, il est désinfectant et décolorant.

On prépare le chlore en chauffant un mélange d'*acide chlorhydrique* et de *bioxyde de manganese.*

Le chlore sert surtout à la préparation des chlorures décolorants et désinfectants.

## II. — ACIDE CHLORHYDRIQUE : $HCl = 1 + 35,5 = 36,5$.

**351. Propriétés.** — L'acide chlorhydrique est un gaz incolore, d'une odeur piquante, d'une saveur acide. Sa densité est **1,247** ; il est extrêmement soluble dans l'eau ; assez difficilement liquéfiable

Il n'est ni comburant ni combustible. Il a une action très vive sur tous les métaux, sauf le mercure, l'argent, l'or et le platine. Nous avons déjà vu comment on prépare l'hydrogène en attaquant le zinc par l'acide chlorhydrique.

Ce gaz rougit fortement la teinture de tournesol ; il réagit sur les bases pour former des chlorures :

$$K^2O + 2HCl = H^2O + 2KCl.$$

**352. Préparation.** — On ne prépare jamais l'acide

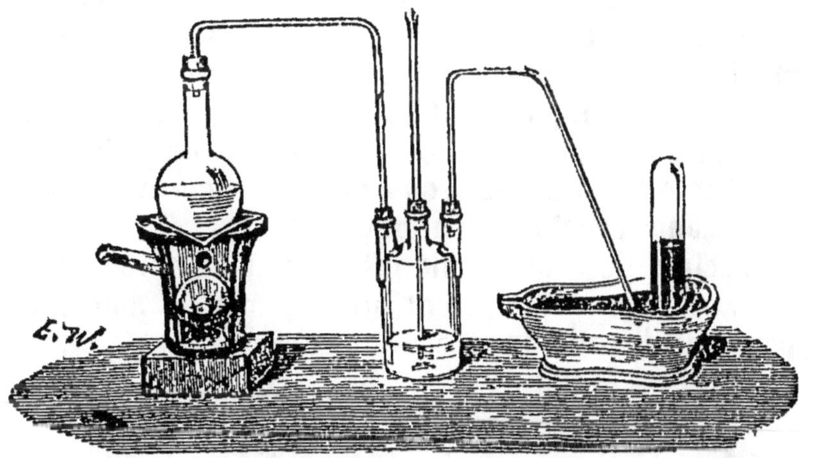

Fig 254. — On prépare l'acide chlorhydrique en chauffant un mélange de sel marin et d'acide sulfurique.

chlorhydrique par l'union directe du chlore et de l'hydrogène.

On l'obtient en traitant le sel marin ou chlorure de sodium par l'acide sulfurique; on n'a qu'à chauffer très modérément pour produire le dégagement d'acide :

$$2NaCl + SO^4H^2 = SO^4Na^2 + 2HCl.$$

L'opération se fait dans un ballon de verre (*fig.* 254); le gaz qui se dégage se lave dans un flacon renfermant un peu d'eau, puis se rend sur la cuve à mercure.

Dans l'industrie on se sert de grands fours en maçonnerie; l'acide va se dissoudre dans des bonbonnes à moitié pleines d'eau. La dissolution ainsi obtenue est appelée, dans le commerce, *acide chlorhydrique* ou *esprit de sel*.

**353. État naturel. Usages.** — On rencontre de l'acide chlorhydrique dans certains torrents des Andes.

Celui que fabrique l'industrie sert à préparer le chlore et les hypochlorites, le chlorhydrate d'ammoniaque, l'acide carbonique; mélangé à l'acide azotique, il forme l'*eau régale*.

**354. Eau régale.** — L'acide azotique et l'acide chlorhydrique, pris isolément, sont sans action, même à chaud, sur l'or et sur le platine. Mais le mélange de ces deux acides dissout rapidement l'or et lentement le platine, et les transforme en chlorure d'or et chlorure de platine. L'or étant le *roi des métaux*, on a donné le nom d'*eau régale* au mélange capable de l'attaquer.

L'action de l'eau régale est facile à comprendre. Les deux acides se décomposent mutuellement et donnent du peroxyde d'azote, du chlore et de l'eau :

$$AzO^3H + HCl = AzO^2 + Cl + H^2O.$$

La production de ces deux gaz explique à la fois l'odeur forte de l'eau régale, et sa coloration rougeâtre. Elle explique aussi son action sur l'or et sur le platine, puisque ces métaux sont attaqués par la dissolution de chlore (§ 348).

L'eau régale qui est employée dans l'industrie contient une partie d'acide azotique quadrihydraté pour quatre parties d'acide chlorhydrique.

## *Résumé.*

L'acide chlorhydrique est un gaz incolore, d'une odeur piquante, d'une saveur acide, très soluble. Il n'est ni combustible ni comburant; il attaque presque tous les metaux et rougit fortement la teinture de tournesol.

On le prépare en chauffant un mélange de *chlorure de sodium* et d'acide sulfurique.

Usages importants.

L'*eau régale*, qui dissout l'or et le platine, est un mélange d'acide azotique et d'acide chlorhydrique.

---

## III. — SOUFRE : S=32.

355. **Propriétés.** — Le soufre est un solide jaune clair, inodore, insipide, insoluble dans l'eau, soluble dans le sulfure de carbone. Il est mauvais conducteur de la chaleur et de l'électricité.

Il fond à 114°, en donnant un liquide jaune, puis brun, dont la couleur se fonce rapidement à mesure qu'il s'échauffe. En même temps le liquide devient plus visqueux. Il bout vers 440°.

On l'obtient en cristaux quand on le fond et qu'on le laisse refroidir lentement, ou quand on le dissout dans du sulfure de carbone et qu'on laisse évaporer le liquide.

Quand la vapeur de soufre rencontre une paroi froide, elle se condense en une poussière impalpable nommée *fleur de soufre.*

Le soufre est combustible; il brûle avec une flamme d'un bleu pâle en produisant de l'anhydride sulfureux $SO^2$. Il se combine aisément avec la plupart des corps simples (charbon, phosphore, métaux) avec lesquels on le chauffe; il se forme alors des sulfures.

**356. Extraction.** — Le soufre ne se prépare jamais dans les laboratoires. L'industrie le retire presque toujours

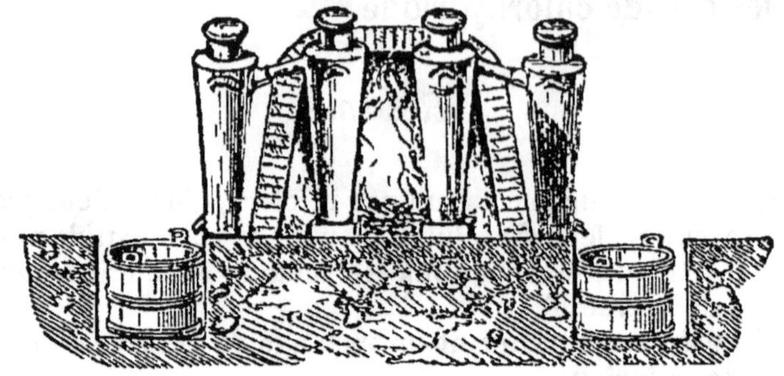

Fig 255. — On sépare le soufre des matières terreuses par distillation.

des terrains volcaniques, dans lesquels on le rencontre simplement mélangé avec de la terre. Le mélange est introduit dans des vases en terre (*fig.* 255), qu'on range sur deux files dans un long fourneau. Ces vases commu-

Fig. 256. — On raffine le soufre par une seconde distillation.

niquent avec des vases semblables placés au dehors, et dans lesquels se fait la condensation du soufre.

On a ainsi le soufre brut, qui renferme encore 15 pour 100 de matières terreuses; on le raffine par une seconde distillation.

On le place dans une marmite C′ (*fig.* 256), dans laquelle il se fond; il s'écoule alors par un tuyau *t* dans un grand cylindre C chauffé plus fortement, tandis que la terre reste en grande partie en C′.

Dans le cylindre C le liquide est porté à l'ébullition; les vapeurs se rendent dans une grande chambre A, où elles se condensent. Au début, quand les murs de la chambre sont froids, ils se recouvrent de fleur de soufre, qu'on peut recueillir en arrêtant de temps en temps la distillation.

Si l'on veut du soufre en morceaux, on continue l'opération sans arrêt; les murs s'échauffent progressivement, et le soufre liquéfié coule à la partie inférieure. On le moule dans des tuyaux de bois B, où il prend la forme cylindro-conique du *soufre en canon*.

**357. État naturel. Usages.** — Le soufre, se trouvant dans la nature à l'*état natif*, c'est-à-dire à l'état libre, a été connu de toute antiquité. On le rencontre dans les terrains volcaniques. Les environs de Naples, la Sicile et les îles de l'Archipel grec sont les principaux centres de l'exploitation.

Il est aussi extrêmement répandu dans la nature à l'état de sulfures de plomb, de zinc, de fer, de cuivre, de mercure, d'antimoine, d'arsenic, de sulfates de calcium, de baryum et de sodium.

On en consomme en France 40 000 tonnes par an : le soufre, par ses applications, est donc un des corps simples les plus importants.

Il sert à la fabrication de l'acide sulfurique, de l'anhydride sulfureux, du sulfure de carbone, de la poudre, des allumettes, du caoutchouc vulcanisé. Il est employé en grandes quantités dans le traitement d'une maladie de la vigne, l'*oïdium*.

Avec le soufre on prend des empreintes de médailles,

on scelle le fer dans la pierre, on prépare les mèches soufrées qu'on brûle dans les barriques avant d'y soutirer le vin. La médecine l'utilise dans le traitement des maladies de la peau.

*Résumé.*

Le soufre est un solide jaune, qui fond à 114° et bout vers 440°. Il est combustible. Sous l'action de la chaleur, il se combine avec la plupart des corps simples, pour donner des sulfures.
On le retire, par distillation, des terrains volcaniques, dans lesquels il est mélangé avec de la terre ; puis on le raffine.
Il est employé à des usages nombreux et très importants.

## IV. — PRINCIPAUX COMPOSÉS DU SOUFRE.

**358. Anhydride sulfureux** ($SO^2 = 32 + 2 \times 16 = 64$). — C'est un gaz incolore, d'une odeur vive, qui provoque la toux. Sa densité est 2,234; il est très soluble et aisément liquéfiable.

Le gaz sulfureux n'est ni combustible ni comburant. Les corps très avides d'oxygène, comme le charbon, le

Fig. 257. — En faisant brûler quelques allumettes au dessous d'une rose, on la décolore immédiatement.

désoxydent; au contraire, les corps très oxydants, comme l'acide azotique, le transforment en acide sulfurique.

Il décolore un certain nombre de matières colorantes : aussi sert-il à blanchir les étoffes de laine et de soie, qui seraient trop fortement attaquées par le chlore.

On le prépare en chauffant un mélange d'*acide sulfurique* $SO^4H^2$ et de *cuivre*, qui enlève à cet acide une partie de son oxygène (*fig.* 258) :

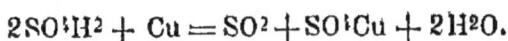

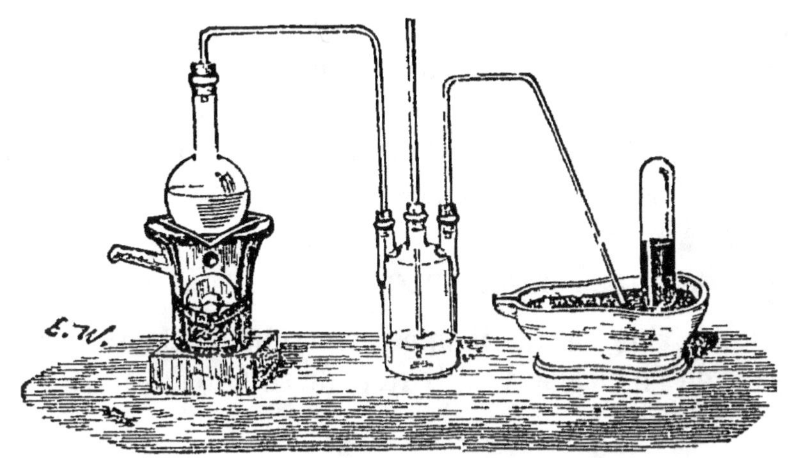

Fig. 258. — On prépare l'acide sulfureux en chauffant du cuivre avec de l'acide sulfurique.

$$2SO^4H^2 + Cu = SO^2 + SO^4Cu + 2H^2O.$$

Le gaz sulfureux préparé par la combustion du soufre sert à blanchir la soie, la laine, la paille, les éponges. Il est surtout employé dans la fabrication de l'acide sulfurique.

La médecine l'utilise contre la gale. Dans les ménages, il combat les feux de cheminée : le soufre jeté dans le feu produit l'anhydride sulfureux, non comburant, qui monte dans la cheminée et arrête l'incendie.

**359. Acide sulfurique** ($SO^4H^2 = 98$). — On connaît l'acide sulfurique à plusieurs degrés de concentration. L'acide monohydraté $SO^4H^2$, ou *huile de vitriol*, est de beaucoup le plus important.

C'est un liquide incolore, inodore, un peu visqueux,

On peut le goûter lorsqu'il est extrêmement étendu d'eau : il a alors une saveur piquante analogue à celle du vinaigre. Sa densité est de 1,84. Un froid très vif le congele; il bout à 325°.

La chaleur du rouge vif le décompose, pour donner de l'anhydride sulfureux, de l'eau et de l'oxygène.

Tous les corps avides d'oxygène (hydrogène, soufre, charbon, phosphore, métaux) le décomposent à une température plus ou moins élevée. Ainsi le charbon le réduit à l'état de gaz sulfureux quand on chauffe un peu le mélange des deux corps :

$$2SO^4H^2 + C = 2SO^2 + CO^2 + 2H^2O.$$

Avec le zinc, on n'a même pas besoin de chauffer; il se dégage de l'hydrogène, et il reste du sulfate de zinc :

$$SO^4H^2 + Zn = H^2 + SO^4Zn.$$

C'est un acide puissant, qui se combine avec les bases pour donner des sulfates. Il est si avide d'eau qu'il ronge et détruit facilement toutes les matières organiques, pour enlever l'eau qu'elles contiennent; on doit le manier avec de grandes précautions.

*Préparation.* — La préparation de l'acide sulfurique est essentiellement industrielle.

On fait brûler du soufre, ce qui donne de l'anhydride sulfureux :

$$S + 2O = SO^2;$$

puis on traite le gaz sulfureux, à froid, par un corps très oxydant, l'acide azotique, qui le transforme en acide sulfurique :

$$SO^2 + 2AzO^3H = SO^4H^2 + 2AzO^2.$$

Seulement, pour que le résidu de peroxyde d'azote $AzO^2$ ne soit pas perdu, on le traite par l'air et l'eau, qui ont la propriété de le transformer en acide azotique. De la sorte, l'acide azotique primitif sera constamment régénéré; et il suffira d'une quantité limitée de cet acide pour oxyder une quantité indéfinie d'anhydride sulfureux.

Dans l'industrie, l'opération s'exécute dans une série de grandes chambres doublées de plomb (chambres de plomb) d'une contenance totale de plusieurs centaines de mètres cubes. L'acide sulfurique produit par la combustion du soufre ou du sulfure de fer naturel $FeS^2$ (pyrites de fer), les vapeurs d'acide azotique, la vapeur d'eau et l'air arrivent dans ces chambres, s'y mélangent et réagissent les uns sur les autres; l'acide sulfurique produit coule à la partie inférieure de l'appareil, où on le recueille.

*État naturel, usages.* — L'acide sulfurique est surtout répandu dans la nature à l'état de sulfates. Le sulfate de calcium est très abondant.

La France consomme annuellement 80 000 tonnes d'acide sulfurique : ce chiffre suffit à indiquer l'importance de cet acide; certaines usines anglaises en fabriquent 40 000 kilogrammes par jour.

Il est impossible d'énumérer tous les usages de l'acide sulfurique : presque toutes les industries chimiques l'utilisent. Il sert dans la préparation des sulfates de sodium, de potassium, d'ammoniaque, de fer, de cuivre, de mercure, de l'anhydride carbonique, des acides azotique, chlorhydrique, citrique, tartrique, stéarique, des aluns, du phosphore, de la garance..... La galvanoplastie, la dorure, l'argenture, la télégraphie électrique, en consomment des quantités considérables. Nous le retrouverons à presque toutes les pages de notre *Cours de Chimie.*

**360. Acide sulfhydrique ($H^2S = 2 + 32 = 34$).** — L'acide sulfhydrique est un gaz incolore, d'une odeur fétide d'œufs pourris. Sa densité est 1,191; il est assez soluble dans l'eau, aisément liquéfiable.

Il est combustible, et brûle avec une flamme bleuâtre, en donnant de l'eau et de l'anhydride sulfureux :

$$H^2S + 3O = H^2O + SO^2.$$

Il est aisément décomposé par le chlore (§ 348), par les métaux, qui sont transformés en *sulfures.* Les peintures, qui renferment presque toutes de l'oxyde de plomb blanc, noircissent à l'air, parce que les faibles traces d'acide sulfhydrique que renferme l'atmosphère déterminent la formation de sulfure de plomb noir.

On le prépare en versant de l'*acide chlorhydrique* étendu d'eau sur du *sulfure de fer* (il se forme du *chlorure de fer*) :

$$FeS + 2HCl = FeCl^2 + H^2S.$$

On opère à froid dans l'appareil qui sert à la préparation de l'hydrogène.

Les eaux minérales sulfureuses renferment toujours un peu d'acide sulfhydrique en dissolution.

Ce gaz se forme dans la décomposition spontanée des matières organiques qui renferment du soufre (œufs, matières fécales). Il est aussi produit par l'action des sulfates sur les matières organiques non sulfurées : de là l'odeur repoussante que prend souvent la boue des villes.

*Action physiologique.* — L'acide sulfhydrique est un poison extrêmement violent. Une proportion de $\frac{1}{300}$ suffit à rendre l'air mortel.

Les ouvriers qui descendent dans les fosses d'aisances sont quelquefois foudroyés par l'acide qui s'y trouve contenu : ils tombent, comme des masses inertes, sous l'action de ce redoutable gaz, qu'ils nomment le *plomb*.

Quand il a été possible de retirer une personne de l'atmosphère empoisonnée, il faut l'exposer au grand air et lui faire respirer, avec beaucoup de précautions, de l'hypochlorite de chaux arrosé de vinaigre : le chlore qui se dégage décompose l'acide sulfhydrique. Mais il faut procéder doucement, car le chlore est lui-même fort dangereux à respirer.

## *Résumé.*

L'*anhydride sulfureux* $SO^2$ est un gaz incolore, à odeur vive, très soluble, aisément liquéfiable. Il n'est ni combustible ni comburant ; les corps très avides d'oxygène le réduisent ; les corps oxydants le transforment en acide sulfurique. Il est décolorant. On le prépare en chauffant le *cuivre* au contact de l'*acide sulfurique*. Il sert au blanchiment, à la préparation de l'acide sulfurique, au traitement des maladies de la peau.

L'*acide sulfurique* $SO^4H^2$ est un liquide incolore, extrêmement corrosif, qui bout à 325°. Il est décomposé par la chaleur, par les corps avides d'oxygène, et en particulier les métaux. On le prépare en oxydant l'*anhydride sulfureux* par l'*acide azotique*. Ses usages sont extrêmement nombreux et importants.

L'*acide sulfhydrique* $H^2S$ est un gaz incolore, infect : il est combustible, décomposé par le chlore et les métaux. On le prépare en traitant à froid le *sulfure de fer* par l'*acide chlorhydrique*. C'est un poison très violent.

## V. — PHOSPHORE : Ph = 31.

**361. Propriétés.** — Le phosphore est un solide translucide, d'une couleur jaune pâle, d'une odeur caractéristique. Il est insoluble dans l'eau, mais très soluble dans le sulfure de carbone. Il fond à 44° et bout à 290°. Comme il prend feu avec une extrême facilité, il faut le fondre sous l'eau.

Fig. 259. — Un courant d'oxygène détermine la combustion du phosphore sous l'eau.

Il s'enflamme, en effet, au contact de l'air, dès qu'on le chauffe à 60° ; il brûle alors avec une flamme blanche très éclatante, en produisant de l'*anhydride phosphorique* $Ph^2O^5$, qui se répand en épaisses fumées blanches.

Quand il est placé sous l'eau tiède, il y brûle sous l'action d'un courant d'oxygène (*fig.* 259).

Abandonné à l'air, il s'oxyde lentement, pour donner de l'*anhydride phosphoreux* $Ph^2O^3$ ; cette oxydation lente est accompagnée d'un petit dégagement de lumière, visible seulement dans l'obscurité. On dit qu'il y a *phosphorescence*.

Cette combustion lente produit souvent assez de chaleur pour élever la température du phosphore jusqu'à 60° et déterminer son inflammation spontanée.

Le frottement échauffe assez le phosphore pour qu'il s'enflamme.

Tous les corps oxydants enflamment le phosphore. Un morceau de phosphore, projeté dans de l'acide azotique très concentré, en détermine la décomposition avec explosion (*fig.* 260).

Fig. 260. — Il se produit une explosion quand un morceau de phosphore tombe dans de l'acide azotique très concentré.

Le phosphore s'enflamme spontanément quand on l'introduit dans un flacon rempli de chlore. Il se forme du *chlorure de phosphore*.

Le phosphore est un poison extrêmement violent ; ses vapeurs altèrent rapidement la santé des ouvriers qui y sont exposés.

Les brûlures par le phosphore sont également très

graves; il n'est guère de corps qui soit plus dangereux à manier.

**362. Préparation.** — L'industrie retire le *phosphore* des os, qui renferment du *phosphate de calcium*, mêlé à du *carbonate de calcium* et à une matière organique nommée *osséine*. L'opération est complexe.

On traite d'abord les os par l'acide chlorhydrique étendu d'eau, qui n'a pas d'action sur l'osséine, et qui dissout les deux sels de chaux.

A la dissolution obtenue on ajoute de la chaux, puis on traite par l'acide sulfurique et on finit par obtenir, par suite de réactions assez complexes, de l'*acide phosphorique*, qu'on va décomposer par le charbon.

Pour cela, on fait évaporer la dissolution d'acide phosphorique jusqu'à consistance sirupeuse; on y ajoute du charbon de bois en poudre, et on fait évaporer le reste de l'eau. La matière solide ainsi obtenue est très fortement chauffée dans des cornues. On obtient un dégagement de

Fig 261. — La dernière opération de la fabrication du phosphore consiste à chauffer fortement le mélange d'acide phosphorique et de charbon.

vapeurs de phosphore, qui viennent se condenser dans des vases pleins d'eau. Le charbon s'est emparé de l'oxygène de l'acide phosphorique, et le phosphore, mis en liberté, s'est dégagé.

Le phosphore obtenu est filtré par pression à travers une peau de chamois, puis coulé en bâtons.

**363. Phosphore rouge.** — Le phosphore, chauffé pendant plusieurs jours à l'abri du contact de l'air jusqu'à une température voisine de 250°, se transforme en une *modification* nommée *phosphore rouge*.

Le phosphore rouge est du phosphore aussi pur que l'autre, puisqu'un poids donné de phosphore ordinaire se transforme sous l'action de la chaleur en un *poids égal* de phosphore rouge; de plus, en brûlant, ils donnent l'un et l'autre de l'anhydride phosphorique, et en même quantité.

Cependant ces deux variétés de phosphore présentent des différences essentielles.

L'un est jaune pâle, fusible à 44°, inflammable à 60°, phosphorescent, facilement cristallisable, soluble dans le sulfure de carbone, très vénéneux; l'autre est rouge brun, infusible, ne s'enflammant que vers 250°, non phosphorescent, généralement non cristallisable (on l'appelle pour cette raison *phosphore amorphe*), insoluble dans le sulfure de carbone, non vénéneux.

Le phosphore rouge reproduit le phosphore ordinaire quand on le chauffe au rouge à l'abri du contact de l'air.

**364. État naturel, usages.** — On trouve dans la terre des phosphates de fer, de plomb, de chaux et de magnésie. Beaucoup de végétaux et tous les animaux renferment du phosphore; il y en a, à divers états de combinaison, dans les nerfs, l'urine, les os. Le corps d'un homme de moyenne taille contient à peu près 1 kilogramme de phosphore.

Les phosphates naturels du sol, ceux qui sont contenus dans le guano et dans le fumier de ferme, et ceux que fabrique l'industrie, constituent l'un des éléments les plus importants des engrais.

Le phosphore entre dans la composition de la *mort aux rats*. Les laboratoires l'utilisent en petite quantité. La fabrication des allumettes en consomme annuellement en France plus de 40 000 kilogrammes.

Les allumettes ordinaires sont en peuplier bien sec. On les trempe d'abord dans du soufre fondu, puis, sur une longueur de 1 millimètre, dans une pâte formée de colle, de phosphore, de sable et d'une matière colorante : le sable est là pour augmenter la chaleur produite dans le frottement et faciliter l'inflammation ; la matière colorante est une précaution prise contre les incendies et les empoisonnements par imprudence.

Pour éviter complètement les accidents, on fait depuis assez longtemps des allumettes à phosphore rouge, et même des allumettes sans phosphore.

Les allumettes à phosphore rouge sont trempées dans une pâte formée de colle, de chlorate de potassium (corps très oxydant) et de sulfure d'antimoine (corps combustible).

Elles s'allument par frottement sur une plaque spéciale enduite d'un mélange de phosphore rouge, de chlorate de potassium et de sulfure d'antimoine. C'est la réaction du phosphore rouge sur le chlorate de potassium qui détermine l'inflammation.

## *Résumé.*

Le phosphore est un solide translucide, jaune, qui fond à 44° et bout à 290°. Il peut éprouver à l'air une combustion lente, accompagnée de *phosphorescence*, ou une combustion vive, avec production d'une flamme très éclatante.

C'est un poison violent ; les brûlures au phosphore sont très graves.

On extrait le phosphore des *os*, que l'on traite successivement par l'*acide chlorhydrique*, la *chaux* et l'*acide sulfurique*, puis par le charbon, à une haute température.

Le *phosphore rouge* est une modification moins dangereuse du phosphore, qui prend naissance quand le phosphore ordinaire est longuement chauffé à l'abri de l'air.

Le principal usage du phosphore est la fabrication des allumettes.

## VI — PRINCIPAUX COMPOSÉS DU PHOSPHORE.

**365. Anhydride phosphorique** ($Ph^2O^5=62+5\times16=142$). — Le phosphore forme avec l'oxygène plusieurs composés de peu d'importance.

Fig. 262. — Le phosphore en brûlant dans l'air donne de l'anhydride phosphorique.

L'*anhydride phosphorique* $Ph^2O^5$ prend naissance quand le phosphore brûle au contact de l'air (*fig.* 262). Il se combine vivement avec l'eau pour donner des acides hydratés, qui, avec les bases, forment des *phosphates*, assez importants pour l'agriculture.

**366. Hydrogène phosphoré.** — Quand on chauffe du phosphore dans une dissolution de potasse caustique, il se dégage un mélange de deux phosphures d'hydrogène, qui ont pour formule $PhH^3$ et $PhH^2$ (*fig.* 263).

Fig. 263 — On prépare l'hydrogène phosphoré en chauffant du phosphore dans une dissolution de potasse caustique.

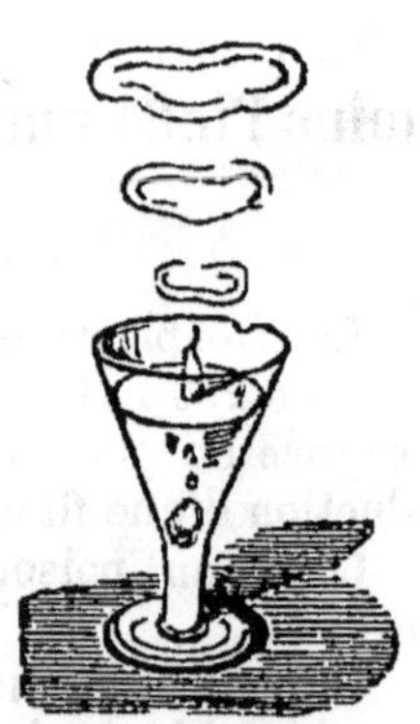

Fig. 264. — On prépare l'hydrogène phosphoré en mettant dans l'eau du phosphure de calcium.

Ce mélange est ordinairement désigné sous le nom d'*hydrogène phosphoré*. Non seulement il est très combustible, mais encore il s'enflamme *spontanément* au contact de l'air. S'il arrive bulle à bulle dans l'eau, chaque bulle s'enflamme à l'air et donne une belle couronne blanche d'anhydride phosphorique.

On peut aussi le préparer plus simplement, en jetant dans l'eau un composé nommé *phosphure de calcium* $CaPh$ (*fig.* 264).

L'hydrogène phosphoré a une forte odeur d'ail.

La décomposition spontanée des matières organiques phosphorées, et principalement de la matière du cerveau, produit de l'hydrogène phosphoré. De là les *feux follets* qui sortent de terre dans les cimetières.

## *Résumé.*

L'*anhydride phosphorique* résulte de la combustion du phosphore; il forme des phosphates importants, assez abondants dans la nature.

L'*hydrogène phosphoré* se produit quand on chauffe du phosphore avec de la potasse; il se forme dans la putréfaction des matières organiques phosphorées. Il est spontanément inflammable.

# CHAPITRE IV

## CARBONE.

### I. — CARBONE · C=12

**367. Propriétés.** — Le carbone se présente à nous sous les formes les plus diverses. Mais on reconnaît toujours un carbone, sous quelque forme qu'il se présente, à un ensemble de propriétés qui sont communes à toutes les variétés.

Le carbone est toujours un solide infusible, capable de brûler en produisant de l'anhydride carbonique $CO^2$.

A cause de son affinité pour l'oxygène, le carbone décompose les corps qui en renferment, tels que *l'acide azotique* (§ 342), l'*acide phosphorique*, l'*acide sulfurique*, l'*eau*.

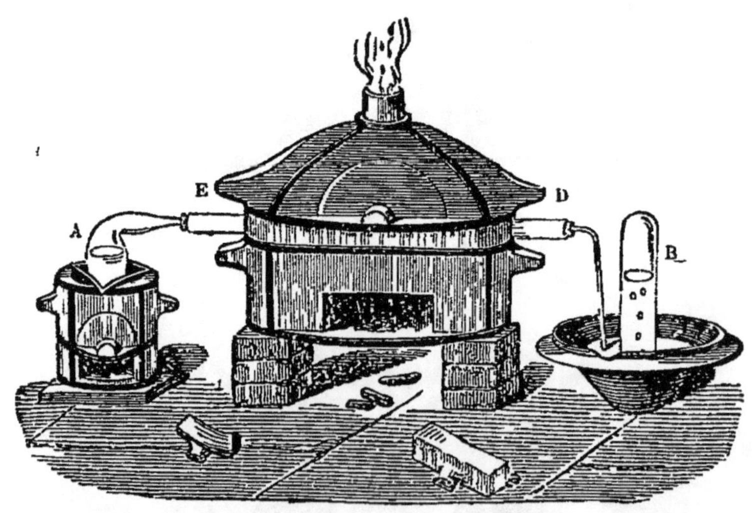


Fig. 265. — Le charbon décompose l'eau a une temperature élevée.

La vapeur d'eau, passant sur des charbons chauffés au rouge dans un tube de porcelaine (*fig.* 265), se décompose complètement; il se produit un mélange d'hydrogène et d'oxyde de carbone :

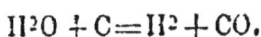

$$H^2O + C = H^2 + CO.$$

La décomposition de l'eau par le charbon explique comment il se fait que les forgerons puissent activer leur feu en l'arrosant de quelques gouttes d'eau. Une trop grande quantité de liquide produirait l'effet inverse, en refroidissant trop fortement les charbons.

Le charbon, chauffé avec les oxydes métalliques, tels que l'oxyde de fer, l'oxyde de cuivre, leur enlève également leur oxygène.

**368. Diverses variétés de carbone.** — Parmi les très nombreuses variétés du carbone, on rencontre les unes dans la nature (diamant, graphite, anthracite, houille, lignite, tourbe), on fabrique les autres en chauffant fortement diverses matières organiques décomposables par la chaleur (charbon de cornues, coke, charbon de bois, noir de fumée, noir animal). Ces diverses variétés sont souvent fort impures, et renferment beaucoup de matières autres que du carbone.

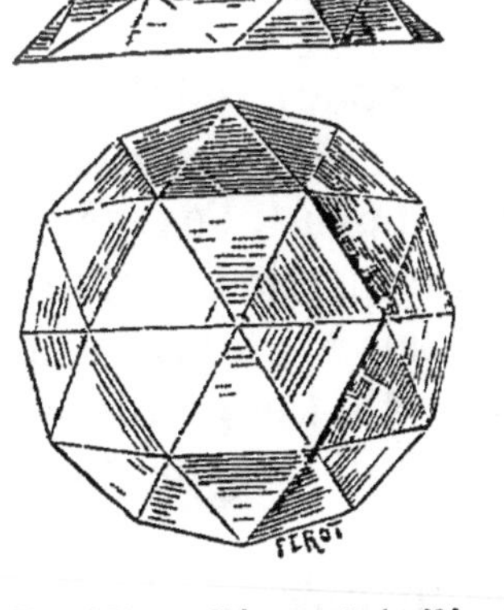
Fig. 266. — Diamant taillé en rose.

*Diamant.* — Le *diamant* est du carbone pur, qu'on rencontre en petite quantité aux Indes, au Brésil, dans les monts Ourals. Il est très dur, et, par suite, très difficile à tailler; mais il a un grand éclat. C'est la plus estimée de toutes les pierres précieuses (*fig.* 266 et 267). On s'en sert aussi pour couper le verre, pour faire des pointes d'outils, des pivots d'horlogerie.

*Graphite*, ou *plombagine*, ou *mine de plomb.* — C'est encore du carbone pur, mais noir, opaque, très tendre; on le rencontre en France, en Angleterre, en Sibérie. On en fait des *crayons*; mélangé avec de l'huile, il forme le *cambouis*, avec lequel on graisse les engrenages.

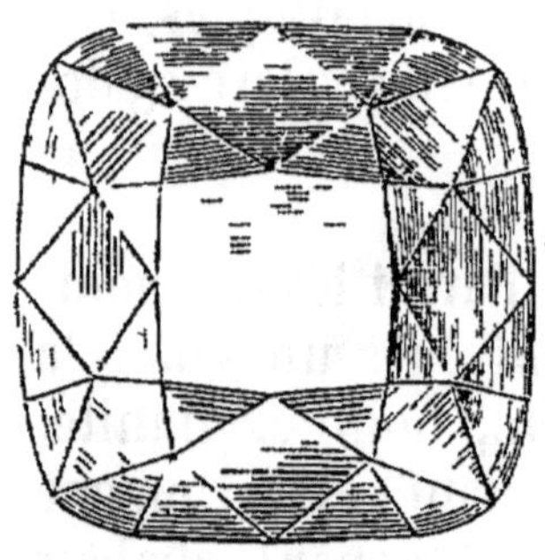

Fig. 267. — Diamant taille en brillant — Cette figure représente, en vraie grandeur, le plus beau diamant appartenant à la France, le *Régent*.

*Houille, anthracite, lignite, tourbe.* — Ces variétés sont constituées par du carbone impur, qu'on rencontre en grandes masses dans le sein de la terre. Elles proviennent des végétaux qui couvraient anciennement le sol. Ce sont des combustibles importants.

*Charbon de cornue.* — C'est une variété dure, noire, qui se forme dans les cornues où l'on prépare le gaz d'éclairage, par suite de la décomposition d'une partie de ce gaz. Il est utilisé dans les *piles*, parce qu'il conduit assez bien la chaleur.

*Coke.* — Le coke, combustible très important, est un autre résidu de la préparation du gaz d'éclairage : c'est la houille dont on a chassé le gaz par l'action de la chaleur.

*Charbon de bois.* — Le bois renferme 40 pour 100 de son poids de charbon, uni à de l'oxygène, à de l'hydrogène et à des cendres. Si on le fait brûler incomplètement, l'oxygène et l'hydrogène partent d'abord, avec une partie du charbon, qui donne de l'acide carbonique. Mais si on arrête la combustion assez tôt, on peut obtenir 18 kilogrammes de *charbon de bois*, pour 100 kilogrammes de bois brûlé.

Dans les forêts on met le bois en meules (*fig.* 268) recouvertes de terre, puis on allume. La combustion est lente, à cause de la couche de terre qui s'oppose à l'arrivée de l'air; quand on juge que le moment est venu, on l'arrête tout à fait en fermant toutes les ouvertures avec un excès de terre

Le charbon de bois est un combustible commode, qui brûle sans fumée, il a une grande importance.

Fig. 268. — On prépare le charbon de bois par le procédé des meules.

Il a, en outre, la propriété d'absorber les gaz infectants, tels que l'*acide sulfhydrique* et l'*ammoniaque :* aussi sert-il à filtrer les eaux croupies qui ont pris une mauvaise odeur (*fig.* 269). De même, on conserve les viandes en les entourant de poussière de charbon.

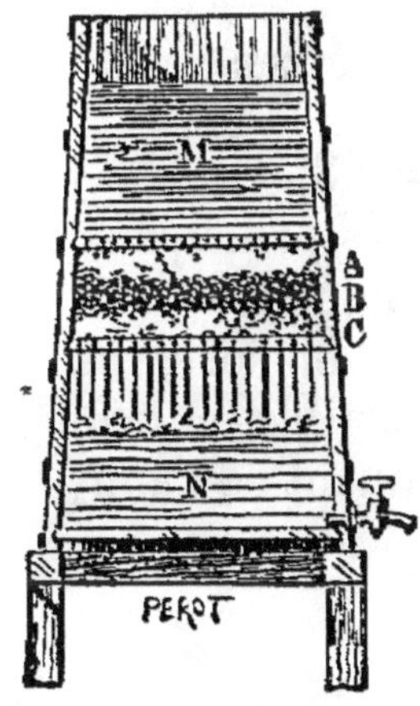


Fig. 269. — Filtre à charbon de bois. La poussière de charbon est placée en B, entre deux couches A et C de sable. L'eau, versée en M, filtre lentement et s'amasse en N, au fond de la fontaine.

*Noir de fumée.* — La combustion incomplète de certains corps produit une épaisse fumée, qui, recueillie, constitue le *noir de fumée.* On le prépare en faisant brûler des matières résineuses dans un foyer à faible tirage; le noir se dépose dans une chambre voisine du foyer. Il est utilisé dans la peinture en noir, dans la fabrication de l'encre de Chine et de l'encre d'imprimerie.

*Noir animal.* — Il provient de la calcination des os en vase clos, à l'abri de l'air; il renferme à peine 10 pour 100 de charbon. le reste étant du carbonate de calcium et du phosphate de calcium (§ 362).

Il absorbe les matières colorantes comme le charbon de bois absorbe les gaz. Sur du noir animal en poudre versons du vin, puis filtrons : nous obtiendrons du vin incolore. On emploie le noir animal dans la fabrication du sucre, pour décolorer les jus et obtenir ainsi du sucre bien blanc. Lorsque le noir animal a servi, il constitue un excellent engrais.

## *Résumé.*

Toutes les variétés de charbon sont infusibles, et brûlent en produisant de l'acide carbonique.

*Principales variétés naturelles :* diamant, graphite, houille, anthracite, lignite, tourbe.

*Principales variétés artificielles :* charbon de cornue, coke, charbon de bois (absorbe les gaz infectants), noir de fumée, noir animal (absorbe les matières colorantes).

## II. — COMPOSÉS OXYGÉNÉS DU CARBONE

**369. Oxyde de carbone ($CO=12+16=28$).** — L'oxygène forme avec le carbone deux composés principaux : l'oxyde de carbone CO, l'anhydride carbonique $CO^2$.

L'*oxyde de carbone* est un gaz incolore, inodore, insipide, peu soluble dans l'eau. Il est combustible, et brûle avec une flamme pâle, très chaude, en donnant de l'anhydride carbonique :

$$CO+O=CO^2.$$

Il se produit chaque fois que du charbon brûle en présence d'une quantité insuffisante d'oxygène.

C'est un poison violent, d'autant plus dangereux qu'aucune odeur n'indique sa présence. Il se produit toujours en petite quantité dans la combustion du charbon, et les asphyxies par le charbon enflammé sont dues à son action.

On ne devrait jamais brûler du charbon dans un fourneau sans cheminée, à moins d'établir une active ventilation dans l'appartement.

**370. Anhydride carbonique** ($CO^2 = 12 + 2 \times 16 = 44$). — **Ses propriétés.** — L'anhydride carbonique est un gaz incolore, d'une odeur faible et piquante, d'une saveur aigrelette. Sa densité est 1,529.

Cette densité, plus forte que celle de l'air, joue un rôle assez important dans la nature.

Dans un certain nombre de grottes, et notamment dans la grotte du Chien, près de Naples, il y a du gaz carbonique au ras du sol : un chien y tombe bientôt asphyxié; il n'y en pas à un mètre plus haut : un homme debout y respire à l'aise.

Dans les laboratoires, on met en évidence la densité relativement grande de l'anhydride carbonique en versant sur une bougie le gaz contenu dans une éprouvette : il tombe, invisible, comme tomberait de l'eau, et éteint la bougie.

L'eau dissout à peu près son volume de gaz carbonique à la température de 15°. Ce gaz a été liquéfié à la température de 15° sous la pression de 50 atmosphères.

L'anhydride carbonique n'est ni combustible ni comburant. On le distingue de l'azote, avec lequel il serait facile de le confondre, à son action sur la *teinture de tournesol* qu'il rougit, et sur l'*eau de chaux*, qu'il blanchit en formant du carbonate de calcium.

Passant sur des charbons chauffés au rouge, le gaz carbonique est décomposé et donne de l'oxyde de carbone :

$$CO^2 + C = 2CO.$$

Regardez un fourneau à réverbère plein de charbon bien allumé; une flamme d'un bleu pâle sort par l'ouverture supérieure. L'oxygène de l'air, en entrant par le bas, s'est d'abord transformé en anhydride carbonique, qui, rencontrant sur sa route une longue colonne de charbon incandescent, a été réduit à l'état d'oxyde de carbone. Cet oxyde de carbone s'enflamme à la sortie, dès qu'il a le contact de l'air.

*Action physiologique.* — Le gaz carbonique est impropre à la respiration; mais il n'est guère vénéneux : l'air ne devient irrespirable que lorsqu'il en renferme plus de 30 pour 100, *pourvu qu'il continue à posséder la proportion normale d'oxygène.* L'air d'un appartement clos dans lequel brûle du charbon devient mortel à cause de l'oxyde de carbone qu'il renferme, et non pas à cause de l'anhydride carbonique.

L'air confiné, dans lequel respirent un grand nombre de personnes, devient rapidement mortel, à cause d'un véritable poison, de nature encore inconnue, qui est produit par la respiration même.

Il n'y a que dans les caves et dans certaines grottes que la proportion du gaz carbonique peut devenir réellement mortelle par elle-même. On évitera tout danger en entrant toujours avec une bougie à la main dans les caves sujettes à des dégagements de gaz carbonique : la bougie s'éteint avant que la proportion de gaz soit dangereuse.

**371. Préparation de l'anhydride carbonique.** — On prépare ce gaz en traitant, à la température ordinaire, le carbonate de calcium (marbre, craie,...) par l'acide sulfurique ou par l'acide chlorhydrique :

$$CO^3Ca + SO^4H^2 = SO^4Ca + CO^2 + H^2O.$$
$$CO^3Ca + 2HCl = CaCl^2 + CO^2 + H^2O.$$

On opère comme pour la préparation de l'hydrogène, et dans le même appareil.

**372. État naturel. Rôle dans la nature.** — L'anhydride carbonique est le premier gaz qui ait été distingué de l'air par Van Helmont (1648).

Il forme de nombreux carbonates naturels, et principalement le carbonate de calcium ou calcaire, l'une des roches les plus répandues dans la croûte terrestre.

C'est par milliards de mètres cubes qu'il faut estimer la quantité libre de ce gaz qui se répand chaque jour dans l'air :

1° Il s'en dégage du sol en maints endroits, dans les caves, dans les houillères, par les cratères des volcans;

2° La combustion du bois et de la houille en produit de prodigieuses quantités;

3° La respiration de l'homme et des animaux en dégage aussi;

Enfin les matières animales et végétales donnent de l'anhydride carbonique dans leur décomposition spontanée. Le fumier en putréfaction, le raisin en fermentation, les feuilles sèches en décomposition, sont autant de sources de gaz carbonique.

Voilà donc la présence de l'anhydride carbonique dans l'air suffisamment expliquée.

Mais cette proportion n'augmente guère, parce que, à côté des causes de production de l'anhydride carbonique, il faut placer une cause de destruction, non moins active.

Les parties vertes des plantes décomposent le gaz carbonique sous l'action de la lumière solaire : elles s'emparent du charbon et rendent l'oxygène à l'air.

Fig. 270. — Sous l'influence de la lumière, les feuilles vertes décomposent l'anhydride carbonique et régénèrent l'oxygène.

L'expérience de de Saussure montre ce phénomène.

Une branche couverte de feuilles vertes est introduite sous une cloche remplie d'une dissolution de gaz carbonique (*fig.* 270), et exposée au soleil. On voit les feuilles se couvrir rapidement de bulles de gaz, qui grossissent et montent. Au bout de quelques heures, on a recueilli au sommet de la cloche plus d'un décilitre d'un gaz qui n'est autre que l'oxygène.

**373. Usages.** — L'importance de l'anhydride carbonique tient uniquement à son rôle dans la nature : car nous l'employons peu pour des usages directs.

Il sert à la préparation de l'eau de Seltz artificielle, dissolution, faite sous pression, de cinq à six litres de gaz carbonique dans un litre d'eau.

L'appareil Briet, qui sert dans les ménages, est connu de tous; on y prépare le gaz par la réaction de deux solides : l'acide tartrique et le bicarbonate de sodium, qui ne réagissent que lorsque l'eau de l'appareil vient arroser leur mélange.

L'industrie emploie l'anhydride carbonique dans la fabrication du pain (pour supprimer le levain et le pétrissage à la main), dans la fabrication du sucre et du carbonate de plomb. Il est alors préparé tout simplement par la combustion du coke.

### *Résumé.*

L'*oxyde de carbone* CO est un gaz incolore, inodore, très toxique, qui se produit toujours dans la combustion incomplete du charbon.

L'*anhydride carbonique* $CO^2$ est incolore, avec une petite odeur et une saveur piquante. Il résulte de la combustion du charbon. Il est notablement plus lourd que l'air, assez soluble dans l'eau, assez facilement liquéfiable, ni combustible, ni comburant. A une température élevée, il est décomposé par le charbon.

Il est beaucoup moins toxique que l'oxyde de carbone.

On le prépare en traitant le *carbonate de calcium* par l'*acide sulfurique* ou l'*acide chlorhydrique*, à froid.

Son rôle dans la nature est considerable; il est indispensable à la nutrition des plantes. L'*eau de Seltz* artificielle est une dissolution de gaz carbonique dans l'eau.

---

## III. — SULFURE DE CARBONE : $CS^2 = 12 + 2 \times 32 = 76$.

**374. Propriétés.** — Le sulfure de carbone est un liquide incolore, à odeur fétide, à saveur âcre; il bout à 45°. Dès la température ordinaire, il est extrêmement volatil et produit, par son évaporation, un froid très vif.

Il dissout facilement le *soufre*, le *phosphore*, l'*iode*, les *corps gras*, le *caoutchouc*.

Il est très combustible; dans sa combustion il donne de l'anhydride carbonique et de l'anhydride sulfureux :

$$CS^2 + 6O = CO^2 + 2SO^2.$$

Avec l'air, la vapeur de sulfure de carbone forme un mélange détonant dangereux. Cette vapeur est vénéneuse.

**375. Préparation.** — On obtient le sulfure de carbone par la combinaison directe du soufre et du charbon. On fait passer des vapeurs de soufre sur du charbon fortement chauffé; les vapeurs de sulfure de carbone qui se forment vont se condenser dans un serpentin refroidi.

**376. Usages.** — Le sulfure de carbone a des usages chaque jour de plus en plus importants.

Le caoutchouc est cassant quand il fait froid; trempé dans une dissolution de soufre dans le sulfure de carbone, il acquiert la propriété de demeurer souple aux températures les plus basses. La fabrication de ce caoutchouc dit *vulcanisé* consomme beaucoup de sulfure de carbone.

Le sulfure de carbone est aussi employé dans l'industrie comme dissolvant des corps gras, du phosphore, de certains parfums. Il sert à extraire la graisse de la toison des moutons, l'huile de certaines graines et des vieux chiffons qui ont servi à nettoyer les machines à vapeur.

On l'utilise enfin beaucoup dans le traitement des vignes attaquées par le phylloxera.

## *Résumé.*

Le sulfure de carbone $CS^2$ est un liquide incolore, fétide, très volatil, qui dissout le soufre, le phosphore, l'iode, les corps gras, le caoutchouc. Il est très combustible.

On le prépare par l'union directe, à chaud, du soufre et du charbon.

Il a de nombreux usages.

## IV. — GAZ D'ÉCLAIRAGE.

**377. Action de la chaleur sur la houille.** — La *houille* renferme, outre 85 pour 100 de charbon, une forte proportion d'hydrogène, avec un peu d'oxygène, d'azote et de soufre. Chauffée en vase clos, elle laisse dégager tous ces corps étrangers à l'état de combinaison entre eux et avec le carbone.

Il sort ainsi de l'appareil de distillation un mélange extrêmement complexe de divers carbures d'hydrogène combustibles, d'oxyde de carbone, de gaz carbonique, d'hydrogène, d'azote, d'ammoniaque, d'acide sulfhydrique et de vapeur d'eau. Ce mélange brûle avec une flamme très éclairante, mais puante et fuligineuse. On lui enlève ces défauts par une *épuration*.

La fumée est due en grande partie à des carbures d'hydrogène liquides (goudron). Un lavage et un faible refroidissement les condenseront en même temps que la vapeur d'eau et la plus grande partie des gaz solubles, ammoniaque et acide sulfhydrique. Le reste de l'acide sulfhydrique est absorbé par le passage du gaz sur de la chaux éteinte.

Après cette double épuration, *physique* et *chimique*, le mélange gazeux n'a presque plus d'odeur, il brûle sans fumée : il peut être employé au chauffage et à l'éclairage.

**378. Appareil de préparation industrielle.** — La houille est placée dans des *cornues* de fonte A (*fig.* 271), qu'on chauffe par cinq ou par sept dans un grand fourneau. Le gaz produit va d'abord se refroidir dans l'eau du *barrillet* B, cylindre horizontal dans lequel débouchent tous les tuyaux de dégagement. Là commence l'épuration physique : une partie des carbures liquides, de l'ammoniaque et de l'acide sulfhydrique se condense.

A la sortie du barrillet, le gaz circule dans une longue série de tubes verticaux, constituant le *réfrigérant* C. Il y prend la température de l'air, et la condensation des goudrons s'achève.

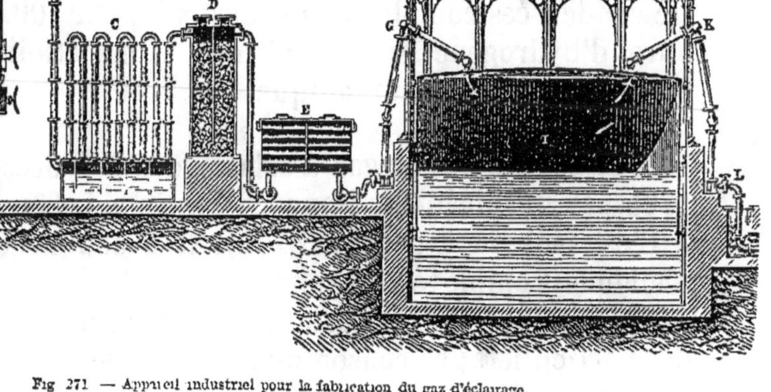

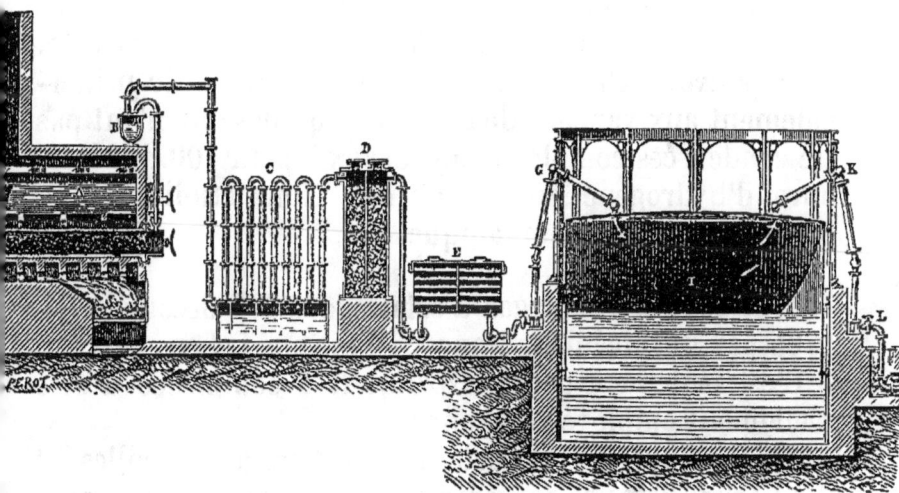

Fig 271 — Appareil industriel pour la fabrication du gaz d'éclairage.

L'épuration physique se termine par le passage du gaz dans une colonne pleine de coke arrosé d'eau D, où le reste de l'ammoniaque se dissout. Les eaux du barrillet et de la colonne à coke, en même temps que les goudrons du réfrigérant, se rendent dans un puits, d'où on les retirera pour les utiliser.

Le passage du gaz sur des claies chargées de chaux éteinte E le débarrasse de l'anhydride carbonique et des dernières traces d'acide sulfhydrique. La chaux qui a servi à cette épuration constitue un bon engrais pour certaines cultures.

A la sortie des caisses d'épuration chimique, le gaz se rend dans le gazomètre GK, d'où il sera distribué en ville.

Le pouvoir éclairant d'un gaz bien épuré est dû principalement aux vapeurs de carbures liquides qui n'ont pas été condensées complètement, et aux 7 pour 100 de bicarbure d'hydrogène qu'il renferme. Nous étudierons ce bicarbure en chimie organique.

**379. Usages.** — Le gaz d'éclairage a été découvert en 1785 par un ingénieur français, Philippe Lebon.

C'est seulement depuis 1820 qu'il a commencé à être réellement employé en France.

Aujourd'hui il sert partout à l'éclairage des villes et des particuliers; sa consommation dans le chauffage augmente tous les jours.

Les résidus de la préparation du gaz d'éclairage, chaux d'épuration, charbon des cornues, coke, eaux ammoniacales, goudrons, ont une importance très grande.

## *Résumé.*

Le gaz d'éclairage est un mélange extrêmement complexe, qui prend naissance quand on chauffe la houille en vase clos.

Pour le rendre propre à l'éclairage, on lui fait subir une *épuration* qui lui enlève les goudrons, l'acide sulfhydrique et l'ammoniaque.

Les résidus de la fabrication ont une importance presque aussi grande que celle du gaz même.

# LIVRE II

## MÉTAUX

---

## CHAPITRE PREMIER

### MÉTAUX, ALLIAGES.

#### I. — PROPRIÉTÉS PHYSIQUES DES MÉTAUX.

**380. Définition des métaux.** — Nous savons que les *métaux* sont généralement doués de l'*éclat métallique;* qu'ils sont bons conducteurs de la chaleur et de l'électricité; qu'en se combinant avec l'oxygène, ils forment des composés quelquefois neutres, rarement acides, le plus souvent basiques (§ 308).

Tous les métaux ainsi définis ont un certain nombre de propriétés communes, que nous allons rapidement passer en revue.

**381. État physique.** — Les métaux sont solides à la température ordinaire, sauf un seul, le mercure, qui est liquide. Ils sont tous fusibles. Le platine fond à 1 775°, température qu'on ne peut obtenir dans les feux de forge industriels; puis viennent, par ordre de fusibilité de plus en plus facile, le fer (1 500°), l'or (1 250°), le cuivre (1 054°), l'argent (1 000°), le zinc (410°), le plomb (335°), l'étain (228°), le potassium (62°).

Les métaux sont opaques, sauf sous une épaisseur extrêmement faible. Ils sont ordinairement peu colorés, sauf le cuivre et l'or.

Leur densité est généralement considérable. Pour les métaux usuels, cette densité va de 6,86 pour le zinc à

21 pour le platine. Ils sont bons conducteurs de la chaleur et de l'électricité.

**382. Malléabilité.** — Un métal est *malléable* lorsqu'il peut être réduit en lames minces par l'action du marteau ou du *laminoir*. L'or est le plus malléable de tous les métaux. Puis viennent l'argent, l'aluminium, le cuivre, l'étain, le platine, le plomb, le zinc, le fer. La tôle, ou fer en lame, a toujours une certaine épaisseur, car le fer est peu malléable.

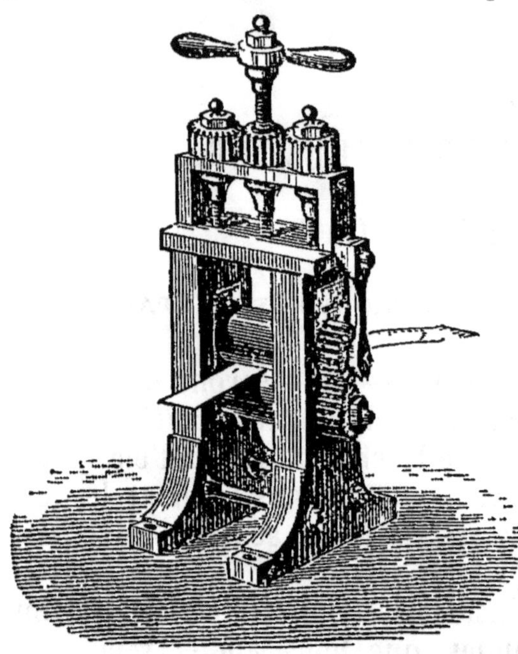

Fig. 272. — Le laminoir sert à réduire les métaux en lames minces.

Le *laminoir* (*fig.* 272), avec lequel on fabrique le plus souvent les feuilles métalliques, se compose de deux cylindres tournant autour de leurs axes, qui sont parallèles. La lame de métal, engagée entre ces cylindres, est entraînée dans leur mouvement et passe entre eux, s'aplatissant plus ou moins suivant que les cylindres sont plus ou moins rapprochés l'un de l'autre.

**383. Ductilité.** — On a souvent besoin aussi de réduire les métaux en fils fins. Pour y arriver, on fait passer une barre de métal à travers des trous percés dans une plaque d'acier nommée *filière* (*fig.* 273). Un métal est d'autant plus *ductile* qu'on peut, par ce procédé, le réduire en fils plus fins.

L'or est le plus ductile des métaux : on fait des fils d'or à peine visibles. Puis viennent l'argent, le platine, le fer, le cuivre, le zinc, l'étain, le plomb.

**384. Ténacité.** — La *ténacité* d'un fil se mesure par la charge qu'il supporte avant de se rompre. Le fer est le

Fig. 273. — La filière sert à réduire les métaux en fils fins.

plus tenace des métaux usuels : un fil de fer de 2 millimètres de diamètre peut porter un poids de 250 kilogrammes; puis viennent le cuivre, le platine, l'argent, l'or, le zinc, l'étain, le plomb. Un fil de plomb de 2 millimètres de diamètre cède à une charge de 9 kilogrammes.

**385. Dureté.** — La *dureté* est mesurée par la facilité avec laquelle un métal use les autres corps ou est usé par eux. Le fer est assez dur pour rayer les pierres, le plomb assez mou pour être rayé par l'ongle. Après le fer viennent, par ordre de dureté décroissante, le zinc, le cuivre, l'or, l'argent et le plomb.

La connaissance des propriétés physiques des métaux usuels est essentielle : ces propriétés guident, beaucoup plus souvent que les propriétés chimiques, dans le choix de tel ou tel métal pour chaque usage particulier.

## *Résumé.*

Les *métaux* sont solides, opaques, peu colorés, fusibles, de grande densité, bons conducteurs de la chaleur et de l'électricité.

La *malléabilité*, la *ductilité*, la *ténacité*, la *dureté*, sont les propriétés physiques qu'il importe le plus de considérer au point de vue de l'utilisation des métaux.

## II. — PROPRIÉTÉS CHIMIQUES DES MÉTAUX.

**386. Propriétés chimiques des métaux.** — Les métaux peuvent se combiner entre eux et avec les métalloïdes; ils sont aussi attaqués par les acides.

Nous allons rapidement résumer les caractères généraux des composés qui se forment dans ces actions chimiques.

**387. Action de l'oxygène sur les métaux.** — Tous les métaux, sauf l'argent, l'or et le platine, se combinent directement avec l'oxygène à une température suffisamment élevée.

Pour quelques-uns, tels que le fer, le zinc et le magnésium, par exemple, l'oxydation est même une véritable combustion vive, avec incandescence et production d'une lumière éclatante.

A la température ordinaire, le potassium seul s'oxyde dans l'air sec.

Les autres métaux s'oxydent lentement dans l'air humide et chargé d'anhydride carbonique : le fer se transforme en rouille; or, la rouille est du sesquioxyde de fer hydraté; le zinc, le plomb, l'étain, le cuivre, se recouvrent d'une couche terne de carbonate hydraté de zinc, de plomb, d'étain, de cuivre.

L'intervention d'un acide autre que le gaz carbonique active encore l'oxydation du métal au contact de l'air, même quand cet acide n'est pas susceptible d'attaquer directement le métal.

Ainsi, une lame de couteau qui a coupé un fruit acide se rouille rapidement; le vert-de-gris se forme en quelques heures autour des gouttes d'acide stéarique qui sont tombées d'une bougie sur un candélabre.

Le plus souvent le composé produit forme à la surface du métal une couche imperméable qui empêche l'oxydation de gagner en profondeur.

Le plomb, le zinc, l'étain, le cuivre, se ternissent rapidement à l'air; mais l'altération est toute superficielle.

La rouille, au contraire, formée de lamelles entre lesquelles l'air peut passer, gagne peu à peu toute la masse, et après un certain temps tout le fer est oxydé. On préserve le fer de cette altération profonde en le recouvrant de peinture, d'émail, de zinc (fer galvanisé), d'étain (fer-blanc), de cuivre ou de plomb suivant les circonstances.

Les *oxydes métalliques* sont solides, ternes, diversement colorés, insolubles dans l'eau, sauf l'oxyde de potassium et les oxydes des métaux analogues. Beaucoup de ces oxydes s'unissent aisément aux acides pour donner des sels.

**388. Action du soufre sur les métaux.** — Le *soufre* se combine avec presque tous les métaux à une température suffisamment élevée; le zinc, l'aluminium, l'or et le platine résistent à son action. La combinaison est quelquefois accompagnée d'un dégagement de lumière.

Les *sulfures métalliques* sont solides, diversement colorés, généralement insolubles dans l'eau, sauf le sulfure de potassium et les sulfures des métaux analogues. Ils sont combustibles; quand on les chauffe au contact de l'air, leur soufre donne de l'acide sulfureux ou de l'acide sulfurique, et leur métal donne un oxyde.

**389. Action du chlore sur les métaux.** — Tous les métaux sont attaqués par le *chlore* ou par la dissolution de chlore dans l'eau, à la température ordinaire.

Les *chlorures métalliques* formés sont généralement solides. Ils sont solubles dans l'eau, sauf les chlorures d'argent, de mercure et de cuivre. Ils sont presque tous volatils.

**390. Action de l'anhydride carbonique sur les métaux.** — *L'anhydride carbonique* n'attaque pas les métaux; mais il en facilite l'oxydation au contact de l'air humide. Il se forme alors des carbonates.

Les *carbonates* sont solides, insolubles (sauf ceux de potassium et de sodium); ils sont généralement décomposables par la chaleur, avec dégagement d'anhydride carbonique, et décomposables aussi par le charbon.

Ils sont abondants dans la nature.

**391. Action de l'acide sulfurique sur les métaux.** — L'*acide sulfurique* attaque les métaux, pour former des sulfates.

Les *sulfates* sont solides, généralement solubles dans l'eau. Le sulfate de calcium est le seul qui soit abondant dans la nature.

**392. Action de l'acide azotique sur les métaux.** — Tous les métaux, sauf l'or et le platine, sont attaqués par l'*acide azotique*.

Les *azotates* formés sont solides, solubles dans l'eau, aisément décomposables par la chaleur. Ce sont des composés très oxydants, comme nous le verrons en étudiant la poudre.

Les azotates de potassium, de sodium et de calcium sont les seuls azotates naturels.

**393: Etat naturel des métaux, extraction.** — Ce qui précède nous montre que les métaux se rencontrent dans la nature à l'état de combinaisons très diverses.

Presque tous les métaux usuels se retirent de *minerais* qui sont des oxydes, des sulfures ou des carbonates. L'opération se réduit, le plus souvent, à griller le sulfure à l'air pour le transformer en oxyde, et à décomposer l'oxyde ainsi obtenu, comme l'oxyde ou le carbonate naturel, par le charbon chauffé au rouge.

Quelques métaux se trouvent à l'état *natif*, c'est-à-dire non combinés; ce sont les moins oxydables : or, platine, et quelquefois, mais exceptionnellement, argent, cuivre et mercure.

### *Résumé.*

Les métaux se combinent directement avec l'*oxygène* pour former des *oxydes*, avec le *soufre* pour former des *sulfures*, avec le *chlore* pour donner des *chlorures*.

Ils sont attaqués par l'*acide sulfurique*, qui donne des *sulfates*, par l'*acide azotique*, qui donne des *azotates*. L'*anhydride carbonique* ne les attaque pas, mais facilite leur oxydation au contact de l'air humide.

Les métaux se retirent industriellement des *minerais* ou sels métalliques que l'on trouve dans la terre.

## III. — ALLIAGES.

**394. Combinaison des métaux entre eux.** — Les métaux sont susceptibles de se combiner entre eux : ces combinaisons, nommées *alliages*, sont importantes.

Les alliages industriels ne sont pas des composés purs; ce sont généralement des combinaisons définies de deux métaux, en dissolution dans un excès de l'un d'eux, ou même d'un troisième. C'est ce qui donne aux alliages leurs propriétés si variables.

Dans leur fabrication on ne s'occupe donc pas des lois ordinaires des combinaisons chimiques. Quand aucun métal ne possède les qualités que l'on désire pour une application déterminée, on unit plusieurs métaux pour former un alliage, et on ajoute des quantités convenables de l'un ou de l'autre jusqu'à ce qu'on ait obtenu les propriétés désirées.

Par exemple, l'or pur est trop mou : les monnaies faites d'or pur s'useraient très rapidement. On ajoute un peu de cuivre, et on a un alliage aussi inaltérable que l'or, mais plus résistant.

Pour l'industrie les alliages sont donc de véritables métaux, artificiellement formés par l'union de plusieurs autres. Au point de vue des applications, les alliages ont une importance comparable à celle des métaux.

**395. Préparation et propriétés des alliages.** — Les alliages s'obtiennent par fusion. Les métaux qui doivent entrer dans la composition des alliages étant pesés à l'avance, on les introduit dans un creuset chauffé au rouge : ils fondent et se mélangent. On n'a plus qu'à laisser refroidir la masse pour avoir l'alliage en lingot.

Pendant le refroidissement, il faut éviter que les métaux se séparent les uns des autres : cette séparation, nommée *liquation*, aurait pour résultat de donner un alliage dont la composition ne serait pas la même dans toutes ses parties.

En général, un refroidissement rapide empêche la liquation.

Les alliages ont le plus souvent des propriétés intermédiaires entre celles des métaux composants. Cependant un alliage est quelquefois plus fusible que chacun des métaux qui le constituent : l'alliage Darcet (bismuth, plomb et étain) fond à 94°. Les alliages ont plus de dureté, mais moins de ductilité et de malléabilité que les métaux qui entrent dans leur composition : ils sont moins oxydables aussi.

Voici l'énumération de quelques-uns des principaux alliages usuels.

1° *Laiton* ou *cuivre jaune* (cuivre, 2 parties; zinc, 1 partie). Remarquable par sa dureté, il sert à la fabrication des instruments de physique, des ustensiles de ménage, des garnitures de meubles, des flambeaux. La fabrication des épingles en consomme pour plus de 10 millions de francs par an, seulement en France. C'est le plus important de tous les alliages.

2° *Maillechort* (cuivre, 2; zinc, 1; nickel, 1). Cet alliage, très brillant, peu altérable, sert à la confection des couverts, des chandeliers, des instruments de chirurgie. Souvent il est argenté ou nickelé par la galvanoplastie.

3° *Bronze.* Le bronze des cloches, celui des canons, celui des cymbales, sont des alliages de cuivre et d'étain en proportions variables. Ces bronzes sont d'autant plus cassants et sonores qu'ils renferment plus d'étain; ils sont d'autant plus tenaces qu'ils en renferment moins.

4° Les alliages des monnaies et des bijoux sont formés d'or ou d'argent unis à une faible proportion de cuivre.

Nous voyons que tous ces alliages renferment du cuivre. Celui des caractères d'imprimerie (plomb, 4; antimoine, 1) et celui des mesures d'étain (plomb, 18; étain, 82) sont les seuls qui en soient exempts.

Le fer et le platine n'entrent dans la composition d'aucun alliage usuel.

## *Résumé.*

Les *alliages* sont des combinaisons de métaux entre eux, avec un excès plus ou moins grand de l'un de ces métaux. Pour l'industrie, ce sont de véritables métaux, artificiellement formés par l'union de plusieurs autres.

On prépare les alliages en fondant ensemble les métaux dans des proportions convenables.

Les principaux alliages sont le *laiton*, le *maillechort*, le *bronze* et les alliages monétaires. Le cuivre entre dans la composition de tous ces alliages.

# CHAPITRE II

## POTASSIUM, SODIUM, CALCIUM.

### I. — PRINCIPAUX COMPOSÉS DU POTASSIUM ET DU SODIUM.

**396. Potassium et sodium.** — Le *potassium* et le *sodium* sont des métaux mous comme de la cire, combustibles, si avides d'oxygène qu'ils décomposent l'eau dès la température ordinaire.

A l'état libre, ils sont de peu d'usage ; mais plusieurs de leurs composés, très répandus dans la nature, sont utilisés en grandes masses.

Nous dirons quelques mots des plus importants.

**397. Potasse et soude.** — La *potasse caustique* $KOH$ et la *soude caustique* $NaOH$ sont des solides blancs, très solubles dans l'eau, se combinant avec les acides pour donner des bases.

A l'état solide, comme à l'état de dissolution, ce sont des caustiques énergiques, qui dissolvent rapidement la peau et perforent les membranes.

On les prépare en traitant par la chaux une dissolution bouillante de *carbonate de potassium* ou de *carbonate de sodium :* il se forme un précipité insoluble de carbonate de calcium, qui se dépose. On fait alors évaporer la dissolution de l'alcali, pour avoir le corps à l'état solide.

La médecine les utilise comme caustiques, sous le nom de *pierre à cautère.*

**398. Chlorure de potassium.** — Le *chlorure de potassium* $HCl$ est extrait des mines souterraines, des eaux de la mer et des cendres de certains végétaux. Il sert surtout à la préparation du chlorate de potassium, du sulfate de potassium.

**399. Chlorure de sodium.** — Le *chlorure de sodium* NaCl, ou *sel marin*, est un solide blanc, de saveur salée, assez peu soluble dans l'eau.

Il est très abondant dans la nature. On le rencontre dans la terre, sous le nom de *sel gemme* (Europe centrale, Espagne); on le retire aussi de quelques *sources d'eau salée* (Europe centrale, est de la France), et surtout des *eaux de la mer*, qui en renferment plus de 25 kilogrammes par mètre cube.

Pour l'extraire des eaux de la mer, on fait arriver l'eau dans de vastes terrains nommés *marais salants*, où elle s'évapore peu à peu à la chaleur du soleil (*fig.* 274). Au

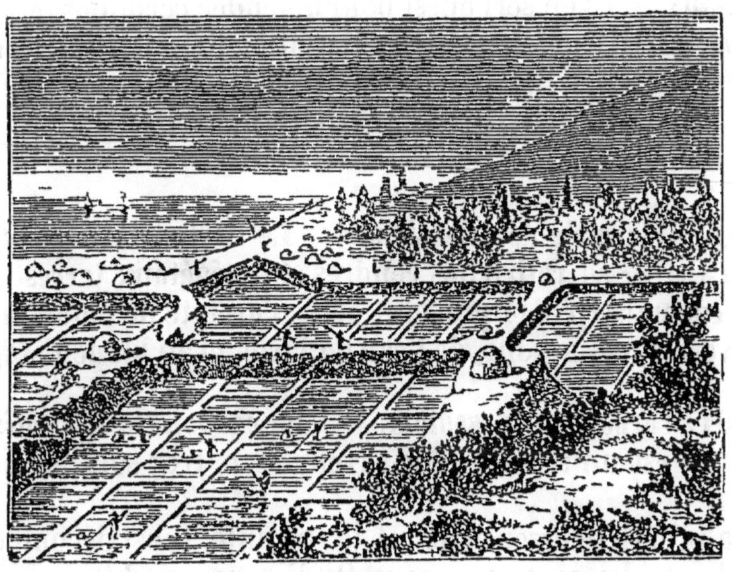

Fig. 274. — C'est dans les marais salants que l'on fait cristalliser le sel marin.

bout de deux jours la concentration est suffisante pour que la plus grande partie du sel se dépose sous forme de cristaux gris. On retire ce sel avec des râteaux, et on le laisse s'égoutter sur le bord avant de le mettre en sac et de l'expédier.

Cette exploitation dure seulement pendant l'été.

Les *eaux mères*, quand elles ont déposé le chlorure de sodium, sont fréquemment soumises à un traitement supplémentaire, qui a pour but d'en retirer du sulfate de sodium et du chlorure de potassium.

En France, les marais salants établis sur toutes les côtes de la Méditerranée sont au nombre de 82 et occupent une surface totale de 25 000 hectares. Il y en a beaucoup moins sur les bords de l'Océan ; les plus importants sont à Marennes (Charente-Inférieure), et au Croisic (Loire-Inférieure).

Le sel entre dans la préparation de presque tous nos aliments; les besoins de l'alimentation consomment en France 300 millions de kilogrammes de sel par an.

L'agriculture et l'industrie emploient aussi le sel, mais en quantité moitié moins grande : on en fait manger aux bestiaux ; on s'en sert aussi pour amender certaines terres; enfin, le sel entre dans la préparation de nombreux produits chimiques, et principalement du sulfate de sodium, dont on fabrique chaque année des centaines de millions de kilogrammes.

**400. Carbonate de potassium.** — Le *carbonate de potassium* $CO^3K^2$ se retire des cendres des végétaux terrestres.

Il est employé à la préparation de l'azotate de potassium, des verres, des savons, de l'eau de Javel, et au blanchissage.

**401. Carbonate de sodium.** — Le *carbonate de sodium* $CO^3Na^2$ est un solide d'une saveur âcre, très soluble dans l'eau.

Sa propriété essentielle est la suivante. Il est décomposé par les acides gras, que nous étudierons en chimie organique. Il se forme alors des sels de sodium (*stéarate de sodium, oléate de sodium*) solubles dans l'eau, et qu'on nomme des *savons*.

Cette propriété rend le carbonate de sodium éminemment propre au lessivage : quand on trempe du linge sale dans une dissolution chaude de carbonate de sodium, avec la graisse du linge il se forme des sels solubles : dès lors cette graisse s'en va en entraînant les poussières qu'elle maintenait sur le tissu.

Le carbonate de potassium jouit de propriétés analogues, et l'action des cendres dans les lessivages est due à la forte proportion de carbonate de potassium qu'elles renferment.

L'industrie prépare en grand le carbonate de sodium. Selon le mode de préparation, on a le *carbonate naturel* ou le *carbonate artificiel.*

Le carbonate naturel se retire des cendres des végétaux qui croissent sur les bords de la mer. Ces végétaux, brûlés dans de grandes fosses, donnent des cendres, qu'on nomme *soudes brutes*, et qu'on emploie telles quelles à la fabrication du verre et du savon.

On prépare le carbonate artificiel en chauffant un mélange de sulfate de sodium, de carbonate de calcium et de charbon.

L'opération se fait dans un grand four en briques réfractaires chauffé par la flamme d'un foyer (*fig.* 275).

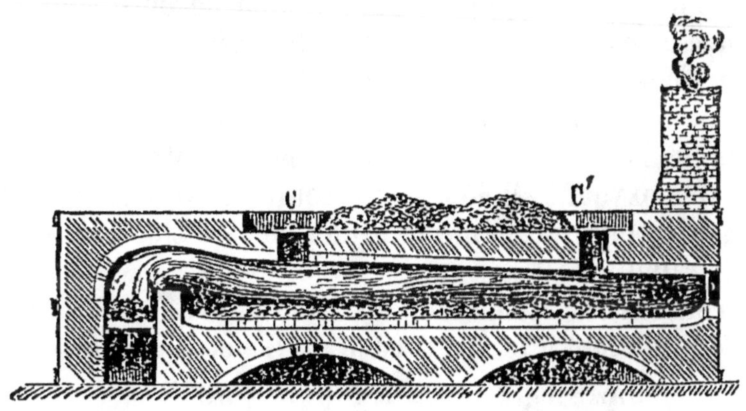


Fig 275 — Four à fabrication du carbonate de sodium artificiel

La *soude artificielle* ainsi obtenue est un mélange de carbonate de sodium, de sulfure de calcium, de charbon et de carbonate de calcium.

Purifiée, elle donne le *sel de soude;* purifiée une seconde fois, elle donne les *cristaux de soude,* constitués par du carbonate de sodium presque pur. C'est ce dernier produit que les ménagères appellent peu correctement *potasse* ou *cristaux.*

Les *soudes brutes*, et principalement les soudes artificielles, sont fabriquées chaque année par centaines de millions de kilogrammes. Nous verrons qu'elles servent à la fabrication de la verrerie commune et des savons. Le *sel de soude* entre dans la composition des glaces et de la verrerie fine. Les *cristaux de soude* sont employés dans le blanchiment et le lessivage, ainsi que dans la teinture.

**402. Hypochlorites de potassium et de sodium.** — Ces composés, fort importants, sont ceux qu'on utilise, sous les noms d'*eau de Javel* et d'*eau de Labarraque*, pour le blanchiment et le blanchissage (§ 348).

**403. Azotate de potassium, poudre.** — L'*azotate de potassium* $AzO^3K$, ou *salpêtre*, se trouve à la surface du sol dans les pays chauds. Dans les pays tempérés, on le rencontre dans les lieux humides, tels que caves, écuries, vieux murs.

On le fabrique en grande quantité, en décomposant le *chlorure de potassium* par l'*azotate de sodium*.

C'est un solide cristallisé, soluble dans l'eau, facilement décomposable par la chaleur.

Comme l'acide azotique et tous les azotates, c'est un corps très oxydant. Mêlé avec du soufre et du charbon, il forme une poudre capable de brûler en vase clos avec une grande rapidité.

La combustion est encore plus vive si l'on mélange l'*azotate de potassium* à la fois avec le *soufre* et le *charbon* :

$$2AzO^3K + S + 3C = K^2S + 2Az + 3CO^2.$$

C'est un mélange qu'on nomme *poudre à tirer*.

Quand on met le feu en un point de ce mélange, l'inflammation se propage dans toute la masse avec une extrême rapidité. L'oxygène de l'azotate de potassium se porte sur le charbon et le transforme en anhydride carbonique; la réaction détermine la production de deux gaz : azote et anhydride carbonique, qui, surtout à la température élevée à laquelle ils sont portés, ont un volume considérable (1 500 fois plus grand que celui de la poudre).

Si donc la combustion se fait en vase clos, la force expansive des gaz produits exercera une énorme pression sur les parois et déterminera une explosion ; si la combustion se fait dans un fusil ou dans un canon bouché par un projectile, ce projectile sera envoyé au loin avec une grande vitesse.

### *Résumé.*

Le *potassium* et le *sodium* sont deux métaux très oxydables, peu importants par eux-mêmes, mais importants par leurs composés.

Les principaux composés sont :

La *potasse* KOH et la *soude* NaOH *caustiques;* le *chlorure de potassium* KCl ; le *chlorure de sodium* NaCl, retiré des mines de sel gemme et des eaux de la mer; le *carbonate de potassium* $CO^3K^2$, le *carbonate de sodium* $CO^3Na^2$, retiré des cendres des végétaux marins et préparé artificiellement par l'action du carbonate de calcium et du charbon sur le sulfate de sodium; les *hypochlorites de potassium* ClOK et de *sodium* ClONa; l'*azotate de potassium* $AzO^3K$, préparé par l'action du chlorure de potassium sur l'azotate de sodium, et qui entre dans la composition de la *poudre*.

## II. — PRINCIPAUX COMPOSÉS DU CALCIUM

**404. Calcium.** — Le calcium est un métal fort difficile à obtenir, et qui n'est d'aucun usage.

Ce métal est pourtant très répandu dans la nature, car le carbonate de calcium se rencontre partout, et le sulfate de calcium est assez abondant aussi.

**405. Chaux.** — La *chaux vive* CaO, ou *protoxyde de calcium*, est un solide blanc, infusible, capable de se combiner avec les acides pour donner des sels. La propriété importante de la chaux est son affinité pour l'eau. Quand on l'arrose avec de l'eau (*fig.* 276), elle s'échauffe jusqu'à une température voisine de 300°, ce qui volatilise une partie de l'eau; puis elle se fendille, augmente de volume et tombe en poussière : on a alors la chaux hydratée $CaO^2H^2$ ou *chaux éteinte.*

Si l'on ajoute plus d'eau, il se forme une pâte grasse et onctueuse; avec plus d'eau encore, on obtient par agitation un liquide blanc, appelé *lait de chaux*, qui est formé par la chaux en suspension dans l'excès d'eau. On emploie le lait de chaux, en guise de peinture blanche économique, pour badigeonner les murs.

Fig. 276. — La chaux vive s'échauffe fortement en se combinant avec l'eau.

Abandonné à lui-même, le lait de chaux laisse déposer presque toute sa chaux. On a alors une dissolution limpide d'un peu de chaux dans l'eau : c'est *l'eau de chaux;* un litre d'eau ne peut dissoudre qu'un gramme de chaux.

On prépare industriellement la chaux en décomposant le *carbonate de calcium* (*pierre à chaux*) par la chaleur.

L'opération se fait dans des fours en maçonnerie, nommés fours à chaux (*fig.* 277). Sous les pierres empilées on allume un grand feu de fagots, capable d'élever la température au rouge vif; la cuisson dure plusieurs heures. Quand elle est terminée, on laisse le feu s'éteindre, et on retire la chaux.

La chaux est employée en grande masse à la préparation des chlorures décolorants et désinfectants (§ 348), de l'ammoniaque, de la potasse et de la soude, de la bougie, du sucre, et surtout des *mortiers.*

En agriculture, on s'en sert comme amendement.

Peu de corps présentent autant d'usages importants.

**406. Mortiers et ciments.** — Les mortiers sont des mélanges destinés à lier les matériaux des constructions.

Les *mortiers aériens* sont des mélanges d'*eau,* de *sable* et de *chaux vive*, presque pure (nommée *chaux grasse*). Ils durcissent au contact de l'air, en absorbant l'anhydride car-

Fig. 277. — On prépare la *chaux* en chauffant fortement la *pierre calcaire*.

bonique atmosphérique, et en formant ainsi du carbonate de calcium.

Les *mortiers hydrauliques* renferment encore de l'*eau*, du *sable* et de la *chaux;* mais la chaux employée, appelée *chaux hydraulique*, renferme une assez forte proportion d'*argile*, qui lui donne la propriété de durcir sous l'eau.

Le *béton* est un mélange de chaux hydraulique, de sable et de cailloux.

Le *ciment* est une chaux extrêmement hydraulique, qui se prend sous l'eau au bout de quelques minutes.

**407. Carbonate de calcium.** — Le *carbonate de calcium* $CO^3Ca$, ou *pierre calcaire*, est un solide blanc, quand il est pur, décomposable par la chaleur, qui fait dégager l'anhydride carbonique et laisse la chaux. La plupart des acides décomposent aussi le carbonate de calcium, en produisant un dégagement de gaz carbonique.

On le trouve dans la nature, sous les formes les plus diverses; mais il est toujours reconnaissable à son effervescence sous l'action des acides et à sa transformation en chaux par l'application de la chaleur.

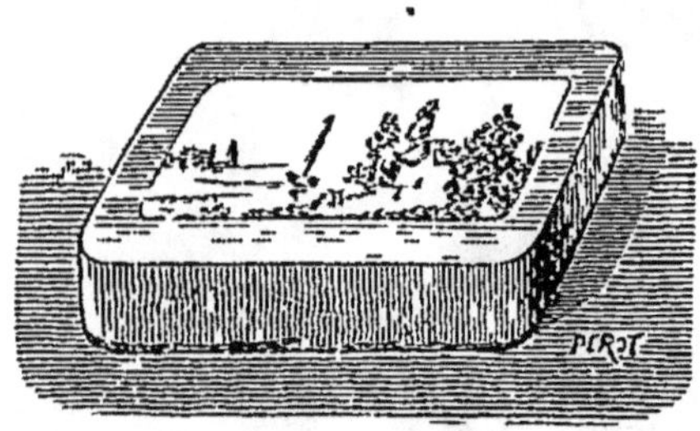

Fig. 278. — Pierre lithographique.

Les principales variétés de carbonate de calcium sont les suivantes :

Les nombreux *calcaires à bâtir*, répandus en tous pays;

La *pierre lithographique*, dure, à grain fin (*fig.* 278);

L'*albâtre calcaire*, dont l'*onyx* est l'espèce la plus estimée pour la décoration;

Le *marbre*, dur, susceptible d'un beau poli, orné des couleurs les plus variées et les plus vives;

La *craie*, tendre, friable, avec laquelle on fait le blanc d'Espagne.

Outre ces variétés solides, on trouve le calcaire en dissolution dans l'eau. Le carbonate de calcium est insoluble dans l'eau pure, mais légèrement soluble dans celle qui renferme un peu d'anhydride carbonique.

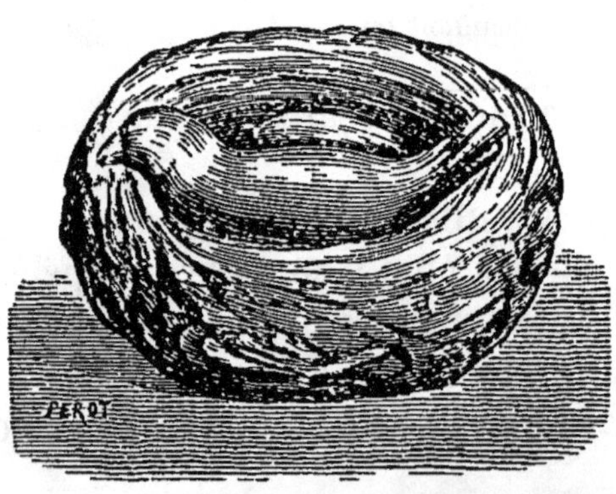

Fig. 279. — Incrustation d'un nid par dépôt de calcaire.

Les eaux souterraines, souvent très riches en anhydride carbonique, renferment quelquefois beaucoup de calcaire. Arrivées à l'air, elles abandonnent une partie de leur anhydride, et le calcaire se dépose sur les objets environnants : l'eau est dite *incrustante*. Les sources incrustantes sont fort nombreuses en Auvergne ; celle de Saint-Allyre, à Clermont, est la plus célèbre : tout objet déposé dans l'eau de cette source est rapidement incrusté (*fig.* 279).

Les eaux d'infiltration des grottes déposent peu à peu les longues aiguilles calcaires nommées *stalactites*, qui pendent de la voûte. Au-dessous de chaque stalactite s'élève du sol une aiguille semblable, *stalagmite*, formée par les gouttes d'eau qui tombent de la voûte (*fig.* 280).

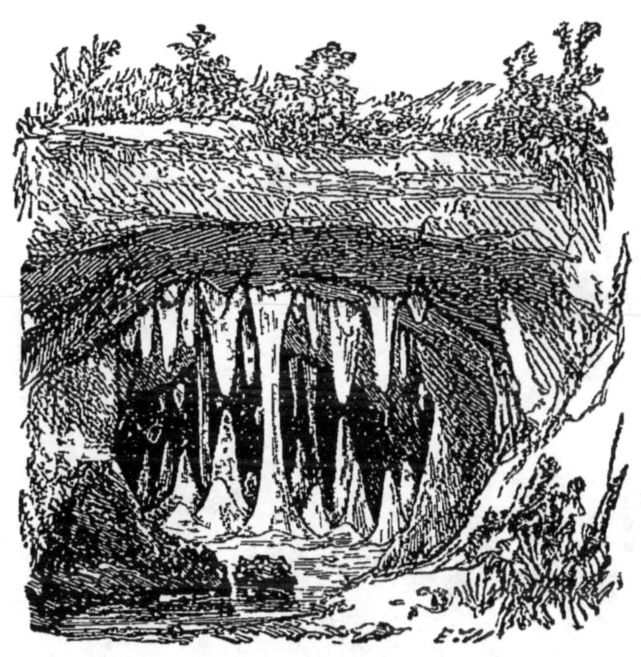

Fig. 280. — Stalactites et stalagmites.

Souvent les stalactites et les stalagmites se rejoignent et constituent des colonnes.

**408. Sulfate de calcium.** — Le *sulfate de calcium hydraté* $SO^4Ca + 2H^2O$ est un corps blanc, tendre, très peu soluble dans l'eau. Sous le nom de *gypse*, ou pierre à plâtre, on le retire d'un grand nombre de terrains (Provence, Bourgogne, Vosges, Paris), dans lesquels il se trouve en amas considérables.

Modérément chauffé, le sulfate de calcium perd son eau et constitue alors le plâtre, qui a la propriété de former avec l'eau un *lait* liquide, qui, peu à peu, *se prend* en une masse solide, composée de petits cristaux de sulfate de calcium hydraté, enchevêtrés les uns dans les autres.

Pour préparer le *plâtre,* il suffit donc de soumettre le *sulfate de calcium* à une légère cuisson.

On opère dans des hangars nommés *fours à plâtre* (*fig.* 281). Quand la cuisson est terminée, on réduit les

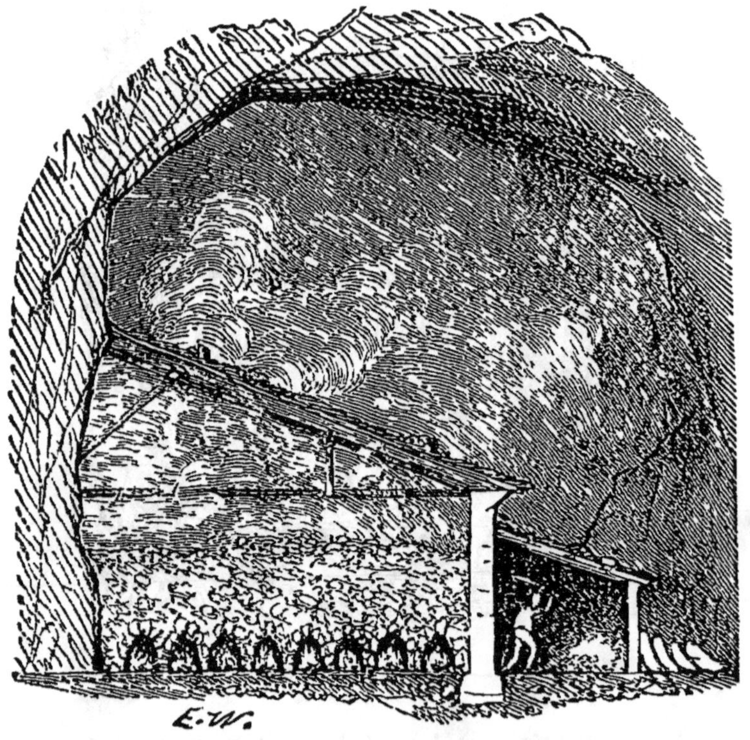

Fig. 281. — On prépare le plâtre en chauffant modérément le sulfate de chaux.

blocs de pierre en une poussière fine, que l'on conserve à l'abri de l'humidité.

Le plâtre est fort employé dans les constructions, dans le moulage, et, en agriculture, comme amendement.

## *Résumé.*

Le *calcium* n'a aucune importance par lui-même.

Ses principaux composés sont les suivants :

La *chaux*, qu'on prépare en décomposant le carbonate de calcium par la chaleur; elle sert à faire les *mortiers*, les *ciments;*

Le *carbonate de calcium*, qu'on rencontre sous les formes de calcaire à bâtir, pierre lithographique, albâtre, marbre, craie; il est aussi en dissolution dans toutes les eaux;

Le *sulfate de calcium*, ou *pierre à plâtre*, qui, par cuisson, donne le plâtre employé dans les constructions.

# CHAPITRE III

## ALUMINIUM, POTERIES, VERRES.

### I. — PRINCIPAUX COMPOSÉS DE L'ALUMINIUM.

**409. Aluminium.** — L'aluminium est un métal d'un gris d'argent, sonore, ductile, malléable, dur, bon conducteur de la chaleur et de l'électricité, complètement inaltérable à l'air, même aux températures élevées. Il n'est attaqué par aucun des corps gras et des acides végétaux employés en cuisine. De plus, il est beaucoup plus léger que tous les métaux usuels : sa densité est seulement 2,56.

Ce remarquable métal possède donc à un haut degré toutes les qualités que l'on recherche dans les métaux usuels.

En outre, c'est le métal le plus répandu dans la nature : les *argiles*, qui sont des silicates d'alumine, se rencontrent partout.

L'extraction de l'aluminium, qui a été très pénible pendant longtemps, se fait aujourd'hui aisément en faisant intervenir l'action du courant électrique. Aussi le prix de ce métal a-t-il baissé dans des proportions telles, que ses usages prennent chaque jour une importance qui deviendra sans doute très grande.

**410. Alumine.** — L'*alumine* $Al^2O^3$, ou *sesquioxyde d'aluminium*, est un corps solide, qu'on rencontre dans la nature.

Les pierres précieuses les plus estimées après le diamant ne sont autre chose que de l'alumine cristallisée incolore (*corindon*), ou colorée par des quantités très petites d'oxydes étrangers, en jaune (*topaze orientale*), en bleu (*saphir oriental*), en rouge de feu (*rubis oriental*), en pourpre (*améthyste orientale*).

L'émeri, qui, à cause de sa dureté, sert à polir les métaux et le verre, est de l'alumine cristallisée colorée en noir au moyen de l'oxyde de fer.

L'alumine combinée avec l'acide silicique forme les *argiles* et entre dans la composition des *feldspaths*.

**414. Alun.** — *L'alun* $(SO^4)^3Al^2 + SO^4K^2 + 24H^2O$ est une combinaison hydratée de sulfate de potassium et de sulfate d'alumine. C'est un sel blanc d'une saveur astringente, soluble dans l'eau.

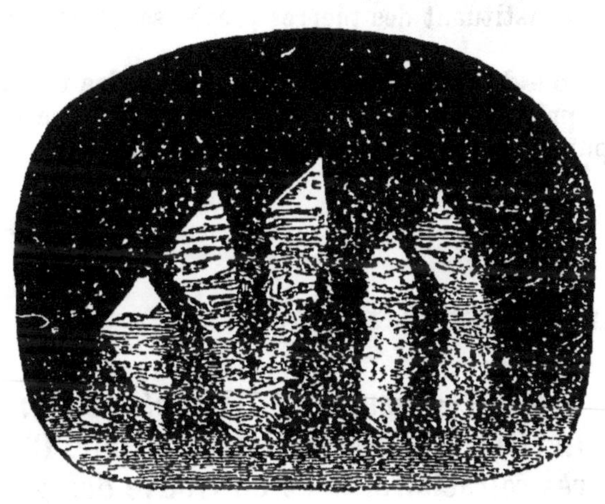

Fig. 282. — Alun cristallisé.

Il est ordinairement cristallisé (*fig.* 282). Mais si on le chauffe dans un creuset, il se fond, perd son eau, se boursoufle (*fig.* 283) et donne l'*alun calciné*, facile à réduire en une poudre blanche très légère.

Fig. 283. — Alun calciné.

On prépare industriellement l'*alun* en traitant l'*argile* ou *silicate d'alumine* par l'*acide sulfurique*. Il se forme du sulfate d'alumine, qui reste en dissolution, et de l'acide silicique, insoluble, qui se dépose. On décante, puis on ajoute une dissolution de *sulfate de potassium*, et on laisse cristalliser par refroidissement.

Les usages de l'alun sont importants. On l'emploie dans la teinture, dans le tannage des cuirs, dans la fabrication du papier, dans la clarification des suifs.

La médecine utilise les propriétés astringentes de l'alun et les propriétés caustiques de l'alun calciné.

### *Résumé.*

L'*aluminium* possède à un haut degré toutes les qualités d'un métal usuel. A mesure que diminue son prix de revient, ses usages se multiplient.

Parmi les composés de l'aluminium, l'*alumine* se trouve cristallisée dans la nature, constituant des pierres précieuses très estimées.

L'*alun*, sulfate double de potassium et d'alumine, a des usages importants. Pour le préparer, on traite le silicate d'alumine par l'acide sulfurique, puis on ajoute du sulfate de potassium.

## II. — ARGILES, POTERIES.

**412. Kaolin et argiles communes.** — Le *kaolin* ou *terre à porcelaine* est un *silicate d'alumine* presque pur. C'est un solide blanc, très réfractaire, dont on trouve des gisements importants en Chine, en Saxe, en Russie, en Angleterre et en France.

Il est insoluble dans l'eau, mais il forme avec ce liquide une pâte grasse et liante, parfaitement plastique, pouvant prendre et conserver les formes les plus variées. Cette pâte se contracte et se fendille par la dessiccation, et alors elle *happe* à la langue, par suite de son avidité pour l'eau.

Chauffée au rouge, la pâte de kaolin perd toute son eau, éprouve un retrait considérable, et se transforme en une masse extrêmement dure, inattaquable par les acides et par les alcalis, presque infusible, et sur laquelle l'eau n'a plus aucune action.

Cette propriété qu'a le kaolin de former avec l'eau une pâte plastique qui durcit par la cuisson permet de l'employer à la fabrication des poteries. Les poteries à base de kaolin portent le nom de *porcelaines*.

Les *argiles communes*, souvent appelées *terres glaises*, sont aussi formées par du silicate hydraté d'alumine ; mais elles renferment, en outre, des proportions très variables d'oxyde de fer ou de magnésie, de la chaux, du sable, du calcaire. Ces matières étrangères colorent les argiles en jaune, en rouge ou en vert; elles les rendent plus fusibles et diminuent la plasticité de la pâte.

Un certain nombre d'*argiles communes* sont cependant encore propres à la fabrication des poteries.

D'autres argiles (*terre à foulon, marnes, sanguine, ocre, terre d'ombre*) sont trop impures et n'ont presque plus de plasticité.

**413. Poteries.** — L'argile ne peut former à elle seule la pâte des poteries : le retrait qu'elle éprouve par suite de la cuisson la fendille et lui ôte toute solidité. On est obligé d'y ajouter une *matière dégraissante*, peu plastique, ne se contractant pas par la cuisson et diminuant le retrait, ou bien un *fondant* qui rend la pâte susceptible d'éprouver au feu un commencement de fusion.

Fig. 234. — Travail des poteries au tour.

De là, la division des poteries en deux catégories principales :

1° *Les poteries renfermant un fondant*. Le commencement de fusion qu'elles ont subi les rend compactes, légèrement translucides, imperméables aux liquides.

On les recouvre ordinairement d'un vernis, qui cache leur surface toujours rugueuse. Exemples : *porcelaine, poterie de grès*.

2° *Les poteries ne renfermant pas de fondant.* Elles sont poreuses, perméables aux liquides. Exemples: *faïence, poteries communes, terres cuites.*

On vernit seulement celles de ces poteries qui doivent servir à la préparation ou à la conservation des aliments ou des liquides.

Fig. 285. — Travail des poteries au moule.

**414. Porcelaines.** — La *porcelaine* est formée de kaolin, auquel on ajoute du feldspath finement pulvérisé (fondant) et du sable (matière dégraissante).

Quand, à la suite de divers traitements, dont le plus important est la malaxation, la pâte a acquis une consistance suffisante, on la façonne soit *au tour* (*fig.* 284), soit par *le moulage* (*fig.* 285).

Les pièces, d'abord séchées à l'air, subissent une première cuisson, appelée *dégourdi*, qui donne une pâte très poreuse.

Fig. 286. — Cuisson en *cazettes.*

A la surface de la porcelaine dégourdie on applique un vernis, composé d'une substance (*pegmatite*) capable de fondre à la température de la seconde cuisson ; on applique ce vernis en plongeant la pièce dans de l'eau vinaigrée qui tient en suspension la pegmatite pulvérisée, et en la retirant aussitôt.

La porcelaine étant ainsi *couverte*, on la loge, pièce à pièce, dans des étuis ou *cazettes* (*fig.* 286) en argile réfractaire, dans lesquelles s'opère la seconde cuisson. Cette cuisson se fait à une température assez élevée pour ramollir la pâte et fondre complètement le vernis. La fabrication est alors terminée.

Les fours à porcelaine sont à trois compartiments (*fig.* 287). Dans les deux compartiments inférieurs forte-

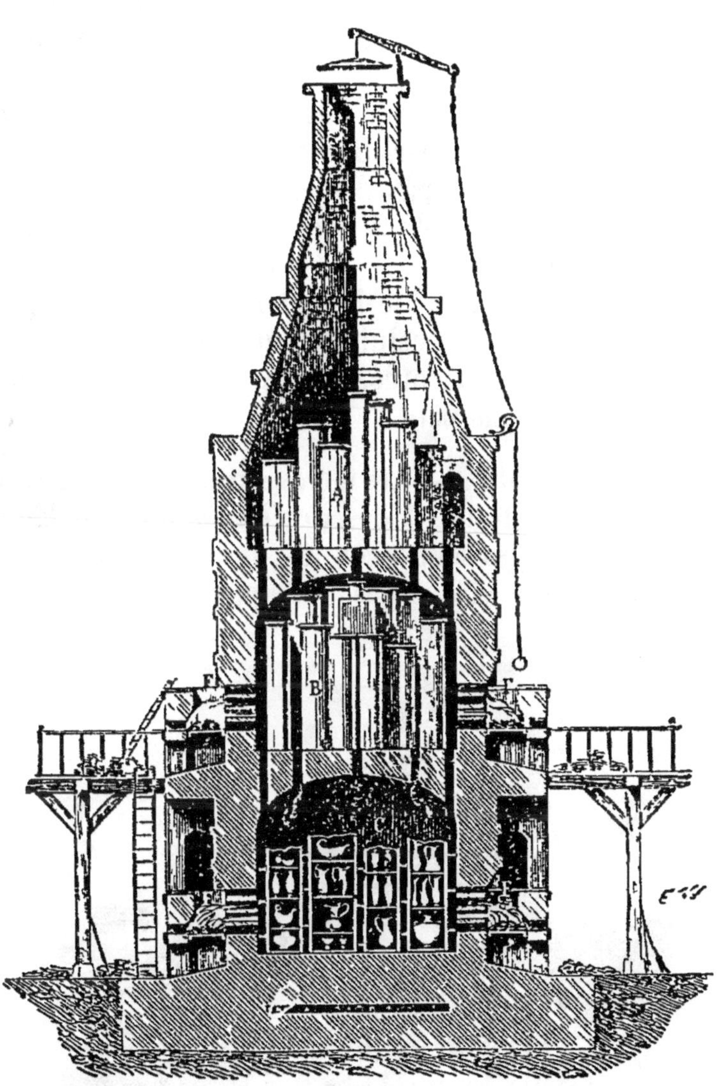


Fig. 287. — Four à porcelaine, à trois compartiments.

ment chauffés par les foyers F, F, F, F on met les pièces soumises à la seconde cuisson; le compartiment du haut, plus éloigné du feu, reçoit les pièces à dégourdir.

Les *poteries de grès* sont fabriquées avec des argiles que colorent diverses impuretés, et principalement de l'oxyde de fer; elles ont les propriétés générales de la porcelaine.

**415. Faïences.** — Les *argiles plastiques*, mélangées avec une terre dégraissante (quartz pulvérisé), servent à la fabrication des faïences.

La cuisson se fait à température élevée et produit une dureté quelquefois supérieure à celle de la porcelaine; mais, comme il n'y a pas de fondant, la pâte n'éprouve pas un commencement de fusion, et, par suite, ne devient pas translucide.

Les faïences fines, à pâte blanche, reçoivent un vernis transparent analogue à celui de la porcelaine; les faïences communes, à pâte colorée, reçoivent un vernis blanc opaque, qui cache la pâte.

**416. Terres cuites.** — Les terres cuites (briques, tuiles, pots à fleurs) renferment des *argiles impures* mélangées avec du sable. Elles sont façonnées soit au moule, soit au tour; après avoir été séchées à l'air, elles subissent une

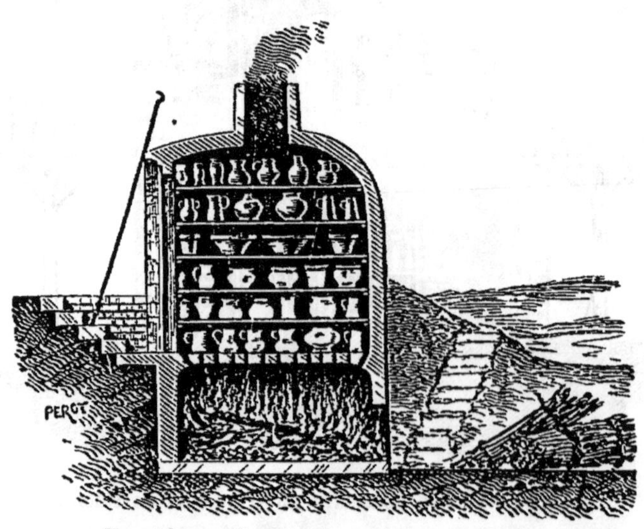


Fig. 288. — Cuisson des poteries communes.

seule cuisson, à température peu élevée, dans des fours en maçonnerie (*fig.* 288).

Les poteries communes destinées à la préparation des aliments ont la même pâte; on les vernit avec un silicate de plomb très fusible, coloré par divers oxydes métalliques, et on les soumet à une seconde cuisson.

## *Résumé.*

La fabrication des poteries est basée sur la propriété que possèdent les *argiles* (ou silicates d'alumine plus ou moins purs) de former avec l'eau une pâte plastique, qui durcit ensuite par la cuisson.

Toute poterie est constituée par une pâte formée avec de l'*eau*, de l'*argile* et une matière supplémentaire destinée à empêcher le fendillement pendant la cuisson. Si cette matiere supplémentaire est un *fondant*, qui permet à la pâte d'éprouver un commencement de fusion, on a la *porcelaine* ou le *grès*. Si la matière supplémentaire ne donne pas de fusibilité, on a la *faïence*, la *poterie commune* ou la *terre cuite*.

## III. — VERRES.

**417. Composition des verres.** — A côté du silicate d'alumine, base des poteries, presque infusible et *opaque*, se placent d'autres silicates, plus fusibles et *transparents* : les principaux sont les silicates de potassium, de sodium, de calcium et de plomb.

Les deux premiers sont facilement fusibles et solubles dans l'eau; les deux autres, difficilement fusibles, fragiles, sont insolubles dans l'eau.

L'union des premiers avec les derniers forme des silicates doubles *assez facilement fusibles, assez résistants, et insolubles dans l'eau* : ces silicates doubles portent le nom de *verres*.

Le silicate double de sodium et de calcium forme le verre commun, dit *verre à vitre;* le silicate double de potassium et de calcium constitue le verre fin, dit *verre de Bohême*. Les uns et les autres sont remarquables par leur légèreté.

Le silicate double de potassium et de plomb forme le

*cristal* et le *strass*; l'*émail* est un cristal rendu opaque au moyen du bioxyde d'étain et coloré par divers oxydes métalliques. Les verres à base de plomb ont une grande densité.

On obtient ces divers silicates en fondant ensemble, dans des proportions convenables, du sable, de la chaux et du carbonate alcalin pour les premiers; du sable, de l'oxyge rouge de plomb et du carbonate de potassium pour les seconds.

**418. Fabrication du verre.** — La fabrication du verre se fait dans des fours spéciaux (*fig.* 289). La partie centrale M, placée près du foyer, a une température très

Fig. 289. — Four pour la fusion du verre.

élevée; sur les côtés, deux *arches* plus éloignées du feu sont beaucoup moins chauffées.

Les matériaux, soigneusement pesés et mélangés, sont d'abord placés dans les arches; là, ils subissent une calcination (appelée *frite*), qui détermine le commencement de la réaction. La matière fritée est ensuite transportée au centre du four, en M ; la fusion se produit ; l'anhydride carbonique du calcaire et du carbonate de sodium ou de potassium s'en va ; le silicate double se forme.

Quand la fusion est complète, on laisse baisser le feu jusqu'à ce que la matière prenne la consistance pâteuse, et alors on façonne.

La façon est donnée par *soufflage*, *moulage* ou *coulage*.

Le *soufflage* s'exécute au moyen d'une longue *canne* de fer percée d'un canal étroit suivant son axe. L'ouvrier plonge l'extrémité de la canne dans la masse pâteuse, et la retire chargée d'une certaine quantité de verre. En soufflant dans la canne et en lui imprimant des mouvements convenables, il arrive à obtenir des objets creux de forme très complexe. On obtient les carreaux de vitre en fabriquant par soufflage un gros cylindre de verre, qu'on

Fig. 290. — Travail du verre par soufflage.

fend ensuite longitudinalement, et qu'on étend sur une plaque de fonte (*fig.* 290).

On opère le *moulage* en coulant dans un moule le verre pâteux. Le soufflage et le moulage se pratiquent souvent simultanément ; quand on a fait par soufflage un cylindre de verre, on l'introduit dans un moule de forme déterminée, puis, en soufflant, on force le cylindre à prendre la forme du moule. On opère de la sorte dans la fabrication des bouteilles et des carafes.

Les grandes pièces, telles que les glaces, se font par le *coulage* du verre liquide sur une table de bronze.

## *Résumé.*

Les verres sont constitués par du silicate double de sodium et de calcium (*verre à vitre*), du silicate double de potassium et de calcium (*verre de Bohême*), du silicate double de potassium et de plomb (*cristal*).

On les obtient en fondant, dans des fours spéciaux, du *sable*, de la *chaux* et du *carbonate de sodium*, pour le verre à vitre; du *sable*, de la *chaux* et du *carbonate de potassium*, pour le verre de Bohême; du *sable*, de l'*oxyde de plomb* et du *carbonate de potassium*, pour le cristal.

La façon est donnée par *soufflage*, *moulage* ou *coulage*.

# CHAPITRE IV

## MÉTAUX USUELS ET MÉTAUX PRÉCIEUX

### I. — FER, FONTE, ACIER.

**419. Propriétés du fer.** — Le fer est un métal gris, assez *malléable*, assez *ductile*, très *dur* et très *tenace* (§§ 380 à 385), assez bon conducteur de la chaleur et de l'électricité.

Sa densité est 7,79.

Il fond seulement à 1 500°; la température des feux de forge industriels ne suffit pas à le liquéfier.

Heureusement, le métal devient assez mou au rouge vif pour prendre sous le marteau toutes les formes qu'on veut lui donner; il se soude alors à lui-même, sans l'intermédiaire d'aucun autre métal.

Exposé à l'air humide, le fer s'oxyde lentement. Il se forme de la rouille, $Fe^2O^3 + 3H^2O$ (§ 387); on peut le préserver de cette altération en le recouvrant d'une mince couche d'*étain* (*fer-blanc* ou *fer étamé*), de *zinc* (*fer galvanisé*), de *cuivre* (*fer cuivré*) A chaud, le fer peut même *brûler* dans l'air, et surtout dans l'oxygène.

Tous les acides forts, *acide sulfurique*, *acide chlorhydrique*, *acide azotique*, attaquent le fer.

**420. Principaux composés du fer.** — A l'inverse des métaux que nous avons étudiés jusqu'ici, le fer est bien plus important par lui-même que par ses composés.

Le seul sel de fer directement employé dans l'industrie est le *sulfate de protoxyde de fer* $SO^4Fe + 7H^2O$, ou *vitriol vert*. On le prépare industriellement en traitant le fer par l'acide sulfurique. Il est surtout utilisé en teinture; il entre dans la composition de l'encre ordinaire.

**421. État naturel.** — Le fer est extrêmement répandu dans la nature. On le rencontre *partout*, dans toutes les roches qui composent l'écorce terrestre. Les eaux, les végétaux et les animaux en renferment aussi.

De plus, un grand nombre de ses composés se trouvent en masses considérables.

On le retire industriellement de l'*oxyde magnétique* $Fe^3O^4$ (Suède, Norvège, Algérie), du *sesquioxyde*, appelé, suivant les cas, *fer oligiste*, *hématite rouge*, *hématite brune*, *limonite* (Allemagne, île d'Elbe, Vosges, Bourgogne, Franche-Comté, Berry), et du *carbonate de fer*, ou *fer spathique* (Saint-Étienne, Pyrénées, Angleterre).

**422. Extraction.** — Pour extraire le fer de ses *minerais*, on chauffe ces minerais (*oxydes* ou *carbonate*) avec du *charbon*. Le charbon enlève l'oxygène, pour donner de l'anhydride carbonique, et le métal est mis en liberté.

L'opération serait très simple si le minerai était pur. Mais le minerai est toujours mélangé avec des matières terreuses, qui rendent le traitement plus difficile. On est obligé d'ajouter au *minerai* et au *charbon* une matière supplémentaire capable de se combiner avec les substances terreuses pour en déterminer la fusion et les séparer ainsi du fer.

Le traitement se fait dans des appareils de très grandes dimensions, nommés *hauts fourneaux*. C'est un immense four (*fig*. 201), ouvert par le haut et par le bas, qui reçoit à sa partie inférieure le vent d'une puissante soufflerie.

On y allume un feu de charbon, puis on y verse, d'une manière continue, des couches alternatives de *minerai*, de *charbon* et de *calcaire*, destiné à déterminer la fusion des matières terreuses. L'activité du fourneau dure des mois entiers sans interruption.

Sous l'action de la température élevée qui résulte de la combustion, le charbon réduit le minerai et donne du *fer*, pendant que le calcaire s'unit aux matières terreuses et donne un verre grossier, nommé *laitier*.

Le laitier et le métal, fondus l'un et l'autre, se rendent

à la partie inférieure du haut fourneau, où ils se superposent, le laitier étant plus léger que le métal.

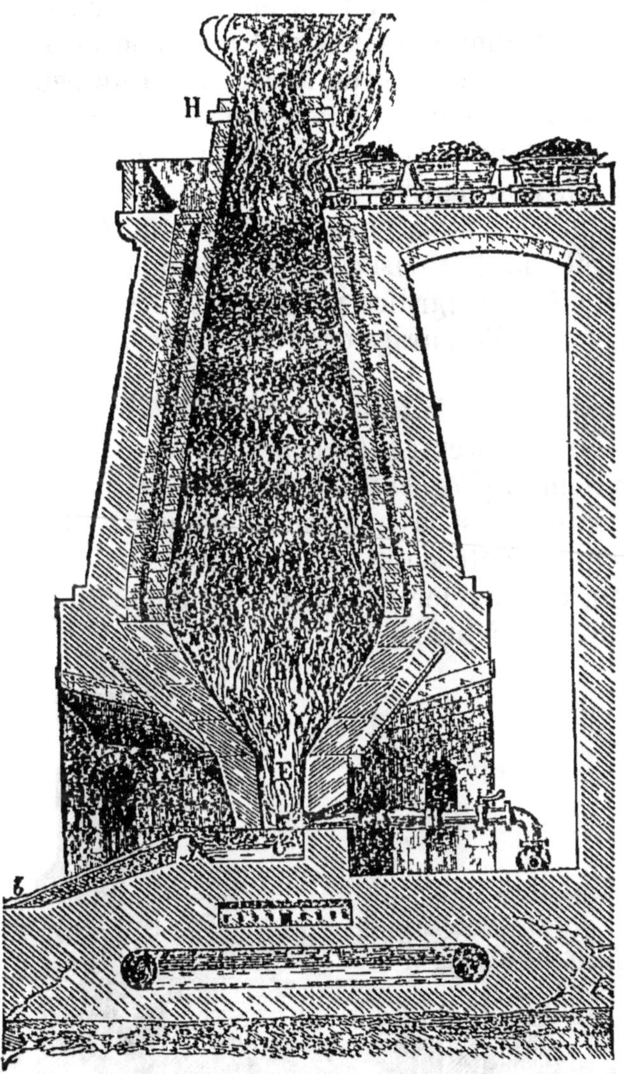


Fig. 291. — Haut fourneau, pour la fabrication de la fonte.

De temps en temps on ouvre une petite porte inférieure et on a une *coulée* de métal fondu, qu'on dirige dans des rigoles de sable.

**423. Fonte, ses usages.** — Le métal fourni par le haut fourneau n'est pas du *fer pur*. C'est du fer tenant en dissolution une petite quantité de charbon (2 à 5 pour 100). Ce fer carburé se nomme la *fonte*.

La *fonte* diffère beaucoup du fer par ses propriétés. Elle n'a ni la ductilité, ni la malléabilité du fer; elle se brise sous l'action des chocs violents; elle ne devient pas aussi molle sous l'action de la chaleur et ne peut pas être travaillée au marteau. Mais, par contre, on peut assez aisément la fondre et lui donner, par *moulage*, toutes les formes que l'on veut.

Aussi fabrique-t-on avec la fonte un grand nombre d'appareils ou d'ustensiles employés dans l'industrie et dans les ménages (grilles, portes, colonnes de soutien, candélabres pour l'éclairage des rues, poêles, marmites...).

**424. Affinage de la fonte.** — Si l'on veut avoir du fer pur, il faut enlever à la fonte son charbon; cette opération se nomme *décarburation* ou *affinage*.

L'opération est extrêmement simple : il suffit de chauffer la fonte dans un courant d'air, qui brûle le charbon, et d'arrêter l'oxydation au moment même où le fer commence à brûler.

Fig. 292. — Four à puddler, pour l'affinage de la fonte.

L'appareil le plus employé pour l'affinage se nomme *four à puddler* (*fig.* 292). La flamme d'un foyer à houille passe sur la fonte placée sur une sole plane, recouverte d'une voûte surbaissée.

Le tirage de la cheminée étant très énergique, cette flamme est mêlée à un très grand excès d'air: elle est très oxydante. La fonte se liquéfie d'abord, puis, sous l'action de l'oxygène, elle se décarbure, devient visqueuse, puis se réunit en une masse pâteuse, que l'on brasse avec un ringard jusqu'au moment où on la sort pour la soumettre au marteau.

**425. Acier, ses usages.** — *L'acier* est constitué par du fer qui renferme un peu de charbon, mais moins de charbon que la fonte.

Il possède à un haut degré toutes les propriétés physiques qui rendent le fer si précieux : il est plus ductile, plus malléable, plus dur que le fer; comme le fer, il se ramollit avant de fondre, il peut se travailler au marteau et se souder à lui-même. C'est le meilleur de tous les fers.

De plus, il est fusible au feu de forge, ce qui, dans certains cas, lui donne une grande supériorité sur le métal pur.

Enfin, et c'est là son caractère distinctif le plus important, il devient extrêmement dur, élastique et cassant, quand on le chauffe au rouge, et qu'on le refroidit ensuite brusquement en le plongeant dans l'eau. Les effets de la *trempe* disparaissent, et l'acier redevient ductile, quand on le *recuit*, et qu'on le laisse refroidir lentement.

Les propriétés de l'acier varient, du reste, dans de larges limites, selon la proportion de carbone qu'il renferme.

L'acier se produit par carburation du fer ou par décarburation partielle de la fonte.

La décarburation partielle de la fonte se fait dans le four à puddler.

Par la carburation du fer, on obtient *l'acier de cémentation*, le meilleur de tous. On range des barres de fer dans un grand four, en les séparant les unes des autres par du charbon de bois pulvérisé. On maintient ce four au rouge pendant plusieurs jours; peu à peu le fer se combine avec le charbon qui l'entoure, et se transforme en acier. On rend cet acier plus homogène, en le faisant fondre dans de petits creusets. Il constitue alors l'*acier fondu*.

Les usages de l'acier deviennent de jour en jour plus importants, et la consommation de ce métal s'accroît avec une prodigieuse rapidité.

Les aciers fins, acier puddlé et surtout acier de cémentation, servent à la fabrication des objets de coutellerie qui devront être trempés : couteaux, rasoirs, instruments de chirurgie, rabots, cisailles, limes, burins, bijouterie d'acier, ressorts de montre, sabres, scies, ressorts de voitures, instruments aratoires.....

Les aciers moins fins, donnés par des procédés récents, sur lesquels nous ne pouvons nous étendre, tendent à remplacer le fer, auquel ils sont supérieurs, dans la plupart de ses usages: on fait maintenant en acier les canons, les rails de chemin de fer, etc.; les tôles d'acier ont une résistance bien supérieure à celle des tôles de fer.

**426. Consommation du fer.** — Le fer, la fonte et l'acier doivent leur importance non seulement à leurs précieuses qualités physiques, à leur solidité, mais encore à la faculté qu'ont le fer et l'acier de se façonner au marteau et de se souder à eux-mêmes. Ils la doivent aussi à leur grande diffusion à la surface de la terre et à la simplicité des procédés mis en œuvre pour leur extraction.

Les premiers hommes, à peine sortis de l'âge de pierre, n'avaient que le bronze à leur disposition. L'usage du fer remonte seulement aux premiers temps de l'époque romaine.

Aujourd'hui le fer est l'auxiliaire absolument indispensable de la civilisation.

L'Angleterre produit par an plus de 4 millions de tonnes de fer, fonte ou acier; tous les autres pays du monde réunis en fabriquent à peu près deux fois plus;

ce qui fait 12 millions de tonnes de fer pour la consommation annuelle du monde entier.

## *Résumé.*

Le fer est un métal malléable, ductile, dur, tenace, bon conducteur de la chaleur et de l'electricité. Il est difficilement fusible, mais se ramollit sous l'action de la chaleur. On l'extrait de ses oxydes et de son carbonate, en chauffant ces minerais, dans un haut fourneau, avec du charbon et du calcaire.

Le haut fourneau donne de la *fonte*, renfermant plus de 2 pour 100 de charbon, et utilisée dans un grand nombre de circonstances.

L'*affinage* transforme la fonte en fer.

L'*acier* renferme moins de carbone que la fonte : c'est un fer de qualité supérieure, et de plus susceptible de la trempe. On le prépare par un affinage incomplet de la fonte, ou par une carburation du fer.

## II. — ZINC, ÉTAIN, CUIVRE, PLOMB

**427. Zinc.** — C'est un solide blanc, de densité 6,86. Il est assez malléable et assez dur; mais sa ténacité et sa ductilité sont faibles.

Il fond à 410°.

A l'air humide, il se recouvre d'une couche terne de carbonate de zinc hydraté; mais l'altération reste superficielle. Au rouge, il brûle vivement dans l'air (*fig.* 293).

On l'emploie, en lames minces, à la couverture des maisons, à la construction des gouttières, des baignoires, des seaux, de divers ustensiles de ménage.

Il préserve très bien le fer de l'oxydation (fer galvanisé). Mais les vases de zinc et les vases de fer galvanisé ne doivent jamais être employés ni à la préparation ni à la conservation des matières alimentaires. Ce métal est, en effet, attaqué par le vinaigre, le verjus, le vin, le cidre, la bière, l'eau salée, les corps gras : il se forme alors des composés vénéneux.

On retire le zinc du *carbonate de zinc naturel*, nommé *calamine*. Pour cela, on calcine fortement le carbonate, puis on le chauffe avec du charbon, qui enlève l'oxygène et met en liberté le métal.

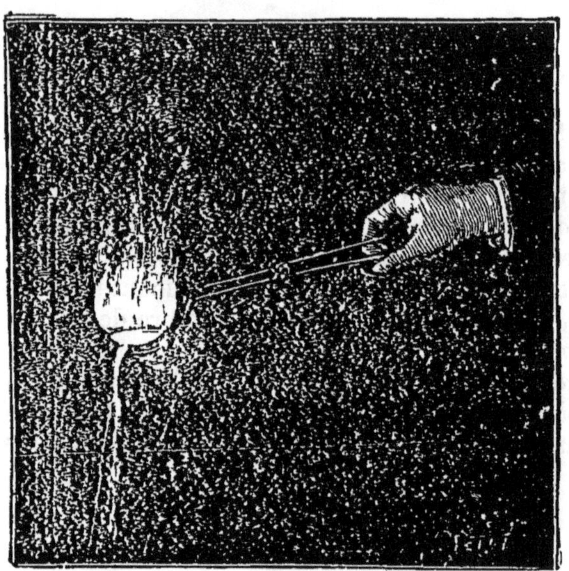

Fig. 293. — Combustion vive du zinc dans l'air.

Outre les usages que nous avons déjà indiqués, le zinc sert à la fabrication du laiton, du maillechort ; à la confection d'objets d'art imitant le bronze. Les *piles électriques* en emploient de grandes quantités.

Pour l'Europe, la production du zinc est d'environ 200 000 tonnes par an ; c'est peu de chose à côté de la production du fer.

428. **Étain.** — L'étain est un métal blanc, de densité 7,3. Il est peu tenace, peu ductile, très mou, mais assez malléable. Il fond à 228°.

Son oxydation dans l'air humide est purement superficielle, comme celle du zinc ; mais il a sur ce dernier métal l'avantage de n'être attaqué par aucune des substances qui entrent dans la préparation des aliments. Aussi est-il employé à la fabrication des plats et des couverts, des mesures à liquide, des feuilles minces dans lesquelles on enveloppe le chocolat. Il sert surtout à *étamer* les objets employés dans la cuisine; le fer-blanc est du fer étamé.

On le retire du *bioxyde d'étain* ou *cassitérite*, qu'on décompose par le charbon.

Aux usages indiqués plus haut il faut joindre l'emploi de l'étain dans la fabrication du bronze et du tain des miroirs.

La consommation annuelle de l'étain est de 20 000 tonnes.

429. Cuivre. — Le cuivre est un métal rouge, très ductile, très malléable, très tenace, très bon conducteur de la chaleur et de l'électricité. Sa densité est de 8,80; il fond vers 1 054°.

Il se laisse parfaitement travailler au marteau, à froid.

L'air humide altère rapidement le cuivre : il le recouvre d'une couche de carbonate de cuivre hydraté (vert-de-gris); mais cette couche est purement superficielle. Le contact de tous les acides active encore l'oxydation : aussi ne doit-on pas conserver les aliments dans des vases de cuivre, de peur qu'il ne se forme un sel vénéneux. Pour éviter cet inconvénient, on étame intérieurement les vases de cuivre.

Parmi les composés du cuivre, il en est un de grande importance : c'est le *sulfate de cuivre*, ou *vitriol bleu*, ou *couperose bleue*. Il sert en teinture, en galvanoplastie, en médecine. L'agriculture l'emploie pour le *chaulage* du blé de semence, afin d'en assurer la conservation.

On retire le cuivre de la *pyrite cuivreuse*, qui est un *sulfure double de cuivre et de fer* $Cu^2S,Fe^2S^3$. Le traitement est trop complexe pour pouvoir être indiqué ici.

Il n'est pas de métal qui ait des usages plus variés. Le cuivre en lames sert à la fabrication d'une foule d'ustensiles de ménage, des chaudières, des alambics; il est employé au doublage des navires. La galvanoplastie, le prenant à l'état de sulfate de cuivre, l'emploie pour fabriquer un grand nombre d'objets, depuis les petites médailles jusqu'aux statues colossales ayant plusieurs mètres de hauteur. Les fils de cuivre sont très employés dans les lignes télégraphiques et téléphoniques.

La préparation des alliages les plus importants en consomme encore davantage. Le *laiton* ou *cuivre jaune* (cuivre et zinc), le *maillechort* (cuivre, zinc et nickel), le *bronze* (cuivre et étain), le *bronze d'aluminium* (cuivre et aluminium), dont nous avons indiqué les principaux usages (§ 395), renferment plus des trois quarts de leur poids de cuivre.

La production annuelle du cuivre est de 70 000 tonnes, représentant une valeur de plus de 200 millions de francs.

**430. Plomb.** — Le plomb est le plus mou, le moins ductile, le moins tenace et le moins malléable des métaux usuels. Sa densité est 11,35. Il fond à 335°.

On profite de la grande flexibilité et de la grande mollesse du plomb pour faire, avec ce métal, des tuyaux sans soudure, d'une longueur illimitée, pouvant se courber à volonté, dans toutes les directions. Aucun autre métal ne saurait remplacer le plomb pour cet usage.

Le plomb se ternit rapidement à l'air, par suite de la formation d'une couche superficielle de carbonate de plomb hydraté. Les acides, même faibles, activent beaucoup l'altération du plomb à l'air et déterminent la formation de sels délétères. Il faut donc bien se garder d'employer les vases de plomb pour la préparation et la conservation des aliments; les conserves alimentaires ne doivent être placées que dans des boîtes étamées à l'étain fin, exempt de plomb.

Le plus important des composés du plomb est le *carbonate de plomb*, appelé aussi *céruse* ou *blanc de plomb*.

La céruse est un corps blanc, pulvérulent, d'un grand usage dans la peinture à l'huile; non seulement elle sert à faire la couleur blanche, la plus employée de toutes, mais encore on la mélange avec les autres couleurs pour les épaissir. La céruse a l'inconvénient de noircir sous l'action de l'acide sulfhydrique, par suite de la formation du sulfure de plomb, qui est noir : aussi l'on tend de plus en plus à y substituer l'oxyde de zinc.

On retire le plomb du *sulfure naturel de plomb* ou *galène;* le traitement est compliqué.

Le plomb doit son importance à sa flexibilité. On couvre les toits avec des feuilles de plomb ; on fabrique en plomb surtout des tuyaux de conduite pour le gaz, l'eau, la vapeur. On fabrique aussi avec le plomb un assez grand nombre d'appareils industriels. La préparation de différents composés, et, en particulier, celle de la *céruse*, et l'extraction des métaux précieux consomment des quantités considérables de plomb.

L'extraction annuelle est de 400 000 tonnes.

## *Résumé.*

Le *zinc* est *malléable*, assez *dur*, peu *tenace*, peu *ductile*. On le retire du *carbonate de zinc* ou *calamine*.

L'*etain* est *malléable*, peu *tenace*, peu *ductile*, de très faible *dureté*. On le retire du *bioxyde d'étain* ou *cassitérite*.

Le *cuivre* est très *malléable*, très *tenace*, très *ductile*, très *bon conducteur* de la chaleur et de l'électricité. On le retire du *sulfure double de cuivre et de fer* ou *pyrite cuivreuse*.

Le *plomb* est très *mou*, très peu *ductile*, très peu *malléable*, très peu *tenace*. On le retire du *sulfure de plomb* ou *galène*.

---

### III. — MERCURE, ARGENT, OR, PLATINE.

**431. Mercure.** — Le mercure est le seul métal liquide à la température ordinaire. Il se solidifie à — 40° et bout à + 350°. Sa densité est 13,59.

Il se conserve bien à l'air, à la température ordinaire, mais s'oxyde lentement à chaud.

Beaucoup de métaux, et, en particulier, l'or et l'argent, se dissolvent dans le mercure et forment des *amalgames*.

Les vapeurs mercurielles sont très vénéneuses, et leur inhalation prolongée est très funeste.

On retire le mercure du *sulfure de mercure* ou *cinabre.* On fait brûler ce minerai dans un courant d'air ; il se forme de l'acide sulfureux et du mercure, qui se volatilise et va se condenser dans une chambre froide.

Le mercure est constamment utilisé dans les laboratoires; l'industrie s'en sert pour étamer les glaces, et surtout pour extraire les métaux précieux de leurs minerais.

**432. Argent.** — L'argent est un métal blanc. Sa densité est 10,5; il fond à 1 000°. Il est très ductile, très malléable, très bon conducteur de la chaleur et de l'électricité.

L'oxygène et l'air sont sans action sur l'argent, même à chaud.

L'argent existe à l'état natif en Amérique. On le rencontre surtout à l'état de sulfure au Mexique, au Pérou, au Chili, et, dans l'Europe, en Saxe et en Norvège; l'extraction de ce métal est très laborieuse.

Le minerai est transformé en chlorure par l'action du sel marin; le chlorure est ensuite décomposé au moyen du fer :

$$2\,AgCl + Fe = 2\,Ag + FeCl^2.$$

Le métal ainsi produit se trouve mélangé avec une quantité considérable d'impuretés de toutes sortes ; on le sépare, en brassant le tout avec du mercure, qui dissout l'argent et forme un amalgame liquide facile à isoler. Pour obtenir l'argent, il ne reste plus qu'à faire distiller le mercure.

Le prix de l'argent est trop élevé pour que ce métal puisse être beaucoup employé. Son inaltérabilité le fait utiliser comme métal monétaire. La bijouterie et l'argenture galvanique en consomment une assez grande quantité.

**433 Or.** — L'or a une belle couleur jaune; sa densité est 19,25; il fond à 1 250°.

C'est le plus ductile et le plus malléable de tous les

métaux : avec 5 centigrammes d'or, on prépare un fil de 162 mètres de longueur; par le battage on obtient des feuilles ayant $\frac{1}{12000}$ de millimètre d'épaisseur.

L'or n'est altéré à l'air à aucune température.

Ce métal se rencontre à l'état natif ou bien allié à des proportions variables d'argent et de cuivre. On le trouve presque partout dans la nature, mais toujours en petite quantité; il est généralement mélangé avec les sables d'alluvions (Californie, Guyane, monts Ourals, Australie). Un grand nombre de cours d'eau (Rhône, Rhin, Garonne) charrient des paillettes d'or extrêmement petites.

L'extraction de l'or des sables aurifères se fait par des lavages successifs, qui éliminent la plus grande partie du sable, puis par un traitement au mercure, donnant un amalgame, qu'on distille ensuite. Ce procédé, si simple en théorie, est très laborieux en pratique, à cause de l'extrême pauvreté des sables exploités.

La beauté de l'or, son inaltérabilité et sa rareté l'ont toujours fait considérer comme un métal précieux. Il sert comme métal monétaire, et dans la bijouterie: dans les deux cas, on l'allie à une petite quantité de cuivre, pour augmenter sa dureté.

L'or est très employé aussi dans la dorure des cadres et des lambris, du fer, du cuivre, du bronze et de l'argent.

**434. Platine.** — Le platine est très lourd; sa densité est 21,15; il fond seulement à 1775°. Il est ductile, malléable et tenace.

Il est surtout précieux dans les laboratoires à cause de sa grande inaltérabilité. Il ne s'oxyde à l'air à aucune température, et n'est attaqué par aucun acide.

On le trouve à l'état natif mêlé dans le sable avec de l'or et avec des métaux rares analogues au platine. L'extraction du platine est très laborieuse.

On fabrique en platine un fort grand nombre d'ustensiles de laboratoires et les grandes chaudières dans lesquelles on concentre industriellement l'acide sulfurique.

En Russie, le platine est employé comme métal monétaire; la bijouterie commence aussi à en consommer de petites quantités.

## *Résumé.*

Le *mercure* est liquide. On le retire du *sulfure de mercure* ou *cinabre.*

L'*argent* est très *ductile,* très *malléable,* excellent conducteur de la chaleur et de l'électricité.

L'*or* est plus *ductile* et plus *malléable* encore que l'argent, et aussi plus inaltérable.

Le *platine* est *ductile, malléable,* très difficilement fusible, très lourd.

Ces trois derniers métaux se trouvent à l'état natif; mais leur séparation des terres avec lesquelles ils sont mélangés est fort laborieuse.

# LIVRE III

## CHIMIE ORGANIQUE

## CHAPITRE PREMIER

### CARBURES D'HYDROGÈNE.

#### I. — GÉNÉRALITÉS SUR LES MATIÈRES ORGANIQUES.

**435. Matières organiques.** — La chimie organique a pour objet l'étude des matières organiques.

On désigne sous le nom de *matières organiques* les composés qui prennent naissance dans les végétaux et dans les animaux, ainsi que les composés qui en dérivent.

Parmi les matières organiques, il en est qui se présentent, dans les organes animaux ou végétaux, en très petites masses globulaires ou arrondies, ce qui leur donne quelque ressemblance avec les êtres organisés dont elles proviennent. On a réservé pour ces matières le nom de *substances organisées* (*amidon*, *gluten*, *albumine*, *fibrine*, *cellulose*, etc.).

Les autres, plus nombreuses, présentent les mêmes caractères généraux que les substances minérales, pouvant, comme celles-ci, se cristalliser, se fondre, se volatiliser. On leur donne le nom de *substances organiques* (*sucre, acide acétique*, *urée*, *quinine*, etc.).

Tandis que les composés minéraux résultent de l'union de tous les corps simples entre eux, les composés organiques sont constitués par un très petit nombre d'éléments. Le *carbone*, l'*hydrogène*, l'*oxygène* et l'*azote* sont à peu près les seuls corps simples qui entrent dans leur composition ; ce n'est qu'à titre d'exception qu'on y rencontre quelquefois le *soufre*, le *phosphore*, le *fer*.

Les plantes et les animaux renferment aussi dans leurs organes des composés minéraux, tels que le carbonate et le phosphate de calcium, la silice, le carbonate de potassium, qui restent à l'état de cendres lorsqu'on les brûle au contact de l'air. Ces composés ne sont que mélangés avec les matières organiques.

Tous les composés de la chimie organique ne renferment pas quatre éléments, mais tous contiennent du carbone : l'étude des matières organiques n'est autre chose que celle des combinaisons du carbone.

Les composés organiques qui renferment du *carbone* et de *l'hydrogène* sont appelés *carbures d'hydrogène*.

Ceux qui renferment du *carbone*, de l'*hydrogène* et de l'*oxygène* sont appelés *composés ternaires*.

Ceux qui renferment du *carbone*, de l'*hydrogène*, de l'*oxygène* et de l'*azote* sont appelés *composés azotés* ou *composés quaternaires*.

D'ailleurs, malgré le petit nombre des éléments qui entrent dans la constitution des matières organiques, celles-ci sont infiniment nombreuses ; nous n'en examinerons qu'un très petit nombre.

**436. Propriétés fondamentales des matières organiques.** — Les matières organiques possèdent un certain nombre de propriétés fondamentales, dont nous devons dire quelques mots.

Elles sont solides ou liquides à la température ordinaire. Les unes sont volatiles (alcool, camphre, essence de térébenthine) ; les autres ne le sont pas, et se décomposent sous l'action de la chaleur quand on cherche à les volatiliser (sucre, fibrine, huiles grasses, etc.).

D'ailleurs, toutes les matières organiques sont fort instables. Dans quelques circonstances qu'on les place, elles montrent une grande tendance à se détruire et à se changer en d'autres composés.

Nous examinerons seulement l'action de la *chaleur* et celle de l'*oxygène*.

**437. Décomposition des matières organiques par la chaleur.** — *Toutes les matières organiques sont décomposables par la chaleur.*

Lorsqu'on place une matière non volatile dans une cornue fermée, à l'abri du contact de l'air, et qu'on la chauffe fortement, elle produit par sa décomposition un nombre plus ou moins considérable de composés plus simples, les uns gazeux, les autres volatils, qui se dégagent et se soustraient ainsi à l'action ultérieure de la chaleur.

Les produits de la décomposition par la chaleur dépendent de la composition du corps chauffé et aussi de la température à laquelle on le soumet.

Lorsque l'action de la chaleur est ménagée, les nouvelles substances produites peuvent avoir encore une composition assez complexe, et être fort nombreuses; elles prennent, à cause de leur origine, le nom de *produits pyrogénés.*

Ainsi le bois fortement chauffé en vase clos se décompose. Une grande partie de son charbon reste dans la cornue (charbon de bois), en même temps que les substances minérales qui constituent les cendres. De plus, il se dégage des produits pyrogénés gazeux (hydrogène bicarboné, hydrogène protocarboné, anhydride carbonique, oxyde de carbone, hydrogène), et des produits pyrogénés volatils (acide acétique, esprit de bois, benzine, eau).

La décomposition de toute autre matière organique fixe donnerait un résultat analogue.

Dans une cornue de grès (*fig.* 294), plaçons quelques morceaux de sucre, et chauffons cette cornue dans un fourneau à réverbère. Les produits pyrogénés que nous venons de citer prendront naissance. Il sera facile de condenser les produits volatils, en les faisant passer dans de l'eau froide; on obtiendra alors un goudron puant, de composition fort complexe. Les produits gazeux pourront être recueillis dans une éprouvette, par l'intermédiaire d'un tube à dégagement, ou tout simplement enflammés à la sortie du flacon laveur, car ils forment un mélange très combustible.

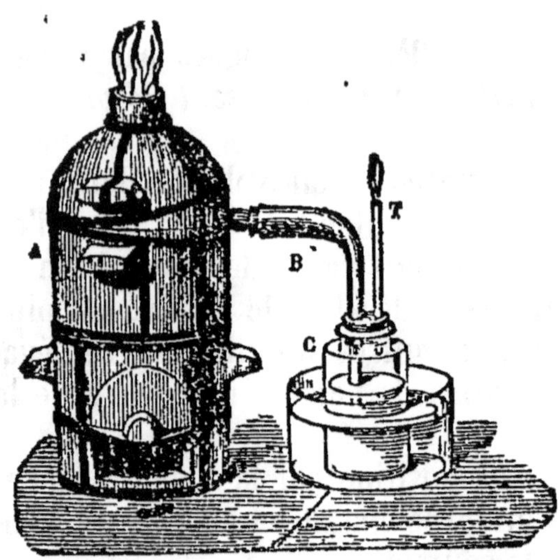

Fig 294 — Décomposition par la chaleur des matières organiques non volatiles.

Cette expérience rappelle en tous points la fabrication du gaz d'éclairage : ce gaz n'est, en effet, rien autre chose qu'un mélange de produits pyrogénés extraits de la houille.

Si, au lieu de recueillir les produits pyrogénés dès leur sortie de la cornue, on les soumet de nouveau à l'action de la chaleur, en les faisant passer dans une série de

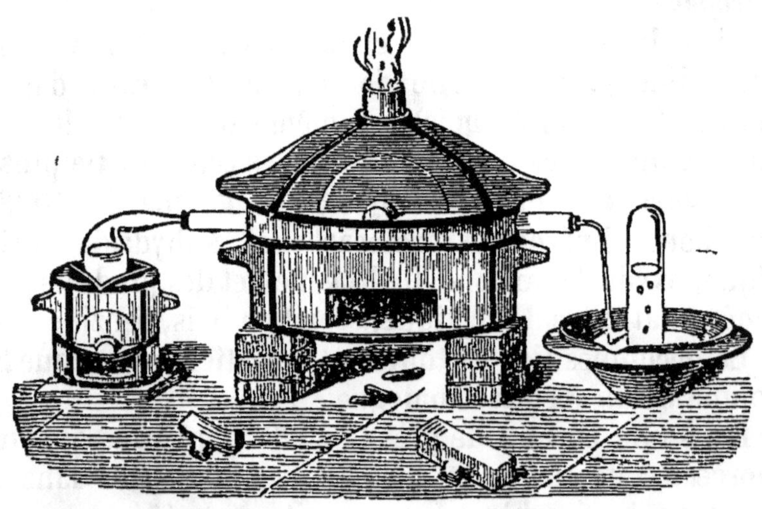
Fig. 295. — Décomposition par la chaleur des matières organiques volatiles.

tubes de porcelaine très fortement chauffés, ils sont eux-mêmes décomposés, et on obtient un plus petit nombre de produits plus simples et moins facilement décomposables, et principalement de l'eau, de l'anhydride carbonique, et du protocarbure d'hydrogène. Lorsque le composé est azoté, on obtient, en outre, de l'ammoniaque.

Les matières organiques volatiles sont aussi décomposées par la chaleur, quand on fait passer leur vapeur dans un tube de porcelaine chauffé au rouge (*fig.* 295). La décomposition de l'essence de citron, opérée de cette manière, donne du charbon, qui reste dans le tube, et de l'hydrogène, qu'on peut recueillir dans une éprouvette. L'essence de citron ne renferme que de l'hydrogène et du charbon.

**438. Combustion vive des matières organiques.** — Les matières organiques, renfermant toutes du carbone et presque toutes de l'hydrogène, lesquels sont combustibles, sont naturellement elles-mêmes combustibles.

Lorsqu'elles brûlent au contact d'un excès d'oxygène, leur carbone se transforme en anhydride carbonique, leur hydrogène en eau, tandis que leur azote devient libre. Les produits de la combustion complète des matières organiques sont donc très simples, très peu nombreux, et toujours les mêmes.

**439. Décomposition spontanée des matières organiques.** — Les matières organiques se conservent presque toutes sans altération lorsqu'elles sont abandonnées pures et sèches au contact de l'air sec.

Mais l'action simultanée de l'air et de l'eau détermine généralement une altération rapide, qu'on désigne sous le nom de *décomposition spontanée*, et qui n'est pas autre chose qu'une oxydation lente.

Ainsi la fermentation des sucs végétaux, l'aigrissement du lait, le rancissement des corps gras, la putréfaction des matières azotées, peuvent être considérés comme des phénomènes de combustion lente.

Les décompositions spontanées, qui se produisent le plus souvent après la mort, déterminent une série de transformations, dont la dernière a pour résultat la transformation du carbone en anhydride carbonique, de l'hydrogène en eau, et de l'azote en ammoniaque.

Les putréfactions et les fermentations sont favorisées par une température comprise entre 15° et 35°; elles n'ont lieu ni par le froid ni quand la température est supérieure à 70°.

Ces oxydations lentes se produisent sous l'action d'êtres organisés microscopiques, dont les germes sont apportés par l'air.

### *Résumé.*

Les matières organiques, fort nombreuses, renferment presque uniquement du *carbone*, de l'*hydrogène*, de l'*oxygène* et de l'*azote*. On les divise en *carbures d'hydrogène* (carbone et hydrogène), *matières ternaires* (carbone, hydrogène et oxygène), *matières quaternaires ou azotées* (carbone, hydrogène, oxygène, azote).

Les unes sont *organisées*, les autres ne le sont pas.

Les matières organiques sont remarquables par une grande instabilité. Elles sont toutes décomposables par la chaleur en produits plus simples. Elles sont généralement combustibles, et susceptibles d'éprouver, au contact de l'air humide, une décomposition spontanée, qui est une oxydation lente.

## II. — CARBURES D'HYDROGÈNE GAZEUX.

**440. Généralités sur les carbures d'hydrogène.** — Ces composés sont fort nombreux, les uns naturels, les autres préparés artificiellement.

Ils sont *gazeux* (*gaz des marais*); ou *liquides* (*benzine*); ou *solides* (*caoutchouc*). Tous sont décomposables par la chaleur et combustibles.

**441. Gaz oléfiant, ou éthylène $C^2H^4$.** — C'est un gaz incolore, insipide, légèrement odorant.

Il brûle avec une flamme blanche très éclairante :

$$C^2H^4 + 6O = 2CO^2 + 2H^2O.$$

On ne le rencontre pas dans la nature; mais il se forme, en même temps que d'autres carbures, dans la décomposition des matières organiques par la chaleur. Ainsi, le gaz d'éclairage en renferme, et lui doit une partie de son pouvoir éclairant.

On le prépare dans les laboratoires en chauffant de l'*alcool* $C^2H^6O$ avec de l'acide sulfurique, qui lui enlève une molécule d'eau.

**442. Gaz des marais, ou formène $CH^4$.** — C'est un gaz incolore, insipide, presque inodore.

Il brûle avec une flamme jaunâtre peu éclairante :

$$CH^4 + 4O = CO^2 + 2H^2O.$$

Convenablement traité par le chlore, il donne le *chloroforme* $CHCl^3$, employé comme anesthésique dans les opérations chirurgicales.

Le gaz des marais prend naissance dans la décomposition des matières organiques par la chaleur. Il forme presque la moitié du volume du gaz d'éclairage.

Fig. 296. — Extraction du gaz des marais.

On le rencontre dans la nature. Il se forme dans la décomposition spontanée des matières organiques. Par exemple, il s'échappe des sources de pétrole et produit des jets de gaz inflammable, connus dans certains pays sous le nom de *fontaines ardentes*.

De même, il se développe par suite de la décomposition spontanée des matières végétales enfouies sous l'eau : de là son nom de *gaz des marais.*

Si l'on place un flacon plein d'eau, muni d'un entonnoir, dans une eau croupissante, et qu'on agite la vase située au-dessous, on recueille un gaz inflammable formé principalement de formène (*fig.* 296).

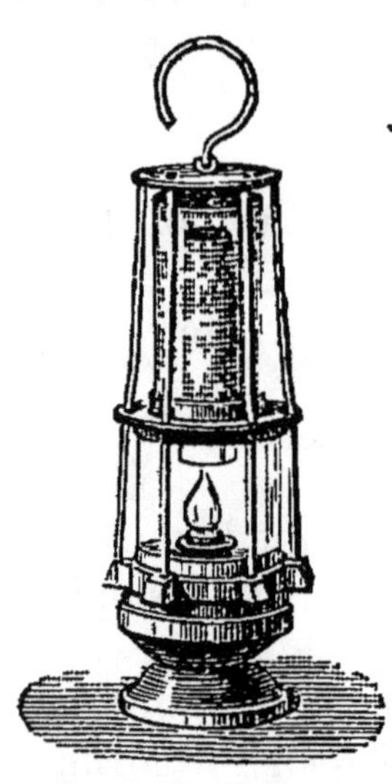

Fig. 297. — Lampe de Davy.

Enfin le formène se rencontre dans les houillères. Lorsque la ventilation est insuffisante, il s'accumule dans les galeries et forme avec l'air des mélanges explosifs, qui, lorsqu'on les enflamme, causent les plus sinistres accidents.

On rend moins fréquentes les explosions du terrible *feu grisou,* en forçant les ouvriers à s'éclairer dans les mines avec la *lampe de Davy,* dans laquelle la flamme est complètement entourée d'un manchon de verre et d'une cheminée de toile métallique (*fig.* 297). Si l'explosion se produit dans la lampe, l'inflammation ne peut pas se communiquer au dehors.

Dans les laboratoires, on prépare le gaz des marais en chauffant de l'*acétate de sodium* avec un mélange de soude caustique et de chaux vive.

*442 bis.* **Acétylène $C^2H^2$.** — C'est un gaz incolore, d'une odeur pénétrante, désagréable.

Il brûle avec une flamme blanche extrêmement éclairante:

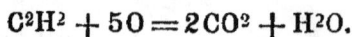

$$C^2H^2 + 5O = 2CO^2 + H^2O.$$

On ne le rencontre pas dans la nature; mais il se produit dans la combustion incomplète, ou dans la décomposition par la chaleur, d'un grand nombre de matières organiques.

On le prépare aisément en décomposant par l'eau froide le *carbure de calcium* :

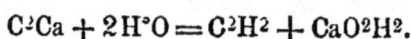

$$C^2Ca + 2H^2O = C^2H^2 + CaO^2H^2.$$

Le carbure de calcium, dont on a ainsi besoin, est pré-
aré en grand dans l'industrie en portant à 3000 degrés,
u four électrique, un mélange de chaux vive et de char-
on.

L'éclat de la flamme de l'acétylène et la facilité de sa
réparation permettront sans doute de l'employer un
our à l'éclairage.

### *Résumé.*

Les carbures d'hydrogène sont nombreux : les uns sont solides,
s autres liquides, les autres gazeux.

Parmi les carbures gazeux, les plus importants sont les deux
uivants :

Le *gaz oléfiant*, qui brûle avec une flamme éclairante. Il prend
aissance dans la décomposition des matières organiques par la
haleur; on le trouve dans le gaz d'éclairage.

Le *gaz des marais*, qui brûle avec une flamme non éclairante.
l se trouve aussi dans le gaz d'éclairage; mais, en outre, dans la
ature (*feu grisou*).

## II. — CARBURES D'HYDROGÈNE LIQUIDES ET SOLIDES

**443. Benzine.** — La *benzine* $C^6H^6$ est un liquide très
nobile, limpide et incolore, d'une saveur sucrée, d'une
deur agréable. La mauvaise odeur de la benzine du com-
nerce est due aux nombreuses impuretés qu'elle ren-
erme.

La benzine a pour densité 0,89; elle bout à 81°; elle se
olidifie à une température voisine de 0°. Elle est très peu
oluble dans l'eau, beaucoup plus dans l'alcool et dans
'éther.

Elle dissout très aisément l'iode, le soufre, le phosphore,
e camphre, la cire, le caoutchouc, la gutta-percha, les
ésines et les corps gras.

Elle brûle dans l'air avec une flamme éclairante et fuligineuse, en produisant de l'eau et de l'anhydride carbonique.

Elle prend naissance dans la décomposition, par la chaleur, de plusieurs carbures d'hydrogène, et de presque tous les composés organiques, principalement des huiles grasses, des résines, de la houille.

On retire la benzine du *goudron*, sur la composition duquel nous allons donner quelques développements.

*Goudron de houille.* — Lorsqu'on soumet à la distillation le goudron que fournit la houille dans la préparation du gaz d'éclairage, il se forme plus de quarante-cinq substances diverses, acides, basiques et neutres, parmi lesquelles on distingue des carbures liquides (benzine), des carbures solides (naphtaline, anthracène), des acides oxygénés (acide phénique), des matières azotées (aniline).

La séparation de ces différentes substances se fait par la méthode de la distillation fractionnée.

Le goudron, placé dans une immense cornue qui communique avec un réfrigérant, est progressivement chauffé (*fig.* 298). Il passe d'abord à la distillation les *huiles*

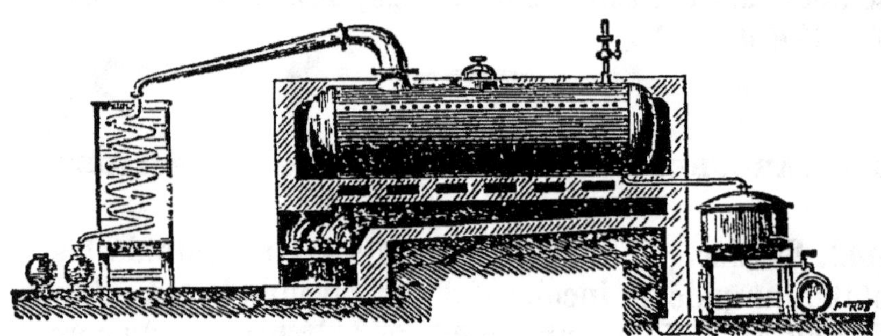

Fig. 298. — Distillation du goudron de houille.

*légères*, mélange de divers carbures, dont la température d'ébullition est inférieure à 200°.

Ce qui reste alors dans la cornue constitue le *brai gras*, souvent employé, à l'état de mélange avec la poussière de houille, à la fabrication des *agglomérés*, avec lesquels on chauffe les locomotives. Le brai gras, uni à diverses substances, sert encore à faire des mastics, des enduits, des peintures, dont on recouvre la coque des navires.

Souvent aussi on continue la distillation du brai gras, et on en retire les *huiles lourdes*, volatiles au-dessus de 200°.

Il reste, dans ce cas, le *brai sec*, avec lequel on fait encore des agglomérés et les briquettes connues sous le nom de *charbon de Paris;* l'asphalte des trottoirs est un mélange de brai sec, de sable et de cailloux.

Des *huiles légères* on retire la benzine plus ou moins rectifiée, l'acide phénique, l'aniline.

Les *huiles lourdes* sont généralement employées directement à la dissolution du caoutchouc, à la préparation des peintures et des vernis, à la fabrication du noir de fumée, et, enfin, comme *graisses* à voitures et à machines. D'autres fois on en retire la naphtaline et l'anthracène.

Nous nous occuperons seulement ici de l'extraction de la benzine des huiles légères.

*Extraction de la benzine.* — Les huiles légères sont agitées, à froid, avec de l'acide sulfurique concentré, pour dissoudre les alcalis organiques qui accompagnent les carbures d'hydrogène, puis avec une dissolution de soude caustique, qui enlève les phénols. On soumet ensuite la partie restante à la distillation dans un grand alambic en fonte muni d'un thermomètre; à mesure que la température s'élève, on recueille successivement les carbures très volatils, la benzine (dans le voisinage de 81°), et les carbures moins volatils.

En réalité, la benzine commerciale, ainsi préparée, est généralement un mélange de plusieurs carbures. Sa composition varie suivant qu'on a conduit la distillation entre telles ou telles limites de température. Certaines benzines renferment des carbures bouillant à +40°; d'autres, des carbures ne bouillant qu'à 145°; du reste, tous ces carbures ont des propriétés analogues à celles de la benzine.

On obtient la benzine pure en soumettant la benzine commerciale à plusieurs rectifications, c'est-à-dire à plusieurs distillations successives.

*Usages.* — Les usages de la benzine sont si nombreux et si importants, que la production du goudron de houille provenant de la fabrication du gaz d'éclairage est devenue inférieure aux besoins de l'industrie.

Ce carbure est employé pour dissoudre le caoutchouc et

la gutta-percha et produire des feuilles très minces de ce deux substances.

La benzine dissout les corps gras : aussi est-elle d'u grand usage dans le dégraissage; elle peut être appliqué sur toutes les étoffes sans en attaquer jamais les couleurs

On a tenté de la faire servir à l'éclairage, soit pure, soi mélangée avec l'alcool.

On utilise souvent, dans les laboratoires, les propriété qu'elle a de dissoudre l'iode, le brome, la quinine... Mélangée avec des résines ou du brai, elle sert à préserv le fer, le bois....

Mais la préparation de la *nitrobenzine*, qui a pris depu quelques années un essor prodigieux, consomme beaucou plus de benzine que tous les autres usages réunis.

**444. Nitrobenzine.** — La *nitrobenzine* est une comb naison de la *benzine* avec l'*acide azotique* (§ 342).

C'est un liquide visqueux, d'une couleur jaune ambré d'une densité égale à 1,209; il bout à +213° et se solidi à 0°. Il a une odeur assez agréable, presque identique celle de l'essence d'amandes amères, et qui le fait en ployer, sous le nom d'*essence de mirbane*, pour aromatis les bonbons, les pommades et surtout les savons dits *l'amande amère*.

Sous l'action des corps capables de céder de l'hydr gène, la nitrobenzine se transforme en *aniline*, qui ser la fabrication de magnifiques couleurs, dont l'art de teinture fait depuis vingt ans une énorme consommatio

**445. Essence de térébenthine.** — On donne le nom d'e*sences* à des principes odorants qu'on extrait d'un gra nombre de plantes : telles sont les essences de citron, lavande, de térébenthine. Dans beaucoup de végétaux essences sont accompagnées de *résines*, corps solides q proviennent de leur oxydation lente au contact de l'air.

Ainsi, lorsqu'on pratique des incisions le long du tro du pin maritime (principalement dans les Landes, en Ga cogne), il s'écoule un mélange gluant d'une résine sèc la *colophane*, avec une essence liquide, l'*essence de térébenthine* $C^{10}H^{16}$ : ce mélange porte le nom de *résine* ou de *térébenthine*. Abandonné à l'air, il se durcit progressivement par suite de l'évaporation et de l'oxydation lente d'une partie de l'essence.

La résine de pin contient à peu près 20 pour 100 d'essence de térébenthine, et 80 pour 100 de colophane. Pour en retirer l'essence, on chauffe la résine dans de grands alambics de cuivre : l'essence se condense dans le serpentin, et la colophane reste dans l'alambic.

L'essence de térébenthine est un liquide incolore, bouillant dans le voisinage de 155°, dont la densité est égale à 0,86.

Elle est combustible; elle s'allume facilement, et brûle avec une flamme extrêmement fuligineuse. Abandonnée au contact de l'air, à la température ordinaire, elle jaunit progressivement, devient moins fluide et donne naissance à diverses matières résineuses douées de propriétés acides.

Comme toutes les autres essences, l'essence de térébenthine dissout aisément les résines et les corps gras; elle dissout aussi l'huile siccative de lin, dont nous parlerons plus loin. Les vapeurs de cette essence, quand on les respire, produisent des accidents souvent assez graves : aussi est-il dangereux de coucher dans un appartement fraîchement peint.

*Usages.* — L'essence de térébenthine est employée en médecine et dans l'art vétérinaire; elle entre dans la composition d'un certain nombre de médicaments.

Les peintres en font une grande consommation : mélangée avec l'huile de lin, elle sert à délayer le *blanc de plomb* ou le *blanc de zinc*, et à constituer la peinture blanche.

La préparation des vernis en consomme plus encore. Les *vernis* sont des liquides qui, étendus en couches minces à la surface des solides, laissent, après leur dessiccation, une couverte brillante et polie, qui préserve ces solides de l'action de l'air et de l'humidité. Ce sont des dissolutions de diverses résines (copal, sandaraque, mastic, térébenthine, laque, benjoin, gomme-gutte, succin, sandragon, santal, colophane, encens,...) dans l'alcool, dans l'essence de térébenthine, dans l'huile de lin.

446. Bitumes. — Les *bitumes* sont des mélanges de carbures liquides avec des matières solides provenant de leur oxydation. On les rencontre dans la terre. Ils proviennent sans doute de l'action de la chaleur centrale sur les débris de la végétation des époques géologiques antérieures à la nôtre.

Ils sont noirs, poisseux, plus ou moins durs; ils fondent dans le voisinage de la température de 100°, et brûlent avec une flamme extrêmement fuligineuse, en dégageant une odeur forte et désagréable. Ils sont insolubles dans l'eau, mais toujours plus ou moins solubles dans l'alcool, dans l'éther, dans l'essence de térébenthine.

Le bitume dur est tout à fait solide et assez rare; on le trouve en abondance dans le voisinage de la mer Morte (*bitume de Judée*). Ses usages sont peu importants, à cause de son prix élevé; en Chine, il est employé à la fabrication de ce magnifique vernis connu sous le nom de *laque de Chine*.

Le bitume mou, improprement appelé *asphalte* dans le commerce, est beaucoup plus commun : on le rencontre dans un grand nombre de départements français. Ses usages sont nombreux : il sert surtout, mélangé à cinq fois son poids de calcaire pulvérisé, à faire le mastic dont on recouvre fréquemment les trottoirs, les chaussées des rues et les réservoirs d'eau. Nous avons vu que le brai du goudron de houille est fréquemment employé au même usage.

447. Pétrole. — Le *pétrole* est un mélange de divers carbures d'hydrogène, dont les uns sont très volatils, les autres beaucoup moins, et quelques-uns enfin solides et très peu volatils.

On le trouve surtout dans la région du Caucase et dans l'Amérique du Nord. Il est connu de toute antiquité; mais il n'a pris son importance actuelle que depuis 1859, époque à laquelle furent découvertes les sources abondantes de la Pensylvanie.

Il se présente sous forme d'un liquide huileux, d'une couleur brune plus ou moins foncée, ayant la consistance d'une mélasse claire. Il brûle avec une flamme fuligineuse, en répandant une odeur fortement empyreumatique.

L'extraction est des plus simples. On fore, dans les terrains schisteux, des puits dont la profondeur varie de 15 à 200m ; on rencontre alors d'immenses cavités souterraines remplies de gaz inflammables, vapeurs des carbures les plus volatils, de pétrole et d'eau salée. Souvent le liquide jaillit de lui-même et s'écoule à l'extérieur ; plus souvent on l'extrait à l'aide de pompes à vapeur.

On a rencontré en Pensylvanie des puits donnant jusqu'à 3 000 barils de pétrole par jour.

*Distillation du pétrole.* — Le pétrole brut est soumis à la distillation dans d'immenses cornues, dont on élève progressivement la température au moyen d'un courant de vapeur surchauffée. Énumérons les produits qui passent pendant cette distillation :

1° Au-dessous de 45°, il se dégage des vapeurs difficilement condensables. Ces vapeurs sont presque complètement perdues.

2° Entre 45° et 70°, on recueille des huiles légères encore très volatiles, qui constituent l'*éther de pétrole*. Ce liquide très volatil, et par conséquent très inflammable, est d'un maniement dangereux. Sa vapeur, mêlée à l'air, forme un véritable gaz d'éclairage employé sous le nom de *gaz Mille*.

3° De 70° à 120°, passent des huiles légères, qui constituent l'*essence de pétrole* du commerce, appelée aussi *luciline*, *essence minérale* ou *naphte*.

L'essence de pétrole est encore assez volatile : placée sur une soucoupe, elle peut s'enflammer par l'approche d'une allumette ; elle pèse de 700 à 750 grammes par litre. Elle est fort employée pour l'éclairage, dans les *lampes à éponge*. C'est le plus dangereux des liquides employés à l'éclairage. Cette essence remplace souvent la térébenthine et la benzine comme dissolvant des résines dans la peinture et les vernis.

4° De 120° à 280°, on obtient l'*huile de pétrole* ou *huile minérale*, formée de carbures moins volatils. C'est là le produit le plus important, celui qui rend le plus de services pour l'éclairage; on le brûle dans les lampes sans éponge.

Avant d'être employée, l'huile de pétrole est *rectifiée* par un lavage à l'acide sulfurique et un lavage à la soude caustique. Elle est alors très fluide et légèrement opalescente.

L'huile de pétrole bien rectifiée ne doit renfermer aucun carbure très volatil. Les deux caractères suivants peuvent servir à vérifier sa qualité : 1° elle doit peser au moins 800 grammes par litre; 2° placée dans une soucoupe, elle ne doit pas s'enflammer par le contact d'une allumette. Toute huile minérale qui ne satisfait pas à ces conditions contient nécessairement une certaine quantité d'essence, et ne saurait être brûlée sans danger dans les lampes sans éponge.

5° Au-dessus de 280°, et jusqu'à 400°, distillent *les huiles lourdes*. Ces huiles lourdes se séparent par refroidissement en deux parties : une partie liquide qui constitue les huiles lourdes proprement dites, et une partie solide, appelée *paraffine*.

Les *huiles lourdes* servent à lubréfier les machines. Elles peuvent aussi être employées très avantageusement au chauffage, dans des foyers spéciaux; les huiles lourdes des usines à gaz sont aussi parfaitement propres à ce dernier usage. Le chauffage aux huiles lourdes de pétrole, qui présente dans certains cas de grands avantages sur le chauffage à la houille, prend de jour en jour une plus grande extension en Amérique.

La *paraffine*, belle substance cireuse, fusible entre 50° et 70°, est un mélange des hydrocarbures solides. On l'utilise pour la fabrication de bougies diaphanes, qui donnent une belle lumière. Ces bougies, trop fusibles, ont l'inconvénient de se courber lorsque, étant placées dans le voisinage l'une de l'autre, par exemple dans un candélabre.

elles s'échauffent un peu trop. On mélange ordinairement la paraffine avec l'acide stéarique pour la rendre moins fusible.

6° On arrête le plus souvent la distillation du pétrole à 400°. Il reste alors un goudron propre au chauffage.

**448. Dangers du pétrole.** — L'*huile* et, à plus forte raison, l'*essence* de pétrole doivent toujours être maniées avec les plus grandes précautions. C'est une des substances les plus inflammables que l'on connaisse; si elle imbibe les vêtements, les tissus de lin, de coton ou de laine, son inflammabilité est singulièrement accrue : aussi son emploi exige-t-il la plus grande circonspection.

Nous ne saurions mieux faire, pour indiquer les précautions à prendre, que de transcrire ici une partie de l'instruction rédigée par le conseil d'hygiène publique du département de la Seine :

« Une lampe destinée à brûler du pétrole ne doit avoir aucune gerçure, aucune fêlure, établissant une communication directe avec l'enceinte où la mèche fonctionne. Le réservoir doit contenir plus d'huile que l'on n'en peut brûler en une seule fois, afin que la lampe ne puisse pas être vide pendant qu'elle brûle.

« Les parois des réservoirs doivent être épaisses; les ajutages qui les surmontent doivent être fixés, non pas à simple frottement, mais par un mastic inattaquable par les huiles minérales. Le pied des lampes doit être lourd et présenter assez de base pour donner plus de stabilité et diminuer les chances de versement.

« Avant d'allumer une lampe, on doit la remplir complètement, et ensuite la fermer avec soin.

« Lorsque l'huile est sur le point d'être épuisée, il faut éteindre et laisser refroidir la lampe avant de l'ouvrir pour la remplir. Dans le cas où l'on voudrait introduire l'huile dans la lampe éteinte, avant son complet refroidissement, il est indispensable de tenir éloignée la lumière avec laquelle on éclaire pour procéder à cette opération.

« Si le verre d'une lampe vient à casser, il faut éteindre immédiatement, afin de prévenir l'échauffement des garnitures métalliques. Cet échauffement, quand il atteint une certaine intensité, vaporise l'huile contenue dans le réservoir; la vapeur peut prendre feu, déterminer une explosion entraînant la destruction de la lampe, et, par suite, l'écoulement d'un liquide toujours très inflammable et souvent même déjà enflammé.

« Le sable, la terre, les cendres, sont préférables à l'eau pour éteindre les huiles minérales en combustion. »

## *Résumé.*

La *benzine* $C^6H^6$ est un liquide qui brûle avec une flamme très éclairante. On la retire par distillation du *goudron de houille.* Elle a des usages importants, surtout pour le dégraissage et la fabrication de la nitrobenzine.

L'*essence de térébenthine* $C^{10}H^{16}$ est un liquide qui brûle avec une flamme très éclairante. On la retire par distillation de la *résine* du pin. Elle sert surtout dans la peinture et dans la préparation d'un grand nombre de vernis.

Le *bitume* se trouve dans la terre; c'est un carbure liquide, mélangé à une matière solide qui provient de son oxydation lente au contact de l'air.

Le *pétrole* est un mélange de divers carbures. On en retire par distillation divers produits, dont les plus importants sont l'*essence de pétrole* et l'*huile de pétrole.* Le pétrole se trouve dans la terre.

# CHAPITRE II

## COMPOSÉS TERNAIRES.

### I. — ALCOOL.

449. **Propriétés.** — L'*alcool pur*, ou *alcool absolu*, $C^2H^6O$, est un liquide incolore, très fluide, d'une odeur faible et agréable, mais enivrante, d'une saveur caustique et brûlante. Il est plus léger que l'eau.

Il bout à 78° et est sensiblement volatil à la température ordinaire. Il faut une température de beaucoup inférieure à — 100° pour le solidifier.

L'alcool se mélange avec l'eau en toutes proportions, avec une contraction sensible et une élévation de température notable.

Ce liquide dissout un grand nombre de corps qui ne sont pas solubles dans l'eau (iode, carbures solides, résines, corps gras). Un grand nombre de substances solubles dans l'alcool, plus ou moins étendu d'eau, sont précipitées quand on ajoute de l'eau en excès, par suite de la diminution de leur solubilité. L'eau de Cologne, solution alcoolique d'un grand nombre d'essences parfumées, se trouble par l'adjonction d'une certaine quantité d'eau.

L'alcool coagule l'albumine et la gélatine : de là l'emploi de ces substances pour le collage du vin, de la bière... ; de là aussi la propriété qu'a l'alcool de prévenir la putréfaction des matières organiques.

Concentré, l'alcool est un poison. Dilué, et pris à doses fréquemment répétées, il a sur l'organisme une action très funeste.

L'alcool brûle à l'air quand on l'enflamme, avec une flamme jaunâtre, peu éclairante, mais très chaude; cette flamme est fréquemment utilisée pour le chauffage (lampe à alcool) dans les laboratoires et dans les ménages. Il se produit de l'anhydride carbonique et de la vapeur d'eau :

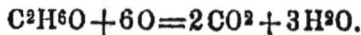

$$C^2H^6O + 6O = 2CO^2 + 3H^2O.$$

**450. Fabrication industrielle.** — Nous verrons plus loin que l'alcool se forme chaque fois qu'une matière sucrée est soumise à la *fermentation alcoolique;* toutes les liqueurs fermentées renferment de l'alcool et peuvent servir à la préparation de l'alcool.

Pendant longtemps l'industrie a retiré l'alcool exclusivement des boissons fermentées, bière, vin, cidre.

Mais l'accroissement de la consommation, d'une part, et le renchérissement des boissons fermentées, d'autre part, ont forcé l'industrie à fabriquer l'alcool au moyen de produits végétaux riches en glucose ou renfermant des substances transformables en glucose.

Presque tous les liquides sucrés que l'on rencontre dans la nature sont susceptibles de fermentation alcoolique et peuvent dès lors servir à la fabrication de l'alcool. D'autre part, la fécule et l'amidon, qui sont contenus en abondance dans certains végétaux, se transforment aisément en glucose fermentescible : c'est là une nouvelle source industrielle d'alcool.

Fig. 299. — Betterave.

En France, l'alcool est fabriqué surtout au moyen de la betterave, de la pomme de terre, de certaines céréales, et des mélasses qu'on obtient comme résidus dans les raffineries de sucre.

1° *Alcool de betterave.* — Les méthodes usitées pour la préparation et la fermentation du jus sucré sont extrêmement diverses. Nous n'en indiquerons qu'une seule.

Les betteraves (*fig.* 299) sont d'abord lavées, puis coupées en fines rondelles au moyen d'une râpe tournante, munie de lames de scie placées parallèlement à l'axe. La *pulpe* ainsi obtenue est enfermée dans des sacs de crin et comprimée à la presse hydraulique; elle donne à peu près 80 pour 100 de son poids de jus sucré. La pulpe épuisée par la presse forme des gâteaux ressemblant à du carton; elle constitue une bonne nourriture pour le bétail.

Quant au jus, on le chauffe jusqu'à la température de 22°; on l'additionne d'un à deux millièmes d'acide sulfurique, d'un demi-millième de *levure de bière*, et on l'abandonne à lui-même dans une grande cuve, dite *cuve à fermentation*. La fermentation commence aussitôt, déterminée par la levure, et facilitée par la présence de l'acide sulfurique; au bout de trois à quatre jours elle est terminée; on procède alors à la distillation, dont nous parlerons bientôt.

2° *Alcool des mélasses.* — Les mélasses qu'on obtient comme résidu dans la préparation du sucre de betterave renferment encore 40 pour 100 de leur poids de sucre. On les délaye avec de l'eau chaude, on y ajoute de l'acide sulfurique et de la levure de bière, et on abandonne à la fermentation.

3° *Alcool de pommes de terre.* — Ici l'opération est plus complexe, car il faut d'abord transformer la fécule de la pomme de terre en sucre fermentescible.

Les tubercules sont lavés, cuits à la vapeur dans une grande chaudière en bois, et écrasés quand ils sont encore tout bouillants. On les fait tomber aussitôt dans la *cuve à saccharification*, en même temps que 5 pour 100 d'orge germée écrasée, et 25 pour 100 d'eau; on remue vivement, pour que le mélange soit intime, et on laisse macérer le tout pendant l'espace de deux à trois heures. Au bout de ce temps la saccharification est complète, c'est-à-dire que la fécule de la pomme de terre, $C^{18}H^{30}O^{15}$, s'unissant aux éléments de l'eau sous l'influence d'un principe actif, contenu dans l'orge germée, s'est entièrement transformée en glucose :

$$C^{18}H^{30}O^{15} + 3H^2O = 3C^6H^{12}O^6.$$

On fait alors écouler le liquide à travers des tamis, qui retiennent les pelures et les parties insolubles; on y ajoute de la levure de bière et on abandonne à la fermentation.

**451. Distillation.** — Les boissons fermentées, vin, cidre, bière, ainsi que les liquides obtenus au moyen de la betterave, de la pomme de terre ou des céréales, sont constitués par un mélange d'eau, d'alcool et de principes divers, qui communiquent à ces différents liquides leur odeur et leur saveur particulières.

On sépare l'alcool de ces matières étrangères au moyen de la distillation. Lorsqu'on chauffe progressivement le liquide, l'alcool, très volatil, passe d'abord à la distillation, en même temps qu'une certaine quantité d'eau. Les autres substances, plus fixes, restent dans la chaudière avec la plus grande partie de l'eau; ce résidu porte le nom de *vinasse*.

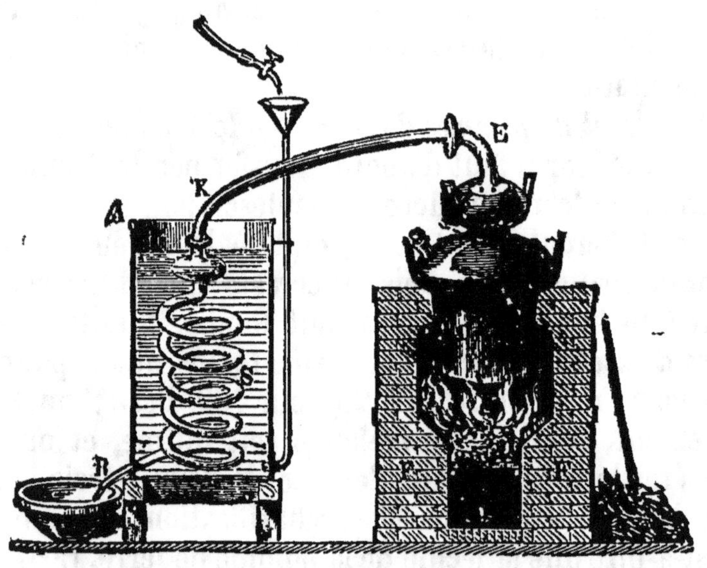


Fig. 300. — Alambic à distillation.

Autrefois on se servait de l'alambic ordinaire (*fig.* 300). Une première opération donnait un mélange d'alcool et d'eau renfermant à peine 25 pour 100 d'alcool ; il fallait procéder à plusieurs distillations successives, pour avoir de l'alcool à peu près pur, ne contenant plus que de 6 à 7 pour 100 d'eau. Aujourd'hui on opère avec des appareils plus complexes, qui permettent une distillation continue, et qui, après deux opérations, donnent des alcools presque purs.

Ces appareils sont nombreux; les plus employés de nos jours sont ceux de Champonnois, de Dubrunfaut, de Savalle. Nous ne les décrirons pas.

**452. Usages de l'alcool.** — Les usages de l'alcool sont nombreux et importants, et sa production en France dépasse actuellement 2 millions d'hectolitres par an ; plus de la moitié de cette énorme quantité est fournie par la betterave.

Les alcools *mauvais goût* sont employés en grande quantité à la préparation des couleurs artificielles d'*aniline* et d'*anthracène ;* ils servent, dans l'industrie et dans les laboratoires, comme dissolvants des résines (préparation des vernis dits à l'alcool) et des corps gras. Ils sont aussi utilisés comme combustibles, et pour la conservation des pièces anatomiques.

L'alcool *bon goût* entre dans la composition d'un grand nombre de médicaments toniques ou excitants, pour l'usage interne et pour l'usage externe.

Il est la base de la plupart des eaux de toilette des parfumeurs : l'eau de Cologne, la plus connue de toutes, n'est autre chose qu'une solution alcoolique d'un grand nombre d'essences très parfumées.

Le collodion des chirurgiens et des photographes est une dissolution de coton-poudre dans un mélange d'alcool et d'éther.

L'alcool sert encore à élever le degré des vins trop légers. Cette opération, appelée *vinage,* a pris beaucoup d'extension, surtout depuis que le phylloxera a détruit une grande partie des vignobles de la France.

Enfin, l'alcool bon goût est encore la base de toutes les

liqueurs distillées, telles qu'eau-de-vie, rhum, absinthe..., dont nous allons dire quelques mots.

453. **Liqueurs distillées.** — On réserve ordinairement le nom d'*alcools* aux produits de distillation qui renferment plus de 90 pour 100 d'alcool; ceux qui en renferment de 60 à 90 pour 100 sont appelés *esprits*, et enfin on nomme *eaux-de-vie* les mélanges qui contiennent seulement de 40 à 60 pour 100 d'alcool.

Les eaux-de-vie sont généralement consommées comme liqueurs. Elles renferment, même après avoir été rectifiées, un certain nombre de principes odorants, formés pendant la fermentation, et dont la rectification n'a pu les priver entièrement. Ces principes odorants varient suivant le liquide fermenté qui a été soumis à la distillation; ils communiquent à chacune des liqueurs distillées un goût particulier, qui permet de la distinguer des autres, et la rend plus ou moins agréable à boire.

Les meilleures eaux-de-vie proviennent de la distillation du vin blanc des Charentes (*cognacs*) et du vin blanc des Landes, du Gers et du Lot-et-Garonne (*armagnacs*). Elles sont d'abord incolores; on les conserve dans des barriques en chêne, qui leur communiquent à la longue une coloration particulière. Ces eaux-de-vie sont d'autant plus estimées qu'elles sont plus anciennes.

Depuis que les récoltes de nos vignobles ont beaucoup diminué, la distillation du vin s'est restreinte. La plupart des eaux-de-vie du commerce sont actuellement fabriquées avec des alcools de grain, de betterave ou de pomme de terre, d'un goût généralement désagréable, qu'on aromatise, et qu'on colore par des procédés artificiels.

A côté des eaux-de-vie de vin, de betterave, de grain et de pomme de terre se placent : 1° l'*eau-de-vie de cidre*, fabriquée principalement en Normandie; 2° l'*eau-de-vie de marc* de raisin, distillée en Bourgogne; 3° le *kirsch*, qu'on prépare en distillant le jus fermenté des cerises sauvages, écrasées avec les noyaux : le goût particulier du kirsch est dû à l'acide cyanhydrique, qui provient des noyaux; 4° le *gin* ou *genièvre*, qu'on prépare en ajoutant à un liquide fermenté des baies de genièvre pilées, et en livrant le tout à la distillation; 5° le *rhum*, fabriqué aux colonies par la distillation, après fermentation, des mélasses et de l'écume du sirop de canne à sucre : le goût particulier du rhum lui est communiqué par de la râpure de cuir, sur laquelle on laisse macérer l'eau-de-vie qui provient de la distillation; 6° l'*absinthe*, qu'on obtient en faisant macérer un liquide alcoolique avec des feuilles d'absinthe, et en le soumettant à la distillation.....

Cette énumération, fort incomplète, montre que le nombre des liqueurs distillées peut être extrêmement considérable, et, en réalité, l'industrie en imagine chaque jour de nouvelles.

### *Résumé.*

L'*alcool* $C^2H^6O$ est un liquide volatil, combustible, qui dissout un grand nombre de corps insolubles dans l'eau.

Il se forme dans la *fermentation alcoolique du glucose*. On le retire industriellement des boissons fermentées, en les soumettant à la distillation. Le jus sucré de la *betterave* en fournit par fermentation, de même que la *mélasse*. On en retire aussi de la *pomme de terre*, qu'on fait d'abord *saccharifier*, puis fermenter.

Les usages de l'alcool sont très nombreux. On consomme, en particulier, un grand nombre de *liqueurs fermentées*, riches en alcool.

## II. — BOISSONS FERMENTÉES.

**454. Fermentation.** — Certains liquides d'origine organique, abandonnés à eux-mêmes dans des conditions convenables, se troublent, s'altèrent et changent de composition : on dit qu'ils fermentent.

La *fermentation*, qui n'est autre chose qu'une décomposition chimique, se produit sous l'influence des ferments, qui sont des organismes inférieurs, animaux ou végétaux.

Nous ne parlerons que de la *fermentation alcoolique*. Elle se produit, dans les *liquides sucrés*, sous l'influence de la *levure de bière*.

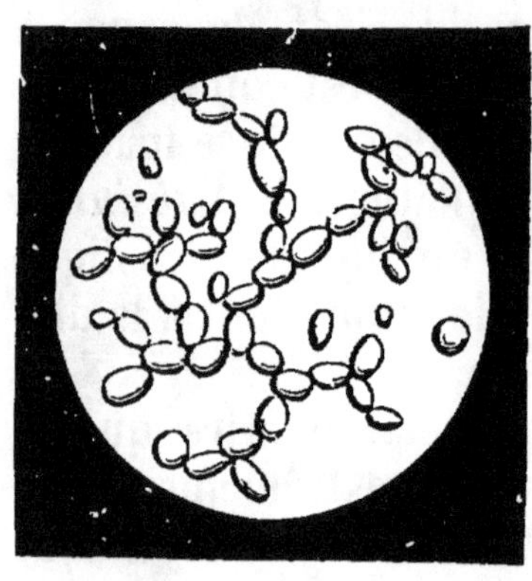

Fig. 301. — Levure de bière, fortement grossie.

Si on examine au microscope la levure de bière, on voit qu'elle se compose de très petits globules, qui se multiplient très rapidement quand ils sont au sein d'un liquide sucré. C'est la multiplication même de ces globules qui décompose le *sucre*, pour former de l'*anhydride carbonique*, qui se dégage, et de l'alcool, qui reste.

$$C^6H^{12}O^6 \text{ (sucre)} = 2C^2H^6O + 2CO^2.$$

Dans un grand flacon (*fig.* 302) introduisons un litre d'eau, 100 grammes de sucre, et 20 ou 30 grammes de *levure de bière*. Fermons le flacon avec un bouchon

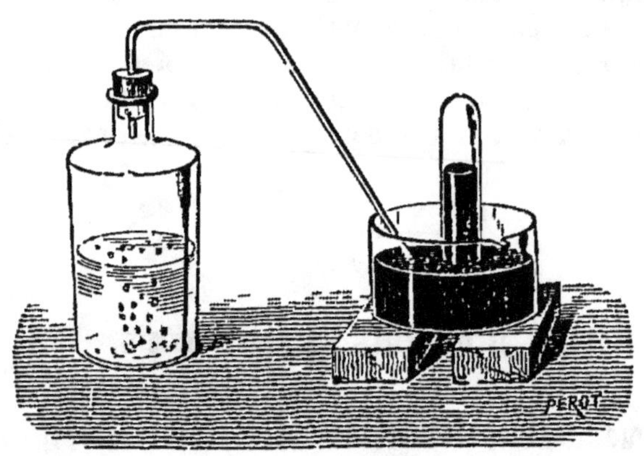


Fig. 302. — Fermentation alcoolique d'un liquide sucré.

muni d'un tube à dégagement, et abandonnons l'appareil à lui-même dans un endroit chaud.

Bientôt nous voyons le liquide se troubler; des bulles de gaz, de plus en plus nombreuses, se dégagent et produisent une mousse abondante. Ces bulles de gaz sont formées d'anhydride carbonique, qu'on peut recueillir dans une éprouvette placée sur le mercure.

La fermentation terminée, on peut constater que le liquide a perdu sa saveur sucrée, et qu'il a pris une odeur vineuse; il contient alors de l'alcool.

La levure, introduite dans un liquide sucré, n'en développe pas nécessairement la fermentation.

Pour que celle-ci se produise, il faut que la température soit comprise entre + 5° et + 50°. Une température inférieure à + 5° suspend la fermentation, sans détruire le ferment; une chaleur supérieure à + 50° détruit le ferment, qui n'agit plus, même si la température redescend au-dessous de 50°. La température la plus convenable est celle de 20 à 25 degrés.

D'autre part, les jus sucrés des fruits, de la betterave, abandonnés à eux-mêmes, à une température voisine de 20 degrés, ne tardent pas à fermenter, sans qu'il soit besoin d'y ajouter de la levure de bière.

M. Pasteur a démontré que cette *fermentation spontanée* est déterminée par des germes microscopiques du ferment alcoolique, qui sont apportés par l'air et tombent dans le liquide. Les jus les plus altérables se conservent indéfiniment sans altération, soit dans le vide, soit dans une atmosphère limitée qu'on a filtrée à travers des tampons de ouate. Mais la fermentation commence dès que l'air atmosphérique, toujours chargé de germes, arrive au contact de la liqueur.

**455. Vin.** — Le *vin* est, après l'eau, la plus importante des boissons. Il résulte de la fermentation alcoolique du jus ou moût de raisin (*fig.* 303 et 304). La fermentation est déterminée par les germes de ferments qui sont déposés par l'air sur la pelure du raisin; il suffit, pour qu'elle commence, d'écraser les grains, de manière à mêler le ferment avec le jus sucré.

Lorsque la *vendange* est faite, on jette le raisin dans la *cuve* (*fig.* 305); on l'écrase, en le foulant aux pieds, et on l'abandonne à lui-même.

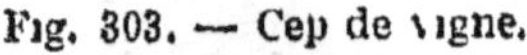

Fig. 303. — Cep de vigne.

Fig. 304. — Grappe de raisin.

Après un laps de temps variant de quelques heures à deux ou trois jours, la fermentation commence : l'anhydride

Fig. 305. — La cuve à fermentation.

carbonique se dégage en bulles nombreuses, soulevant les pulpes du raisin, en même temps qu'il se produit une écume épaisse. Il se forme peu à peu à la surface de la cuve une croûte, le *chapeau de la vendange*. Quand la fermentation commence à se ralentir, on la ranime en piétinant de nouveau, pour mélanger les ferments du chapeau avec le moût.

Après quelques jours le liquide cesse complètement de bouillir; il s'éclaircit et prend le goût du vin; on le soutire dans des tonneaux.

Le vin, renfermé dans les tonneaux, fermente encore très doucement pendant plusieurs semaines: il faut donc laisser la bonde ouverte, pour permettre à l'anhydride carbonique de se dégager. Quand cette fermentation insensible est terminée, toutes les matières qui troublaient le vin se déposent au fond du tonneau, en formant la *lie*. A ce moment, le vin est parfaitement clair, et il a complètement perdu toute saveur sucrée : la fabrication est terminée.

*Composition du vin*. — La composition du vin est fort complexe. Il renferme un grand nombre de principes, qui se trouvaient tout formés dans le moût : eau, albumine et matières azotées ; matières grasses et matières colorantes, tanin, acides pectique, tartrique, malique, sels minéraux... De plus, certaines substances nouvelles ont pris naissance dans la fermentation : alcool, acides acétique, succinique, éthers œnanthique et acétique, glycérine, principes inconnus constituant le *bouquet*.

On conçoit que, suivant les proportions relatives de ces diverses substances, la couleur et le goût des vins, de même que leur action sur l'organisme, puissent varier à l'infini. C'est ainsi que les vins riches en alcool sont particulièrement stimulants; ceux qui renferment beaucoup de tanin sont âpres, mais ils peuvent se conserver longtemps sans altération.

**456. Cidre.** — Le *cidre* remplace le vin en Bretagne et dans tout le nord de la France. C'est la boisson principale dans les régions de l'Europe où l'on ne cultive pas la vigne.

Le cidre se fait soit avec des pommes, soit avec de poires (il prend alors le nom de *poiré*). La fabrication du cidre est aussi facile et plus prompte que celle du vin.

Les fruits, récoltés au moment de leur maturité parfaite, sont concassés dans un moulin spécial, puis soumis à l'action d'une forte presse. On obtient ainsi un jus qui renferme beaucoup d'eau, du sucre de fruit, des matières azotées, des matières colorantes, divers acides et sels organiques et minéraux.

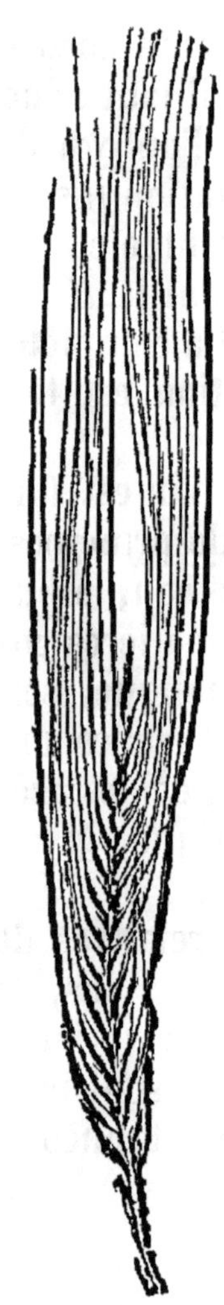

Fig. 306
Épi de l'orge.

Ce jus, placé dans de grands tonneaux, est abandonné à la fermentation. Au bout d'un mois, on bouche les tonneaux et on laisse le liquide déposer les matières insolubles qu'il tient en suspension. On a bientôt un liquide bien clair, alcoolique, qu'on soutire, et qu'on peut consommer immédiatement.

Le cidre s'altère encore plus facilement que le vin; il ne peut pas se conserver au delà de deux ou trois ans.

**457. Bière.** — La *bière* est une infusion d'orge fermentée, additionnée du principe amer et aromatique du houblon. La production annuelle de la bière est, dans les pays du Nord, au moins aussi importante que celle du cidre.

La fabrication de la bière est plus complexe que celle du vin; elle nécessite plusieurs opérations distinctes.

1° *Préparation du malt.* — L'orge renferme beaucoup d'amidon, qu'il faut transformer en sucre propre à fournir une liqueur fermentescible. Cette transformation se fait en deux temps : *maltage* et *brassage*.

On commence par faire germer l'orge (*fig.* 306), en l'étendant, mouillée, sur l'aire d'une grande salle, le *ger-*

*moir*, maintenue à la température de 15°. Pendant que se produit la germination, il se forme de la *diastase*, substance capable de transformer l'amidon en glucose

Au bout d'une dizaine de jours, la gemmule a acquis à peu près la longueur du grain (*fig.* 307), le *maltage* est terminé. On arrête la germination en desséchant l'orge dans une grande étuve portée à la température de 50°.

Fig. 307. — Grain d'orge germé.

Les grains, débarrassés de leurs radicelles par un passage au tarare, sont réduits en une farine grossière, très riche en diastase : on a le *malt*.

La fabrication du malt réussit surtout au mois de mars : de là le nom de *bière de mars* donné aux meilleures bières.

2° *Brassage* ou *saccharification*. — Le malt sec peut se conserver sans altération pendant fort longtemps. Quand on veut en faire de la bière, on étend une couche épaisse de malt dans une grande cuve en bois à double fond, dite *cuve-matière* (*fig.* 308), et on fait arriver par la partie inférieure une quantité convenable d'eau à 70°. On *brasse* vivement la matière ; on ferme hermétiquement la cuve, et on abandonne le tout au refroidissement : au bout de trois heures, la diastase a complètement transformé l'amidon en glucose, soluble dans l'eau. On soutire le liquide, pour le séparer de la *drèche*, ou résidu de malt : on a le *moût*, liquide sucré fermentescible.

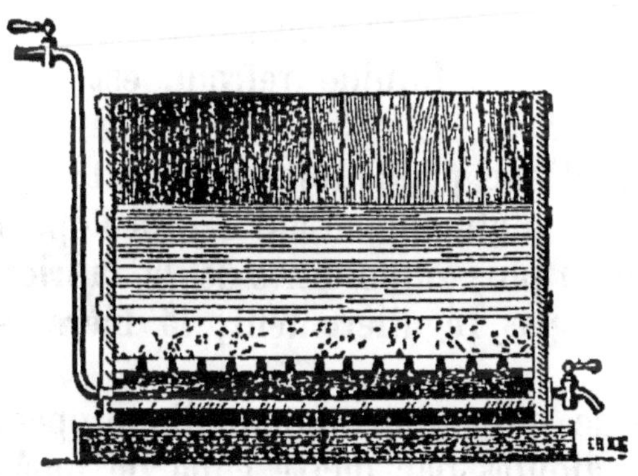

Fig. 308. — Cuve matière, pour la saccharification de l'orge.

3° *Houblonnage*. — Avant de laisser fermenter le moût, on le cuit avec de la fleur de houblon desséchée. Cette fleur (*fig.* 309) renferme un principe amer d'un goût agréable, qui favorise la conservation de la bière. Elle contient aussi du tanin, qui précipite, en les coagulant, les matières albumineuses du moût et permet ainsi d'obtenir un liquide limpide.

Fig. 309. — Houblon.

La cuisson se fait dans de grandes chaudières; elle dure de 4 à 5 heures.

Quand elle est terminée, on dirige le moût dans de larges cuves, dans lesquelles il se refroidit rapidement et se débarrasse des substances qu'il tenait en dissolution ou en suspension.

4° *Fermentation.* — Le liquide refroidi est versé dans la *cuve à fermentation.*

La fermentation alcoolique, pendant laquelle doit s'opérer la transformation de la glucose en alcool, est l'opération la plus difficile et la plus importante de la fabrication. Si elle ne se fait pas régulièrement, la bière est mauvaise.

Trois kilogrammes de levure, provenant d'une opération précédente, sont ajoutés par mètre cube de moût. La fermentation commence; la levure se développe considérablement et vient former à la surface du liquide une écume abondante, que l'on enlève avec des écumoires.

Après quelques jours, quand le liquide est à peu près clair, on le soutire dans des tonneaux, où se continue doucement la fermentation; enfin, le liquide, clarifié à la colle de poisson, est livré à la consommation.

*Composition de la bière.* — La bière contient à peu près 5 pour 100 de matières solides en dissolution (matières azotées, dextrine, sels minéraux) : aussi est-elle plus nourrissante qu'aucune autre boisson ; l'alcool, dont les proportions varient de 2 à 8 pour 100, la rend excitante comme le vin. Enfin, son goût amer en fait une boisson fort agréable. C'est donc à juste titre qu'elle est appréciée.

La bière est toujours consommée avant la fin de sa fermentation : aussi renferme-t-elle de l'anhydride carbonique en dissolution ; c'est ce qui la rend mousseuse.

## *Résumé.*

La *fermentation alcoolique* est une décomposition chimique des matières sucrées, qui résulte du développement d'un *ferment* appelé le *ferment alcoolique*. Cette décomposition transforme le sucre en *alcool* et anhydride carbonique.

Le *vin* est une *boisson fermentée* qui provient de la fermentation spontanée du jus de raisin.

Le *cidre* provient de la fermentation spontanée du jus de la pomme.

La *bière* provient de la *saccharification*, puis de la *fermentation* de la fécule des grains d'orge ; elle renferme en outre une infusion de houblon.

---

## III. — MATIÈRES SUCRÉES

**458. Diverses sortes de sucre.** — On désigne sous le nom de *matières sucrées* diverses substances *douées d'une saveur douce, et susceptibles de subir la fermentation alcoolique*, c'est-à-dire de se transformer, sous l'influence de la levure de bière, en alcool et anhydride carbonique (§ 454). Parmi les matières sucrées, nous allons parler de la *glucose* et du *sucre ordinaire*.

**459. Glucose.** — La *glucose* $C^6H^{12}O^6$ est très répandue dans les végétaux. Elle constitue la matière pulvérulente blanche qu'on trouve à la surface des raisins secs, des pruneaux, des figues sèches et d'un grand nombre d'autres fruits.

Mélangée avec un autre sucre, dont nous n'avons pas à parler, la *lévulose*, elle forme la matière sucrée de la plupart des fruits acides.

C'est une matière incolore, inodore, d'une saveur sucrée faible, se dissolvant assez bien dans l'eau. Chauffée, elle fond, puis elle se décompose pour donner du *caramel*, qui, chauffé plus fortement, se décomposerait lui-même complètement en donnant un résidu de charbon.

Si l'on chauffe dans un courant d'air, la glucose s'enflamme et brûle en produisant de l'eau et de l'anhydride carbonique.

Il est aisé de retirer la glucose des fruits qui la renferment.

Mais l'industrie la prépare toujours au moyen de la fécule, qui se transforme en glucose sous l'action d'une petite quantité de *diastase*, substance qui prend naissance dans la germination de l'orge (§ 457).

La fécule, en suspension dans l'eau, est soumise à l'ébullition avec de l'orge germée. On filtre sur du noir animal le sirop obtenu (§ 368), que l'on concentre à feu doux. La glucose se dépose, par refroidissement, en une masse granuleuse.

La glucose est employée, en assez grande quantité, à la fabrication de l'alcool, à l'amélioration des moûts de vin et de bière.

**460. Sucre ordinaire.** — Le *sucre ordinaire* $C^{12}H^{22}O^{11}$ est généralement appelé *sucre de canne*, parce qu'autrefois on le retirait uniquement de la canne à sucre.

Fig. 310. — Sucre candi.

Il est contenu dans un grand nombre de végétaux (maïs, carotte, betterave, sève du tilleul, du bouleau, de la canne à sucre, du sorgho, de l'érable à sucre).

C'est un solide blanc, inodore, doué d'une saveur fortement sucrée. A froid il se dissout dans la moitié de son poids d'eau ; à chaud il est encore plus soluble. Il forme alors un sirop épais, qui, par évaporation lente, laisse déposer de gros cristaux à peu près transparents, qui constituent le *sucre candi* (*fig*. 310).

Le sucre est insoluble dans l'alcool.

Il fond à 160°, sans se décomposer. Par refroidissement il se prend en une masse amorphe : c'est le *sucre d'orge*. Abandonné à lui-même, le sucre d'orge perd peu à peu sa transparence, et se transforme en un assemblage de petits cristaux microscopiques.

Le sucre chauffé donne d'abord du *caramel*, qui lui-même, à une température plus élevée, brûle en donnant de l'anhydride carbonique et de l'eau. S'il n'y a pas assez d'air, il reste un résidu de charbon.

Sous l'influence de la levure de bière, le sucre éprouve la *fermentation alcoolique* (§ 454).

**461. Extraction du sucre.** — On extrait le sucre ordinaire de divers *palmiers* (Indes), de l'*érable* (Canada), du *sorgho* (Chine et Amérique), de la *canne à sucre* (Indes, Amérique), de la *betterave* (Europe), de la *citrouille* (Hongrie).

Nous parlerons seulement des deux extractions les plus importantes.

*Extraction du sucre de betterave.* — Les betteraves les plus sucrées renferment jusqu'à 15 pour 100 de leur poids de sucre.

Récoltées au mois d'octobre, les racines sont débarrassées de leurs feuilles et réduites en une *pulpe*, que l'on presse fortement à la presse hydraulique, pour en faire sortir le jus.

La pulpe épuisée constitue une excellente nourriture pour le bétail.

Le jus sucré obtenu est très sujet à la fermentation (§ 450). Pour s'opposer à cette fermentation, on le purifie par la *défécation*, opération qui consiste à le chauffer au contact d'un peu de *chaux* (*fig*. 311), puis à le filtrer sur du noir animal (*fig*. 312).

Au sortir du filtre, le jus doit être soumis, aussi rapidement que possible, à la *concentration*, ou *cuite*.

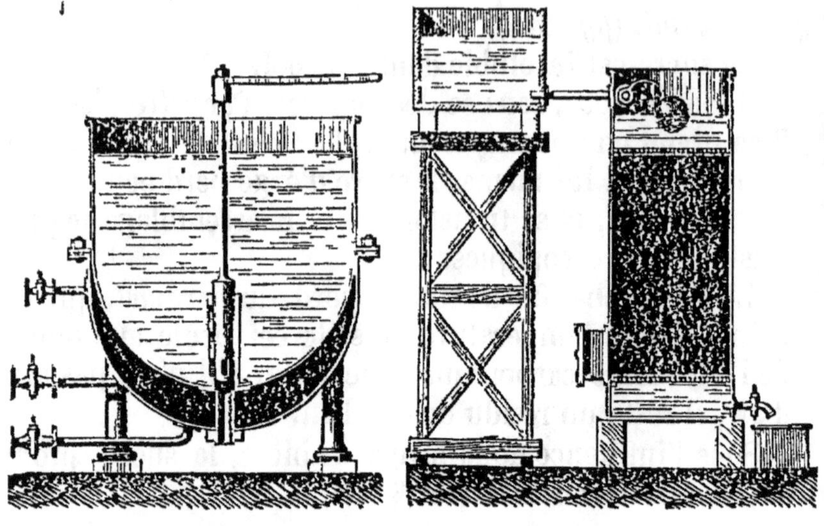

Fig. 311. — Chaudière à purification du jus de betterave.

Fig. 312. — Filtre à noir animal.

On opère cette concentration en évaporant rapidement, à une température inférieure à 100°, dans une chaudière où l'on fait un vide partiel.

Le sirop obtenu arrive dans un réservoir, où il *cristallise* par refroidissement.

*Extraction du sucre de canne.* — La canne à sucre est un grand roseau, qui atteint 4 mètres de hauteur. Elle est cultivée en grand dans les régions des deux Amériques et dans les colonies des régions des tropiques.

Elle renferme 20 pour 100 de son poids de sucre (*fig.* 313 et 314).

On la coupe, on l'écrase entre des cylindres pour en retirer le jus.

La défécation, la cuite et la cristallisation de ce jus se font comme pour le sucre de betterave.

*Raffinage du sucre brut.* — Le sucre brut est toujours coloré par des matières étrangères, qui nuisent à sa conservation.

Pour le *raffiner*, on le fait dissoudre dans de l'eau bouillante. Dans la dissolution on ajoute du *noir animal*, qui

Fig. 313. — Canne à sucre

Fig. 314. — Tige de la canne à sucre.

absorbe une partie des matières colorantes, et du *sang de bœuf*, qui, en se coagulant sous l'action de la chaleur, entraîne les matières en suspension et les amène à la surface. On filtre le liquide sur du noir animal, puis on concentre dans le vide, et on fait cristalliser dans des *formes* (*fig.* 315).

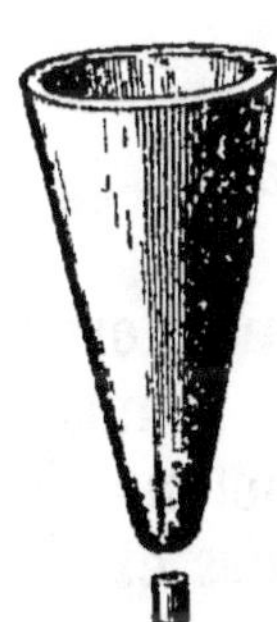

Fig. 315. — Forme à cristallisation du sucre.

M[illegible] — Le sirop qui, dans l'extraction, a [illegible]ssé cristalliser le sucre, fournit un résidu encore très sucré, la *mélasse*. Cette mélasse est utilisée pour sucrer les moûts de bière (§ 457), pour fabriquer le pain d'épice.

On le fait aussi fermenter, et on retire l'alcool par distillation. Le rhum des colonies provient de la distillation des mélasses du sucre de canne.

**462. Consommation du sucre.** — Le sucre est actuellement d'un prix peu élevé : c'est que la production en est maintenant très considérable. On fabrique par an 6 millions de tonnes de sucre, dont la moitié avec la canne, et un tiers avec la betterave. La France produit 400 000 tonnes de sucre de canne.

Les usages du sucre sont nombreux et importants. Après le sel, le sucre est le plus important des condiments (confiserie, pâtisserie, pharmacie, fabrication des liqueurs).

La consommation moyenne annuelle du sucre est de 28 kilogrammes par personne à Cuba, de 10 kilogrammes en France.

### *Résumé.*

Les *matières sucrées* sont surtout caractérisées par la propriété qu'elles ont de donner de l'alcool par *fermentation alcoolique.*

La *glucose* des fruits est peu sucrée. On la prépare à l'aide de la *fécule*, traitée par l'*orge germée.*

Le *sucre ordinaire*, plus sucré de goût, se retire en quantités très considérables d'un grand nombre de végétaux, et surtout de la canne à sucre et de la betterave. Les opérations de la fabrication du sucre sont : la production du jus, sa défécation, la cuite, la cristallisation et le raffinage.

## IV. — DEXTRINE, AMIDON, CELLULOSE.

**463. Matières végétales neutres.** — Les substances organiques que nous allons étudier ici constituent la masse principale des tissus végétaux. Nous les appelons des *matières neutres*, pour les distinguer des *acides* et des *bases*, dont nous parlerons plus loin.

Les plus importantes de ces matières sont la *dextrine*, l'*amidon* et la *cellulose*. Toutes ces substances ont un grand nombre de propriétés communes : elles ne peuvent être volatilisées; elles sont incristallisables, insolubles dans l'alcool et dans les carbures d'hydrogène (*benzine*, *essence de térébenthine*).

En outre, comme les autres matières organiques, elles sont combustibles, et décomposables par la chaleur.

**464. Dextrine.** — La *dextrine* $C^{12}H^{20}O^{10}$ est un solide d'un blanc jaunâtre, qui se présente le plus souvent sous la forme d'une masse gommeuse transparente, très soluble dans l'eau.

Elle est l'objet d'une fabrication industrielle assez importante.

Cette fabrication est fondée sur la propriété qu'a la fécule de se transformer en *dextrine* (la formule chimique de ces deux composés est la même, mais ils ont des propriétés différentes) sous l'influence des *acides étendus*, ou simplement de la chaleur.

On imbibe la fécule d'*acide azotique* étendu de beaucoup d'eau, de façon à faire une pâte, qu'on fait sécher à

Fig 316. — Préparation industrielle de la dextrine.

l'air. On distribue cette pâte sur des plaques de tôle, et on la chauffe à 120° dans une étuve pendant deux heures (*fig*. 316).

La dextrine est employée comme épaississant des couleurs à imprimer sur étoffes ; elle sert également d'apprêt pour divers tissus. Elle peut, en somme, remplacer la gomme arabique dans la plupart de ses applications.

Les chirurgiens l'emploient pour encoller les bandages destinés à maintenir les membres fracturés ; par la dessiccation, ces bandages acquièrent une grande solidité, et maintiennent le membre blessé dans une immobilité absolue.

**465. Amidon et fécule.** — *L'amidon* et la *fécule* ne forment qu'une seule et même substance chimique (*matière amylacée*), de formule $C^{12}H^{20}O^{10}$. On trouve cette substance dans les *racines* (*carotte*, *guimauve*), les *tubercules* (*pommes de terre*, *patate*), les *bulbes* (*lis*, *tulipe*), la *moelle* (*palmier*), les *fruits* (*chêne*, *chataignier*), les *graines* (*blé*. *avoine*, *maïs*, *riz*, etc.).

C'est une poudre blanche, composée de granules microscopiques d'apparence organisée, dont la forme et les dimensions varient suivant l'origine de la matière amylacée. Ces granules sont formés de couches concentriques, emboîtées les unes dans les autres.

La matière amylacée est insoluble dans l'eau. Mais elle se gonfle dans l'eau chaude et forme une masse gélatineuse nommée *empois*.

Une température de 200° transforme l'amidon en dextrine. A une plus forte chaleur, il brûlerait ou se décomposerait.

La matière amylacée extraite des céréales a reçu le nom particulier d'*amidon ;* on nomme *fécule* la matière amylacée retirée des racines et des tubercules. Ces matières se distinguent les unes des autres au microscope, par la forme et la grosseur des grains (*fig.* 317 et 318).

*Amidon.* — Les procédés employés pour extraire l'amidon des graines des céréales sont variés. Voici le plus simple.

La farine du blé contient, outre l'amidon, un peu d'*albumine*, de *sucre*, quelques *sels minéraux* et une notable roportion de gluten; il faut séparer l'amidon de ces matières étrangères.

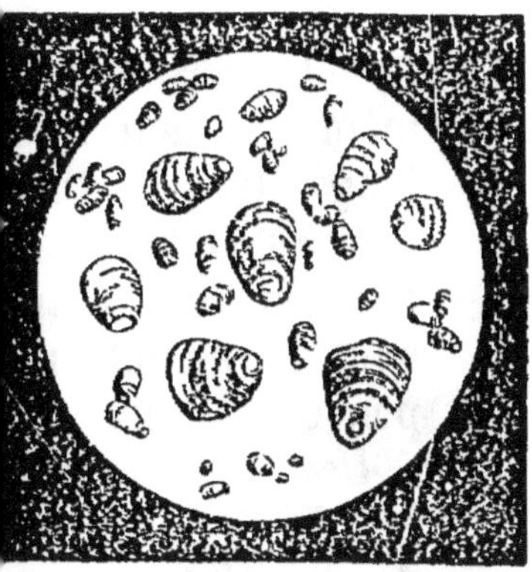

Fig. 317 — Grains de fécule de pomme de terre, grossis.

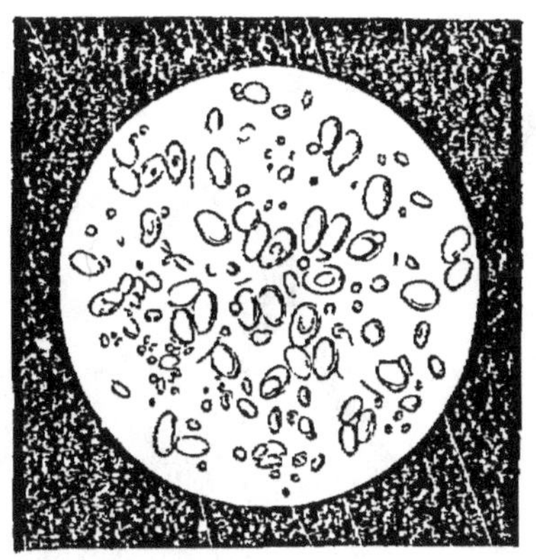

Fig. 318. — Grains d'amidon du blé (même grossissement que ci contre).

Pour cela, la farine est pétrie avec une petite quantité d'eau, et réduite en une pâte ferme. Cette pâte, malaxée sous un filet d'eau (*fig.* 319), produit un liquide blanc, qui s'écoule, tandis que le gluten reste seul, en une masse molle et élastique. La malaxation s'opère avec des appareils spéciaux.

Fig. 319. — Extraction de l'amidon du blé

Le liquide blanc, abandonné au repos, laisse déposer l'amidon; l'albumine, les sels minéraux, le sucre, demeurent en dissolution.

Il ne reste qu'à décanter et à faire sécher.

*Fécule.* — Pour extraire la *fécule* de la pomme de terre, il suffit de la râper, de manière à déchirer les parois des cellules qui emprisonnent les granules de matière amylacée, et de traiter par l'eau. Puis on lave à plusieurs reprises, en faisant déposer chaque fois la fécule; enfin on laisse sécher.

La figure 320 indique comment on peut préparer soi-même de la fécule. L'opération industrielle se fait avec de grandes râpes tournantes, que nous ne pouvons décrire.

Fig 320. — Extraction de la fecule de pomme de terre.

*Usages.*—Les usages de l'amidon et de la fécule sont nombreux et importants. Malgré l'identité de la composition de tous les amidons et de toutes les fécules, il n'est pas indifférent d'employer tel amidon ou telle fécule, plutôt que tel autre; les différences de grosseur et surtout d'agrégation des graines produisent, dans les propriétés physiques des diverses variétés de la matière amylacée, des modifications qui les rendent plus ou moins propres à chaque usage particulier.

Les amidons et les fécules servent dans l'alimentation. L'*arrow-root*, le *sagou*, le *tapioca*, sont des fécules extraites de plantes des tropiques; ils sont loin d'avoir les propriétés nutritives qu'on leur attribue généralement : car ils ne renferment pas plus d'azote que la fécule de pomme de terre.

L'empois d'amidon est employé, comme la gomme et la dextrine, à épaissir les mordants et les couleurs, dans les fabriques d'indienne. Il sert à *empeser* le linge.

La fecule sert à la fabrication de la *colle de pate,* à l'encollage du papier. On en consomme surtout de grandes quantités pour la fabrication de la dextrine et de la glucose.

**466. Cellulose.** — La *cellulose* $C^{12}H^{20}O^{10}$ est la substance la plus répandue dans les végétaux : c'est cette substance qui constitue les parois des cellules et des vaisseaux de toutes les plantes (*fig.* 321 et 322). Le bois est formé

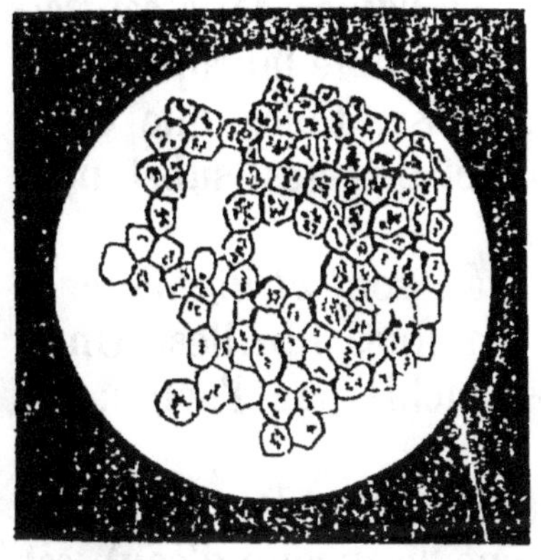

Fig 321. — Cellules constituées principalement par de la cellulose.

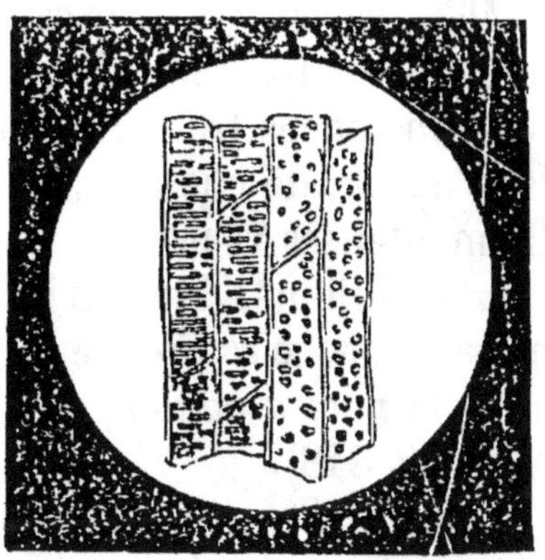

Fig. 322. — Fibres de cellulose.

par de la cellulose, à laquelle sont venues s'ajouter diverses matières carbonées et azotées.

Les jeunes cellules végétales, la moelle de sureau, le coton, le vieux linge, le papier, toutes les fibres végétales qui ont subi de nombreux lessivages, sont constitués par de la cellulose à peu près pure.

La cellulose pure est solide, blanche, translucide, insoluble dans l'eau, l'alcool et l'ether; elle est combustible, décomposable par la chaleur.

L'action suffisamment prolongée de l'acide sulfurique la transforme en dextrine, puis en glucose, qui, en fermentant, pourrait donner de l'*alcool*. Il serait donc possible de fabriquer de l'alcool avec du bois.

L'*acide azotique* concentré se combine avec la cellulose pour former un composé *explosif*, appelé *fulmi-coton*, ou *coton-poudre*. Il suffit de plonger, pendant quelques minutes, de la ouate dans un mélange d'acide azotique et d'acide sulfurique, puis de laver longuement, à grande eau, pour avoir le *coton-poudre*.

Le *coton-poudre* a le même aspect que le coton ordinaire; mais il brûle très rapidement, même en vase clos, en produisant une grande force explosive.

Le *collodion* est une dissolution de fulmi-coton dans un mélange d'alcool et d'éther.

**467. Papier, sa fabrication.** — Le *papier* est essentiellement constitué par de la *cellulose;* on le fabrique avec les substances très riches en cellulose, telles que chiffons de lin, de chanvre, de coton, et diverses substances filamenteuses végétales.

Les chiffons, bien triés, lessivés, sont *effilochés* à la mécanique, c'est-à-dire divisés en fines fibrilles. On a ainsi la *pâte à papier*, que l'on blanchit par l'action du *chlore* (§ 348).

Avec la pâte, il faut alors faire le papier. Pour cela, la pâte, très claire (car elle renferme beaucoup d'eau), est versée sur une toile métallique; l'eau s'égoutte, et il reste sur la toile une feuille de papier, que l'on fait sécher. Toutes ces opérations se font, d'ailleurs, d'une manière continue, dans de très grandes machines.

*Consommation du papier.* — La variété des papiers que fabrique actuellement l'industrie est innombrable; nous n'en pouvons citer que quelques uns, tels que les divers papiers à écrire et à imprimer, les papiers à cigarettes, les papiers à filtrer, à calquer, les papiers d'emballage, les cartons...

La consommation de cet article de première nécessité est telle, que les chiffons ont cessé depuis longtemps de suffire à la fabrication. On utilise maintenant les fibres végétales les plus diverses. La paille des céréales, les feuilles de maïs, l'alfa d'Algérie, le bois même (peuplier, tilleul, sapin) sont réduits en pâte par des procédés mécaniques assez complexes, et enfin convertis en papier. Le plus souvent on mélange ces pâtes de seconde qualité avec une quantité plus ou moins grande de pâte de chiffons; on leur donne même du *corps* en y ajoutant du kaolin.

La production actuelle du papier en France, dans 350

papeteries, dépasse 100 millions de kilogrammes, ayant une valeur de plus de 100 millions de francs. L'Angleterre et surtout les États-Unis en produisent plus encore.

## *Résumé.*

La *dextrine* est un solide blanc jaunâtre, qu'on prépare en traitant la fécule par une petite quantité d'acide azotique. Ses usages sont importants.

L'*amidon* se retire des graines des céréales ; la *fécule* se retire des tubercules et des racines. On distingue l'origine des divers amidons et des diverses fécules par l'examen microscopique, grâce à la forme et à la grosseur des grains.

La *cellulose* est la matière la plus abondante des végétaux. La ouate est de la cellulose à peu près pure. On peut employer la ouate à la fabrication du fulmi-coton. Avec les vieux chiffons, constitués par de la cellulose, on fait le *papier*. Le papier est actuellement fabriqué aussi avec des matières végétales très diverses.

---

## V. — MATIÈRES GRASSES.

**403. Corps gras neutres.** — Un grand nombre d'êtres organisés, animaux et végétaux, renferment des corps neutres, d'une consistance variable, doux au toucher, facilement flexibles, qui présentent entre eux de grandes analogies de propriétés et de composition : ce sont les *corps gras* (huiles, beurres, graisses, moelles, suifs, cires).

Ces corps gras sont importants; ils sont indispensables à l'accomplissement des fonctions vitales, et sont employés à un grand nombre d'usages, dans les ménages et dans l'industrie.

Les corps gras sont généralement peu colorés; leur saveur et leur odeur sont faibles.

Ils sont doux au toucher et produisent sur le papier une tache qui ne s'en va pas par l'action de la chaleur. Ils sont insolubles dans l'eau, mais solubles, au moins en partie, dans l'alcool, dans l'éther et dans les essences.

Leur densité est toujours plus faible que celle de l'eau.

Les uns sont solides à la température ordinaire ; mais ils sont très aisément fusibles. Les autres sont liquides, comme les huiles ; mais ils se solidifient facilement.

Les corps gras ne sont pas volatils ; et l'on ne peut pas les distiller sans altération.

Chauffés au-dessus de 300°, ils sont décomposés, en donnant des produits très divers, dont l'un, l'*acroléine*, a une odeur forte et suffocante.

Ils sont, d'ailleurs, très combustibles ; ils brûlent avec une flamme éclairante, fuligineuse.

Au contact de l'air, ils s'oxydent lentement et prennent une mauvaise odeur, un goût désagréable : ils se *rancissent*.

Les huiles surtout prennent rapidement le goût de rance ; leur oxydation lente est accompagnée d'une décoloration progressive et d'une augmentation de densité ; en même temps elles deviennent moins combustibles et elles s'épaississent sensiblement.

Pour quelques-unes, l'épaississement est tel, qu'elles se transforment en un solide élastique, transparent, fort peu soluble dans l'alcool et l'éther ; celles-là portent le nom d'*huiles siccatives* (huiles de lin, de noix, d'œillette) ; elles sont fort employées pour la préparation des vernis et des couleurs à l'huile.

Fig. 323. — Rameau de noyer, avec ses fruits.

**469. Origine des corps gras.** — Les *corps gras* sont très répandus dans les animaux et dans les végétaux. Dans les plantes, les graines surtout en renferment ; les graines du chanvre, du lin, du pavot, du ricin, de la navette, du colza, du pin, du noyer, contiennent des huiles; on en trouve aussi, mais moins

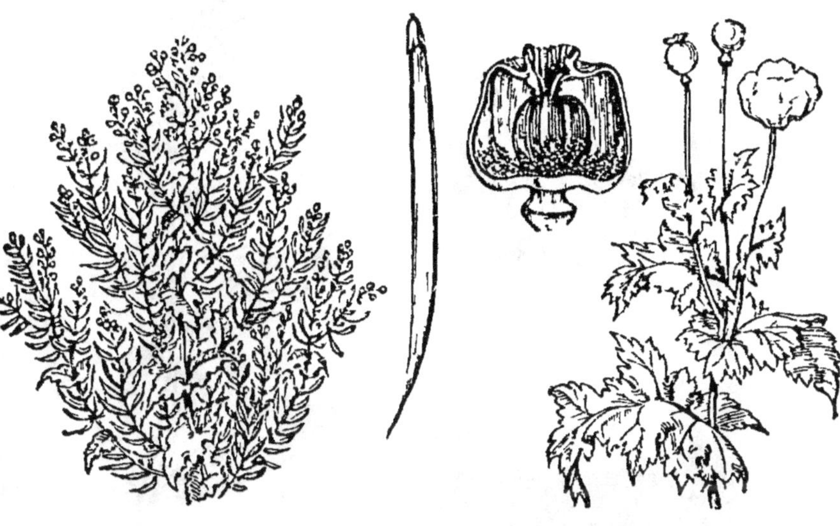

Fig. 324. — Colza.

Fig. 325. — Pavot blanc.

souvent, dans les parties charnues des fruits, par exemple dans l'olivier, le laurier.

Chez les animaux, les graisses sont surtout accumulées sous la peau, à la surface des muscles, autour des viscères.

**470. Huiles.** — Les *huiles* sont des corps gras liquides à la température ordinaire. Les huiles se retirent généralement des végétaux, et surtout de la graine. Les huiles de *noix*, de *colza*, d'*œillette* ou de *pavot*, de *lin*, de *navette*... se retirent des graines du *noyer* (*fig.* 323), du *colza* (*fig.* 324), du *pavot* (*fig.* 325), du *lin* (*fig.* 326),

Fig. 326. — Plant de lin, avec une fleur et un fruit.

du *chou-navet* (*fig.* 327); l'huile d'*olive* s'extrait du fruit de l'*olivier* (*fig.* 328).

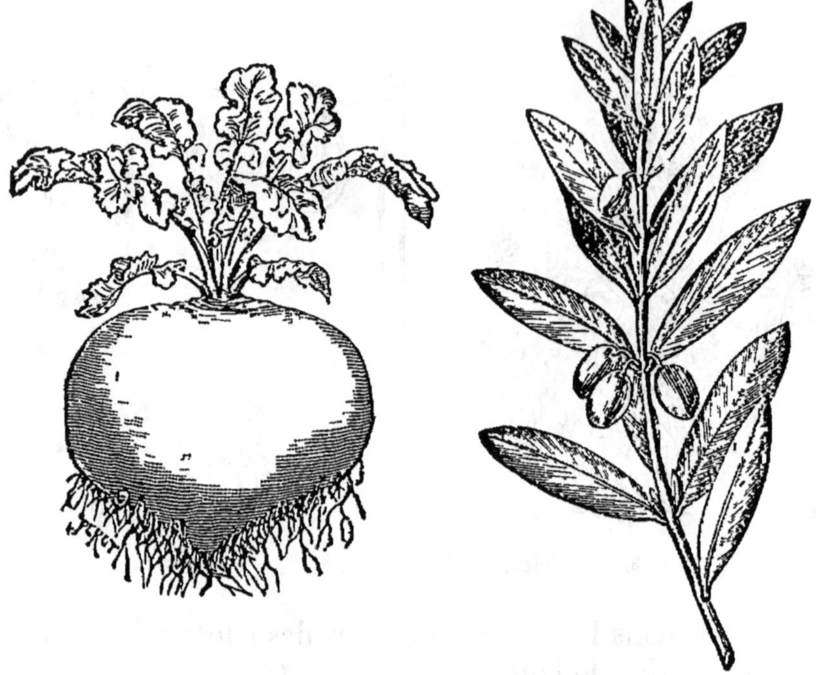

Fig. 327. — Chou-navet.

Fig. 328. — Rameau d'olivier, portant ses fruits.

Les animaux qui produisent de l'huile sont rares; les huiles de *baleine* et de *foie de morue* se retirent de la *baleine* et du foie de la *morue*.

On extrait les huiles des végétaux en soumettant à la presse les graines qui les renferment. On commence par concasser les graines sous des pilons, puis on les réduit en pâte sous des meules en pierre disposées verticalement (*fig.* 329). L'opération se fait à froid pour les huiles qui sont employées comme aliments : on a ainsi des huiles de qualité supérieure. Pour l'extraction des autres, on chauffe les graines, ce qui facilite la sortie du liquide.

Lorsque la graine a été réduite en une pâte plus ou moins molle, on l'enferme dans des sacs, que l'on soumet à l'action de fortes presses. L'huile s'écoule, et on la recueille. La graine, privée de presque toute son huile, forme alors un résidu solide, qu'on nomme *tourteau*. On emploie les tourteaux à la nourriture du bétail et comme engrais des terres.

L'industrie de l'extraction des huiles a, en France, une grande importance. Dans le nord, on cultive en grand le colza et le pavot, pour en retirer l'huile; dans le centre, on utilise la noix; enfin, la fabrication de l'huile d'olive est une des industries les plus importantes du midi.

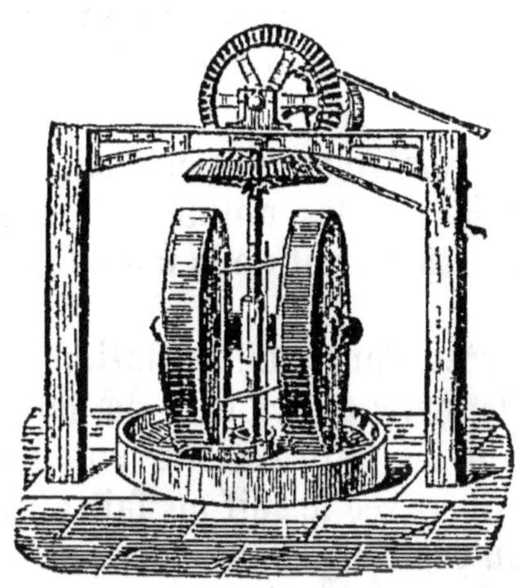

Fig 329. — Meule pour l'extraction des huiles.

Les huiles constituent une des plus sérieuses ressources de l'alimentation. Les huiles qui servent d'aliments sont nombreuses (telles sont celles d'olive, de noix, d'œillette...). La plus importante est celle d'olive; celle du midi de la France, et plus spécialement de la Provence, est préférée à toutes les autres.

Les diverses huiles sont aussi fort employées pour l'*éclairage*, pour la fabrication des *savons*, en parfumerie et en médecine. Les huiles siccatives servent en peinture. On consomme beaucoup d'huile pour graisser les cuirs, et adoucir les frottements dans les machines.

**471. Beurres.** — On retire du coco, de la muscade, du cacao, certains corps gras, qu'on nomme des *beurres*.

Le beurre ordinaire s'extrait du lait. Une goutte de lait, vue au microscope, a l'aspect d'un liquide transparent, au milieu duquel nagent de petits sacs remplis de beurre.

Abandonné à lui-même, le lait se divise en deux couches; à la partie supérieure montent les sacs formant la crème; si l'on bat cette crème dans la baratte, les enveloppes des sacs sont rompues, et le beurre se réunit en une masse facile à séparer du *petit-lait*.

Le beurre est surtout employé dans l'alimentation.

**472. Graisses et suifs.** — Les *graisses* et les *suifs* se retirent des animaux.

On obtient la graisse de porc (*axonge*, *saindoux*) en soumettant le *lard* et la *panne*, coupés en morceaux, à l'action d'un feu doux, au contact d'une petite quantité d'eau. La substance grasse se fond, et, à l'aide d'un tamis, on peut la séparer aisément des débris des cellules dans lesquelles elle était contenue.

Les suifs sont des graisses relativement peu fusibles; ils sont principalement fournis par les animaux herbivores, mouton, bœuf, etc. On les extrait de la même manière que les graisses.

Les graisses sont employées dans l'alimentation, et aussi en pharmacie. Les suifs servent surtout à la fabrication des savons et des bougies, fabrications sur lesquelles nous aurons à revenir. Avec le suif on fait aussi des chandelles. Le suif fondu est coulé dans des moules, au centre desquels sont tendues des mèches en coton; après refroidissement on retire les chandelles des moules en tirant sur la mèche.

Les chandelles ont l'inconvénient de *couler* en brûlant; elles ont un toucher gras désagréable et répandent de la fumée en même temps qu'une mauvaise odeur. La consommation des chandelles diminue chaque jour, depuis que les bougies et les lampes à pétrole ont pénétré jusque dans les campagnes.

**473. Cires.** — De tous les corps gras, les *cires* sont les plus durs et les moins fusibles. Un grand nombre de végétaux en renferment, et plusieurs insectes en produisent: c'est avec de la cire que les abeilles construisent les alvéoles dans lesquels elles déposent leurs œufs et leur miel.

La cire d'abeille est la seule qui ait quelque importance au point de vue des applications. Les rayons enlevés des ruches sont soumis à la presse, ce qui détermine l'écoulement à peu près complet du miel, puis fondus. On a alors la *cire jaune*, employée au frottage des appartements : elle entre dans la composition de l'encaustique, des crayons lithographiques, de certains mastics et de plusieurs préparations pharmaceutiques.

La *cire jaune* doit sa couleur à diverses impuretés et principalement à la petite quantité de miel qu'elle renferme.

Purifiée et blanchie par un traitement chimique et une exposition de plusieurs jours à l'action de la lumière, elle constitue la *cire vierge*, qu'on utilise dans la préparation du cérat, de divers cosmétiques, des cierges, et de la bougie dite *rat de cave*.

Les modeleurs s'en servent aussi pour faire des fleurs, des fruits artificiels, des *figures de cire*, des modèles de pièces anatomiques. C'est sous forme de cierges que l'on consomme le plus de cire blanche.

**474. Composition des corps gras.** — Tous les corps gras sont formés exclusivement de carbone, d'hydrogène et d'oxygène.

Ce sont des mélanges, en proportions variables de l'un à l'autre, de divers principes nommés *stéarine, margarine, oléine, butyrine*...

Le petit nombre de principes immédiats qui entrent dans la constitution de tous les corps gras explique les nombreuses analogies qu'ils présentent entre eux. En même temps, le mélange, en diverses proportions, de ces principes constituants, rend parfaitement compte de la grande diversité de consistance, de fusibilité et d'aspect des huiles, des graisses, des suifs, des cires.

Prenons, par exemple, de l'huile d'olive : refroidissons-la à 0°, de manière à la congeler complètement, et pressons-la avec des feuilles de papier buvard, sans la réchauffer. Renouvelons les feuilles de papier jusqu'à ce qu'elles ne soient plus tachées : nous aurons ainsi partagé l'huile en deux principes distincts. Le premier est resté entre les feuilles sous forme de petites lamelles blanches et nacrées, dures comme du suif, fusibles à 61° : c'est la *margarine*. Le second a été absorbé par le papier ; en faisant bouillir les feuilles dans de l'alcool, filtrant, puis évaporant de manière à chasser l'alcool, nous isolerons ce second principe; c'est un liquide huileux, à peu près incolore, qui se solidifie à — 4° : c'est l'*oléine*. L'huile d'olive est donc formée de margarine et d'oléine.

Les principes immédiats les plus importants des corps gras sont :

La *margarine*, qui existe dans la graisse humaine, dans l'huile d'olive : elle fond à 61°;

La *stéarine*, qui se rencontre dans presque tous les corps gras, notamment dans le suif de mouton et dans celui de bœuf : elle est solide et fond à 64°;

L'*oléine*, contenue aussi dans presque tous les corps gras : elle est liquide à la température ordinaire.

Un corps gras est, en général, d'autant plus dur qu'il contient plus de stéarine ou de margarine, d'autant plus mou qu'il renferme plus d'oléine. L'huile d'olive liquide, est formée de 72 pour 100 d'oléine, et de 28 pour 100 de margarine; le suif de mouton, solide et presque dur, ne contient que 20 pour 100 d'oléine, contre 80 pour 100 d'un mélange de margarine et de stéarine.

**475. Dédoublement des principes gras, glycérine.** — Chacun des principes immédiats dont le mélange constitue les corps gras est lui-même un corps complexe.

Ainsi l'expérience a montré que la *margarine* est une combinaison d'un acide gras, nommé *acide margarique*, avec un corps appelé *glycérine* $C^6H^8O^6$.

De même *l'oléine* est une combinaison de l'*acide oléique* avec la *glycérine*.

Nous examinerons plus loin les acides gras; parlons ici seulement de la *glycérine*.

Pour obtenir la *glycérine*, il suffit de traiter un corps gras par une *base* (*potasse*, *soude*, *chaux*), capable de se combiner avec l'acide. Ainsi, si l'on chauffe la graisse de porc avec de la chaux, il se forme de l'*oléate* de chaux et du *margarate* de chaux, qui se déposent au fond du vase, tandis que la glycérine devient libre et peut être séparée.

Cette décomposition du corps gras se nomme *saponification.*

La glycérine ainsi obtenue est un liquide incolore, limpide, inodore, d'une saveur très sucrée. Elle est très soluble dans l'eau ; elle bout à 285°.

Elle est combustible, décomposable par la chaleur.

L'industrie en prépare une grande quantité comme produit accessoire de la fabrication des bougies.

Ce liquide a aujourd'hui une importance considérable.

La pharmacie, la médecine, la chirurgie, l'art vétérinaire, la parfumerie, en font un fréquent emploi ; pure, elle sert au pansement des plaies, des blessures et des maladies de la peau ; mêlée à d'autres substances, elle constitue des savons de toilette, des cosmétiques.

Comme elle a la propriété de mouiller les corps, de les lubréfier et de les assouplir, sans les graisser, on la mélange avec l'argile à modeler pour l'empêcher de se sécher ; on en enduit les cuirs, les organes des machines.

Elle est aussi employée dans diverses opérations de teinture.

On en consomme de grandes quantités pour adoucir les vins trop aigrelets.

Enfin, et surtout, elle sert à la fabrication d'un composé explosif d'une extrême importance, la *nitroglycérine.*

**476. Nitroglycérine, dynamite.** — La *nitroglycérine* est une combinaison explosive de la *glycérine* avec l'*acide azotique* (§ 342).

On la prépare dans l'industrie en versant peu à peu la glycérine dans un mélange d'acide azotique et d'acide sulfurique très concentrés. L'opération est fort dangereuse.

On a ainsi un liquide huileux, jaunâtre, insoluble dans l'eau, qui détone par le choc ; sa décomposition brusque produit alors un énorme volume gazeux, qui lui donne une puissance explosive considérable.

La nitroglycérine est tellement instable, que son emploi comme matière explosive est extrêmement dangereux. Depuis 1867 on ne se sert plus de la nitroglycérine pure ;

on la mélange avec 25 pour 100 de son poids d'une matière inerte, argile ou brique pilée. On obtient ainsi une pâte consistante, la *dynamite*, qui ne détone plus spontanément, qui peut même brûler doucement sans faire explosion, mais qui produit des effets comparables à ceux de la nitroglycérine pure, lorsqu'on en détermine la détonation au moyen d'une amorce de fulminate de mercure.

La dynamite rend les plus grands services dans l'exploitation des mines, dans la construction des tunnels, et dans l'art de la guerre. Elle remplace la poudre à canon partout où l'on veut obtenir d'importants effets de rupture.

## *Résumé.*

Les matières grasses se rencontrent chez les animaux et dans les végétaux. Dans les végétaux, on les rencontre principalement à l'intérieur des graines, et aussi parfois dans les parties charnues des fruits. Chez les animaux, elles sont surtout sous la peau, à la surface des muscles, autour des viscères.

Les principales matieres grasses sont les *huiles*, les *beurres*, les *graisses*, les *suifs*, les *cires*.

Un corps gras est toujours un mélange de principes immédiats (*stéarine*, *margarine*, *oléine*, *butyrine*). Chaque principe immédiat est une combinaison d'un *acide gras* (acides stéarique, margarique, oléique, butyrique) avec la *glycérine*.

La *glycérine*, obtenue comme produit accessoire de la fabrication des bougies, a de nombreux usages. On en fait surtout la *nitroglycérine*, partie active de la *dynamite*.

## VI. — ACIDES GRAS, BOUGIES, SAVONS.

**477.** Acides gras. — On nomme *acides gras* des acides organiques qui, combinés avec la *glycérine*, forment les corps gras neutres.

Les principaux sont les *acides oléique*, *margarique*, *stéarique*.

L'*acide oléique* $C^{18}H^{34}O^{2}$ est liquide au-dessus de $+14°$, il a alors l'aspect d'une huile incolore. En brûlant, il produit une flamme fuligineuse.

En se combinant avec les bases, il donne des sels généralement insolubles : l'oléate de potassium et l'oléate de sodium sont seuls solubles.

Presque tous les corps gras (suifs, graisses, moelles, huiles, beurres) contiennent de l'acide oléique.

Ce composé s'obtient en grande quantité dans l'industrie, comme résidu de la fabrication des bougies. Il est employé dans la préparation des savons.

L'*acide margarique* $C^{16}H^{32}O^{2}$ est solide; il fond à 62°. Il est insoluble dans l'eau, mais très soluble dans l'alcool et dans l'éther.

On le trouve dans la cire, dans la graisse d'oie, de bœuf, de porc, de mouton, dans l'huile de foie de morue. Il existe en très grande quantité dans la graisse de l'homme.

Cet acide entre dans la composition des bougies et des savons.

L'*acide stéarique* $C^{18}H^{36}O^{2}$ est solide; il fond à 70°. Il est insoluble dans l'eau, très peu soluble dans l'alcool froid, mais très soluble dans l'alcool bouillant. Les stéarates qu'il forme avec les bases sont généralement insolubles.

C'est le plus répandu des acides gras : on le rencontre à l'état de *stéarine*, dans la plupart des corps gras animaux et végétaux.

Il constitue la plus grande partie de la substance des *bougies*.

**478. Bougies stéariques.** — Les chandelles (§ 472) sont sales et puantes; elles éclairent mal.

L'acide stéarique et l'acide margarique, moins fusibles, permettent d'obtenir des *bougies* propres, sans odeur et brûlant sans fumée. La matière première qui constitue les bougies stéariques est un mélange d'acide stéarique et d'acide margarique, qu'on extrait généralement du suif de bœuf.

Voici comment on fabrique les bougies.

Une cuve de bois (*fig.* 330) renferme de l'eau chauffée par un courant de vapeur qui arrive par le tube B. On y met du *suif*, qui se fond, puis de la *chaux*, et on agite fo[rt]ement au moyen d'un arbre A armé de dents.

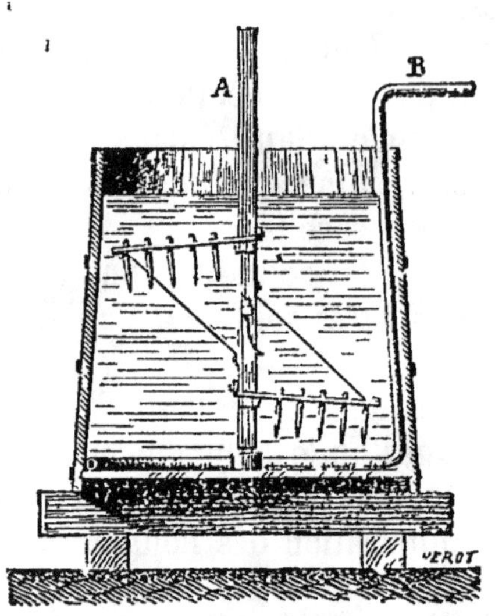


Fig. 330. — Fabrication de l'acide stéarique.

Au bout de six heure[s] la chaux s'est combin[ée] avec les acides gras, et [la] glycérine est mise en l[i]berté (§ 475). On souti[re] la partie liquide, comp[o]sée d'eau et de glycérin[e]. Quant à la combinaiso[n] de la chaux avec les acid[es] gras, elle constitue un *savo[n]* dur, insoluble dans l'ea[u] de stéarate, de margara[te] et d'oléate de calcium.

Ce savon est d'abor[d] concassé, puis traité pa[r] l'acide sulfurique étend[u] dans une cuve semblabl[e] à la précédente. L'acide sulfurique s'empare de la chaux[,] forme du sulfate de calcium insoluble et met en liberté le[s]

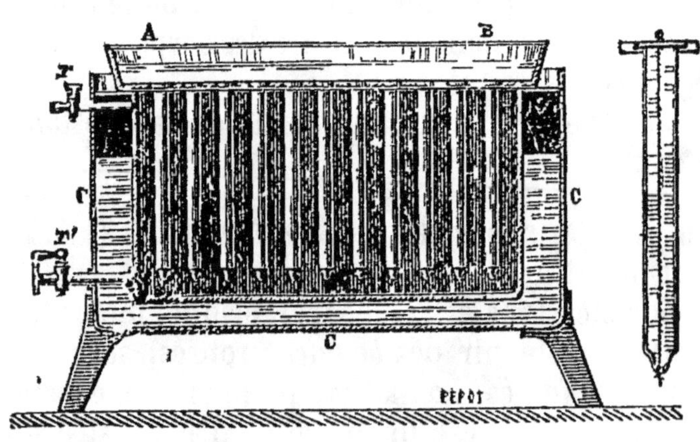


Fig. 331. — Moulage des bougies.

trois acides gras. Au bout de trois heures on laisse repo[-]ser la masse, et on soutire les acides gras, qui surnagent

Après les avoir lavés à l'eau acidulée, puis à l'eau pure, on les coule en pains.

Ces pains, fortement comprimés, laissent écouler l'*acide oléique*, qui rendrait les bougies trop fusibles. Le résidu, constitué par un mélange d'acide stéarique et d'acide margarique, sert à couler les bougies dans des moules, autour de mèches en coton tressé (*fig.* 331).

La valeur des bougies fabriquées chaque année en France dépasse actuellement 50 millions de francs.

**479. Savons.** — Les corps gras se dédoublent sous l'action des bases; la glycérine est éliminée, et il se forme des sels généralement insolubles nommés *savons*.

Les savons à base de soude et de potasse sont solubles dans l'eau; ils produisent, par leur dissolution, un liquide qui mousse abondamment, et qui a la propriété d'enlever complètement les corps gras et autres impuretés souillant le corps et le linge.

Les savons à base de soude sont durs : ce sont les plus employés. Les savons à base de potasse sont mous : ils ont une moindre importance.

La fabrication d'un bon savon est difficile. Les opérations sont complexes. Les savons durs, les seuls dont nous voulions parler, sont préparés au moyen de l'huile d'olive de qualité inférieure, additionnée d'une quantité plus ou moins grande d'huile de sésame, d'œillette, d'arachide; souvent aussi le corps gras employé est le suif de bœuf, l'huile de palme, l'acide oléique, que fournissent les fabriques de bougies stéariques.

Ces corps gras sont traités par des dissolutions de *soude caustique* (§ 397); on opère dans d'immenses chaudières chauffées. Au bout de quelques heures on a une sorte de pâte claire, formée par les margarate, oléate, stéarate de sodium, la glycérine et l'eau. On ajoute du sel marin, qui rend les sels presque insolubles; et bientôt ceux-ci viennent nager à la surface, en grumeaux qu'on enlève. Ces grumeaux, encore deux fois chauffés dans des lessives de soude, donnent enfin des savons, qu'on coule dans des moules.

Selon la manière d'opérer, on a les savons blancs, l savons marbrés, les savons de toilette (faits avec des m tières plus pures, et aromatisés).

La consommation annuelle du savon est considérabl On fabrique chaque année en France 200 millions kilogrammes de savon. Les usines de Marseille fournisse la moitié de cette quantité.

### *Résumé.*

Les *acides gras* (*acides oléique, margarique, stéarique*) retirent des corps gras, dans lesquels ils sont combinés avec glycérine.

L'*acide margarique* et l'*acide stéarique* tirés des suifs s vent à la fabrication des bougies.

Les *acides gras*, combinés avec la soude et avec la potass donnent les *savons* employés dans le blanchissage.

## VII. — ACIDES ORGANIQUES.

**480. Généralités sur les acides organiques.** — Les acid organiques sont des corps qui s'unissent aux bases po former des sels. Ils renferment généralement dans le composition du carbone, de l'hydrogène et de l'oxygèn

Les propriétés chimiques caractéristiques des acid organiques sont les mêmes que celles des acides min raux. Lorsqu'ils sont en dissolution, ils se combinent i stantanément avec les bases, pour former des sels.

Ils attaquent la plupart des métaux avec dégageme d'hydrogène.

De même, les sels à acides organiques ont les mêm propriétés générales que les sels à acides minéraux.

Les acides organiques sont excessivement nombreu Nous avons déjà étudié les *acides gras* (§ 477). Nous passerons en revue quelques autres, en insistant seuleme sur le plus important, l'*acide acétique*.

**481 Acide acétique, propriétés.** — L'acide acétique con-
entré $C^2H^4O^2$ est un liquide incolore, très limpide, l'une saveur fortement acide, d'une odeur agréable, mais uffocante.

Il est très corrosif.

Il se solidifie à la température de + 17°, en une masse ristalline. A la température ordinaire il est donc plus sou-ent solide que liquide. Il se mêle en toutes proportions vec l'eau, l'alcool et l'éther. Dès qu'il renferme un peu 'eau, il ne se solidifie plus aussi facilement.

Il bout à 120°.

L'acide acétique est décomposable par la chaleur, diffi-ilement combustible. Sa vapeur s'enflamme au contact 'une allumette et brûle avec une flamme bleue, en don-ant de l'eau et de l'acide carbonique.

C'est un acide énergique, qui attaque un grand nombre e métaux, pour donner des *acétates*, dont plusieurs sont nportants. Ainsi l'*acétate de sodium* est un antiseptique, ui préserve de la putréfaction d'une manière très efficace s viandes et les légumes ; l'*acétate d'alumine* est le *mor-ant* le plus employé dans l'impression des étoffes; l'*acé-ite de plomb* sert à la fabrication du *blanc de plomb* 430) ; l'*acétate de cuivre* est employé en teinture.

L'acide acétique concentré est employé en photographie dans les laboratoires. La préparation des *acétates* que ous venons de nommer en consomme de très grandes uantités.

**482. Préparation de l'acide acétique.** — L'*acide acétique* forme quand on décompose par la chaleur certaines atières organiques, comme le sucre, le bois.

Dans l'industrie on prépare toujours l'acide acétique oncentré par distillation du bois.

Le bois, chauffé en vase clos, est décomposé; il se dé-ge des *gaz combustibles*, des *carbures* et des *huiles empy-umatiques*, de l'*acide acétique*, de l'*esprit de bois*, tandis 'il reste du charbon de bois dans la cornue.

Le bois est placé dans la cornue A (*fig.* 332), et chauffé

fortement. Les produits volatils de la décomposition rendent dans une série de tuyaux B, B'... refroidis par

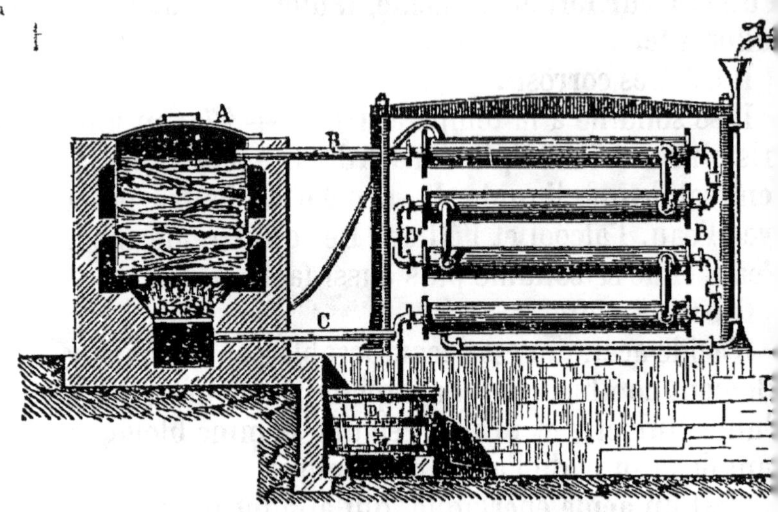


Fig. 332. — Décomposition du bois par la chaleur.

courant d'eau fraîche. Les gaz non condensables sont menés au foyer par le tuyau C et servent à chauffer cornue, tandis que les liquides condensés se rend dans un baquet D.

Après quelques heures de repos, le liquide se divise deux couches, qu'on sépare par décantation.

La couche inférieure constitue le goudron, d'où l' retire la *naphtaline*, la *benzine*, la *paraffine*, comme goudron de houille (§ 443), et la *créosote*, liquide an logue à l'acide phénique, dont les propriétés antiseptiq sont utilisées pour la conservation de la viande et du bo

La couche supérieure est surtout constituée par une e sale, renfermant de l'acide acétique et de l'esprit de bo On la soumet à la distillation.

Le liquide est introduit dans une chaudière A, et chau par un serpentin à vapeur (*fig.* 333). Les vapeurs d'aci acétique restent dans une seconde chaudière B, qui co tient de l'eau, de la chaux et du sulfate de sodium, et vapeurs non acides de l'esprit de bois se condensent da un serpentin C.

L'esprit de bois ainsi obtenu, puis rectifié, a des propriétés analogues à celles de l'alcool ; il remplace souvent

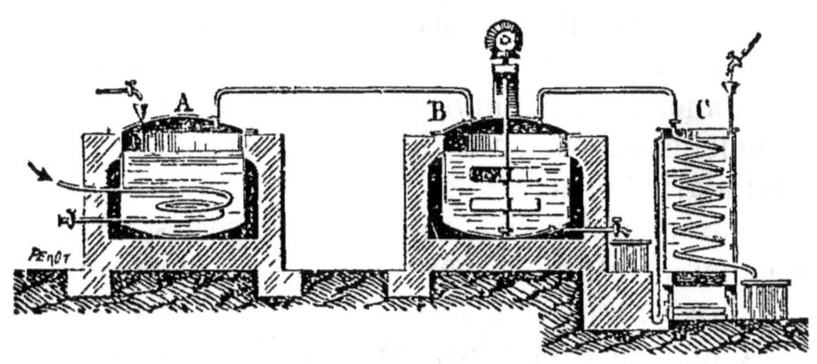


Fig 333. — Distillation de l'acide acétique et de l'esprit de bois

ce liquide dans la composition des vernis et dans l'alimentation des petites lampes à alcool des laboratoires. Il est aussi employé dans la préparation des couleurs d'aniline.

Quant à l'acide acétique, il s'est d'abord combiné avec la chaux, dans la chaudière B. L'acétate de calcium formé, réagissant sur le sulfate de sodium, a donné du sulfate de calcium insoluble et de l'acétate de sodium soluble. Cet acétate de sodium donne, par évaporation, des cristaux, qu'on calcine légèrement pour brûler les matières goudronneuses qu'ils renferment, puis qu'on décompose par l'acide sulfurique. Une seconde distillation sépare l'acide acétique du sulfate de sodium formé.

Pour avoir l'acide acétique concentré, on refroidit l'acide étendu obtenu par ce procédé, et on sépare les cristaux formés de l'excès du liquide.

L'acide acétique concentré ou étendu qu'on extrait du bois est souvent désigné sous le nom d'*acide pyroligneux*, nom qui rappelle son origine.

**483. Vinaigre.** — Le *vinaigre* est constitué par l'acide acétique étendu d'eau. L'industrie prépare actuellement beaucoup de vinaigre en étendant simplement d'eau l'acide acétique bien rectifié qui provient de la distillation du bois (§ 482). Mais on obtient un vinaigre de bien me leur goût en le préparant à l'aide de l'*alcool* ou des *bo sons alcooliques.*

Sous l'influence d'un *ferment* analogue à celui qui dét mine la fermentation alcoolique. l'*alcool* s'oxyde au co tact de l'air et se transforme en *acide acétique.* C'est phénomène qui fait *aigrir* le vin, le cidre et la bière.

Voici comment on obtient le *vinaigre d'Orléans,* en sant aigrir le vin:

Dans un cellier, où, au moyen de poêles, on mainti une température de 25° à 30°, sont rangés un cert nombre de tonneaux (*fig.* 334). On prend de préfere ceux qui ont déjà servi, parce qu'ils sont imprégnés

Fig. 334. — Fabrication du vinaigre d'Orléans.

ferment, et on les nomme *mères de vinaigre.* Ils sont p cés de deux trous à leur fond supérieur : l'un, qu appelle *œil,* sert à introduire le vin; l'autre, plus petit *fausset,* laisse dégager l'air.

On verse d'abord dans chaque tonneau une certa quantité de très bon vinaigre bouillant; puis, tous huit jours, on y introduit de 10 à 12 litres de vin. moins de quinze jours, la transformation est complè A partir de ce moment, on retire tous les huit jours chaque tonneau 10 litres de vinaigre, qu'on remplace 10 litres de vin; la fabrication est continue.

Comme le vin doit être parfaitement clair, on a soin, avant de l'employer, de le filtrer sur des copeaux de hêtre.

Le vinaigre est un des *condiments* les plus employés dans l'alimentation. Il relève le goût des mets, en même temps qu'il en rend la digestion plus facile.

Cependant l'abus des aliments vinaigrés n'est pas sans inconvénient pour la santé.

Comme l'acide acétique pur, le vinaigre est un agent de conservation précieux pour les substances animales et végétales.

**484. Acide oxalique.** — L'*acide oxalique* $C^2O^4H^2,2H^2O$ est un solide incolore, facilement cristallisable, d'une saveur aigre et piquante. Il est peu soluble dans l'eau froide, très soluble dans l'eau bouillante.

Il existe dans la nature : les feuilles de l'oseille contiennent de l'*oxalate de potassium*, qu'on nomme pour cette raison *sel d'oseille*.

Dans l'industrie, on le prépare en chauffant l'*amidon* dans de l'eau acidulée par l'acide azotique. Il se forme de l'acide oxalique, qui cristallise par refroidissement. Nous avons vu (§ 464) qu'en opérant autrement l'acide azotique transforme l'amidon en dextrine.

En teinture, l'acide oxalique sert à aviver certaines couleurs.

Dans les ménages, on s'en sert pour enlever les taches d'encre et de rouille, pour écurer les objets en cuivre poli.

L'*eau de cuivre* est une dissolution d'acide oxalique dans l'eau. C'est un poison violent.

**485. Acide tartrique.** — L'*acide tartrique* $C^4H^6O^6,2H^2O$ est un solide cristallisé, d'une saveur agréable.

Il existe dans la plupart des fruits acides, et notamment dans le jus du raisin. Le *tartre* qui se dépose dans les tonneaux de vin est un mélange de plusieurs *tartrates* et de matières colorantes. La *lie de vin* est du tartre mélangé avec diverses substances insolubles que le vin encore mal éclairci tenait en suspension.

On retire l'acide tartrique du tartre ou de la lie.

L'acide tartrique est susceptible de remplacer l'aci oxalique, dans la plupart de ses applications. Il n'est p vénéneux : aussi est-il employé pour faire des limonad rafraîchissantes et pour préparer l'eau de Seltz.

**486. Acide phénique.** — Le *phénol* ou *acide phéniq* $C^6H^6O$ est un solide incolore, qui fond à 42° et bout 181°. Son odeur est caractéristique, sa saveur brûlante. est très caustique et désorganise rapidement les tissus.

Lorsqu'il renferme un peu d'eau, le phénol reste quide à la température ordinaire. Il noircit alors rapid ment sous l'influence de la lumière.

Il brûle avec une flamme fuligineuse.

On le retire des *huiles légères* du goudron de houil (§ 443). On soumet ces huiles légères à une distillati fractionnée; l'acide phénique brut passe entre 150° 220°; puis on le raffine.

L'acide phénique est un désinfectant puissant. On s' sert pour désinfecter la cale des navires, les salles dissection, les hôpitaux, les cabinets d'aisances, les c sernes, les abattoirs; avec le phénol, on prévient la d composition de bon nombre de matières animales.

La médecine et l'art vétérinaire l'emploient aussi po assainir et cautériser les plaies.

Enfin le phénol est employé aussi pour la fabricati de diverses matières colorantes, dont la plus importan est l'*acide picrique*.

## *Résumé.*

Les acides organiques ont des propriétés analogues à celles d acides minéraux.

L'*acide acétique* se retire des produits de la distillation du b en vase clos.

Le *vinaigre*, ou acide acétique étendu d'eau, se produit da l'oxydation de l'alcool à l'air, sous l'influence d'un ferment.

On prépare l'*acide oxalique* en traitant l'*amidon* par l'*aci azotique*.

L'*acide tartrique* se retire du *tartre* du vin.

L'*acide phénique* se retire du goudron de houille.

# CHAPITRE III

## COMPOSÉS AZOTÉS.

### I. — ALCALIS ORGANIQUES.

**487. Généralités sur les alcalis organiques.** — On nomme *alcalis organiques*, ou *alcaloïdes*, des produits retirés des animaux et des végétaux, ou fabriqués artificiellement, qui se comportent comme de véritables bases à l'égard des acides organiques et minéraux.

Ces composés ramènent au bleu la teinture de tournesol; ils se combinent immédiatement avec les acides et fournissent de véritables sels, parfaitement déterminés.

Nous parlerons uniquement ici de quelques *alcalis végétaux*, les seuls qui soient en usage. On a déjà dit deux mots de l'*aniline*, un alcali artificiel (§ 443).

Les alcalis organiques sont tous *azotés*. Ils sont liquides et volatils (*nicotine, cicutine*), ou solides et non volatils (*morphine, quinine, strychnine*).

Tous les alcalis végétaux ont une saveur âcre et amère. Ils sont inaltérables à l'air, insolubles dans l'eau, mais solubles dans l'alcool, la benzine, la glycérine, les essences.

On connaît actuellement plus de cent alcalis végétaux. Tous se retirent de plantes vénéneuses. Les alcalis végétaux ont bien, en effet, une action énergique sur l'économie animale. La plupart sont des poisons violents, qui, à la dose de quelques décigrammes, déterminent la mort.

Le pavot, le tabac, la digitale, l'ipécacuanha, la jusquiame, l'aconit, la belladone, la ciguë,... doivent leur redoutable action aux alcaloïdes qu'ils renferment.

Pris à faibles doses, les alcaloïdes végétaux peuvent produire, dans un grand nombre de maladies, des effets véritablement héroïques, dont la médecine a su tirer un excellent parti. Beaucoup d'entre eux sont devenus remèdes précieux, dont l'emploi a remplacé, dans presq tous les cas, celui des substances dont ils proviennent. peuvent être administrés facilement, et sont d'un e plus sûr que les décoctions et les poudres végétales aut fois employées.

488. Nicotine. — La *nicotine* $C^{10}H^{14}Az^2$ est conten dans le *tabac* (*fig*. 335) : c'est de là qu'on la retire par procédé assez complexe.

C'est un liquide incolore, huileux, d'une odeur pé trante. C'est un caustique puissant et un poison très v lent : une seule goutte suffit pour tuer un chien.

Le tabac doit à la *nicotine* ses propriétés irritantes narcotiques.

Fig. 335. — Le tabac.

Fig. 336. — La cigue.

489. Cicutine. — La *cicutine* $C^8H^{15}Az$ s'extrait de *ciguë* (*fig*. 336).

C'est un liquide incolore, huileux, nauséabond. Elle forme, avec les bases, des sels cristallisables, dont l'un, le bromhydrate de cicutine, est employé pour le traitement des engorgements chroniques et du cancer.

A la dose de 10 centigrammes, la cicutine amène rapidement la mort. Le suc de ciguë, très vénéneux, était employé chez les Grecs comme poison

**490. Morphine.** — La *morphine* $C^{17}H^{10}AzO^{3}$ se retire de l'*opium*, extrait lui-même du suc de *pavot* (*fig.* 337 et 338).

Lorsqu'on fait des incisions profondes sur les capsules encore vertes du pavot, on voit s'écouler lentement un

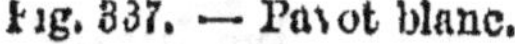

Fig. 337. — Pavot blanc.

Fig. 338. — Tête de pavot incisée pour la préparation de l'opium.

suc laiteux, qui se dessèche rapidement à l'air. Ce suc, réuni en pains arrondis, constitue l'opium.

Le pavot blanc est cultivé, en vue de la production de l'opium, en Turquie, en Asie Mineure, en Égypte, aux Indes.

L'*opium* est un solide d'un brun noirâtre, d'une odeur nauséabonde et d'une saveur très amère. La composition en est très complexe : entre autres choses, il renferme

15 alcaloïdes végétaux, dont le plus important est la morphine.

A forte dose, l'opium est un poison violent; à faibl dose, il est soporifique.

La *morphine*, qu'on retire de l'opium par un traitemen assez complexe, est un solide incolore, cristallisé. Elle es sans odeur; sa saveur est amère.

Les sels de morphine sont solubles dans l'eau et dan l'alcool. Leur solubilité en rend l'usage facile en médecine, à l'état de dissolution; ils ont la même action su l économie que l'alcaloïde même.

A faible dose, ils amènent le sommeil, comme l'opium Injectés sous la peau, ils produisent une insensibilité locale, et calment les douleurs les plus fortes. Le *chlorhydrate de morphine* est le plus employé.

**491. Quinine.** — Le *quinquina* est un arbre originair des forêts vierges de l'Amérique du Sud. Il est maintenant cultivé à Java et dans les Indes anglaises. L'écorc de cet arbre a des propriétés fébrifuges, qui sont connue en Europe depuis le milieu du dix-septième siècle. Ce propriétés sont dues à la présence de divers alcaloïde (quinine, cinchonine), qu'on est parvenu à isoler seulement en 1820.

La variété de quinquina dite *quinquina jaune* est l plus riche en ces principes immédiats.

C'est de l'écorce du quinquina jaune qu'on retire l *quinine*.

La *quinine* $C^{20}H^{24}Az^{2}O^{2}$ est une poudre blanche, inodore, d'une saveur amère, peu soluble dans l'eau, mai assez soluble dans l'alcool.

On se sert surtout du *sulfate de quinine*, qui est le fébrifuge par excellence. Il est loin d'avoir les propriété toxiques de la plupart des alcaloïdes végétaux; cependan il devient dangereux à forte dose.

## *Résumé.*

Les *alcaloïdes* organiques sont des bases capables de donner des sels en se combinant avec les acides. Les alcaloïdes végétaux sont les plus nombreux et les plus importants.

La *nicotine* se retire du tabac; la *cicutine*, de la ciguë : ce sont deux poisons violents.

La *morphine* se retire de l'*opium*, qu'on retire lui-même du pavot. Elle est employée comme calmant, comme soporifique, et pour faire momentanément disparaître la douleur.

La *quinine*, qu'on retire de l'écorce du quinquina, est fébrifuge.

## II. — MATIÈRES ALBUMINOÏDES

**492. Généralités sur les matières albuminoïdes.** — On nomme *matières albuminoïdes* des composés azotés neutres que l'on rencontre dans les organes des animaux et des végétaux, et qui jouent un rôle prépondérant dans les phénomènes de la vie.

Ils constituent la plus grande partie du poids des animaux. Dans les végétaux, leur proportion relative est moins considérable; mais ils sont tout aussi indispensables à l'accomplissement des fonctions vitales.

Tous ces composés présentent, d'ailleurs, entre eux de grandes analogies. Les plus importants sont l'*albumine*, la *caséine*, la *fibrine* et le *gluten*. Ils sont constitués par une combinaison de *carbone*, d'*hydrogène*, d'*azote*, d'*oxygène* et de *soufre*, mais toujours dans les mêmes proportions, qui conduisent à la formule complexe $C^{72}H^{112}Az^{18}SO^{7}$, commune à toutes ces substances.

Les matières albuminoïdes sont solides, non cristallisables, non fusibles, non volatiles. Elles sont très altérables.

Sous l'action de la chaleur, elles se décomposent en répandant une odeur très désagréable. En brûlant, elles dégagent une odeur de corne brûlée caractéristique.

Abandonnées à l'air, en présence de l'humidité, elles se *putréfient* rapidement, en dégageant une mauvaise odeur.

493. Albumine. — *L'albumine* se rencontre dans le blanc d'œuf, dans le sang, dans le lait... Elle se trouve aussi dans les graines des céréales et des légumineuses.

Le *blanc d'œuf* est formé presque exclusivement d'albumine et d'eau.

On obtient l'albumine à peu près pure en délayant le blanc d'œuf dans le double de son poids d'eau, filtrant et évaporant jusqu'à siccité, à une température inférieure à 40°.

On a ainsi une matière solide jaunâtre, sans odeur et sans saveur. Elle est soluble dans l'eau; mais sous l'influence des acides, de l'alcool, du tanin, elle devient insoluble; elle se précipite alors de sa dissolution étendue en flocons légers.

La chaleur suffit, d'ailleurs, à elle seule, pour déterminer la coagulation de l'albumine : c'est pour cela que le blanc d'œuf que l'on chauffe devient dur et blanc.

Quand l'albumine n'est pas sèche, elle entre facilement en putréfaction au contact de l'air.

La dissolution d'albumine est employée en guise de vernis pour donner plus de lustre aux reliures des livres, aux tableaux, aux boiseries.

Elle sert aussi, et en très grande quantité, pour fixer les couleurs dans la teinture par impression; pour cet usage, l'industrie l'extrait à l'état sec des œufs de poules, d'oies et de canards, par le procédé que nous avons indiqué.

Les jaunes des œufs qui ont servi à cette fabrication sont vendus pour apprêter les peaux, pour confectionner les pâtisseries, pour engraisser les volailles et les veaux.

494. Caséine. — La *caséine* constitue la portion la plus nutritive du lait des mammifères; elle s'y trouve mélangée avec une moindre proportion d'albumine.

Pour obtenir la caséine à peu près pure, on verse dans du lait étendu d'eau quelques gouttes d'acide acétique, qui coagule la caséine sans coaguler l'albumine; le précipité obtenu, lavé à l'eau, puis à l'alcool et à l'éther, qui dissolvent le beurre, donne la caséine.

La caséine sèche est un solide d'un blanc jaunâtre, très peu soluble dans l'eau, mais soluble dans les alcalis étendus et dans les carbonates alcalins.

Elle se distingue aisément de l'albumine, en ce que ses dissolutions ne se coagulent pas sous l'action de la chaleur.

Elle se putréfie aisément.

La *caséine* n'a aucun usage direct. Comme partie constituante du lait, elle joue un rôle considérable dans l'alimentation.

**495. Fibrine.** — La *fibrine* est la partie dominante de toutes les chairs d'animaux; elle a, dans la chair, une structure analogue à celle des fibres végétales. On la trouve dans le sang à l'état de dissolution.

Quand on laisse refroidir du sang en le battant avec un petit balai, la fibrine, qui se coagule par refroidissement, s'attache sur le balai en filaments blancs, qu'on n'a ensuite qu'à laver.

Sèche, la fibrine est une matière blanche, cassante, sans saveur ni odeur, insoluble dans l'eau. Au contact de l'eau, elle devient molle et entre rapidement en putréfaction.

**496. Gluten, farines.** — Le *gluten* est une matière albuminoïde contenue dans les graines des céréales (blé, seigle, orge...).

Nous avons vu comment on extrait le gluten de la farine du blé (§ 465).

Sèche, cette matière azotée est solide, jaunâtre, cassante, comme la caséine et la fibrine. Humide, elle éprouve rapidement la putréfaction.

Le gluten est la partie la plus nutritive de la *farine*.

La farine résulte de la mouture et du blutage des

graines des céréales. Elle contient de l'eau, de l'amidon, des matières sucrées, des matières grasses, de la cellulose, de l'albumine, du gluten et des matières minérales.

Les matières azotées, albumine et surtout gluten, étant des substances très nutritives, la farine constitue un excellent aliment.

**497. Pain.** — Le gluten, très élastique lorsqu'il est humide, donne à la farine des céréales, et principalement à celle du blé, la propriété de faire avec l'eau une pâte liante : c'est sur cette propriété qu'est basée la fabrication du pain, le plus important de tous nos aliments.

La pâte, mélange de farine et d'eau additionnée d'un peu de sel et de levure de bière, est pétrie à bras d'homme, ou à l'aide d'un pétrin mécanique, puis divisée en pâtons, que l'on place dans des corbeilles garnies intérieurement de toile.

Abandonnée à elle-même dans un endroit un peu chaud, la pâte ne tarde pas à fermenter. La glucose contenue dans la farine se transforme en sucre et en anhydride carbonique, qui soulève la pâte en raison de l'élasticité du gluten, la rend poreuse et plus légère.

Quand la fermentation est assez avancée, que la pâte est *levée*, on procède à la cuisson dans un four formé d'une sole plane recouverte d'une voûte surbaissée. Pendant la cuisson, une grande partie de l'eau s'évapore ; la pâte augmente encore de volume par suite de la dilatation du gaz carbonique ; la surface se caramélise et se durcit.

En général, 100 kilogrammes de farine donnent de 130 à 140 kilogrammes de pain.

Le plus souvent, surtout dans les campagnes, on remplace la levure de bière par un peu de pâte en fermentation (*levain*), qui introduit les germes nécessaires au développement rapide de la fermentation.

**498. Gélatine.** — La partie organique des os, le derme de la peau, sont constitués par une matière albuminoïde nommée *osséine*.

L'osséine est insoluble dans l'eau : mais l'action longtemps prolongée de l'eau bouillante la transforme progressivement en une substance soluble, la *gélatine.*

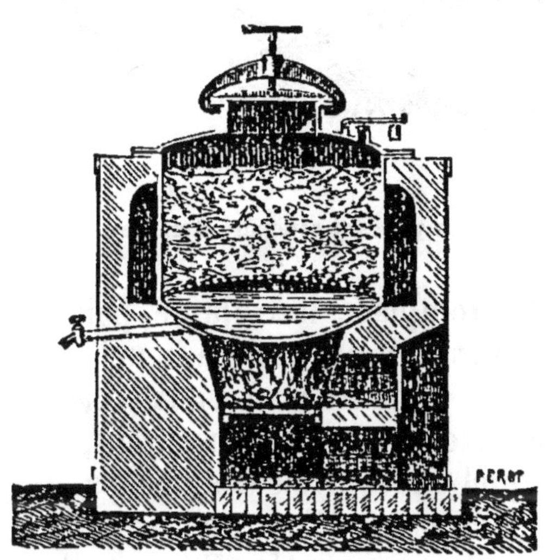


Fig. 339. — Chaudière à préparation de la gélatine.

On prépare la gélatine en faisant bouillir, pendant plusieurs heures, l'eau dans laquelle sont plongés des os, des rognures de cuir, de la peau, des tendons, des cartilages (*fig.* 339). La dissolution bouillante, ainsi obtenue, se prend en masse par refroidissement, la gélatine étant insoluble dans l'eau froide. La gelée, découpée en lames minces et séchée à l'air, constitue la gélatine plus ou moins pure.

La gélatine pure est un corps incolore, transparent, inodore, insipide, dur et cassant quand il est sec. Plongée dans l'eau froide, elle se gonfle sans se dissoudre. L'eau bouillante la dissout à la longue. La dissolution de gélatine dans l'eau bouillante se prend en masse par refroidissement, même lorsqu'elle ne renferme qu'un centième de gélatine.

Les usages de la gélatine sont nombreux. L'industrie fabrique plusieurs variétés de gélatine, différant les unes des autres par leur origine et leur degré de pureté.

La *colle de poisson* est constituée par la membrane interne de la vessie natatoire de l'*esturgeon* (*fig.* 340). C'est la variété la plus pure et la plus estimée. Elle sert à lustrer les étoffes de soie, à clarifier les boissons alcooliques, à confectionner des gelées alimentaires; elle entre aussi dans la préparation de certains mastics. L'impression des tissus en consomme beaucoup.

La *colle de Flandre*, presque aussi blanche, se prépare avec des rognures de peau, avec la peau des chevreaux,

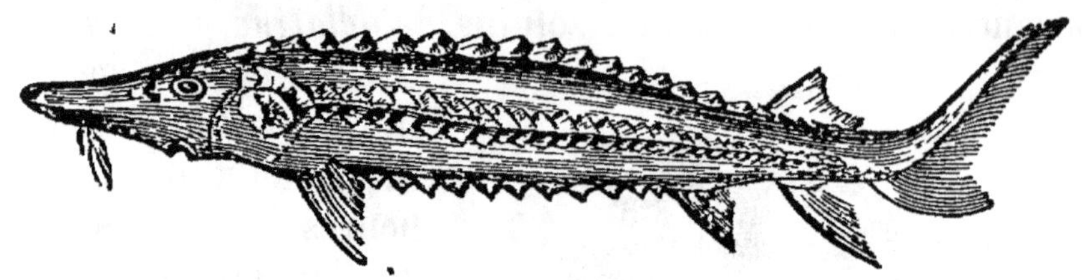

Fig. 340. — L'esturgeon : longueur pouvant atteindre 6 mètres.

des chats, des lapins. Elle remplace la colle de poisson dans la plupart de ses applications; la colle à bouche, le taffetas d'Angleterre, en sont constitués. Avec la colle de Flandre on fabrique une sorte de papier transparent, diversement coloré, sur lequel on imprime des images.

La *colle forte*, fabriquée avec les débris des tanneries, est fortement colorée par des impuretés. Elle est d'un grand usage dans les travaux des menuisiers et des ébénistes.

## *Résumé.*

Les *matières albuminoïdes* sont des matières azotées essentielles à la vie des animaux et des végétaux. Elles ne sont pas cristallisables, et subissent facilement la putréfaction.

L'*albumine* se rencontre dans les œufs, dans le sang, dans le lait.

La *caséine* se trouve surtout dans le lait des mammifères.

La *fibrine* est la partie dominante de toutes les chairs d'animaux.

Le *gluten* est la matière azotée principale des graines des céréales. C'est la partie la plus nutritive du pain.

La *gélatine* provient de l'action de l'eau bouillante sur l'*osséine* des os.

## III. — LIQUIDES ET TISSUS ANIMAUX.

**499. Œufs.** — Les *œufs* de volaille, et principalement les œufs de poule, sont l'objet d'un grand commerce; il est peu d'aliments plus importants. On en consomme, en France, plus de six milliards par an, pondus par 60 millions de volailles.

Le poids moyen d'un œuf de poule est de 60 grammes.

La *coquille* est principalement constituée par du *carbonate de chaux*.

Le *blanc* renferme surtout de l'*eau* et de l'*albumine*.

Le *jaune* est formé par de l'*eau*, de la *vitelline* (substance albuminoïde analogue à l'albumine) et des *substances grasses* en grande quantité.

L'albumine et la vitelline donnent au jaune et au blanc la propriété de se coaguler sous l'action de la chaleur.

La richesse de l'œuf en matières azotées explique son grand pouvoir nutritif.

En vieillissant, les œufs diminuent de poids, par suite de l'évaporation qui se produit à travers la coquille. En même temps, ils finissent par entrer en putréfaction, surtout si la coquille est fendue ou brisée en quelque point.

Mais si l'on empêche l'évaporation, si l'on soustrait l'œuf au contact de l'air, on peut le conserver fort longtemps sans altération.

**500. Lait.** — Le *lait* est un aliment complet, car il renferme une assez forte proportion de matières azotées, de sucre et de substances grasses. Un litre de lait contient autant de matières azotées que 160 grammes de viande.

Le lait de vache, le plus important de tous, contient en moyenne, pour 100 grammes : *eau*, 87,6; *caséine*, 3; *albumine*, 1,2; *beurre*, 3,2; *sucre de lait*, 4,3; *sels minéraux*, 0,7.

Si on abandonne le lait à lui-même, pendant 24 heures, il se divise en deux couches. A la partie supérieure, la *crème*, épaisse et onctueuse, formée principalement de *beurre;* à la partie inférieure, le lait sans crème. Si, après avoir enlevé la crème, on verse quelques gouttes d'acide acétique dans le liquide, la *caséine* se coagule immédiatement; par décantation ou filtration, on la sépare du *petit-lait*, qui ne renferme plus que l'albumine, le sucre de lait et les sels minéraux. Le petit-lait, chauffé, donne un précipité d'*albumine* coagulée; l'évaporation permet ensuite de faire cristalliser le *sucre de lait*.

Le lait nouvellement trait a une réaction légèrement alcaline; mais l'air lui apporte des germes qui le font fermenter; cette fermentation produit un *acide* nommé *acide lactique*, et le lait acquiert la propriété de rougir le papier bleu de tournesol.

Quand la proportion d'acide lactique est devenue assez considérable, elle détermine la coagulation de la caséine: le lait se *caille*.

Ce liquide est donc difficile à conserver.

Avec le lait on fabrique le *beurre* (§ 471) et le *fromage*.

Voici comment on obtient le fromage :

Le lait écrémé, abandonné à lui-même, ne tarde pas à se cailler.

Le solide ainsi formé, séparé du petit-lait, puis mis à égoutter et à sécher, constitue le *fromage maigre*. C'est un aliment très nourrissant, puisqu'il est exclusivement constitué par une matière azotée, la caséine.

Le fromage est d'un goût plus fin, plus agréable, lorsqu'il renferme aussi le beurre, c'est-à-dire lorsqu'il est *gras*. Le fromage gras se prépare avec le lait complet, dont on détermine la coagulation brusque, avant que la crème soit montée, en ajoutant de la *présure*, substance retirée de l'estomac du veau.

Les divers fromages se distinguent les uns des autres par la forme, et surtout par le goût que développent les fermentations qui se produisent pendant la dessiccation.

**501. Sang.** — Le *sang* est le liquide nourricier du corps : il renferme tout ce qui est nécessaire à la nutrition. Il est formé d'un liquide presque incolore, nommé *plasma*, dans lequel flottent des corpuscules arrondis extrêmement petits, d'un rouge vif, nommés *globules*.

La forme et la grosseur des *globules* varient d'un animal à l'autre. Ils sont constitués principalement par une matière albuminoïde, la *globuline*, colorée par une substance azotée, l'*hémoglobine*, qui est rouge.

C'est l'hémoglobine qui, dans le phénomène de la respiration, absorbe l'oxygène de l'air et le transporte dans les divers organes. L'hémoglobine saturée d'oxygène est d'un rouge vif; lorsque, au contraire, elle est saturée d'anhydride carbonique, elle prend la coloration du sang veineux.

La partie liquide, le *plasma*, est la partie réellement nutritive du sang. Le plasma est constitué par de l'eau tenant en dissolution beaucoup d'*albumine*, un peu de *fibrine* et quelques autres substances C'est la *fibrine* qui, se coagulant quand le sang se refroidit, détermine la formation des *caillots*.

Le sang est altérable; il fermente rapidement.

Outre son grand rôle en physiologie, le sang a quelques usages importants. Il est employé comme aliment en Italie, en Suède, en Laponie, en France même (boudin). Frais, il sert à clarifier le sirop de sucre; sec, c'est un engrais puissant.

**502. Chair des animaux.** — Les muscles des animaux supérieurs forment cette partie du corps qu'on désigne sous le nom de *chair* ou de *viande*.

Leur constitution chimique est très complexe: chez les différents animaux, la chair renferme les mêmes principes, mais en proportions différentes.

On y rencontre surtout la fibrine, associée à de l'albumine, à de l'hémoglobine, à diverses substances azotées, à des corps gras et à des sels minéraux, et, de plus, à beaucoup d'eau.

C'est à la présence d'une forte proportion de fibrine que la chair doit surtout son pouvoir nutritif. Les autres substances, qui jouent certainement aussi un rôle dans l'alimentation, produisent surtout le goût particulier à chaque viande.

*Cuisson de la chair des animaux.* — La viande n'est presque jamais mangée crue.

La cuisson a surtout pour but de développer un goût, de rendre les tissus divisibles et tendres, par conséquent plus faciles à la mastication et à la digestion, tuer les parasites qui peuvent être renfermés dans tissus. Mais elle a généralement pour effet de dimin la propriété d'assimilation.

Ainsi, la viande bouillie constitue une détestable nourriture, parce que la fibrine qu'elle renferme, altérée une longue cuisson, est devenue moins assimilable; viande bouillie a perdu, de plus, presque tout son parfum.

Ce parfum a été gagné par le bouillon, qui tient dissolution quelques grammes de principes solubles litre, et principalement de la gélatine venant des os des tendons.

Le bouillon gras est très loin d'avoir les propriétés nutritives qu'on lui attribue généralement; il a un go agréable, il active la sécrétion de la salive et du suc gastrique; mais il *ne nourrit pas*.

Il est bien préférable de faire rôtir ou griller la viand de manière qu'elle conserve son goût délicat et tout s pouvoir nutritif.

## *Résumé.*

Les *œufs* sont composés principalement d'*eau*, d'*albumine*, *matieres grasses :* ils ont une grande valeur alimentaire.

Le *lait* renferme de l'*eau*, de la *caséine*, de l'*albumine*, *beurre*, du *sucre de lait*. C'est un aliment précieux.

Le *sang* est constitue par de l'*eau*, de la *globuline*, de l'*hémoglobine*, de l'*albumine* et de la *fibrine*.

La *chair des animaux* contient surtout de la *fibrine*.

## IV. — CONSERVATION DES MATIÈRES ALIMENTAIRES.

**503. Altération rapide des matières alimentaires.** — Sous l'influence de l'air et de l'humidité, toutes les matières alimentaires subissent assez rapidement une fermenta tion spontanée, qui les décompose et les rend impropres à la consommation. Pour conserver pendant longtemps ces matières dans un état relatif d'intégrité chimique, il faut ou bien *empêcher le développement* des germes apportés par l'air, ou bien *détruire* ces germes.

Les procédés employés pour atteindre l'un ou l'autre de ces deux buts sont fort nombreux, et nous en avons déjà indiqué quelques-uns à propos de la conservation du vin, des œufs, du lait. La conservation des substances alimentaires a été de tout temps, elle est surtout de nos jours d'une importance capitale : car elle facilite singulièrement la solution de l'important problème de l'alimentation publique.

Nous examinerons seulement les procédés les plus importants, qui sont les suivants :

1° *Procédés basés sur l'arrêt du développement des germes :* par la dessiccation, par l'enrobage, par l'abaissement de température;

2° *Procédés basés sur la destruction des germes :* par les antiseptiques, par la cuisson et l'enrobage, par la cuisson et par la privation d'air.

**504. Conservation des matières alimentaires par dessiccation.** — La présence de l'humidité est aussi indispensable que celle de l'air au développement des germes. L'albumine, la fibrine, si altérables quand elles sont humides, se conservent indéfiniment sans altération quand elles sont parfaitement desséchées. Aussi la dessiccation a-t-elle été employée de tout temps pour la conservation des matières alimentaires.

Appliqué à la viande, le procédé de la dessiccation ne donne que des résultats médiocres. Les lanières et les poudres de viandes sèches consommées par les Tartares, les Arabes et les Américains du Sud, constituent un aliment détestable, peu nutritif et très malsain.

La dessiccation est employée, au contraire, avec avantage à la conservation des fruits (prunes, raisins, pommes) et des légumes. Elle donne surtout de bons resultats quand on comprime fortement les substances desséchées, de façon à les empêcher autant que possible d'absorber l'humidité atmosphérique. Les tablettes de légumes comprimés constituent d'excellentes conserves, qui possèdent toutes les qualités nutritives des légumes frais.

Les graines des céréales, les légumes et les fruits secs, comme les haricots et les amandes, se conservent aisément dans l'air sec, précisément parce qu'ils renferment fort peu d'eau.

**505. Conservation des matières alimentaires par enrobage.** — L'*enrobage* a pour but d'empêcher le développement des germes en les privant du contact de l'air.

La viande, plongée dans une dissolution concentrée de gélatine, ou dans la paraffine fondue, puis retirée immédiatement, se trouve recouverte d'une mince couche de matière imputrescible, qui la garantit du contact de l'air et permet une conservation prolongée. L'enrobage par la gélatine et par la paraffine est peu usité.

Mais, par contre, la conservation des viandes dans la graisse et celle des poissons dans l'huile (thon, sardines), de même que la conservation des fruits dans le sucre (fruits confits), constituent des procédés d'enrobage d'une grande importance dans l'économie domestique et dans l'industrie.

**506. Conservation des matières alimentaires par le froid.** — Les germes des ferments ne peuvent se développer quand la température est voisine de 0°. Dans les pays chauds, on conserve les viandes et les poissons pendant plusieurs jours en les entourant de glace; dans les pays froids, ou pendant l'hiver des régions tempérées, la conservation se fait d'elle-même, tant que la température est assez basse.

On a fait déjà plusieurs tentatives pour transporter en Europe les viandes fraîches d'Amérique, en les aménageant dans des chambres maintenues à une température voisine de 0°. Après un mois de traversée les viandes arrivent dans un état parfait de conservation; c'est uniquement pour des raisons économiques que ce transport ne prend pas un plus grand développement.

**507. Conservation des matières alimentaires par les antiseptiques.** — Un grand nombre de composés ont la propriété, soit de détruire les germes des ferments à mesure que l'air les dépose, soit d'en empêcher le développement. Ces composés ont reçu le nom d'*antiseptiques;* ils mettent obstacle à la fermentation et permettent la conservation des substances qu'ils imprègnent: tels sont le vinaigre, l'alcool, le sel marin, l'acide phénique, la créosote.

L'économie domestique tire un grand parti du vinaigre, dans lequel on fait mariner la viande toutes les fois qu'on veut la conserver pendant plusieurs jours. Ce moyen est très efficace, fort simple et peu coûteux.

L'alcool est employé pour la conservation des fruits dits à l'eau-de-vie.

Comme substance antiseptique, le sel a une importance très considérable. On admet qu'il agit en vertu d'une véritable action antiseptique, et aussi parce qu'il favorise la dessiccation. Tout le monde a remarqué, en effet, que la viande salée dégorge une quantité d'eau considérable, formant une saumure liquide; le sel, en vertu d'une affinité chimique, s'empare de l'eau qui imprègne la viande, et, lorsque le liquide salé s'est écoulé, la dessiccation de la masse est fort avancée.

Par salaison on conserve la viande de bœuf, la viande de porc, le lard, et beaucoup de poissons (morue, harengs. sardines, anchois, saumons, maquereaux, thons, anguilles, huîtres).

Le plus grand inconvénient de la salaison est de modifier la saveur des viandes et de les rendre moins digestibles. Avant de consommer les viandes salées, il est bon de leur enlever le sel en excès par un assez long séjour dans l'eau.

L'acide phénique et la créosote ont une action plus efficace encore. La viande peut être conservée pendant plusieurs jours, si on l'enveloppe d'un linge épais imbibé d'une eau renfermant 5 pour 100 d'acide phénique. Des morceaux de chair. badigeonnés, à l'aide d'un pinceau, avec un mélange d'acide phénique pur et d'huile d'œillette, se dessèchent, durcissent et se conservent indéfiniment.

Exposée, dans une caisse fermée, aux vapeurs de la créosote versée dans une assiette légèrement chauffée, la viande se conserve pendant plusieurs jours: ce traitement ne lui communique aucune saveur désagréable ni aucune odeur particulière.

La conservation du bœuf et du porc par *fumage* ou *boucanage*, appliquée surtout aux jambons, est due à l'action de la créosote qui se trouve toujours contenue dans la fumée. Le *boucanage* est presque toujours accompagné d'une salaison et d'une dessiccation au moins partielle. Les harengs saurs ne sont pas autre chose que des harengs séchés et fumés.

**508. Conservation des matières alimentaires par la cuisson et l'enrobage.** — La cuisson, en détruisant les germes des ferments, retarde la fermentation. Mais bientôt, l'air apportant de nouveaux germes, la décomposition apparaît. Beaucoup de substances alimentaires peuvent être conservées pendant plusieurs jours, même par les chaleurs de l'été, si l'on a soin de les porter toutes les 24 heures à la température de 100°.

Mais la conservation est beaucoup mieux assurée si, après la cuisson, on soustrait la viande au contact de l'air par un enrobage dans la paraffine, ou dans la graisse fondue. Les *confits* de volailles du midi de la France sont des membres d'oies ou de dindes cuits et conservés dans la graisse.

**509. Conservation des matières alimentaires par la cuisson et la privation d'air.** — Mais le procédé qui donne les meilleurs résultats, celui qui assure la conservation la plus prolongée, qui modifie le moins la valeur nutritive des aliments, est le procédé imaginé par Appert en 1804, et successivement perfectionné par M. Fastier et M. Martin de

Lignac. Ce procédé consiste à détruire les ferments par une élévation convenable de température, et à enfermer ensuite la substance alimentaire dans un recipient complètement clos, à l'abri du contact de l'air; il s'applique indifféremment à toutes les viandes, aux poissons, aux légumes, aux fruits, et même au lait. On trouve actuellement dans le commerce, pour des prix très modérés, des *conserves* de toutes sortes provenant des usines de Paris, Nantes, Marseille, le Mans, Bordeaux, le Havre, Périgueux .. Ces conserves sont encore bonnes vingt ans après leur préparation; elles n'ont aucun inconvénient au point de vue de la santé.

Voici comment on opère le plus souvent aujourd'hui. Les matières à conserver sont introduites dans des boîtes en fer-blanc; on soude complètement le couvercle de ces boîtes, de façon à produire une fermeture hermétique, puis on les soumet à l'action d'un bain-marie à fermeture autoclave, qui peut être porté à la température de 108°. Après une exposition suffisamment prolongée à cette température, on les retire du bain-marie: la préparation est terminée.

Souvent on fait subir aux mets une cuisson complète avant de les introduire dans les boîtes en fer-blanc; d'autres fois on se contente de la cuisson partielle produite par l'action du bain-marie. Souvent aussi on introduit dans la boîte, en même temps que les matières à conserver, un liquide destiné à servir de sauce.

Ce procédé est appliqué dans les ménages à la conservation des tomates, des cerises, des légumes. On y remplace les boîtes en fer-blanc par des bouteilles hermétiquement closes.

## *Résumé.*

Pour conserver les matières alimentaires, il faut empêcher le développement des germes apportés par l'air, ou bien détruire ces germes.

De là : 1° les procédés basés sur l'arrêt du développement des germes (dessiccation, enrobage, abaissement de la température), 2° les procédés basés sur la destruction des germes (antiseptiques, cuisson et enrobage, cuisson et privation d'air).

# TABLE DES MATIÈRES

## PHYSIQUE

## LIVRE III. CHALEUR.

### CHAPITRE Ier. — DILATATION ET THERMOMÈTRE.



### CHAPITRE II. — CHALEURS SPÉCIFIQUES. CONDUCTIBILITÉ.



### CHAPITRE III. — LIQUÉFACTION ET SOLIDIFICATION.

CHAPITRE IV. — VAPORISATION ET CONDENSATION.



CHAPITRE V. — PRINCIPALES APPLICATIONS DE LA CHALEUR



CHAPITRE VI. — MÉTÉOROLOGIE.

## LIVRE IV. OPTIQUE.

### CHAPITRE Ier. — PROPAGATION ET RÉFLEXION DE LA LUMIERE.



### CHAPITRE II. — RÉFRACTION DE LA LUMIERE.



### CHAPITRE III. — DISPERSION DE LA LUMIERE.

# CHIMIE



## LIVRE PREMIER. MÉTALLOÏDES.

### CHAPITRE Ier. — OXYGÈNE ET HYDROGÈNE.



### CHAPITRE II. — AZOTE, AIR, COMBUSTIONS.

CHAPITRE III. — CHLORE, SOUFRE, PHOSPHORE.



CHAPITRE IV. — CARBONE.



## LIVRE II. MÉTAUX.

CHAPITRE Ier. — MÉTAUX, ALLIAGES.



CHAPITRE II. — POTASSIUM, SODIUM, CALCIUM.

CHAPITRE III. — ALUMINIUM, POTERIES, VERRES.



CHAPITRE IV. — MÉTAUX USUELS ET MÉTAUX PRÉCIEUX.



## LIVRE III. CHIMIE ORGANIQUE.

CHAPITRE Ier. — CARBURES D'HYDROGÈNE.



CHAPITRE II. — COMPOSÉS TERNAIRES.

CHAPITRE III. — COMPOSÉS AZOTÉS



Paris. Imprimerie DELALAIN FRÈRES, rue de la Sorbonne, 1 et 3.

Éléments de Morale, par *H. Joly*; in-12, *br*. 2 f. 50 c.

Notions de Psychologie, suivies de l'application de ces notions à l'éducation, par *H. Joly*; in-12, *br*. 1 f. 75 c.

Notions de Pédagogie, suivie d'un Résumé historique et d'une Bibliographie, par *H. Joly*; in-12, *br*. 3 f.

Grammaire de la Langue française, par *MM. Clément*; in-12, *cart*. 3 f. 25 c.

Littérature, Composition et Style, par *W. et Ch. Rinn*; in-12, *cart*. 4 f.

Histoire abrégée de la Langue et de la Littérature françaises, par *Aug. Noël*; in-12, *br*. 3 f. 50 c.

Notions sur les Origines et l'Histoire de la Langue française, par *Petit de Julleville*; in-12, *br*. 2 f. 50 c.

Histoire de France, par *A. Choublier*; in-12, *cart*. 4 f.

Histoire Contemporaine, par *E. Maréchal*; 3 vol. in-12, *cart*. 10 f.

Eléments d'Histoire générale (Histoire ancienne, du Moyen Age, des Temps modernes jusqu'en 1610), par *C. Pouthas*; in-12, *cart*. 4 f.

Eléments d'Histoire générale (Histoire moderne depuis 1610 et contemporaine), par *C. Pouthas*; in-12, *cart*. 5 f.

Géographie de la France, par *A. Gasquet*; in-12, *rel. toile*, 5 f.

Géographie générale, par *A. Gasquet*; in-12, *cart*. 6 f.

Arithmétique, par *Reynaud*; in-12, *cart*. 3 f.

Algebre, par *E. Lebon*; in-12, *cart*. 3 f.

Géométrie appliquée, par *E. Lebon*; in-12, *cart*. 3 f. 50 c.

Géométrie élémentaire (1re et 2e Années des Ecoles normales), par *E. Lebon*; in-12, *cart*. 4 f. 50 c.

Physique et Chimie (Garçons, 1re Année), avec la notation atomique, par *E. Bouant*; in-12, *cart*. 3 f.

Physique et Chimie, (Garçons 2e Année), avec la notation atomique, par *E. Bouant*; in-12, *cart*. 3 f.

Physique et Chimie (Garçons 3e Année), avec la notation atomique, par *E. Bouant*; in-12, *cart*. 5 f.

Physique et Chimie (Filles, 2e Année des Écoles normales), avec la notation atomique, par *E. Bouant*; in-12 *cart*. 3 f.

Physique et Chimie (Filles 3e Année des Écoles normales), avec la notation atomique, par *E. Bouant*; in-12, *cart*. 4 f.

Physique (Cours complet), par *J. Langlebert*; in-12, *br*. 4 f.

Chimie (Cours complet), par *J. Langlebert*; in-12, *br*. 4 f.

Éléments de Botanique et Géologie, par *J. Langlebert*; in-12, *br*. 3 f. — *rel. toile*, 3 f. 25 c.

Eléments de Zoologie, par *J. Langlebert*; in-12, *br*. 2 f. — *rel. toile*, 2 f. 25 c.

Histoire Naturelle, Anatomie et Physiologie, Botanique, Géologie, par *J. Langlebert*; in-12, *br*. 4 f.

L'Agriculture, par *MM. Léon Bussard* et *Henri Corblin*; in-12, *br*. 5 f.

Leçons d'Hygiene, par *H. George*; in-12, *br*. 2 f.

Manuel de Gymnastique, par *Le Guénec*; in-12, *br*. 3 f. 50 c.